Corrosión y preservación de la infraestructura industrial

Editores:

Benjamín Valdéz Salas
Michael Schorr Wiener

Editores:

Benjamín Valdéz-Salas (Ganador del Premio a la Trayectoria Nacional 2013)

Michael Schorr Wiener (Ganador del Premio a la Trayectoria Internacional 2010)

benval@uabc.edu.mx

ISBN: 978-84-940234-7-7

DL: B-12673-2013

DOI: http://dx.doi.org/10.3926/oms.36

© OmniaScience (Omnia Publisher SL) 2013

Diseño de cubierta: OmniaScience

Fotografía cubierta: © Pakmor (Fotolia.com)

Impreso en España

Prólogo

El mundo actual, y en particular la industria en todos sus sectores productivos, están preocupados por los daños que causan, en forma conjunta, la contaminación y la corrosión ambiental, que afectan severamente al desarrollo de la economía global.

En particular, los efectos de este fenómeno de corrosión, impactan a la infraestructura civil, conformada por las estructuras y sus materiales de ingeniería que la componen, especialmente los diversos metales y aleaciones, expuestos en los cuerpos de agua, el suelo y la atmosfera. Este libro de corrosión y protección de la infraestructura industrial, representa un esfuerzo Iberoamericano para generar una obra de gran utilidad para la comunidad de habla hispana. Con sus diversos capítulos, contribuirá a la solución de los problemas de corrosión que se presentan en la industria, a su prevención y su mitigación.

La esmerada selección de temas y autores realizada en la compilación de los capítulos, permite cubrir una amplia variedad de ambientes, industrias, materiales de ingeniería, fluidos, condiciones de operación y técnicas de protección y control de la corrosión.

Destacamos en el contenido:

- Aspectos teóricos y prácticos sobre la cinética de corrosión y los fenómenos de pasivación.

- La corrosión en la industria aeroespacial cuyos vehículos están construidos con materiales resistentes a altas temperaturas y condiciones mecánicas extremas para mantener la estabilidad y seguridad requeridas durante su operación.

- En el ámbito de la industria de la energía se presentan el análisis de corrosión de aceros inoxidables en estaciones de generación de electricidad, se describen los distintos tipos y problemas de corrosión que se presentan en las distintas secciones de los campos y plantas geotermoeléctricas, como son, pozos de extracción de fluidos geotérmicos, tuberías de producción y conducción de vapor, separadores, condensadores, torres de enfriamiento y turbinas de vapor para generar electricidad. En este mismo tenor se incluye un capítulo sobre materiales y corrosión en la industria del gas natural, industria que se encuentra en un momento de gran desarrollo y donde existe carencia de información sobre los aspectos de corrosión que en ella ocurren.

- Los biocombustibles, de composición química particular y según su origen, degradan y corroen materiales metálicos y poliméricos, utilizados en la fabricación de transportes terrestres, marinos y aéreos.

- La infraestructura construida de concreto reforzado con acero, como son, puentes, muelles de puertos fluviales y marinos, carreteras, edificios públicos, chimeneas e instalaciones hidráulicas, son susceptibles a sufrir corrosión. En este contexto es importante considerar además del análisis y diagnóstico de casos, el diseño y aplicación de técnicas de inspección y monitoreo de la corrosión en estructuras de concreto reforzado con acero.

- Otra industria importante que adolece de problemas de corrosión, es la del procesamiento de alimentos. Por ello en la presente obra se detalla el uso de sensores ópticos para detectar microorganismos que inducen corrosión en equipos utilizados en la industria de alimentos.

- Con respecto a los métodos de protección, prevención y control de la corrosión, se presentan capítulos que detallan el desempeño de inhibidores de corrosión utilizados en aguas que contienen dióxido de carbono, donde el flujo turbulento altera las condiciones del sistema y agrava los procesos de corrosión. El uso de recubrimientos que son aplicados sobre materiales metálicos constituye una barrera física que impide las reacciones de corrosión y alarga la vida útil de instalaciones y equipos industriales. La aplicación de recubrimientos obtenidos por rociado térmico para la protección de turbinas de vapor geotérmico y su velocidad de corrosión en dicho ambiente es presentado de manera detallada.

Este libro de enorme diversidad y sus aplicaciones prácticas será de gran utilidad para los gerentes e ingenieros de plantas industriales, para su personal de mantenimiento y operación, así como también para profesores y estudiantes activos en proyectos de investigación y estudios de ciencia e ingeniería de corrosión.

Benjamín Valdéz

Michael Schorr

Índice

Capítulo 1

Aspectos cinéticos de la corrosión y fenómenos de pasividad

María Criado,[1] Santiago Fajardo,[1] Benjamín Valdez,[2] José María Bastidas[1]

[1] Centro Nacional de Investigaciones Metalúrgicas (CENIM), CSIC, Avenida Gregorio del Amo 8, 28040 Madrid, España.

[2] Instituto de Ingeniería, Universidad Autónoma de Baja California (UABC), Boulevard Benito Juárez y Calle Normal, 21280 Mexicali, Baja California, México.

mcriado@icmm.csic.es,   s.fajardo@cenim.csic.es,   benval@uabc.edu.mx, bastidas@cenim.csic.es

Doi: http://dx.doi.org/10.3926/oms.141

Referenciar este capítulo

Criado M, Fajardo S, Valdez B, Bastidas JM. *Aspectos cinéticos de la corrosión y fenómenos de pasividad*. En Valdez Salas B, & Schorr Wiener M (Eds.). *Corrosión y preservación de la infraestructura industrial*. Barcelona, España: OmniaScience; 2013. pp. 11-32.

1. Aspectos cinéticos de la corrosión

1.1. Polarización y tipos de polarización

El concepto de polarización.- La variación de potencial por el paso de una densidad de corriente (*i*) se conoce como polarización. Una curva de polarización es la representación del potencial (*E*) frente al logaritmo de la densidad de corriente (log(i)). La diferencia de potencial de polarización entre el ánodo y el cátodo es la fuerza electromotriz (FEM) de la pila de corrosión. La corriente en el potencial de corrosión (E_{corr}), se define como corriente de corrosión (I_{corr}) del sistema. La Figura 1 muestra la curva de polarización obtenida utilizando acero al carbono en ácido sulfúrico (H_2SO_4) 1,0 N, a temperatura de 30°C. La Figura 1 incluye, también, el diagrama de Evans (línea discontinua) obtenido a partir de la curva de polarización.

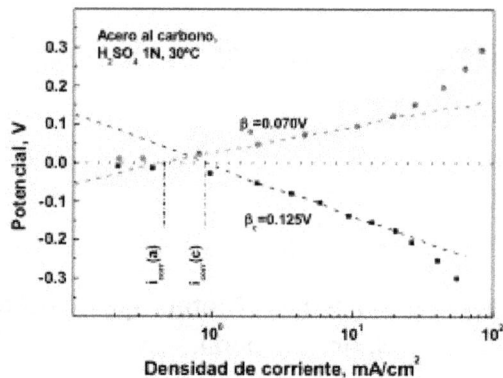

Figura 1. Curva de polarización del acero al carbono en ácido sulfúrico 1 N a 30 °C y diagrama de Evans (línea discontinua)

El diagrama de Evans de la Figura 2 muestra el concepto de polarización de la pila de corrosión. Los potenciales en circuito abierto ($E_{c,oc}$) y ($E_{a,oc}$) son los potenciales del cátodo y del ánodo, respectivamente. En el potencial en circuito abierto el único flujo de corriente es la corriente de intercambio (i_0). La i_0 es la cantidad de cargas que llegan o abandonan la superficie del electrodo, cuando éste alcanza el equilibrio dinámico.[1,2]

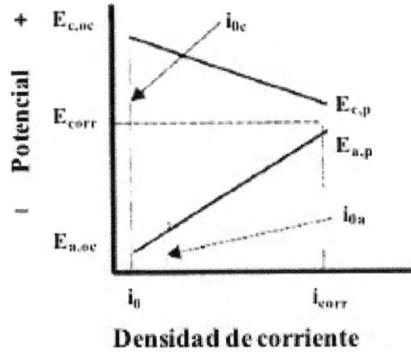

Figura 2. Diagrama de Evans concepto de polarización de una pila de corrosión. $E_{c,oc}$ es el potencial catódico en circuito abierto; $E_{a,oc}$ es el potencial anódico en circuito abierto; E_{corr} es el potencial de corrosión; i_0 es la densidad de corriente de intercambio; e i_{corr} es la densidad de corrosión

Polarización de resistencia.- La polarización de resistencia (η_{RE}) (V), también llamada polarización óhmica, se origina en cualquier caída óhmica (IR) en la inmediata vecindad del electrodo, por la formación de capas de precipitados sobre la superficie del electrodo, que impiden el paso de la corriente.

Polarización de activación.- La polarización de activación (η_{AC}) (V) se relaciona con la energía de activación necesaria para que la reacción de electrodo se verifique a una velocidad dada y es el resultado de la barrera de energía en la interfase metal/electrólito. El fenómeno plantea una relación E vs. i no lineal, de tipo semilogarítmico, E vs. log(i), descrito por Tafel, en 1906, Ecuación 1:

$$\eta_{AC} = \pm \beta \log(i) \qquad (1)$$

donde β es la pendiente de Tafel (mV) (+β es la pendiente anódica y -β es la pendiente catódica), e *i* es la densidad de corriente (A/cm^2). La β es positiva cuando el sentido de la corriente es del electrodo al electrólito y la β es negativa cuando el sentido de la corriente es del electrólito al electrodo. La Figura 3 muestra la rama catódica de una curva de polarización controlada por activación. Se observa que se define una i_0 de $1,0 \times 10^{-6}$ A/cm^2 y una β de -120 mV. El valor de la pendiente de Tafel depende de la reacción electroquímica, de la superficie del electrodo y del electrólito.

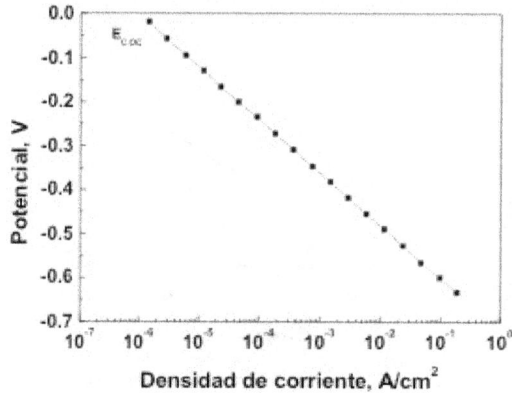

Figura 3. Curva de polarización catódica de acero al carbono en ácido sulfúrico 1 N con control de activación (η_{ac})

Polarización de concentración. La polarización de concentración (η_{CO}) (V) es la variación del potencial de un electrodo debido a cambios de concentración en la inmediata vecindad del electrodo, motivados por el flujo de corriente. La variación del potencial, así originada, se deduce de la ecuación de Nernst, Ecuación 2:[1]

$$\eta_{CO} = 2,303 \left(\frac{RT}{nF} \right) \log \left(\frac{C_i}{C_0} \right) \tag{2}$$

donde R es la constante de los gases ideales (8,314 J/K mol), T es la temperatura absoluta (K), n es el número de electrones que intervienen en la reacción, F es la constante de Faraday ($9,649 \times 10^4$ C/mol), C_i y C_0 son, respectivamente, las concentraciones efectivas de las especies que participan en la reacción en la inmediata vecindad del electrodo y del electrólito. La Figura 4 muestra la influencia de la densidad de corriente límite (i_L) de difusión ($i_L = 3,0725 \times 10^{-3}$ A/cm^2) sobre la η_{co}.

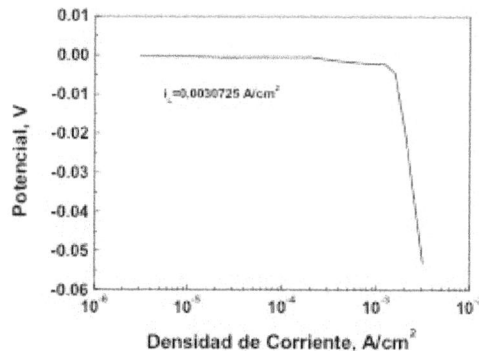

Figura 4. Curva de polarización catódica de acero al carbono en ácido clorhídrico 1 N con control de concentración (η_{co}), la intensidad límite de difusión (i_L) es 3,0725 x 10^{-3} A/cm^2

Tiene interés analizar la situación en la que η_{ac} y η_{co} actúan de forma combinada, la polarización total (η_{total}) es la suma de η_{ac} y η_{co}. Si se aplica una densidad de corriente de protección a una estructura y suponiendo la existencia de una sola reacción catódica, al principio, la velocidad de reacción es relativamente lenta, los reactivos son abundantes y los productos de reacción se mueven con facilidad. Por tanto, la reacción catódica está controlada por activación (η_{ac}). Sin embargo, con el aumento de la corriente de protección aplicada, la velocidad de reacción continúa aumentando hasta que la disponibilidad de reactivos disminuye, y los productos de reacción comienzan a precipitar. En esta situación, la η_{co} controla el proceso, y la corriente se aproxima a la i_L de difusión.

La Figura 5 muestra el efecto combinado de η_{ac} y η_{co} (i_L=3,0725 x 10^{-3}A/cm^2).

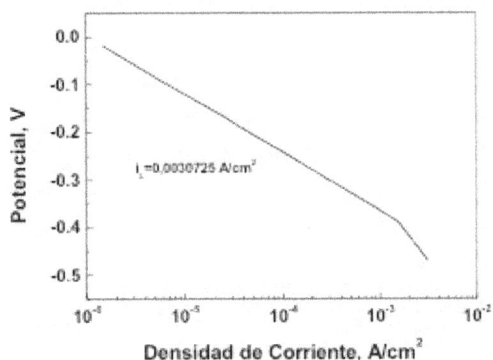

Figura 5. Curva de polarización catódica de acero al carbono en ácido cítrico 1 N mostrando el efecto combinado de activación η_{ac} y de concentración η_{co} la intensidad límite de difusión (i_L) es 3,0725 x 10^{-3} A/cm^2

En procesos controlados por η_{co} es útil utilizar un electrodo de disco rotatorio (RDE), en el que la intensidad límite de difusión (i_L) depende de la velocidad de giro del electrodo (ω) según el modelo de Levich definido por la Ecuación 3:[1]

$$i_L = \frac{0{,}620\,nFAD^{2/3}C\sqrt{\omega}}{v^{1/6}} \tag{3}$$

donde ω es la velocidad de giro del electrodo (rpm), A es la superficie del electrodo, D el coeficiente de difusión (cm^2/s) y v es la velocidad de polarización (V/s), los demás parámetros se han definido anteriormente. La Figura 6 muestra un diagrama de Levich (i_L vs. $\sqrt{\omega}$), se observa que a baja velocidad de giro del electrodo existe una relación lineal entre i_L y $\sqrt{\omega}$. Posteriormente, a medida que la velocidad de giro aumenta, se define un rellano en el que la i_L es independiente de ω. La Figura 7 muestra la variación de la desviación estándar del ruido electroquímico (fluctuaciones de potencial) frente a la raíz cuadrada de la velocidad de giro de un electrodo de acero al carbono en ácido sulfúrico (H$_2$SO$_4$) 1 N.[3] Se observa cómo a medida que aumenta la velocidad de giro, aumenta el nivel de ruido, mostrando a bajas velocidades comportamiento lineal que se puede asimilar a un comportamiento de Levich (i_L vs. $\sqrt{\omega}$). La técnica electroquímica acabada de introducir, ruido electroquímico (1/f), se define como la fluctuación del potencial o de la corriente de un metal que se corroe sin introducir modificación externa, solo "escuchando el sistema". Posteriormente, con el adecuado tratamiento numérico de las fluctuaciones se interpretan los datos de ruido. Es habitual pasar la información existente, por ejemplo, de la variable tiempo a la variable frecuencia y obtener el espectro de ruido (dB vs. frecuencia). Por desgracia, se desconoce el origen del fenómeno de las mencionadas fluctuaciones, lo que pone a esta "prometedora técnica" en una situación de debilidad.

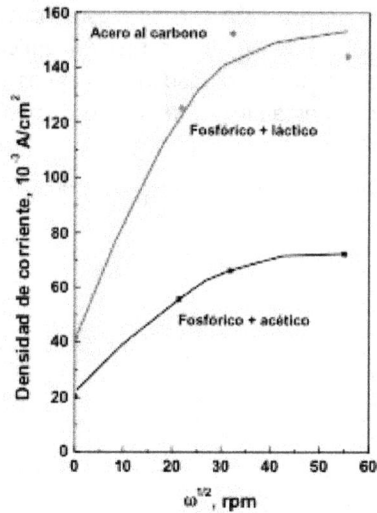

Figura 6. Variación de la densidad de corriente en función de la raíz cuadrada de la velocidad de giro del electrodo (ω), modelo de Levich, del acero al carbono en presencia de los ácidos fosfórico, acético y láctico

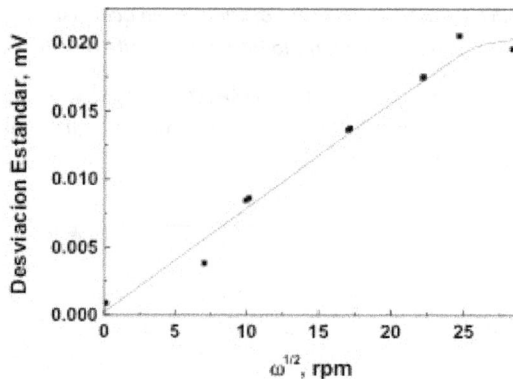

Figura 7. Relación entre el nivel de ruido (expresado como desviación estándar) y la raíz cuadrada de la velocidad de giro del electrodo de acero al carbono en presencia de ácido sulfúrico 1 N

1.2. Determinación de la velocidad de corrosión mediante corriente continua

La determinación de la velocidad de corrosión, como densidad de corriente de corrosión, se puede realizar de dos formas distintas:[2,4] (1) Mediante el trazado de las curvas de polarización y definir la intersección, por extrapolación de las pendientes anódica y catódica, en la zona correspondiente a la polarización de activación (η_{ac}); y (2) mediante la medida de la pendiente de la curva de polarización en las proximidades del potencial de corrosión (E_{corr}), término conocido como resistencia de polarización lineal (R_p) definido por la Ecuación 4:

$$\frac{1}{R_p} = \left(\frac{di}{dE} \right)_{E \to 0} \tag{4}$$

La R_p o, mejor aún, su inversa (la conductancia) se puede utilizar directamente como parámetro estimativo de la densidad de corrosión o bien como medio para calcular el valor de la i_{corr} a partir de la Ecuación 5:

$$i_{corr} = \left(\frac{di}{dE} \right)_{E \to 0} \frac{\beta_a \beta_c}{2,303 \left(\beta_a + \beta_c \right)} \tag{5}$$

donde β_a y β_c son las pendientes anódica y catódica, respectivamente.

1.3. Determinación de la velocidad de corrosión mediante impedancia

En general, la técnica de impedancia (EIS) permite cuantificar los tres parámetros que definen un proceso de corrosión: (1) la velocidad de corrosión, mediante la determinación de la resistencia de transferencia de carga (R_{ct}) (Ω cm^2) o, también, R_p, como se le denomina habitualmente en similitud con el método R_p de corriente continua; (2) la capacidad de la doble capa electroquímica (C_{dl}) (F/cm^2) de la interfase metal/medio acuoso; y (3) el transporte de masa, coeficiente de difusión de Warburg (σ_W) (Ω cm^2/s$^{1/2}$).

En la práctica, el valor de R_p se determina mediante el valor del diámetro del semicírculo en un diagrama de Nyquist (Z' vs. Z'': $Z = Z' + jZ''$). El valor de C_{dl} se determina mediante la Ecuación 6:

$$C_{dl} = \frac{1}{2\pi f Z''_{máx}} \tag{6}$$

donde f es la frecuencia aplicada (Hz) del punto del semicírculo en el que la parte imaginaria de la impedancia es máxima ($Z''_{máx}$) en un diagrama de Nyquist, y 2π es la constante de conversión habitual.[5] El valor de σ_W se determina de los puntos definidos a baja frecuencia que forman un ángulo de 45° con la parte real de la impedancia, en un diagrama de Nyquist, las llamadas "colas de difusión".

De forma general y desde un punto de vista de corrosión, las medidas de impedancia se obtienen en el E_{corr}. Posteriormente, se interpretan mediante la utilización de un circuito eléctrico equivalente (CEEq) que simula los datos experimentales obtenidos. Básicamente, hay tres CEEq de interés en corrosión: (a) el circuito de Randles con una constate de tiempo,[6] (b) el circuito propuesto por Mikhailovskii et al. con dos constantes de tiempo,[7] y (c) la utilización de una línea de transmisión.[8]

a) Circuito de Randles. Utilizando el circuito eléctrico equivalente propuesto por Randles de la Figura 8a), para simular la interfase metal/electrólito,[6] se puede observar que el potencial a través de dicha interfase es combinación del condensador definido por la doble capa electroquímica (C_{dl}) (en general, C_{dl} es del orden de 10-90 μF/cm^2), en paralelo con la resistencia de polarización (R_p) (proceso de corrosión), ésta en serie con la impedancia de Warburg (Z_W) consecuencia de los productos precipitados sobre el electrodo (transporte de masa) y todo ello en serie con la resistencia del electrólito (R_s). Este circuito se utiliza en sistemas sencillos caracterizados por una sola constante de tiempo (τ) definida por el producto de C_{dl} por R_p ($\tau = C_{dl} R_p$).[9]

a)

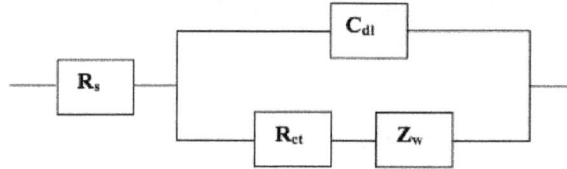

b)

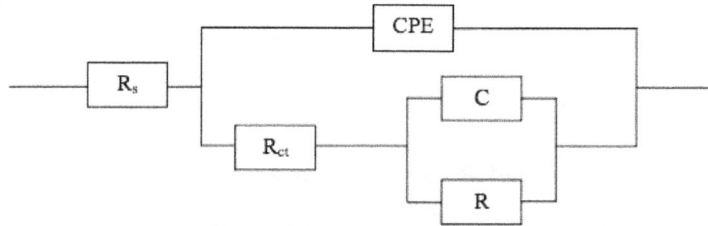

Figura 8. (a) Circuito eléctrico equivalente de Randles para modelar la interfase metal/electrólito. R_s es la resistencia del electrólito; C_{dl} es la doble capa electroquímica; R_{ct} es la resistencia de polarización; y Z_W es la resistencia de los productos formados sobre el electrodo (difusión). (b) Circuito eléctrico equivalente de Mikhailovskii et al. para modelar la interfase metal/recubrimiento/electrólito. R_s es la resistencia del electrólito; CPE es la capacidad del recubrimiento protector; R_{ct} es la resistencia del recubrimiento protector; C es la doble capa electroquímica; y R es la resistencia de polarización

b) Circuito de Mikhailovskii et al. La Figura 8b) muestra el circuito equivalente propuesto por Mikhailovskii et al. para un electrodo con un recubrimiento protector o la existencia de algún tipo de precipitado sobre el mismo.[7] Consta de dos constantes de tiempo, una a elevadas frecuencias (τ_1) que caracteriza al sistema electrodo/recubrimiento ($\tau_1 = C_{dl} R_{ct}$), C_{dl} es la capacidad del recubrimiento y R_{ct} es la resistencia del recubrimiento (poros y defectos), y otra a bajas frecuencias (τ_2) que caracteriza al sistema electrodo/medio acuoso ($\tau_2 = CR$) (proceso de corrosión), y es consecuencia de que el recubrimiento presenta poros o defectos a través de los cuales el electrólito accede hasta la base del electrodo. Este circuito es similar al circuito de Randles pero, adicionalmente, incluye un segundo circuito en serie con la resistencia del recubrimiento (R_{ct}) y que consta de una capacidad (C) en paralelo con una resistencia (R).[10]

c) Línea de transmisión. En situaciones más complicadas el circuito eléctrico equivalente utilizado es el definido por una línea de transmisión. Por ejemplo, Park y Macdonald utilizan una línea de trasmisión para interpretar los datos de impedancia de un electrodo constituido por poros con forma cilíndrica,[8] el crecimiento de una capa de magnetita sobre acero. Park y Macdonald[8] utilizan la línea de transmisión uniforme propuesta por De Levie,[11,12] en la que la impedancia de un poro (Z_{poro}), de longitud L (profundidad del poro) está dada por la Ecuación 7:

$$Z_{poro} = \sqrt{R_S Z} \coth\left(L\sqrt{\frac{R_S}{Z}} \right) \tag{7}$$

donde R_S es la resistencia dentro del poro, y Z es la impedancia de la interfase electrodo/electrólito a lo largo de la pared del poro. Si en el intervalo de frecuencias de interés, la longitud de penetración de la señal eléctrica aplicada (λ) es muy pequeña frente a la longitud del poro ($L > \lambda$), éste se comporta como si tuviera longitud infinita, la Ecuación 7 queda reducida a $Z_{poro} = \sqrt{R_S Z}$, dado que: $\coth\left(L\sqrt{R_S/Z}\right) \approx 1$.[13] Park y Macdonald[8] suponen que la impedancia del material electródico (Z_m) esta definida por una resistencia (R_m): $Z_m \approx R_m$, y que la impedancia de la interfase electrodo/electrólito en la base del poro (Z_u) tiene un valor finito. Bajo estos supuestos, la impedancia del poro (Z_{poro}) del modelo de línea de transmisión uniforme descrito por De Levie[11,12] está dada por la Ecuación 8:

$$Z_{poro} = \frac{R_m R_S}{R_m + R_S} L + \frac{2R_m R_S \sqrt{\overline{\gamma}} + \sqrt{\overline{\gamma}}\left(R_m^2 + R_S^2\right)C + S\gamma R_S^2}{\sqrt{\overline{\gamma}}\left(R_m + R_S\right)\left(S\sqrt{\overline{\gamma}} + C\gamma\right)} \tag{8}$$

Donde $C = \cosh\left(L\sqrt{\overline{\gamma}}\right)$, $S = senh\left(L\sqrt{\overline{\gamma}}\right)$, y $\gamma = \frac{R_m + R_S}{Z}$.

Una vez determinado el valor de R_p, mediante corriente continua o alterna, se supone, como una aproximación, que R_p es inversamente proporcional a la densidad de corrosión (i_{corr}), de acuerdo con Stern-Geary, Ecuación 9:[14]

$$i_{corr} = \frac{B}{R_p} \tag{9}$$

donde $B = \frac{\beta_a \beta_c}{2,303\left(\beta_a + \beta_c\right)}$. Posteriormente y asumiendo que el material se corroe de forma uniforme en toda su superficie (corrosión generalizada), mediante la ley de Faraday se calcula la pérdida de masa (penetración) por corrosión (mm/año): , $W_e = \frac{M_a it}{Fn}$ donde W_e es la pérdida de masa; M_a es el peso atómico; i es la densidad de corriente; t es el tiempo; F es la constante de Faraday; y n el número de electrones del proceso de corrosión. Por ejemplo, el cobre en ácido cítrico 0,1 M tiene una $R_p \approx 4780 \ \Omega \ cm^2$, una constante B=29 mV y para un tiempo de ensayo de 96 horas, la pérdida de masa por corrosión es $\approx 69 \ mg/dm^2$.

1.4. Aplicación de las medidas de capacidad

A continuación se analizan tres ejemplos de aplicación de las medidas de capacidad (C) en los estudios de corrosión.

(1) Determinación del poder de captación de agua (water uptake) de un recubrimiento de pintura aplicado sobre un material metálico. De acuerdo con el modelo empírico de Brasher-Kingsbury,[15] definido por la Ecuación 10, permite calcular el poder de captación de agua:

$$V_{H_2O} = \frac{\log\left(C_t/C_{t=0}\right)}{\log 80} \times 100 \tag{10}$$

donde V_{H_2O} es el porcentaje del volumen de agua absorbida, C_t es la capacidad para un tiempo t, y $C_{t=0}$ es la capacidad al comienzo del ensayo (tiempo cero de exposición). La capacidad de un recubrimiento es función de la frecuencia aplicada, como se muestra en la Ecuación 6.

Se podría indicar que la Ecuación 10 se ha deducido suponiendo: una relación lineal entre la permitividad (ε) (F/m) del sistema polímero/agua en componentes puros, (b) una distribución aleatoria del agua en el polímero, y (c) una relación lineal entre ε y la capacidad (C). Finalmente, es posible obtener una expresión para el cálculo del coeficiente de difusión (D) (cm^2/s) del agua en el polímero, la Ecuación 11 permite calcular D para un comportamiento ideal de Fick:[16]

$$\frac{\log C_t - \log C_0}{\log C_\infty - \log C_0} = \frac{2\sqrt{t}}{L\sqrt{\pi}}\sqrt{D} \tag{11}$$

donde C_∞ es la capacidad en el equilibrio; L el espesor del polímero, los demás parámetros se han definido anteriormente.

La porosidad de un recubrimiento se puede determinar a partir de la Ecuación 12 empírica propuesta por Elsener et al.:[17]

$$P = \left(\frac{R_{p,m}}{R_p}\right) \times 10^{-\left(\frac{\Delta E_{corr}}{\beta_a}\right)} \tag{12}$$

donde P es la porosidad total del recubrimiento, $R_{p,m}$ la resistencia de polarización del material base, R_p la resistencia de polarización, ΔE_{corr} la diferencia entre los potenciales de corrosión, y b_a la pendiente anódica de Tafel del material base.

(2) Un segundo ejemplo de aplicación de las medidas de capacidad consiste en la determinación de la carga de una superficie metálica (zeta potential, ξ) mediante el concepto del potencial de cero carga (E_{pzc}) (potential of zero charge, PZC) y su aplicación, por ejemplo, en el estudio del mecanismo de actuación de un inhibidor de corrosión. A partir de las curvas de capacidad frente al potencial (C vs. E) y de acuerdo con el modelo de Luo et al.,[18] se determina la carga de la superficie metálica mediante la diferencia entre el E_{corr} y el E_{pzc} ($\xi = E_{corr} - E_{pzc}$). Por ejemplo, hojalata con un tratamiento de conversión utilizando nitrato de cerio ($Ce(NO_3)_3$), en presencia del inhibidor de corrosión 2-butoxietanol, en solución desaireada tampón cítrico-citrato 0,1 M, pH 4,3 y a temperatura ambiente, el valor de ξ es: $\xi = -0,474\ V_{ECS}$ - ($\approx -0,950\ V_{ECS}$) $=\approx +0,203\ V_{ECS}$. Este resultado indica que la hojalata, en estas condiciones experimentales, está cargada positivamente en el E_{corr}. Por otra parte, teniendo en cuenta que el momento dipolar del 2-butoxietanol es 1,6 D,[19] se puede concluir que el proceso de inhibición de la corrosión está favorecido por una atracción electrostática entre el 2-butoxietanol y la hojalata. Este mecanismo de inhibición fue corroborado por el modelo de adsorción definido por la ecuación de Frumkin, Ecuación 13:

$$kc = \left(\frac{\theta}{1-\theta}\right)\exp\left(-f\theta\right) \tag{13}$$

donde k es la constante de equilibrio termodinámico de la reacción de adsorción dada por la expresión: $k = \left(\frac{1}{55,5}\right)\left[\exp\left(\frac{-\Delta G_{ads}^0}{KT}\right)\right]$, el valor de 55,5 es la concentración de agua en la solución (mol/L), ΔG_{ads}^0 es la energía de adsorción (kJ/mol), y R y T han sido definidas anteriormente; c es la concentración del inhibidor (mol/L); f es el parámetro de interacción electrostática, f < 0 indica fuerza de repulsión entre moléculas orgánicas adsorbidas y f > 0 fuerza de atracción entre moléculas orgánicas adsorbidas;[20] y θ es el grado de recubrimiento de la superficie metálica.

Se podría indicar que el concepto del PZC es muy útil en el estudio del comportamiento de biomateriales. En este campo científico, la metodología utilizada es el "isoelectric point (IEP)", el cual permite estudiar los factores electrostáticos sobre la superficie de un biomaterial.[21,22] El concepto del IEP se utiliza también en el control de la química del agua en centrales nucleares.[23]

También se ha utilizado el parámetro ξ para analizar la influencia del electrólito externo en el flujo electroosmótico inducido por realcalinización en el hormigón armado.[24,25]

(3) Finalmente, se describe un tercer ejemplo sobre la utilidad de la capacidad (C) en el estudio de las propiedades semiconductoras de una capa pasiva utilizando el modelo de Mott-Schottky (*MS*) definido por la Ecuación 14:

$$\frac{1}{C^2} = \left(\frac{1,41 \times 10^{20}}{\varepsilon \varepsilon_0 q N_d} \right) \left(E - E_{fb} - \frac{\kappa T}{e} \right) \tag{14}$$

donde ε es la permitividad del medio, también llamada constante dieléctrica del semiconductor, en agua pura $\varepsilon=80$ F/m, ε_0 es la constante de permitividad del vacío ($8,85478717'10^{-12}$ F/m), q la carga elemental ($+e$ para electrones y $-e$ para huecos), N_d es la concentración o densidad ("doping densities") de los portadores de carga (agentes dopantes o impurezas donantes) (cm^{-3}), E_{fb} es el potencial de banda plana ("flat band potencial") (V), E es el potencial aplicado externamente (V), κ es la constante de Boltzmann ($1,38066'10^{-23}$ J/K), y T es la temperatura absoluta (K). Podría ser de utilidad indicar que el concepto de E_{fb} se utiliza como potencial característico de un electrodo para definir sus propiedades semiconductoras. En electrodos metálicos este concepto se utiliza como E_{pzc}. El E_{pzc} indica la posición de la banda de valencia (*BV*) en una escala de potencial relativa a los niveles de energía del sistema redox, y significa la condición en la que la caída de potencial dentro del electrodo es nula. En un diagrama *MS* ($\frac{1}{C^2}$ vs. E), la inversa de la capacidad al cuadrado frente al potencial aplicado externamente, una pendiente positiva indica conducción tipo-n (conducción por electrones: "donantes") y una pendiente negativa indica conducción tipo-p (conducción por huecos o vacantes: "aceptores"). Se ha demostrado que en la hojalata con un tratamiento de conversión a base de nitrato de cerio (Ce(NO$_3$)$_3$) y en presencia del inhibidor de la corrosión 2-butoxietanol se forma una capa interna de óxido de cerio(IV) (CeO$_2$) tipo-n (conducción por electrones) y una capa externa de óxido de cerio(III) (Ce$_2$O$_3$) tipo-p (conducción por huecos).[26]

Se debería indicar que hay situaciones, muy frecuentes en la práctica, en las que el diagrama de Nyquist está aplanado y para su interpretación es necesario sustituir la capacidad (C) del CEEq por un elemento de fase constante (constant phase element, CPE), un elemento eléctrico distribuido.[27] En estas situaciones es necesario realizar aproximaciones para calcular la capacidad (C). Un CPE es una función empírica de la admitancia definida por: $Y_{CPE} = Y_P (j\omega)^\alpha$, donde Y_P es una constante, número real, independiente de la frecuencia (F/cm^2 s $^{(1-\alpha)}$) o (Ω^{-1} cm^{-2} s$^\alpha$), el exponente fraccional α es adimensional ($-1 \leq \alpha \leq 1$) y está relacionado con la amplitud de la distribución del tiempo de relajación.[28,29] En superficies rugosas se habla de "dispersión de la capacidad". La impedancia no es puramente capacitiva, pero la define una función que tiene una forma como si la doble capa (C_{dl}) fuese dependiente de la frecuencia: $C_{dl}(\omega) \propto Y_p(j\omega)^{\alpha-1}$.[30] Cuando $\alpha = 0$ el parámetro CPE es una resistencia, R = 1/Y_P; cuando $\alpha = 1$ es un condensador, $C_{dl} = Y_P$; y cuando $\alpha = (-1)$ es una inductancia, L=1/Y_P. Finalmente, si $\alpha = 0.5$, el CPE se puede escribir como: $Y_{CPE} = Y_P \sqrt{j\omega}$ y el CPE es la admitancia de Warburg.[31] En este caso, la relación entre el parámetro Y_P y el coeficiente de Warburg (σ_W) es $\sigma_w = \frac{1}{Y_P \sqrt{2}}$. En la bibliografía existen diferentes aproximaciones para la conversión del parámetro Y_P en el parámetro capacidad (C_{dl}): $C_{dl} = Y_p (\omega''_m)^{\alpha-1}$, donde ω''_m es la frecuencia angular en la cual la parte imaginaria de la impedancia (Z'') es máxima en un diagrama de Nyquist.[32,33] Otros autores han propuesto la expresión: $C_{dl} = \sqrt[q]{Y_P(R_{CT})^{1-a}}$.[34-38]

1.5. Transporte de materia

El coeficiente de Warburg (σ_W) (Ω cm^2/s$^{1/2}$) se define como se indica en la Ecuación 15:

$$\sigma_W = \frac{RT}{n^2 F^2 A \sqrt{2}} \left(\frac{1}{C\sqrt{\overline{D}}} \right) \tag{15}$$

donde R es la constante de los gases, T es la temperatura absoluta, n es el cambio de valencia en el proceso redox, F es la constante de Faraday, A es el área de la superficie del electrodo (cm^2), D es el coeficiente de difusión de la especie controlante (cm^2/s), y C su concentración en el electrólito soporte (mol/L). Utilizando la Ecuación 15 se puede determinar el valor de . $C\sqrt{\overline{D}}$. El valor de n se ha supuesto que es la unidad. Para la difusión en la solución acuosa: $C\sqrt{\overline{D}} \approx 2 \times 10^{-9}$ mol/cm^2 s$^{1/2}$. Finalmente, si se supone que D para una solución acuosa es 10^{-5} cm^2/s y que, aproximadamente, un valor tentativo de C $\approx 10^{-6}$ mol/L se puede obtener para la concentración de equilibrio de las especies que se están disolviendo en la solución. En otras palabras, si C permanece constante, entonces σ_W solo depende de D. En este supuesto, cuanto mayor sea el valor de σ_W mas impedido estará el proceso de difusión.

1.6. Influencia del oxígeno

Tiene utilidad realizar ensayos en condiciones desairadas para evitar la influencia del oxígeno en el proceso de corrosión. El oxígeno, junto con otros agentes oxidantes, es un reactivo catódico, como resultado disminuye la pendiente de la curva de polarización catódica. El oxígeno, por ejemplo, participa en la reacción de reducción catódica ($2H_2O + O_2 + 4e^- \leftrightarrows 4OH^-$) y reduce la polarización. La Figura 9 muestra un diagrama de Evans comparando la rama catódica antes y después de añadir oxígeno al electrólito.

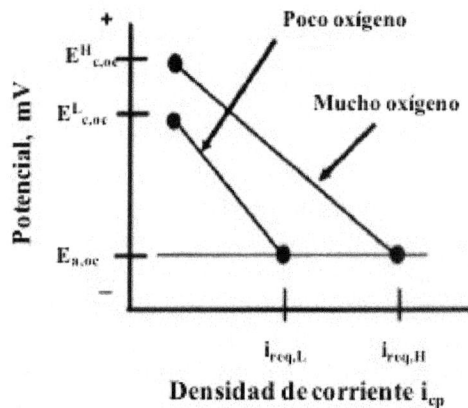

Figura 9. Diagrama de Evans mostrando el efecto del oxígeno en la densidad de corriente. $E^H_{c,oc}$ es el potencial catódico en circuito abierto con elevado oxígeno; $E^L_{c,oc}$ es el potencial catódico en circuito abierto con bajo oxígeno; $E_{a,oc}$ es el potencial anódico en circuito abierto; i_{reL} es la densidad de corriente con bajo oxígeno; e i_{reH} es la densidad de corriente a elevado oxígeno

2. Fenómenos de pasividad

Se entiende por pasividad, la propiedad que presentan determinados metales y aleaciones de permanecer prácticamente inertes en determinados medios en los cuales, de acuerdo con la termodinámica, se deberían comportar como metales activos y, por tanto, disolverse a través de un mecanismo de disolución electroquímica.[39] Aunque las primeras informaciones sobre el fenómeno de pasividad datan de mediados del siglo XVIII fue Schönbein, casi un siglo después (1836), quien publicó los primeros resultados de experimentos relacionados con el fenómeno de la pasividad.

Aunque durante mucho tiempo se mantuvo una disparidad de criterios en cuanto al origen de la pasividad, en la actualidad se acepta que el fenómeno puede ser consecuencia de la formación de una capa de óxidos de muy pequeño espesor pero compacta, adherente y de muy baja porosidad que prácticamente aísla al metal del medio. Así, la capa pasiva es una barrera formada por una capa de productos de reacción, por ejemplo, un óxido metálico u otro compuesto que separa al metal del medio que le rodea y reduce la velocidad de corrosión. A esta teoría se le denomina, algunas veces, "teoría de la película de óxido".

En muchos casos se sabe que inicialmente se forman pequeños núcleos del producto oxidado pasivante y que, posteriormente, crecen extendiéndose a lo largo de toda la superficie. En otros, como ocurre en el caso de las aleaciones de mayor interés tecnológico, como los aceros inoxidables, el proceso transcurre a través de la formación de una monocapa de óxido que se genera simultáneamente a lo largo de toda la superficie expuesta. La presencia de agua condiciona, a menudo, el que se forme o no la capa pasiva.

Una vez formada la capa pasiva inicial, constituida por una capa de óxido mono o diatómico, el crecimiento en espesor de la misma se lleva a cabo, fundamentalmente, como consecuencia de fenómenos de migración iónica a su través, propiciados por el fuerte campo eléctrico generado entre sus extremos, teniendo en cuenta la diferencia de potencial generada entre la intercara metal/película rica en el catión y, por tanto, cargada positivamente y a la intercara película pasiva/electrólito rica en el anión y cargada negativamente.

2.1. Acero inoxidable

Un acero inoxidable se define como una aleación que contiene hierro como constituyente principal, cromo en proporción no inferior al 10% en peso y carbono como máximo un 1,2% en peso.[40,41] El acero inoxidable es una aleación de altísima importancia. Ésta se manifiesta en la amplitud de las aplicaciones que presenta y en la cantidad de utilidades en las que está presente. Desde aplicaciones domésticas como, por ejemplo, su uso en utensilios de cocina o mobiliario del hogar a otras mucho más sofisticadas, como los vehículos espaciales,[42] la utilización de acero inoxidable es indispensable. De hecho, la omnipresencia del acero inoxidable en nuestra vida diaria hace imposible enumerar la totalidad de sus aplicaciones.

2.2. Clasificación de los aceros inoxidables

Los aceros inoxidables se clasifican en martensíticos, austeníticos, ferríticos y dúplex. Las propiedades que los caracterizan se describen a continuación.

Acero inoxidable martensítico. Es acero que contiene 12 a 17% de cromo y 0,1 a 0,5% de carbono. Posee una microestructura constituida por martensita y una estructura tetragonal centrada en el cuerpo (TCC). Es capaz de transformarse completamente en austenítico durante el calentamiento y de templarse en el enfriamiento (algunas de las aleaciones comerciales). Raramente contiene otros elementos de aleación, salvo el silicio para resistir la oxidación en caliente. Alcanza una resistencia mecánica de 145 a 200 kg/mm^2 tras ser templados y de 80 a 130 kg/mm^2 después de revenidos, dependiendo el valor final del contenido de carbono. Posee buena resistencia a la corrosión frente a ciertos ácidos débiles orgánicos e inorgánicos, y algunos productos alimenticios, donde no haya, por ejemplo, procesos enzimáticos de fermentación. En la práctica, se les conoce como "inoxidable al agua". Presenta ferromagnetismo.

Acero inoxidable ferrítico. Es aquel que contiene 16 a 30% de cromo. El contenido de carbono debe ser bajo pero puede llegar a 0,35% para contenidos de cromo del 30%. Habitualmente, el contenido de carbono es menor de 0,1%. Poseen una microestructura constituida por ferrita y una estructura cristalina cúbica centrada en el cuerpo (CCC$_{uerpo}$). Este tipo de acero no tiene punto de transformación, por lo tanto, no se puede endurecer por temple. Estructuralmente es sensible al crecimiento de grano por calentamiento a alta temperatura y experimentan gran fragilidad. Su resistencia mecánica es de alrededor de 50 kg/mm^2, y su alargamiento del 22%. En general, se puede considerar con mejor resistencia química que el acero martensítico pero peor que el austenítico. Presenta ferromagnetismo.

Acero inoxidable austenítico. Es acero que contiene de 18 a 25% de cromo y de 8 a 12% o hasta 20% de níquel. Posee una microestructura constituida por austenita y una estructura cristalina cúbica centrada en las caras (CCC$_{aras}$). Su composición está equilibrada para que conserve la estructura austenítica a temperatura ambiente. Como no tiene punto de transformación hace que sea sensible al crecimiento de grano a alta temperatura. Sin embargo, este crecimiento no genera fenómenos de fragilidad tan notables como en el ferrítico. Las características mecánicas son muy buenas. Tiene gran ductibilidad, una resistencia mecánica entre 56 a 60 kg/mm^2 y un alargamiento del 60%. Su resistencia mecánica se ve aumentada considerablemente por deformación plástica en frío. Además, tiene elevada resiliencia con una temperatura de transición de fractura muy baja (hasta alrededor de -200 °C), lo cual le hace ideal para procesos criogénicos. No presenta propiedades magnéticas.

Acero inoxidable austenítico-ferríticos (Dúplex). Es análogo a los anteriores, cuya composición esta equilibrada de forma que contengan cierta cantidad de ferrita. El contenido de cromo es de 20 a 25% y el níquel 8%. Posee una resistencia mecánica de aproximadamente 70 kg/mm^2. Presenta la ventaja de ser insensible a la corrosión intergranular y a la corrosión bajo tensión (SCC).

La capa pasiva formada espontáneamente sobre el acero inoxidable austenítico ha sido ampliamente estudiada utilizando técnicas de análisis de superficie,[43-48] dicha capa está formada por una mezcla de óxidos de hierro y cromo, con hidróxidos y compuestos conteniendo agua en la región más externa de la capa y un óxido rico en cromo en la región más interna de la interfase metal/capa pasiva. El molibdeno ni enriquece la capa pasiva ni afecta a su crecimiento.[49] No obstante, este elemento tiene una fuerte influencia en el comportamiento frente a la corrosión del acero inoxidable austenítico.[48]

La Figura 10 muestra dos diagramas de Nyquist obtenidos utilizando acero inoxidable AISI 316L en presencia de una solución de cloruro de sodio al 3%. Se observa comportamiento capacitivo y procesos de adsorción. A bajas frecuencias se producía una dispersión de los resultados. Para validar el procedimiento experimental, se utilizaron las relaciones de Kramers-Kronig (*KK*).[50] Las integrales de las relaciones de *KK* se pueden escribir como se indica en la Ecuaciones 16 y 17:

$$Z'(\omega) = Z'(\infty) + \left(\frac{2}{\pi}\right) \int_0^\infty \frac{x Z''(x) - \omega Z''(\omega)}{x^2 - \omega^2} dx \qquad (16)$$

$$Z''(\omega) = \left(\frac{2\omega}{\pi}\right) \int_0^\infty \frac{Z'(x) - Z'(\omega)}{x^2 - \omega^2} dx \qquad (17)$$

donde $Z'(x)$ y $Z''(x)$ son la parte real e imaginaria de la impedancia, respectivamente; x $(0 < x < \infty)$ variable de integración, y ω la frecuencia angular. Utilizando la Ecuación 16 es posible transformar la parte imaginaria en la parte real y viceversa, Ecuación 17. Comparando los diagramas experimentales con los diagramas calculados, por este método, es un ensayo de validación de las medidas de impedancia.[50]

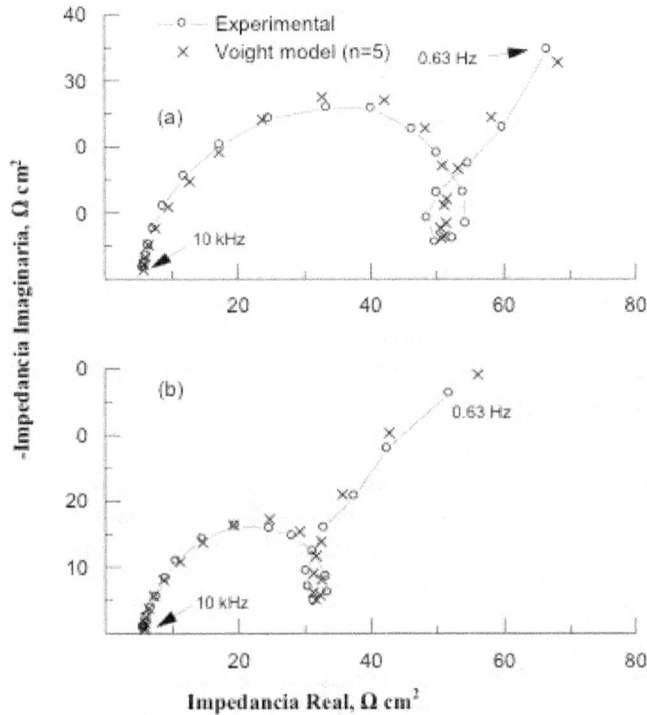

Figura 10. Diagramas de Nyquist para el acero inoxidable AISI 316L en solución de cloruro sódico 3% en una zona con presencia de picaduras, a dos temperaturas: (a) 25°C, (b) 60°C

Se podría indicar que es habitual escribir la Ecuación 17 con un signo menos, $Z''(\omega) = -\left(\frac{2\omega}{\pi}\right) \int_0^\infty \frac{Z'(x) - Z'(\omega)}{x^2 - \omega^2} dx$ lo cual refleja el acuerdo de presentar la impedancia compleja en coordenadas (Z' vs. -Z''), es decir, en el primer cuadrante del plano complejo, comúnmente utilizado en corrosión y en electroquímica. Esto hablando con rigurosidad es erróneo y puede conducir a confusión, cuando la Ecuación 17 con un signo menos se introduce en el cálculo numérico.

El mecanismo de corrosión propuesto, de los resultados indicados en la Figura 10, consiste en que la formación de clorocomplejos $(MOMOHCl)_{ads}$ y $(MOMCl)_{ads}$ pueden acelerar la disolución del metal $(M^{2+})_{sol}$ mediante el siguiente proceso:

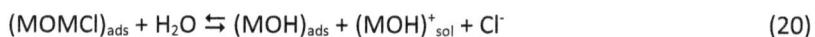

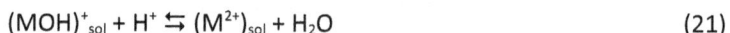

$$(MOMOH)_{ads} + Cl^- \leftrightarrows (MOMOHCl)_{ads} + e^- \tag{18}$$

$$(MOMOH)_{ads} + Cl^- \leftrightarrows (MOMCl)_{ads} + OH^- \tag{19}$$

$$(MOMCl)_{ads} + H_2O \leftrightarrows (MOH)_{ads} + (MOH)^+_{sol} + Cl^- \tag{20}$$

$$(MOH)^+_{sol} + H^+ \leftrightarrows (M^{2+})_{sol} + H_2O \tag{21}$$

En estas Ecuaciones 18-21 las especies $((MOMOHCl)_{ads}$ y $(MOMCl)_{ads}$ son las responsables de los procesos de relajación.[50]

2.3. Capa pasiva de conversión con sales de cromo y de cerio

El ion cromato es uno de los inhibidores de corrosión más efectivos para un gran número de metales, incluido el aluminio, zinc, acero, cadmio y magnesio. Esta inhibición se debe a la formación de una capa protectora, mezcla cromo/óxido del metal de $\approx 0,1$-1 µm de espesor, como resultado de una reducción electroquímica del ion cromato. La habilidad del cromato para ser reducido a óxido de cromo se utiliza en el proceso de conversión y esto hace posible el uso de pigmentos de cromo en pinturas.

Una de las ventajas del cromatado es que el sistema cromo/sustrato-óxido-metal aporta mejor resistencia a la corrosión que el sustrato-óxido-metal solo. Una protección adicional frente a la corrosión la suministran los iones atrapados en la capa de conversión. Otra propiedad de los iones cromato es su habilidad de favorecer la adherencia. Esto probablemente sea debido a la estructura celular de la capa de óxido mixto.[51]

El cromo puede existir en cuatro estados de oxidación diferentes: cromo (II), cromo (III), cromo (V) y cromo (VI). De entre todos los estados, los compuestos de cromo (VI), principalmente los cromatos, se han utilizado extensamente para prevenir la corrosión de diferentes metales y aleaciones, entre los que cabe citar el acero, las aleaciones de aluminio, zinc, cobre y otras.[52-55] Su alta relación eficacia/coste hace que, en la actualidad, sean una de las sustancias más utilizadas como inhibidor de corrosión.[56] Desde el punto de vista de su mecanismo de actuación, los cromatos son considerados como inhibidores oxidantes o pasivantes.[57,58] En general, la inhibición de los cromatos se debe a la formación, sobre la superficie metálica, de una capa protectora en la que coexisten óxidos y cromo metal.[59] Esta capa suele tener entre 0,1-1 µm de espesor y se forma como resultado de la reducción electroquímica del ion cromato. No obstante, no existe un conocimiento suficientemente detallado del mecanismo de inhibición de la corrosión de los cromatos.

Debido a su naturaleza oxidante, la concentración del ion cromato, se debe controlar periódicamente cuando se utiliza como inhibidor, con el fin de evitar situaciones imprevistas de fenómenos de corrosión. Así, concentraciones inferiores a un valor crítico y en presencia de iones cloruro se pueden favorecer los procesos de corrosión localizada. Igualmente, si la cantidad de cromato añadida no es la óptima, la presencia de sustancias reductoras en la solución puede trasladar su concentración fuera del intervalo crítico, por reducción del cromo(VI) a cromo(III), provocando la aparición del problema anteriormente mencionado. Por otra parte, no se debe exceder un límite de concentración superior, con vistas a mantener sus propiedades como inhibidor, por ejemplo, cuando los cromatos se emplean como pigmento en pintura.

A lo largo de los últimos años, se ha visto que las sales de las tierras raras son unos inhibidores muy efectivos de la corrosión para una gran variedad de metales y aleaciones. El fundamento de ésta inhibición es la formación de una capa protectora de óxidos. Por ejemplo, en una aleación de aluminio en contacto con 1000 ppm de cloruro de cerio ($CeCl_3 \cdot 7H_2O$) se forma una capa hidratada de óxido de cerio que proporciona protección frente a la corrosión.[60,61] El grado de protección depende en gran medida del tiempo de inmersión en la solución de $CeCl_3 \cdot 7H_2O$. Para conseguir una protección significativa el tiempo de inmersión tiene que ser de unas 20 horas, este excesivo tiempo no es atractivo desde el punto de vista industrial.[62]

Recientemente, se ha estudiado la utilización de sales de cerio como alternativa a los cromatos en los tratamientos de conversión de la hojalata. Los resultados indican que la capa de conversión esta formada de óxido de cerio (CeO_2), hidróxidos de cerio ($Ce(OH)_3$ y $Ce(OH)_4$) y agua adsorbida. En estas investigaciones realizadas con hojalata en presencia y ausencia de cromo, este elemento esta en forma de óxido Cr_2O_3 e hidróxido $Cr(OH)_3$. En ningún caso se observó el cromo hexavalente, cromo(VI). Este resultado es de gran utilidad práctica, ya que se acepta que el cromo(VI) es el más nocivo desde el punto de vista de la salud de todos los estados de oxidación del cromo. Se observa la presencia de estaño metálico y los óxidos de estaño SnO y/o SnO_2. El perfil de profundidad muestra una estructura estratificada de la hojalata con los hidróxidos localizados externamente y los óxidos en capas más internas.[63,64] Otra alternativa para formar la capa de conversión puede ser la utilización de sales de titanio.[65,66]

3. Conclusiones

La obtención de las curvas de polarización es de gran utilidad en la cuantificación del proceso de corrosión. Por una parte, suministran información básica sobre la contribución de los procesos anódico y catódico y, por otra, permite cuantificar de forma aproximada la densidad de corriente de corrosión mediante el método de intersección. La técnica de resistencia de polarización lineal, en un sistema metal/electrólito sencillo, es el procedimiento más utilizado (rápido y eficaz) para determinar la velocidad de corrosión. En cuanto a la técnica de impedancia, EIS, es una técnica útil para estudiar el mecanismo del proceso de corrosión, permite cuantificar los tres parámetros que definen un proceso de corrosión: la velocidad de corrosión, la capacidad de la doble capa electroquímica y el transporte de masa. El procedimiento utilizado en el presente capítulo para la interpretación física de los datos de impedancia requiere la utilización de un circuito eléctrico equivalente. El fenómeno de pasividad es una consecuencia de la formación de una capa de óxidos, de pequeño espesor, compacta y adherente que aísla al metal del medio. Finalmente, las técnicas de análisis de superficie han permitido conocer la constitución de la capa pasiva formada espontáneamente sobre un acero inóxidable, por ejemplo, austenítico formado por una mezcla de óxidos de hierro y cromo, con hidróxidos y compuestos conteniendo agua en la región más externa y un óxido rico en cromo en la región más interna de dicha capa pasiva.

Agradecimientos

M. Criado y S. Fajardo expresan su agradecimiento al Ministerio de Ciencia e Innovación y al Consejo Superior de Investigaciones Científicas (CSIC) de España por la financiación de sus contratos Juan de la Cierva y Programa JAE, respectivamente, cofinanciados por el Fondo Social Europeo. Los autores desean expresar su agradecimiento a la CICYT de España por la financiación del Proyecto DPI2011-26480.

Referencias

1. Bard AJ, Faulkner LR. *Electrochemical Methods. Fundamentals and Applications.* Nueva York : Wiley; 1980: 86, 280.
2. González JA. *Control de la Corrosión: Estudio y Medida por Técnicas Electroquímicas.* Consejo Superior de Investigaciones Científicas, CSIC, Madrid. 1989: 45, 101, 199.
3. Bastidas JM, Malo JM. *El ruido electroquímico (1/f) para el estudio de la eficacia de un inhibidor de corrosión.* Rev Metal. Madrid. 1985; 21: 337-41.
4. Hausler RH. *Practical experiences with linear polarization measurements.* Corrosion. 1977; 33: 117-28. http://dx.doi.org/10.5006/0010-9312-33.4.117
5. Walter GW. *A review of impedance plot methods used for corrosion performance analysis of painted metals.* Corros Sci. 1986; 26: 681-703. http://dx.doi.org/10.1016/0010-938X(86)90033-8
6. Randles JEB. *Kinetics of rapid electrode reactions.* Disc Faraday Soc. 1947; 1: 11-9. http://dx.doi.org/10.1039/df9470100011
7. Mikhailovskii YN, Leonov VV, Tomashov ND. *Mechanism of electrochemical corrosion of metals under insulating coatings.* 1. Kinetics of deterioration of insulating coatings on metal in electrolytes. Korr Metal Spanov (British Lending Library Translation). 1965: 202-9.
8. Park JR, Macdonald DD. *Impedance studies of the growth of porous magnetite films on carbon-steel in high-temperature aqueous systems.* Corros Sci. 1983; 23: 295-315. http://dx.doi.org/10.1016/0010-938X(83)90063-X
9. Feliu S, Barajas R, Bastidas JM, Morcillo M. *Mechanism of cathodic protection of zinc-rich paints by electrochemical impedance spectroscopy.* II. Barrier stage. J Coating Technol. 1989; 61: 71-6.
10. Catalá R, Cabañes JM, Bastidas JM. *An impedance study on the corrosion properties of lacquered tinplate cans in contact with tuna and mussels in pickled sauce.* Corros Sci. 1998; 40: 1455-67. http://dx.doi.org/10.1016/S0010-938X(98)00050-X
11. De Levie R. *On porous electrodes in electrolyte solutions.* Electrochim Acta. 1963; 8: 751-80. http://dx.doi.org/10.1016/0013-4686(63)80042-0
12. De Levie R. *On porous electrodes in electrolyte solutions-IV.* Electrochim Acta. 1964; 9: 1231-45. http://dx.doi.org/10.1016/0013-4686(64)85015-5
13. Polo JL, Bastidas JM. *Líneas de transmisión: su utilización en la interpretación de las medidas de impedancia en los estudios de corrosión.* Rev Metal Madrid. 2000; 36: 357-65. http://dx.doi.org/10.3989/revmetalm.2000.v36.i5.586
14. Stern M, Geary AL. *Electrochemical polarization I. A theoretical analysis of the shape of polarization curves.* J Electrochem Soc. 1957; 104: 56-63. http://dx.doi.org/10.1149/1.2428496

15. Brasher DM, Kingsbury AH. *Electrical measurements in the study of immersed paint coatings on metal .1. comparison between capacitance and gravimetric methods of estimating water-uptake*. J Appl Chem. 1954; 4: 62-72.
http://dx.doi.org/10.1002/jctb.5010040202

16. Philippe LVS, Lyon SB, Sammon C, Yarwood Y. *Validation of electrochemical impedance measurements for water sorption into epoxy coatings using gravimetry and infra-red spectroscopy*. Corros Sci. 2008; 50: 887-96.
http://dx.doi.org/10.1016/j.corsci.2007.09.008

17. Elsener B, Rota A, Böhni H. *Impedance study on the corrosion of PVD and CVD titanium nitride coatings*. Mater Sci Forum. 1989; 44-45: 29-38.

18. Luo H, Guan YC, Han KN. *Inhibition of mild steel corrosion by sodium dodecyl benzene sulfonate and sodium oleate in acidic solutions*. Corrosion. 1998; 54: 619-27.
http://dx.doi.org/10.5006/1.3287638

19 Kim YJ, Gao Y, Herman GS, Theuvhasan S, Jiones W, McCready DE, Chambers SA. *Preparation and characterization of model ceria thin films, Interfacial and Processing Sciences.* Annual Report, Nueva York. 1999.

20. Polo JL, Pinilla P, Cano E, Bastidas JM. *Trifenylmethane compounds as copper corrosion inhibitors in hydrochloric acid solution*. Corrosion. 2003; 59: 414-23.
http://dx.doi.org/10.5006/1.3277573

21. Gallardo-Moreno AM, Multigner M, Calzado-Martín A, Méndez-Vilas A, Saldaña L, Galván JC et al. *Bacterial adhesion reduction on a biocompatible Si+ ion implanted austenitic stainless steel*. Mat Sci Eng. 2011; C 31: 1567-76.

22. Anderson NL, Anderson NG. *Microheterogeneity of serum transferrin, haptoglobin and α2HS glycoprotein examined by high resolution two-dimensional electrophoresis*. Biochem Bioph Res Co. 1979; 88: 258-65.
http://dx.doi.org/10.1016/0006-291X(79)91724-8

23. Jayaweera P, Hettiarachchi S, Ocken H. Determination of the high temperature zeta potential and pH of zero charge of some transition metal oxides. Colloid Surface. 1994; A 85: 19-27.

24. Castellote M, Llorente I, Andrade C. Influence of the composition of the binder and the carbonation on the zeta potential values of hardened cementitious materials. Cement Concrete Res. 2006; 36: 1915-21.
http://dx.doi.org/10.1016/j.cemconres.2006.05.033

25. Castellote M, Llorente I, Andrade C, Turrillas X, Alonso C, Campo J. Neutron diffraction as a tool to monitor the establishment of the electro-osmotic flux during realkalisation of carbonated concrete. Physica. 2006; B 385-386: 526-8.

26. Mora N. *Pasivado de la Hojalata con Sales de Cerio: una Alternativa a las Sales de Cromo Convencionales.* Tesis Doctoral. Universidad Complutense de Madrid. 2003.

27. Bastidas DM, Cano E, astidas JM, Mora EM. *High Performance Coatings for Automotive and Aerospace Industries.* Makhlouf ASH (Editor). Nova Science Publishers, Hauppauge, NY, USA. 2010.

28. Brug GJ, van den Eeden ALG, Sluyters-Rehbach M, Sluyters JH. *The analysis of electrode impedances complicated by the presence of a constant phase element*. J Electroanal Chem. 1984; 176: 275-95. http://dx.doi.org/10.1016/S0022-0728(84)80324-1

29. Rammelt U, Reinhard G. *On the applicability of a constant phase element (CPE) to the estimation of roughness of solid metal electrodes*. Electrochim Acta. 1990; 35: 1045-49.
http://dx.doi.org/10.1016/0013-4686(90)90040-7

30. Kerner Z, Pajkossy T. *On the origin of capacitance dispersion of rough electrodes*. Electrochim Acta. 2000; 46: 207-11.
http://dx.doi.org/10.1016/S0013-4686(00)00574-0

31. Cai M, Park SM. *Oxidation of zinc in alkaline solutions studied by electrochemical impedance spectroscopy*. J Electrochem Soc. 1996; 143: 3895-902.
http://dx.doi.org/10.1149/1.1837313

32. Ilevbare GO, Scully JR. *Mass-transport-limited oxygen reduction reaction on AA2024-T3 and selected intermetallic compounds in chromate-containing solutions*. Corrosion. 2001; 57: 134-52. http://dx.doi.org/10.5006/1.3290339

33. Hsu CH, Mansfeld F. *Concerning the conversion of the constant phase element parameter Y0 into a capacitance*. Corrosion. 2001; 57: 747-8.
http://dx.doi.org/10.5006/1.3280607

34. Popova A, Christov M. *Evaluation of impedance measurements on mild steel corrosion in acid media in the presence of heterocyclic compounds*. Corros Sci. 2006 48: 3208-21.
http://dx.doi.org/10.1016/j.corsci.2005.11.001

35. Martinez S, Metikos-Hukovic M. *A nonlinear kinetic model introduced for the corrosion inhibitive properties of some organic inhibitors*. J Appl Electrochem. 2003; 33: 1137-42.
http://dx.doi.org/10.1023/B:JACH.0000003851.82985.5e

36. Ruíz-Morales JC, Marredo-López D, Canales-Vázquez J, Núñez P, Irvine JPS. *Application of an alternative representation to identify models to fit impedance spectra*. Solid State Ionics. 2005; 176: 2011-22. http://dx.doi.org/10.1016/j.ssi.2004.12.015

37. Sánchez M, Gregori J, Alonso MC, García-Jareño JJ, Vicente F. Anodic growth of passive layers on steel rebars in an alkaline medium simulating the concrete pores. Electrochim Acta. 2006; 52: 47-53. http://dx.doi.org/10.1016/j.electacta.2006.03.071

38. Folquer ME, Ribotta SB, Real SG, Gassa LM. Study of copper dissolution and passivation processes by electrochemical impedance spectroscopy. Corrosion. 2002; 58: 240-7.
http://dx.doi.org/10.5006/1.3279875

39. Bastidas JM, Polo JL, Torres CL, Cano E, Botella J. *Passivity of Metals and Semiconductors*. En *The Electrochemical Society*. Ives MB, Luo JL, Rodda JR (Editores). USA: Pennington, Vol 99-42, 2001.

40. Davison RM. *ASTM update for stainless steels II*. Mater Performance. 1999; 38(10): 60-1.

41. Torres CL. *Utilización de los aceros inoxidables AISI 304 y AISI 316L en industrias que operan con cloruro sódico*. Tesis Doctoral. Universidad Complutense de Madrid. 1999.

42. Lula RA. *Stainless Steel*. American Society for Metals. 1986.

43. Hashimoto K, Asami K, Teramoto K. *An X-ray photo-electron spectroscopic study on the role of molybdenum in increasing the corrosion resistance of ferritic stainless steels in HC1*. Corros Sci. 1979; 19: 3-14. http://dx.doi.org/10.1016/0010-938X(79)90003-9

44. Wegrelius L, Falkenberg F, Olefjord I. *Passivation of stainless steels in hydrochloric acid*. J Electrochem Soc. 1999; 146: 1397-406. http://dx.doi.org/10.1149/1.1391777

45. Polo JL, Cano E, Bastidas JM. *An impedance study on the influence of molybdenum in stainless steel pitting corrosion*. J Electroanal Chem. 2002; 537: 183-7.
http://dx.doi.org/10.1016/S0022-0728(02)01224-X

46. Bastidas JM, López MF, Gutiérrez A, Torres CL. *Chemical analysis of passive films on type AISI 304 stainless steel using soft X-ray absorption spectroscopy*. Corros Sci. 1998; 40: 431-8. http://dx.doi.org/10.1016/S0010-938X(97)00149-2

47. López MF, Gutiérrez A, Torres CL, Bastidas JM. *Soft X-ray absorption spectroscopy study of electrochemically formed passive layers on AISI 304 and 316L stainless steels*. J Mater Res. 1999; 14: 763-70. http://dx.doi.org/10.1557/JMR.1999.0102

48. Bastidas JM, Torres CL, Cano E, Polo JL. *Influence of molybdenum on passivation of polarised stainless steels in a chloride environment*. Corros Sci. 2002; 44: 625-33. http://dx.doi.org/10.1016/S0010-938X(01)00072-5

49. Clayton CR, Lu YC. *A bipolar model of the passivity of stainless-steel - the role of Mo addition*. J Electrochem Soc. 1986; 133: 2465-73. http://dx.doi.org/10.1149/1.2108451

50. Bastidas JM, Polo JL, Torres CL, Cano E. *A study on the stability of AISI 316L stainless steel pitting corrosion through its transfer function*. Corros Sci. 2001; 43: 269-81. http://dx.doi.org/10.1016/S0010-938X(00)00082-2

51. Fin N, Dodiuk H, Yaniv AE, Drori L. *Oxide treatments of al-2024 for adhesive bonding - surface characterization*. Appl Surf Sci. 1987; 38: 11-33. http://dx.doi.org/10.1016/0169-4332(87)90025-0

52. Maji KD, Singh I. *Studies on the effect of sulphide ions on the inhibition efficiency of chromate on mild steel using radio-tracer technique*. Anti-Corros Method Mater. 1982; 29: 8-14. http://dx.doi.org/10.1108/eb007209

53. McCafferty E. *Inhibition of the crevice corrosion of iron in chloride solutions by chromate*. J. Electrochem. Soc. 126 (1979) 385-93. http://dx.doi.org/10.1149/1.2129047

54. McCafferty E. *Thermodynamic aspects of the crevice corrosion of iron in chromate/chloride solutions*. Corros. Sci. 29 (1989) 391-8. http://dx.doi.org/10.1016/0010-938X(89)90094-2

55. Hackerman N, Snavely ES. *Corrosion Basics*, NACE, Houston. 1984: 136-45.

56. Wittke WJ. *The new age in pretreatment*. Metal Finish. 1989; 87: 24-37.

57. Brasher DM, Kingsbury AH. *The study of the passivity of metals in inhibitor solutions, using radioactive tracers*. 1. The action of neutral chromates on iron and steel. Tras Faraday Soc. 1958; 54:1214-22. http://dx.doi.org/10.1039/tf9585401214

58. Lusdem JB, Szklarska-Smialowska Z. *Properties of films formed on iron exposed to inhibitive solutions*. Corrosion. 1978; 34: 169-76. http://dx.doi.org/10.5006/0010-9312-34.5.169

59. Macdonald DD. *On the formation of voids in anodic oxide films on aluminum*. J Electrochem Soc. 1993; 138: L27-32. http://dx.doi.org/10.1149/1.2056179

60. Hinton BRW, Arnott DR, Ryan NE. *Cerium conversion coatings for the corrosion protection of aluminium*. Mater Forum. 1986; 9: 162-73.

61. Hinton BRW. *Corrosion prevention and chromates, the end of an era*. Metal Finish. 1991; 89: 55-61.

62. Kiyota S, Valdez B, Stoytcheva M, Zlatev R, Bastidas JM. *Anticorrosion behavior of conversión coatings obtained from unbuffered cerium salts solutions on AA6061-T6*. J Rare Earth. 2011; 29: 961-8. http://dx.doi.org/10.1016/S1002-0721(10)60579-0

63. Mora N, Cano E, Polo JL, Puente JM, Bastidas JM. *Corrosion protection properties of cerium layers formed on tinplate*. Corros Sci. 2004; 46: 563-78. http://dx.doi.org/10.1016/S0010-938X(03)00171-9

64. Almeida E, Costa MR, De Cristofaro N, Mora N, Bastidas JM, Puente JM. *Environmentally friendly coatings for tinplate cans in contact with synthetic food media*. J Coating Technol Res. 2004; 1: 103-9. http://dx.doi.org/10.1007/s11998-004-0004-4

65. Catalá R, Alonso M, Gavara R, Almeida E, Bastidas JM, Puente JM, De Cristofaro N. *Titanium-passivated tinplate for canning foods*. Food Sci Technol Int. 2005; 11: 223-7. http://dx.doi.org/10.1177/1082013205054933

66. Almeida E, Costa MR, De Cristofaro N, Mora N, Catalá R, Puente JM, Bastidas JM. *Titanium passivated lacquered tinplate cans in contact with foods*. Corros Eng Sci Techn. 2005; 40: 158-64. http://dx.doi.org/10.1179/174327805X29859

OmniaScience

Capítulo 2

Corrosión en la industria aeroespacial

C. Gaona Tiburcio,[1] P. Zambrano Robledo,[1] A. Martínez Villafañe,[2] F. Almeraya Calderón[1]

[1] Universidad Autónoma de Nuevo León, UANL. Facultad de Ingeniería Mecánica y Eléctrica, FIME. Centro de Investigación e Innovación en Ingeniería Aeronáutica, CIIIA. Carretera a Salinas Victoria Km. 2.3, Aeropuerto Internacional de Norte. Apocada, Nuevo León, México.

[2] Centro de Investigación en Materiales Avanzados, S.C. Miguel de Cervantes 120, Complejo Industrial Chihuahua. Chihuahua, Chih., México.

citlalli.gaona@gmail.com

Doi: http://dx.doi.org/10.3926/oms.77

Referenciar este capítulo

Gaona Tiburcio C, Zambrano Robledo P, Martínez Villafañe A, Almeraya Calderón F. *Corrosión en la industria aeroespacial.* En Valdez Salas B, & Schorr Wiener M (Eds.). *Corrosión y preservación de la infraestructura industrial.* Barcelona, España: OmniaScience; 2013. pp. 33-48.

1. Introducción

Los Estados Unidos son el principal país en la industria aeronáutica, generando ingresos por 204 mil millones de dólares, el 45.3% del total, seguida de Francia, Reino Unido y Alemania, que son los socios principales de la compañía Airbus; posteriormente Canadá que se ubica en la 5ª posición con ingresos de 22 mil millones de dólares. Brasil se encuentra en el 10º lugar. Todos ellos son los países de origen de las principales empresas fabricantes de aviones y motores en el mundo. México se encuentra ubicado en el 15º lugar mundial.[1]

Existe una fuerte competencia entre los dos principales fabricantes de aviones con capacidad para más de 100 pasajeros: Boeing y Airbus, corporaciones que buscan satisfacer los requerimientos actuales de sus clientes, ofreciendo aviones con mayor capacidad, menores costos de operación y atractivas innovaciones que cumplan con normas ambientales más estrictas. Por otra parte, se encuentra el segmento de aviones de menor capacidad (menos de 100 pasajeros) y alcance, con los cuales se atienden las necesidades de compañías de aviación que ofrecen servicios regionales. Entre los principales fabricantes de este tipo de unidades se encuentran la canadiense Bombardier y Embraer de Brasil. Además, también existen otras compañías que fabrican aviones de tipo ejecutivo o firmas fabricantes de helicópteros.

La complejidad en la producción de una aeronave y las expectativas de buen desempeño de las partes empleadas en su fabricación, son tan altas que el aseguramiento de la calidad en este sector industrial se vuelve un elemento clave.[2]

El estándar aceptado mundialmente por la industria aeronáutica es la Serie 9100, y su implementación es de gran importancia para las empresas que deseen convertirse en proveedores de partes y componentes para aeronaves. La Serie 9100 es un modelo para sistemas de administración de la calidad en el sector aeronáutico basado en la norma estándar ISO 9001:2000, cuya aplicación general está a cargo de la International Aerospace Quality Group (IAQG), y cuya entidad responsable es la Society of Automotive Engineers (SAE).

La Secretaría de Comunicaciones y Transportes (SCT), a través de la Dirección General de Aeronáutica Civil (DGAC), es la dependencia mexicana encargada de otorgar permisos para el establecimiento de fábricas de aeronaves, motores, partes y componentes, así como para llevar su control y vigilancia. Asimismo, tiene la facultad de certificar, convalidar y autorizar, dentro del marco de sus atribuciones, los programas de mantenimiento y los proyectos de construcción o modificación de las aeronaves y sus partes y productos utilizados en la aviación, así como opinar sobre la importación de los mismos.

La presencia de empresas de la industria aeronáutica en México, se ha incrementado actualmente en el país, más del doble de lo registrado en 2006, incluyendo empresas líderes en la fabricación de aviones y de partes en el mundo que realizan operaciones de manufactura y/o ingeniería como: Bombardier, Honeywell, Grupo Safran, Eaton Aerospace, Goodrich, ITR, entre otras.[3]

El crecimiento de la industria aeroespacial en México en los últimos años, y particularmente en Nuevo León, llevó a que el Gobierno del Estado creara en el año 2005, un consejo ciudadano de la industria aeroespacial. Este es uno de los cinco consejos que fueron creados siguiendo los lineamientos del Programa Regional de Competitividad e Innovación para la promoción de sectores estratégicos de la economía estatal.

La Facultad de Ingeniería Mecánica y Eléctrica (FIME) de la Universidad Autónoma de Nuevo León, es uno de los participantes de este consejo, el cual identificó la necesidad de hacer un estudio de factibilidad y pertinencia para la creación de un programa educativo a nivel maestría, que pudiese contribuir al desarrollo de la industria aeroespacial en la región.

En el año 2007 se crea a raíz del Consejo, el Clúster Aeroespacial de Nuevo León, actual Aeroclúster, en el cual la Facultad de Ingeniería Mecánica y Eléctrica de la Universidad Autónoma de Nuevo León dirige el Comité de Innovación.

La Universidad Autónoma de Nuevo León, a través de la FIME, en Marzo del 2012 abre las puertas del Centro de Investigación e Innovación en Ingeniería Aeronáutica (CIIIA), con el objeto de ser el brazo tecnológico de las industrias aeronáuticas y aeroespaciales del norte de México, promoviendo proyectos de alto valor en la cadena productiva, desarrollando alta ingeniería, investigación, e innovación tecnológica en las diversas ramas del sector aeroespacial, con actividades orientadas al desarrollo de nuevas tecnologías, productos, materiales y procesos.[4]

Considerando que la Facultad de Ingeniería Mecánica y Eléctrica, es y ha sido uno de los actores más importantes en la formación de ingenieros en la región, se impone el reto de llevar a cabo un análisis de factibilidad y pertinencia del Programa Educativo (PE) de Maestría en Ciencias de la Ingeniería Aeroespacial, cuyo programa ya está vigente en la actualidad.

En la industria aeronáutica existen diversos temas de interés para el desarrollo de proyectos de investigación, innovación y soporte tecnológico; pero un tema que apremia a esta industria es cuando los materiales metálicos dejan de ser funcionales y su manifiesto es la degradación electroquímica u oxidación en alta temperatura, por las condiciones de operación de la aeronaves.

El Control de la corrosión en la industria aeronáutica es un tema que siempre ha sido importante, pero es cada vez más en función del envejecimiento de la flota de aeronaves. La corrosión puede conducir a la no disponibilidad de las aeronaves y en casos extremos, a una falla catastrófica. Bajo estas circunstancias es importante que el lector conozca los fundamentos de corrosión y control, evaluación y predicción para estos materiales.[5]

La mayoría de los metales usados en la industria aeronáutica están sujetos a corrosión. El ataque puede tener lugar sobre una superficie metálica entera, o puede ser penetrante en los resquicios de los ensambles, ocasionando un ataque localizado y generando picaduras profundas, o bien pueden los agentes corrosivos difundir en los límites de grano y provocar un ataque intergranular. Los esfuerzos externos o las cargas existentes en la estructura metálica en conjunto con el ambiente atmosférico, pueden provocar mecanismos de degradación que combinados ocasionan agrietamientos del material por tensión y fatiga. Existen otros materiales que pueden ayudar a que la corrosión inicie y es promovido por el contacto de los metales con materiales que absorben agua, tales como madera, esponja, goma, fieltro, la suciedad, la película de la superficie, etc.

La corrosión se manifiesta de muchas formas diferentes, las cuales pueden identificarse en este tipo de industria; estas puede ser del tipo general o localizada.

Corrosión Uniforme o General es el tipo más común que ocurre en la superficie de las aeronaves, y resulta de la reacción directa de la superficie de metal con el oxígeno en el aire. Al no ser adecuadamente protegido, el acero inoxidable, aluminio, magnesio, y titanio entre otros, se oxidan y forman productos de corrosión. El ataque puede ser acelerado por las diferentes atmósferas en las que circulan las aeronaves.

Corrosión galvánica es cuando se tienen metales distintos o de reactividad diferente, y al estar en contacto por un electrolito (líquido o gas continuo, trayectoria de pulverización de sal, gases de escape, condensado), puede uno de ellos reaccionar y ser el que represente al ánodo (corrosión) y el cátodo el material que no se degrada. El grado de ataque depende de la actividad relativa de las dos superficies, mayor es la diferencia en la actividad, más grave es el ataque. Por ejemplo magnesio y sus aleaciones son muy activos y se corroen fácilmente. Ellos requieren una máxima protección. La protección especial requerida es asegurar que la corrosión de metales disímiles no se presente.

Corrosión intergranular es un ataque selectivo a lo largo de los límites de grano de aleaciones metálicas, y es el resultado de la falta de uniformidad en la estructura de la aleación. Es particularmente característico de aleaciones de aluminio endurecidas por precipitación y algunos aceros inoxidables. Las aleaciones de aluminio 2024 y 7075 que contienen cantidades apreciables de cobre y zinc respectivamente, son muy vulnerables a este tipo de ataque, si no se les realiza adecuadamente el tratamiento térmico pueden ser susceptibles a este tipo de corrosión.

Existen algunos materiales en los que es difícil de detectar el tipo de corrosión presente, aun cuando se les haga análisis por ensayos no destructivos, el material puede presentar exfoliación o ampollamiento.

Corrosión Asistida por esfuerzo (SCC siglas en inglés), esto resulta del efecto combinado de las tensiones de tracción estática y/o aplicada, a una superficie durante un período de tiempo bajo condiciones corrosivas. En general la susceptibilidad aumenta con el esfuerzo, particularmente a cargas que se aproximan al limite elástico, y al aumentar la temperatura, el tiempo de exposición y la concentración de componentes corrosivos en el ambiente circundante. Remaches de aleación de aluminio empleados en la misma estructura de las aeronaves, en tornillos y pasadores cónicos del tren de aterrizaje, engranes y otros componentes, son ejemplos de partes que son susceptibles a la corrosión asistida por esfuerzo.[6]

Corrosión-Fatiga. La fatiga por corrosión es un tipo de corrosión por esfuerzo resultante de esfuerzos cíclicos en un metal inmerso en un entorno corrosivo. La corrosión puede comenzar en la parte inferior de un defecto o picadura en una zona tensionada.

Rozamiento y Fatiga – Corrosión. Es una Corrosión de contacto, con un tipo limitado de ataque que se desarrolla cuando el movimiento relativo de pequeña amplitud tiene lugar entre cerrar y abrir componentes. El contacto de roce destruye la película protectora de los materiales que pueden estar presentes sobre la superficie metálica, y además, elimina las partículas pequeñas de metal virgen de la superficie. Estas partículas actúan como un abrasivo y evitan la formación de una película protectora de óxido, y expone al material a la atmósfera. Si las áreas de contacto son pequeñas y afiladas, profundos surcos semejantes a marcas o muescas de presión, pueden ser usados en la superficie de rozamiento.

El daño por corrosión para fuselajes de los aviones es un ejemplo de la corrosión atmosférica, un tema que se describe en detalle en un módulo separado. Aeropuertos ubicados en ambientes marinos merecen una atención especial en este contexto. El riesgo y el costo de los daños por corrosión son particularmente elevados tras el envejecimiento de las aeronaves. Sólo en los Estados Unidos, la corrosión de las aeronaves es un problema de miles de millones de dólares.

En algunos tipos de aeronaves militares, las horas de mantenimiento por la corrosión se sabe que superan las horas de vuelo.[7]

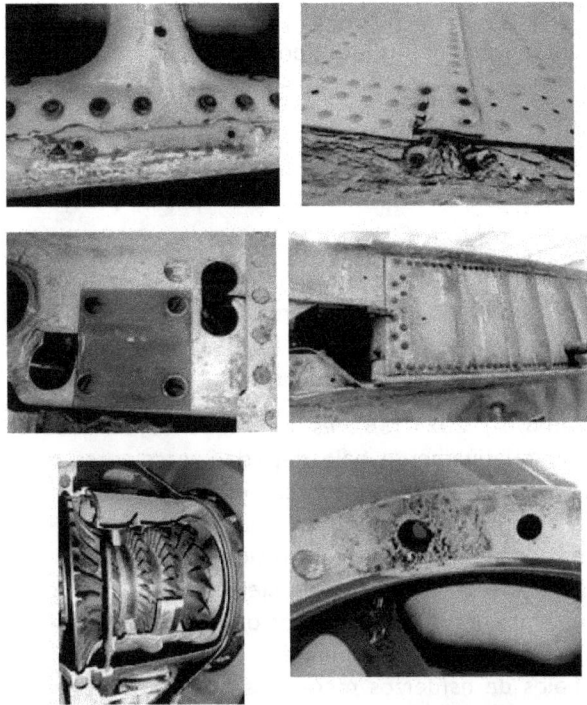

Figura 1. Tipos de corrosión en la industria aeronáutica

El 28 de abril de 1988, un avión Boeing 737 operado por Aloha Airlines, con 19 años de edad, perdió una parte importante del fuselaje superior, cerca de la parte delantera del avión, en pleno vuelo a 24.000 pies. El deterioro se debió a un problema de corrosión-Fatiga, iniciado por un agrietamiento en las pieles de la aeronave, este avión trabajaba en vuelos cortos y estaba siempre sometido a la presurización constante, así que los remaches de los paneles del fuselaje se fueron agrietando poco a poco hasta provocar el accidente. El incidente Aloha marcó un punto de reflexión en la historia de la corrosión de las aeronaves.[8-9]

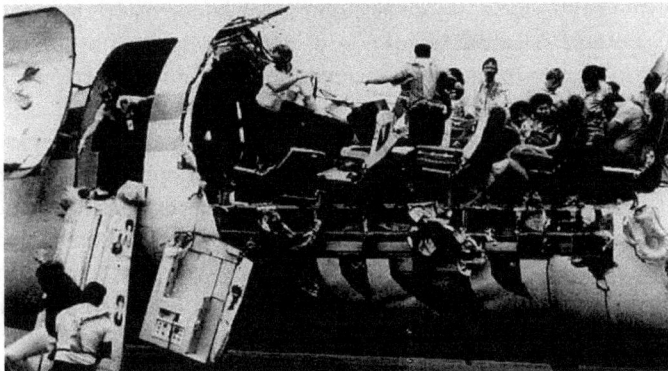

Figura 2. Accidente del avión Boeing 737 operado por Aloha Airlines

Con base en los antecedentes de corrosión en la industria aeronáutica, el objetivo de este capítulo es presentar dos casos de investigación; donde se caracteriza al aluminio 2024-T3 en un sistema de corrosión asistida por esfuerzo, y por otro lado un método de protección para aleaciones de aluminio 2024-T3 y 6061-T6 empleando recubrimientos nanométricos de cromo/aluminio y aluminio/cromo depositados por Sputtering.

2. Metodología Experimental

2.1. Corrosión Asistida por Esfuerzo del Aluminio 2024-T351 en presencia de NaCl

Cuando existe un esfuerzo mecánico sobre un metal o aleación que se halle en un medio corrosivo, puede originarse el agrietamiento del material metálico y posteriormente su rotura. El esfuerzo mecánico puede ser debido a tensiones residuales o a tensiones externas, en cuyo caso puede tener lugar el agrietamiento por corrosión asistida por esfuerzo (CAE), o bien tratarse de esfuerzos alternados, dándose entonces el fenómeno de corrosión fatiga (CF).[10]

La aleación de aluminio (AA) 2024-T351 es ampliamente utilizada en la industria de la Aeronáutica debido a su relativamente baja densidad, excelentes propiedades mecánicas y buena resistencia a la corrosión. Recientes estudios muestran el comportamiento electroquímico de esta aleación de aluminio.[5] El objetivo de este estudio fue determinar la susceptibilidad de la aleación al fenómeno de Corrosión Asistida por Esfuerzo (CAE). Este tipo de corrosión es muy peligrosa, se presenta cuando ciertos materiales son sometidos a la acción conjunta de esfuerzos de tracción y a un medio corrosivo especificó, y estos sufren el fenómeno de corrosión asistida por esfuerzo presentándose la nucleación, crecimiento y propagación de fisuras a niveles muy bajos de esfuerzos mecánicos. CAE es un tipo de corrosión localizada, puesto que se puede propagar sin ningún daño visible, que pueda ser observado.[11]

Se empleó para ello la técnica CERT (prueba a velocidades de extensión constante), ASTM G129,[12] y la técnica de Ruido Electroquímico. La aleación se expuso a un medio agresivo de NaCl utilizando dos porcentajes (3.5 y 5%) a diferentes velocidades de deformación lenta. Los especímenes ensayados fueron caracterizados por el microscopio óptico y el microscopio electrónico de barrido (MEB).

2.2. Recubrimientos nanométricos de cromo/aluminio y aluminio/cromo depositados por Sputtering en aleaciones de aluminio 2024-T3 y 6061-T6.

Los recubrimientos son un método de protección contra la corrosión, actúan por medio de un efecto de barrera (protección catódica), donde el material del recubrimiento actúa como un ánodo de sacrificio e inhibición/pasivación, incluyendo casos de protección anódica. Hay varios tipos de recubrimientos, entre los cuales se encuentran los metálicos, y son divididos en dos grupos: los catódicos, que se comportan más nobles que el sustrato, y los anódicos, que son más activos que el sustrato, los recubrimientos catódicos actúan como barrera, pero por algunas combinaciones del sustrato y el ambiente, el sustrato puede ser protegido anódicamente; mientras que los recubrimientos anódicos en adición a un efecto de barrera, también proveen protección catódica. La mayor diferencia entre ambos es el comportamiento hacia la presencia de defectos.[13-14] Entre los principales métodos de depositación de recubrimientos se encuentra el PVD (Physical Deposition Vapour); dentro del cual está la técnica de Sputtering, donde las depositaciones resultantes son de tamaño nanométrico, sin embargo comúnmente se presentan una serie de imperfecciones ó defectos, como son microfracturas, porosidad, y grietas; que resultan como consecuencia del pre tratamiento del sustrato, y con mayor frecuencia durante el proceso de depositación.[15] Estas imperfecciones actúan como túneles para los iones corrosivos, como lo son los Cl⁻, por medio de fuerzas capilares, hasta llevarlos a la superficie del sustrato, lo que origina la formación de acoplamientos galvánicos, y por la relación de áreas, el sustrato resulta ser el más afectado, pues la pequeña área del defecto donde entran los iones corrosivos actúa como ánodo, y el recubrimiento como cátodo, llevando a un proceso de corrosión localizada en el sustrato, en el caso de que el recubrimiento sea catódico.[4] Existen formas de disminuir la densidad de imperfecciones, como son: la realización de un recubrimiento amorfo, aumentar el grosor del recubrimiento, depositar en forma de bicapas o multicapas, con tal de incrementar el número de interfaces presentes, que actuarán como un mecanismo de barrera para dislocaciones, pues estas son las que dan lugar a las imperfecciones.[16-18]

Los sistemas experimentales consistieron en recubrimientos de Al y de Cr depositados mediante la técnica de Magnetron Sputtering, sobre aleaciones de Aluminio AA6061-T6 y AA2024-T3. Ambos sustratos en medidas de 2 x 2.5 cm. Sobre cada uno de los sustratos se depositó un arreglo de bicapas en diferente orden, una con capa inicial de Al y capa externa de Cr, la cual queda expuesta a la superficie; y la otra con una capa inicial de Cr y sobre ésta una capa externa de Al en contacto con el electrolito. También se contó con un sustrato no recubierto, al que se le llamó Blanco, el arreglo del sistema es mostrado en las Figuras 1 y 2. Ambos recubrimientos presentan un grosor de 1 micra aproximadamente. La nomenclatura utilizada fue sustrato-capa interna-capa externa; de tal manera que quedan como 6061AlCr, 6061CrAl, 2024AlCr y 2024CrAl.

La técnica de ruido electroquímico se llevo a cabo en la interface electroquímica 1285 de Solartron, en una solución de NaCl al 3.5%, usando una celda de picado con arreglo convencional de tres electrodos. Los sistemas de prueba fueron utilizados como electrodos de trabajo, con una superficie electro activa de 1cm², un electrodo de Calomel saturado (ECS) es utilizado como electrodo de referencia, y un contraelectrodo de Platino. El potencial a circuito abierto (OPC) fue medido después de 20 minutos de estabilización. Las series de tiempo se obtuvieron monitoreando 1024 datos, a 1 dato por segundo.

3. Resultados

3.1. Corrosión Asistida por Esfuerzo del Aluminio 2024-T351

Los resultados obtenidos de los ensayos realizados se muestran en la Tabla 1, donde se observa que no hay mucha diferencia entre el esfuerzo máximo de los ensayos realizados en el medio inerte y los medios agresivos, comparando estos resultados con los valores teóricos del esfuerzo máximo de la aleación de aluminio de la norma ASTM B211.[19]

En la Figura 3 se muestra una curva esfuerzo-deformación a una velocidad de extensión de 1×10^{-6} mm/s⁻¹, donde se observa un comportamiento similar para los tres medios analizados, mostrando que el medio corrosivo no influye en el crecimiento de grietas y en la falla del material.[20]

Con la técnica de ruido electroquímico, el monitoreo se llevo simultáneamente con el ensayo mecánico, debido a que es una técnica no destructiva.[10] En las Figuras 4-6, se presentan las series de tiempo en corriente y en potencial a una velocidad de extensión de 1×10^{-6} mm/s⁻¹. En los resultados del medio inerte (Figura 4), se puede observar que el potencial no presenta fluctuaciones severas ni potenciales negativos; por lo tanto aparece como ruido blanco. [21-22] Sin embargo, en los medios corrosivos, las fluctuaciones del potencial son negativas y de baja intensidad, el cual cambia debido a la activación del medio con el espécimen (Figuras 5-6). Las velocidades de extensión de $2 \times 10^{-6} mm/s^{-1}$ y $7 \times 10^{-6} mm/s^{-1}$ muestran un comportamiento similar.

Velocidad de extensión (mm/s-1)	Velocidades de deformación (/s-1)	Medio	Esfuerzo máximo (kg/mm2)	Tiempo de falla (h)
	8.1 x 10-07	Glicerol	48.616	72.06
1 x 10-06	8.2 x 10-07	NaCl 3.5%	47.791	73.54
	8.9 x 10-07	NaCl 5%	47.797	78.03
	1.7 x 10-06	Glicerol	48.603	36.00
2 x 10-06	1.7 x 10-06	NaCl 3.5%	48.053	35.24
	1.6 x 10-06	NaCl 5%	48.517	37.30
	5.9 x 10-06	Glicerol	48.659	10.00
7 x 10-06	6.2 x 10-06	NaCl 3.5%	47.532	10.00
	6.0 x 10-06	NaCl 5%	47.644	11.03

Tabla 1. Resultados de las curvas esfuerzo-deformación

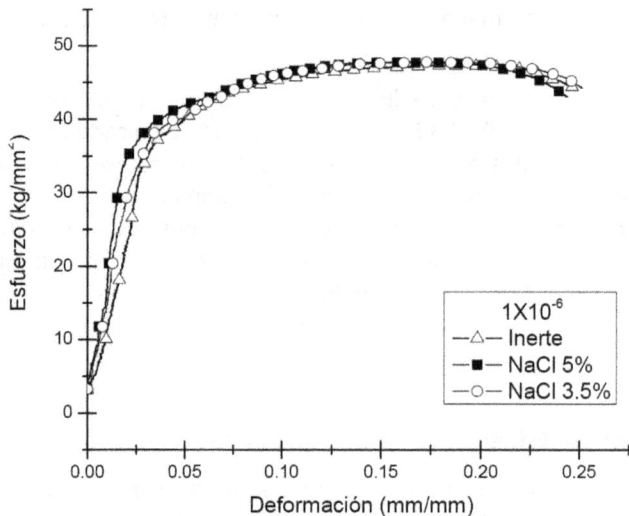

Figure 3. Curva esfuerzo-deformación del AA, a una velocidad de extensión de 10^{-6} mm/s^{-1} en los tres medios ensayados

Ensayos sin tensión: Se realizaron pruebas de los especímenes de AA, con el fin de conocer los potenciales presentes en los medios analizados. En la Figura 7 se observa el potencial, que se encuentra en un rango entre −0.682 y −0.690 V, observándose un ruido blanco debido a que la aleación se encuentra en un medio inerte, donde la corriente se encuentra en el orden de $10^{10} A/cm^2$.

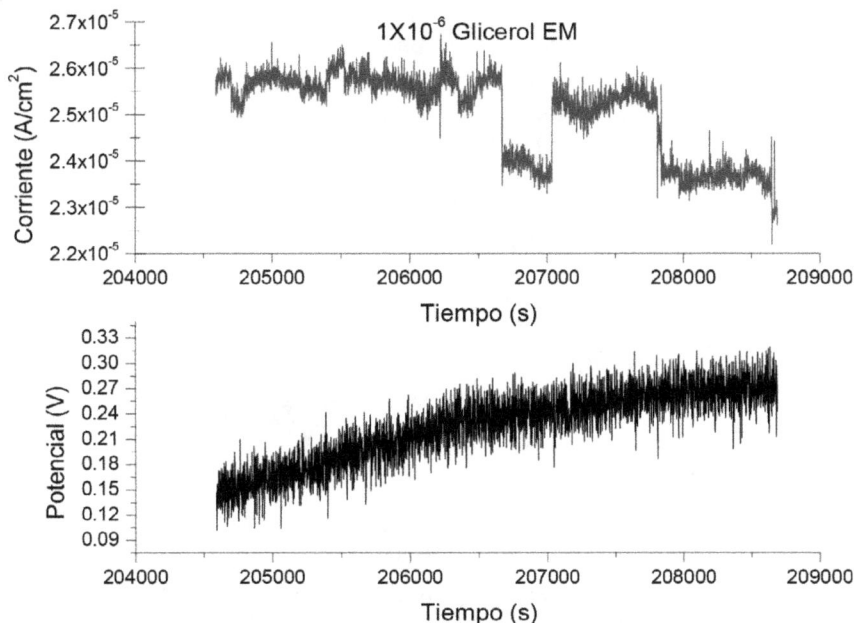

Figura 4. Series de tiempo en corriente y en potencial de la zona del esfuerzo máximo, a una velocidad de deformación de 1 x 10^{-6} mm/s^{-1}; en Glicerol

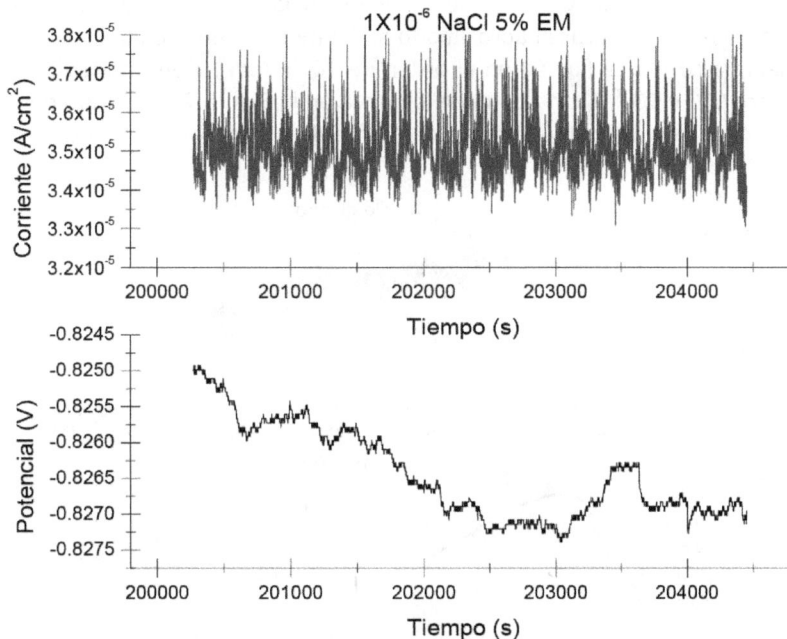

Figura 5. Series de tiempo en corriente y en potencial de la zona del esfuerzo máximo, a una velocidad de deformación de 1 x 10^{-6} mm/s^{-1}; en NaCl al 3.5%

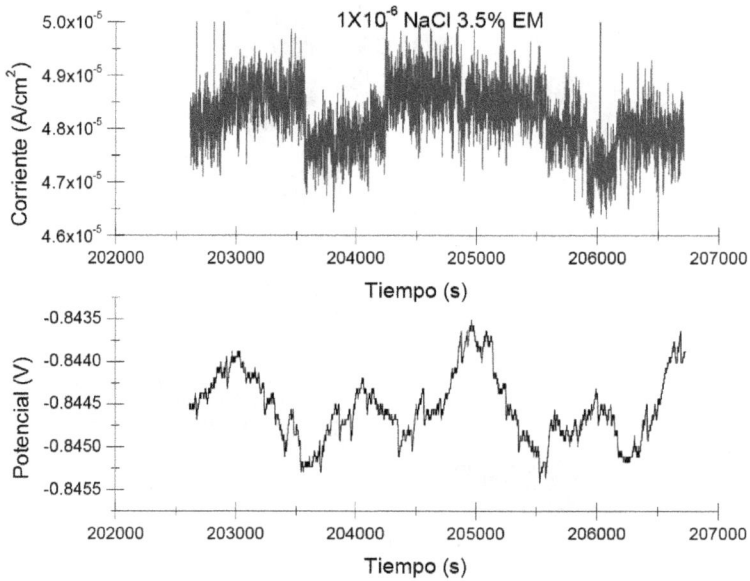

Figura 6. Series de tiempo en corriente y en potencial de la zona del esfuerzo máximo, a una velocidad de deformación de 1 x 10^{-6} mm/s^{-1}; en NaCl al 5%

En los resultados de las series de tiempo en corriente y en potencial en los medios agresivos de 3.5 y 5 por ciento de cloruro de sodio, los potenciales se comportaron parecidos, fluctuando en un rango de −0.950 y −0.650 V, como se muestra en las Figuras 8-9. Se observa cómo el potencial aumenta hasta alcanzar el aproximado al del medio inerte. En la Figura 5 en un medio de 3.5% de NaCl, la corriente fluctúa en el orden de 10^{-9} A/cm^2, y en un medio de 5% de NaCl ésta fluctúa entre 10^{-9} y 10^{-10} A/cm^2, como se observa en la Figura 7. El tiempo de exposición de la aleación para cada uno de los medios analizados fue de 1 hora con 30 minutos.

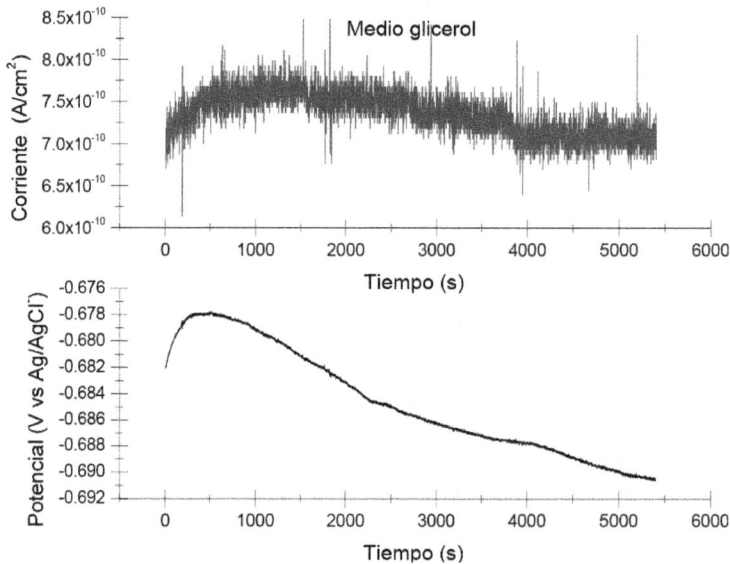

Figura 7. Series de tiempo, en corriente y en potencial en el medio inerte (glicerol), sin tensionar

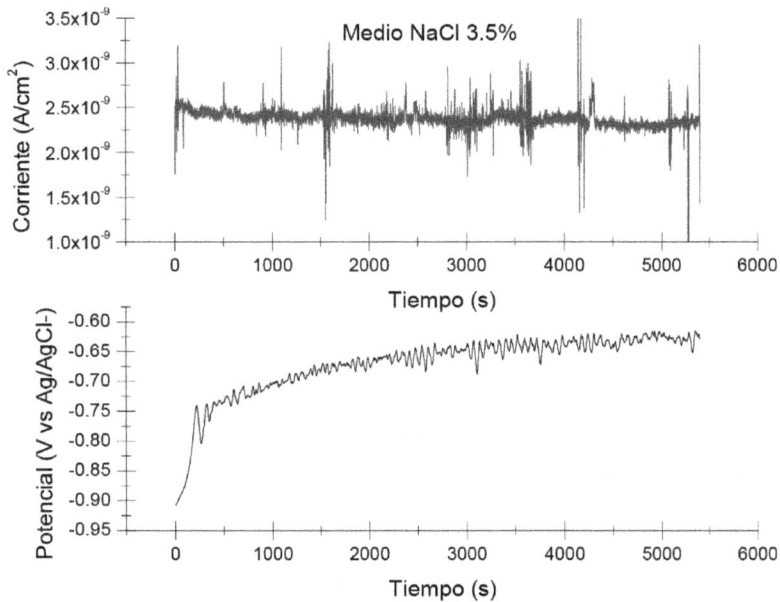

Figura 8. Series de tiempo, en corriente y en potencial en el medio agresivo (NaCl 3.5%), sin tensionar

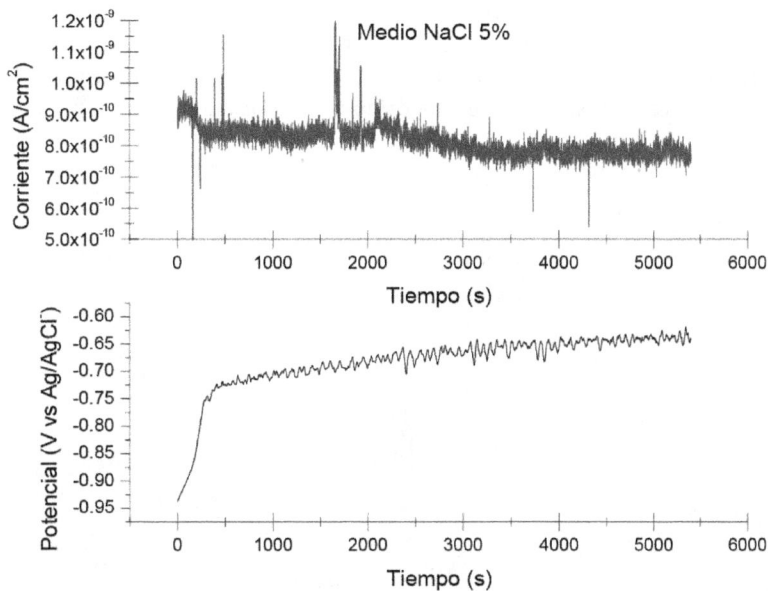

Figura 9. Series de tiempo, en corriente y en potencial en el medio agresivo (NaCl 5%), sin tensionar

En la Figura 10a se observa el espécimen que fue inmerso en el medio inerte, presentando una superficie libre de corrosión. En las Figuras 10b y 10c, se observan los especímenes inmersos en los medios corrosivos de cloruro de sodio, mostrando grietas que no se propagaron por la influencia del medio. Las imágenes del MEB permitieron observar las microcavidades por coalescencia, lo cual fue evidencia de que la fractura fue dúctil.

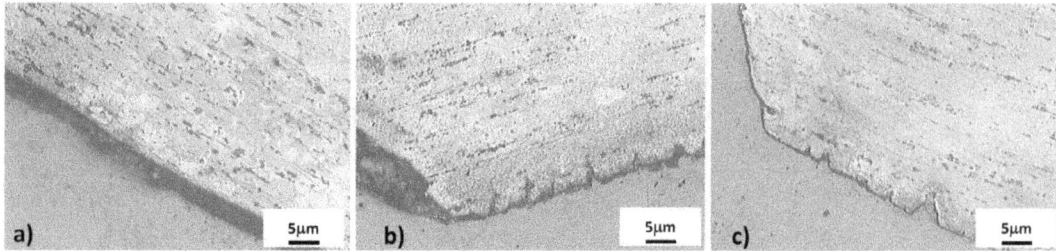

Figura 10. Sección transversal de los especímenes ensayados a tensión, observados por el microscopio óptico. Velocidad de extensión de 1 x 10^-6 mm/s^-1: a) Medio inerte, b) NaCl 3.5%, y c) NaCl 5%

3.2. Recubrimientos nanométricos de cromo/aluminio y aluminio/cromo depositados por Sputtering en aleaciones de aluminio 2024-T3y 6061-T6.

Las series de tiempo de ruido electroquímico en corriente y potencial para los sistemas Blancos del aluminio 2024 y 6061, permiten distinguir que los transitorios de ruido en potencial presentan gran tamaño y son de larga duración, todos con dirección positiva (Figura 11). Esto es común en un tipo de corrosión localizada, y éstas características en los transitorios se deben a la existencia de una capa pasiva de Al, que se rompe y se repasiva continuamente; mientras que los eventos presentados en ruido en corriente tienen la misma dirección, debido al proceso anódico en el sustrato. Es posible observar que los transitorios de corriente duran menos que los de potencial, pues los de corriente indican que se termina la disolución del metal y el potencial se recupera hasta que se consume el exceso de carga por medio de las reacciones catódicas, de hidrógeno y de agua. La observación directa de los transitorios individuales, admite que presentan una subida rápida, seguida de una caída exponencial, lo que es característico de una picadura metaestable de una Aleación de Aluminio.[21]

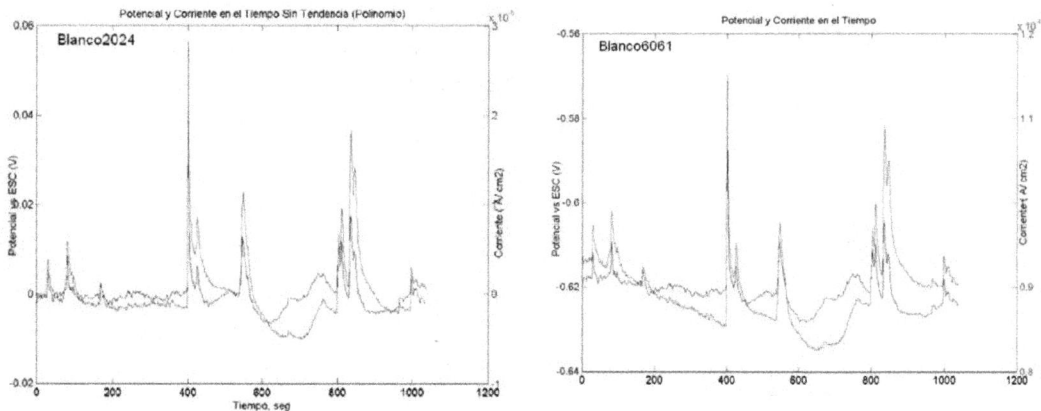

Figura 11. Series de tiempo en potencial y corriente para Blanco 2024 y Blanco 6061

En el análisis estadístico se índica que la Rn es muy elevada para ambos Blancos, 2024 y 6061 (1.07 x 10^3 Ohm/cm^2 y 1.054 x 10^3 Ohm/cm^2, respectivamente), quizá por el bloqueo de las picaduras por los productos de corrosión del sustrato; así mismo, la I$_{corr}$ es de 2.42 x 10^3 A/cm^2 (Blanco 2024), y 3.49 x 10^{-5} A/cm^2 (Blanco 6061). En efecto, éstas son menores que en los sistemas, sin embargo está asociada a corrosión por picaduras y no a corrosión uniforme.

Respecto al DEPM, es de 0.0015 V/ECS para Blanco 2024, y de 0.0023 V/ECS en el Blanco 6061, en ambos casos índica que el tipo de corrosión está controlado por procesos de rotura y repasivación; es decir de una picadura metaestable, como lo es evidenciado por el análisis directo de las series de tiempo, de acuerdo con autores que han constatado que DEPM de este orden se asocia con picaduras metaestables.[23]

En los sistemas 2024AlCr, 2024CrAl, 6061AlCr y 6061CrAl, se observan pocos eventos individuales, pequeños y con tiempos de relajación cortos.[23] El ruido en potencial es muy estable para ambos, con una rango de 5 a -5 mV/ECS para 2024AlCr, y de menos de 1mV/ECS para 2024CrAl, 6061AlCr y 6061CrAl; mientras que respecto al ruido en corriente se observa una superposición de eventos anódicos y catódicos con fluctuaciones muy rápidas. Este tipo de comportamiento es característico en un proceso de corrosión uniforme.[24] Los registros en el tiempo se muestran en la Figura 12.

En el análisis estadístico, la DEI es mayor en los sistemas 6061AlCr y 2024AlCr que en 6061CrAl y 2024CrAl, por lo que es un indicativo de que los procesos de corrosión ocurren con mayor velocidad en los sistemas con arreglo AlCr.[25] En lo que concierne a la DEP, es mayor en 6061AlCr que en 6061CrAl, y en 2024CrAl. En el primer caso se asocia a que la corrosión es aún más localizada en el sistema y que los procesos de pasividad son menores, y en el segundo caso a que la Resistencia al ruido en la interface es mayor, de acuerdo a algunos investigadores que explican que el comportamiento de ésta magnitud se relaciona con ambos procesos.[6,25]

Respecto a la DEPM para todos los sistemas, es de 10^{-5} V/ECS, indicando un proceso de corrosión uniforme controlado por trasferencia de carga, como lo han constatado algunos autores, excepto en 6061CrAl, que presenta un valor de 10^{-4} V/ECS, y que es característico de una corrosión ligera o fenómenos de pasivación controlados por un proceso de difusión de iones y electrones.[26] Esta interpretación coincide con la realizada por la inspección de manera directa a partir de las series de tiempo.

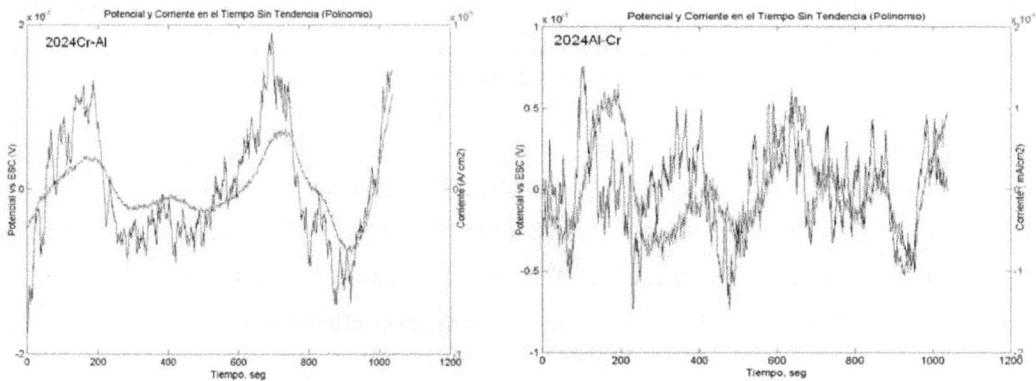

Figura 12. Series de tiempo en potencial y corriente para Aluminio 2024
con nanorecubrimientos de Al-Cr y Cr-Al

En lo referente al IL, éste indica que el tipo de corrosión para el arreglo AlCr en ambos sustratos es mixto, y para CrAl es de tipo Uniforme, lo que significa que es posible que aparezcan algunas picaduras localizadas y corrosión uniforme como forma dominante. Una vez más éste parámetro lleva a obtener la misma información obtenida por análisis directo y de la DEPM.

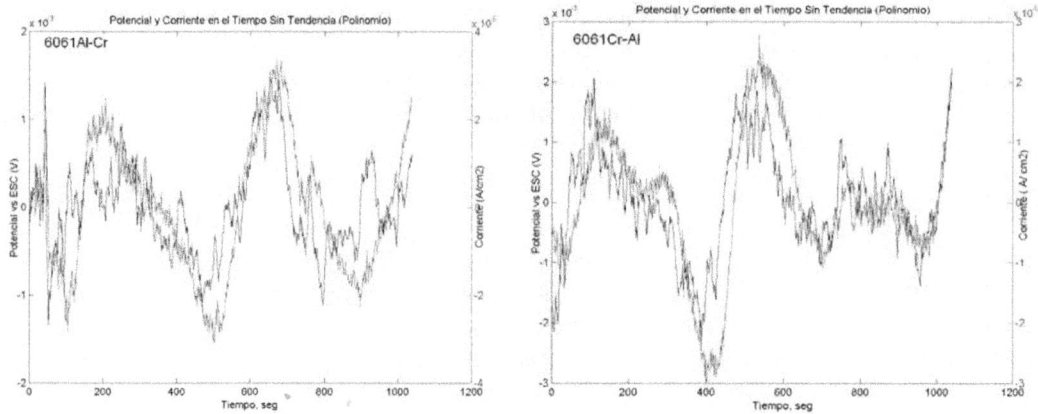

*Figura 13. Series de tiempo en potencial y corriente para Aluminio 6061
con nanorecubrimientos de Al-Cr y Cr-Al*

Mientras, la I_{corr} es mayor en el arreglo AlCr para ambos sustratos, por lo que índica que los procesos de transferencia de carga son facilitados para el sistema con la capa de Cr superficial, debido a los defectos existentes en ésta, y que favorecen la formación de las celdas micro galvánicas, que llevan a la disolución del Al. De acuerdo a lo discutido anteriormente, esta información es totalmente consistente con la obtenida por medio de las curvas de polarización.

Los valores obtenidos del análisis estadístico son presentados en las Tablas 2 y 3.

Sistema	Rn (ohm/cm²)	I_{corr} (A/cm²)	DEP (V/ECS)	DEI (V/ECS)	DEPM (V/ECS)	IL
2024AlCr	424.52	6.12×10^{-5}	1.43×10^{-4}	$8,09 \times 10^{-7}$	5.11×10^{-5}	0.0141
2024CrAl	768.04	3.38×10^{-5}	4.18×10^{-4}	5.44×10^{-7}	8.75×10^{-5}	0.0086

*Tabla 2. Valores obtenidos del Análisis Estadístico en el dominio del tiempo
para los sistemas 2024AlCr y 2024CrAl*

Sistema	Rn (ohm/cm²)	I_{corr} (A/cm²)	DEP (V/ECS)	DEI (V/ECS)	DEPM (V/ECS)	IL
6061AlCr	353.74	7.34×10^{-5}	5.33×10^{-4}	1.5×10^{-6}	8.23×10^{-5}	0.0229
6061CrAl	684.78	3.79×10^{-5}	4.26×10^{-4}	6.23×10^{-7}	1.43×10^{-4}	0.0085

*Tabla 3. Valores obtenidos del Análisis Estadístico en el dominio del tiempo
para los sistemas 6061AlCr y 6061CrAl*

4. Conclusiones

El problema de la corrosión en la industria aeroespacial, es un tema de suma importancia cuando se busca tener materiales que tengan buena resistencia a ambientes agresivos en diversas condiciones de servicio.

4.1. Corrosión Asistida por Esfuerzo del Aluminio 2024-T3

- La técnica electroquímica de ruido electroquímico a través de las series de tiempo permitió observar el comportamiento cinético del material en estudio cuando es evaluado en condiciones de esfuerzo y corrosión.

- El tipo de fractura que se presentó en todas las probetas ensayadas fue dúctil tipo copacono, caracterizada por la formación de coalescencia de cavidades.

- La falla presentada fue debido a la tensión mecánica a que estaban sometidos los especímenes, el medio agresivo no influyó para que ocurriera la fractura de la muestra, dado que no se observaron picaduras sobre la superficie (siendo causa de inicio de grieta).

- La aleación no presenta susceptibilidad a la Corrosión Asistida por Esfuerzo en medios agresivos de cloruro de sodio al 3.5 y 5%.

4.2. Recubrimientos nanométricos de cromo/aluminio y aluminio/cromo depositados por Sputtering en aleaciones de aluminio 2024-T3y 6061-T6

- Los recubrimientos CrAl son los más estables, independientemente del sustrato. 6061AlCr y 6061CrAl se comportan catódicamente. En estos recubrimientos se presentan problemas de adhesión y delaminación.

- Todos los sistemas disminuyeron la propagación de las picaduras, llevando a un estado de pasivación o corrosión uniforme, cada uno por diferentes mecanismos.

Agradecimientos

Se agradece a la Dra. Claudia Meléndez López, M.C. Irene López Cazares y M.C. Patricia Morquecho (†) quienes contribuyeron con algunos resultados de sus tesis de Maestría en esta investigación. A los técnicos académicos M.C. Adán Borunda Terrazas y Lic. Jair Lugo Cuevas por su ayuda en la experimentación.

Los autores agradecen el apoyo a la UANL - cuerpo académico UANL-CA-316 y al proyecto Promep /103.5/12/3585. (UANL-PTC-562 / PTC-586).

Referencias

1. http://www.economia.gob.mx/comunidad-negocios/industria-ycomercio/informacion-sectorial/110-aeroespacial/348-mexico-crece-en-industria-aeroespacial
2. Discussion paper. *AeroStrategy Management Consulty.* Noviembre de 2009. www.aerostrategy.com
3. Aerospace Globalization 2.0: Implications for Canada´s Aerospace Industry.
4. http://www.fime.uanl.mx/CIIIA/
5. Benavides S. *Corrosion control in the aerospace industry US Coast Guard.* Woodhead Publishing Limited. UK. 2009.
6. Gaona C. Tesis de Doctorado. CIMAV. México. 1999.
7. Miller D. *Corrosion Control on Aging Aircraft: What is being done?.* Materials Performance. October 1990: 10-11.

8. Wildey II JF. *Aging Aircraft*, Materials Performance. March 1990: 80-85.

9. Komorowski JP. *Quantification of Corrosion in Aircraft Structures with Double Pass Retroreflection*, Canadian Aeronautics and Space Journal. June 1996; 42(2): 76-82.

10. Logan HL. *Stress corrosion cracking of metals.* New York; 1966.

11. McIntyre DR. *Environmental cracking.* Process Industries Corrosion - The theory and practice. Ed. Moniz and Pollock, NACE. Houston, Texas. 1986.

12. ASTM G 129. *Standard Practice for Slow Strain Rate Testing to Evaluate the Susceptibility of Metallic Materials to Environmentally Assisted Cracking.* 1995.

13. Shreir LL, Jarman RA, Burnstein GT, editors. *Corrosion.* Vol. 2, 3rd Ed. Oxford: Butterworth Heinemann; 1994.

14. Cekada M, Panjan P, Kek-Merl D, Panjan M, Kapun G. *Sem Study of defects in PVD hard coatings.* 2008; Vacuum 82: 252-256.
http://dx.doi.org/10.1016/j.vacuum.2007.07.005

15. Dong H, Sun Y, Bell T. *Surface and Coatings Technology.* 1997; 90: 91-101.
http://dx.doi.org/10.1016/S0257-8972(96)03099-X

16. Thobor A, Rousselot C, Clement C, Takadoum J, Martin N, Sanjines R, Levy F. Enhancement of mechanical properties of TiN/AlN multilayers by modifying the number and the quality of interfaces. *Surf. Coat. Technol.* 2000; 124(2-3): 210-21.
http://dx.doi.org/10.1016/S0257-8972(99)00655-6

17. Sanchette F, Huu Tran L, Billard A, Frantz C. *Surf. Coat. Technol.* 1995; 74-75: 903.
http://dx.doi.org/10.1016/0257-8972(94)08210-3

18. Stransbury EE, Buchanan RA. *Fundamentals of Electrochemical.* Ed ASM international, United States Of America. 2000: 4.

19. ASTM B 211M. *Standard Specification for Aluminum and Aluminum – Alloy Bar, Rod, and Wire.* 1995.

20. López Meléndez C. Tesis de Maestría. CIMAV. México. 2006.

21. Cottis PA, Turgoose S. *Electrochemical Impedance and Noise.* Corrosion Testing Made Easy. Series NACE. Houston, TX, USA; 1999.

22. Malo JM, Uruchurtu J. *La Técnica de Ruido Electroquímico para el Estudio de la Corrosión.* Fundamentos Técnicas Electroquímicas. Edit J. Genescá, UNAM. 2002.

23. Eden DA, John DG, Dawson JL. *Patent International.* Number 87/02022 World Intellectual Property Organization. 1987.

24. Hladky K, Dawson JL. *The measurement of corrosion using electrochemical 1/f noise.* Corrosion Science. 1982; 22(3): 231-237.
http://dx.doi.org/10.1016/0010-938X(82)90107-X

25. Mansfeld F, Xiao H. *Electrochemical noise analysis of iron exposed to NaCl solutions of different corrosivity.* J Electrochem Soc. 1993; 140: 2205.
http://dx.doi.org/10.1149/1.2220796

26. López CI. Tesis de Maestría. CIMAV. México. 2009.

Capítulo 3

Corrosión en la Industria geotermoeléctrica

Benjamín Valdéz Salas,[1] Michael Schorr Wiener,[1] Monica Carrillo Beltran,[1] Roumen Zlatev,[1] Gisela Montero Alpirez,[1] Hector Campbell Ramírez,[1] Juan Ocampo Diaz,[2] Navor Rosas Gonzalez,[3] Lidia Vargas Osuna[3]

[1] Cuerpo Académico Corrosión y Materiales. Cuerpo Académico de Sistemas Energéticos. Instituto de Ingeniería, Universidad Autónoma de Baja California. C.P. 21280, Mexicali, Baja California. México.

[2] Facultad de Ingeniería. Universidad Autónoma de Baja California. Mexicali, Baja California. México.

[3] Universidad Politécnica de Baja California. Mexicali, Baja California. México.

benval@uabc.edu.mx, mschorr2000@yahoo.com, monica@uabc.edu.mx, roumen@uabc.edu.mx, gmontero@uabc.edu.mx, hcampbellr@uabc.edu.mx, navor@upbc.edu.mx, levargaso@upbc.edu.mx

Doi: http://dx.doi.org/10.3926/oms.61

Referenciar este capítulo

Valdéz Salas B, Schorr Wiener M, Carrillo Beltran M, Zlatev R, Montero Alpirez G, Campbell Ramírez H et al. *Corrosión en la Industria geotermoeléctrica.* En Valdéz Salas B, & Schorr Wiener M (Eds.). *Corrosión y preservación de la infraestructura industrial.* Barcelona, España: OmniaScience; 2013. pp. 49-68.

B. Valdéz Salas, M. Schorr Wiener, M. Carrillo Beltran, R. Zlatev, G. Montero Alpirez, H. Campbell Ramírez, J. Ocampo Diaz, N.Rosas Gonzalez, L. Vargas Osuna

1. Introducción

Los procesos de corrosión e incrustación que ocurren en los campos geotérmicos de México causan un impacto económico significativo. En el campo de Cerro Prieto, localizado en Baja California, México, estos fenómenos son promovidos por las condiciones climáticas y las características fisicoquímicas del fluido geotérmico. La mezcla de vapor y salmuera rica en sales, alta temperatura, presencia de ácido sulfhídrico y bióxido de carbono hacen del fluido geotérmico una solución muy corrosiva. La sílice presente en el fluido caliente se hace menos soluble cuando el vapor es enfriado durante su transporte hacia las plantas de generación de energía eléctrica a través de tuberías de acero, o cuando el agua caliente separada es conducida por canales de concreto hacia las lagunas de evaporación. Este proceso incrementa la formación de incrustación, disminuyendo la eficiencia en la explotación del campo geotérmico.

Las instalaciones para la explotación de la energía geotérmica alrededor del mundo permiten generar más de 8.000 MW de electricidad. Sin embargo, las condiciones para la explotación de este recurso geotérmico varían dependiendo de situaciones particulares en cada país.

Los problemas de incrustación y corrosión tienen un impacto importante en la infraestructura utilizada para la producción y conducción del vapor geotérmico, turbo-maquinaria para la generación de energía eléctrica e instalaciones auxiliares para el enfriamiento y manejo de condensados. Los procesos de corrosión e incrustación además de impactar la eficiencia de operación, generan pérdidas económicas que disminuyen la oportunidad de negocio, y por ende, la recuperación del capital invertido en esta industria.

En menor o mayor grado, la producción de energía y la vida de las plantas han sido afectadas por fallas por corrosión o incrustaciones que ocurren en la infraestructura de las instalaciones geotermoeléctricas.

La sílice presente en el fluido geotérmico caliente es muy soluble, pero después de los procesos de expansión, el fluido se enfría y la solubilidad disminuye induciendo la formación de incrustaciones de sílice. No todas las incrustaciones son formadas a través de reacciones de precipitación durante la producción del fluido geotérmico, muchas partículas finas que previamente existían en las rocas del yacimiento, migran con el fluido y se incorporan a la incrustación posteriormente.

El control de incrustación se ha convertido en una actividad de alta prioridad en los programas de operación y mantenimiento de los campos geotérmicos. Por otro lado, la corrosión de componentes metálicos de la infraestructura geotérmica requiere de equipos de ingeniería especializados capaces de realizar diagnósticos detallados del deterioro de metales y recomendar los métodos apropiados para su prevención y control.

Dadas las características y experiencias de Cerro Prieto (Figura 1), consideramos que será un buen ejemplo para describir los fenómenos ya mencionados.

1.1. Desarrollo de la Energía Geotérmica en México

La existencia de áreas termales en el estado de Baja California se remonta a la época de la conquista española, cuyos exploradores descubrieron dichas manifestaciones y las dieron a conocer al mundo a través de sus crónicas narrativas en el año de 1560. Las áreas termales fueron descritas por Pedro de Castañeda cuando él realizó una detallada referencia de la expedición de Melchor Díaz en 1540.[1] Esta expedición arribó a Cerro Prieto, en el Valle de Mexicali, "a medida que caminaban, cruzaron algunos bancos de arenas ardientes por las cuales no cualquiera pasaba por el temor de caer en el agua subterránea y se maravillaron al observar lagunas con lodos en ebullición simulando un paisaje infernal".

Figura 1. Campo geotérmico de Cerro Prieto

En el mismo valle, la relación entre la geotérmica y la sismología fue descrita en su diario por el Teniente Sweeney, un oficial del ejército Americano, establecido en el Fuerte de Yuma. Esta crónica describe un terremoto ocurrido en 1852 y que ocasionó que la tierra se fracturará en varias direcciones. Esta corta narrativa nos da una idea de la presencia de actividad térmica en el área de Cerro Prieto, aunque la actividad sísmica no es generalmente utilizada para considerar la existencia de potencial geotérmico. El gran número de manifestaciones térmicas identificadas en el centro del país y en el extremo norte de la Península de Baja California, guió a la iniciación de varios trabajos serios de investigación en los años 50s del siglo XX, en busca de recursos geotérmicos para la generación de energía. Con muy poca experiencia, pero gran optimismo, los primeros estudios y algunas perforaciones fueron llevados a cabo al final de los cincuentas en los Campos Geotérmicos de Ixtlán de los Hervores, Michoacán; Pathé, Hidalgo y Cerro Prieto, Baja California (Figura 2)

El avance en el uso de fuentes alternas de energía permitido por la Comisión Federal de Electricidad (CFE), a través de la Comisión de Energía Geotérmica, permitió el establecimiento de la primer planta generadora de energía eléctrica en Latinoamérica en Pathé Hidalgo en 1952.[2] Esto marcó un triunfo en la utilización de este tipo de energía, ya que fue diferente a aquellos bien conocidos realizados hasta esa fecha por personal mexicano tales como los proyectos hidroeléctricos, carbón, etc., lo cual ayudó también a allanar el camino para la integración y entrenamiento de técnicos, quienes se encargaron en lo sucesivo del desarrollo de la energía geotérmica en México.

B. Valdéz Salas, M. Schorr Wiener, M. Carrillo Beltran, R. Zlatev, G. Montero Alpirez, H. Campbell Ramírez, J. Ocampo Diaz, N.Rosas Gonzalez, L. Vargas Osuna

1.- Las Planillas, Jalisco.
2.- Las Tres Vírgenes, Baja California Sur.
3.- San Antonio el Bravo (Ojinaga), Chihuahua.
4.- La Soledad, Jalisco.
5.- Araró, Michoacán.
6.- Los Negritos, Michoacán.
7.- Pathé, Hidalgo.
8.- Ixtlán de los Hervores, Michoacán.
9.- El Molote, Nayarit.
10.- Caldera de Acoculco, Puebla.
11.- Las Derrumbadas, Puebla.
12.- Tetitlan Valle Verde, Nayarit.
13.- Laguna Salada, Baja California.
14.- Ceboruco, Nayarit.
15.- Atistique, Jalisco.

ZONA GEOTERMICA
CAMPO GEOTERMICO

Figura 2. Localización de los campos geotérmicos en México. Cerro Prieto (Baja California, 13), Los Azufres (Michoacán, 5), Los Húmeros (Puebla, 11), La Primavera (Jalisco, 4), Tres Vírgenes (Baja California Sur, 2)

Una vez que la viabilidad del plan de Pathé fue establecida, se realizó un inventario del recurso potencial en todo el país. El estado de Baja California sobresalió por el reporte de una zona de tierras no cultivadas y pantanos, donde era frecuente, sobre todo en invierno, que las personas asistieran al espectáculo natural del vapor emanado de los pantanos en ebullición de agua y lodo en el área conocida como Laguna Vulcano. La exploración llevada a cabo en Cerro Prieto demostró que existía capacidad para instalar una planta de gran tamaño y fue entonces necesario preparar la operación de varias unidades geotérmicas de grandes dimensiones.

Con esta visión en mente, se decidió enviar a un grupo de técnicos y científicos mexicanos a familiarizarse con los desarrollos geotérmicos de Larderello, en Italia y Wairakei en Nueva Zelanda. Este último sitio fue de particular importancia dada su similitud con el fenómeno geotérmico de México. Basado en los resultados de los estudios de perforación de pozos realizado en Cerro Prieto en 1969, una capacidad total de 600 MW fue indicada para el campo. Inicialmente se decidió instalar una planta con dos unidades de 37.5 MW cada una. El desarrollo del programa iniciado en ese tiempo culminó con una capacidad total instalada de 720 MW, lo cual la convirtió en el campo geotérmico más grande de Latinoamérica y el cuarto a nivel mundial.

Un inventario de áreas geotérmicas llevado a cabo entre 1961 y 1965 en el centro del país reveló la existencia de Los Azufres, Michoacán; La Primavera, Jalisco, y Los Humeros, Puebla. Sin embargo no fue sino hasta 1975 con la experiencia ganada en Cerro Prieto y a nivel mundial, que se inició una explotación sistemática superficial en Los Azufres y posteriormente en Humeros y La Primavera en 1978. Posteriormente se recomendó la perforación y con ello se validó la existencia de tres nuevos campos geotérmicos en México.

2. Campos Geotérmicos

La función principal de un campo geotérmico (CG) es proveer de vapor a condiciones apropiadas de presión y temperatura para poder operar las turbinas generadoras de energía eléctrica. En algunos lugares el vapor geotérmico es también utilizado como medio de calefacción en edificios y plantas industriales. Los fluidos que comúnmente se encuentran en los CGs son vapor, una mezcla de agua-vapor y salmuera rica en sales. La alta temperatura y salinidad de este ambiente y la presencia de sulfuro de hidrógeno y dióxido de carbono lo hacen muy corrosivo.

2.1. Campos Geotérmicos en México

En México, varios CGs están en explotación para generar electricidad con una capacidad instalada de 953 MW. Actualmente los CGs productivos en México son: Los Azufres, Los Humeros, Tres Vírgenes y Cerro Prieto, que posicionan al país como uno de los líderes generadores de electricidad a través del uso de energía geotérmica.[3]

Los Azufres, Michoacán. Este campo está localizado a 200 Km Este Noroeste de la ciudad de México a 2800 m sobre el nivel del mar a 19.47° latitud Norte y 100.39° longitud Oeste. Una diferencia básica con Cerro Prieto es que la superficie rocosa de este campo incluye grandes masas rocas volcánicas ácidas: silicatos e intermediarios (granito-riolitas, dioritas, andesitas, etc.) sobre la superficie. Los estudios geoquímicos indican la presencia de sistemas dominantes de agua caliente y vapor; durante los estudios se encontraron temperaturas superiores a 200°C y si se consideran los gases hasta 300°C fueron calculados para el reservorio. Los primeros pozos exploratorios fueron perforados entre 1976 y 1979, y a la fecha existen ya 50 con profundidades que varían en el rango de 627 a 3544 m. El potencial estimado para Los Azufres es de 300 MW con un valor probado de 165 MW y una capacidad instalada para 188 MW.

Los Humeros, Puebla. Este CG está localizado al Este de la ciudad de México, entre los estados de Puebla y Veracruz en el Cinturón Volcánico Mexicano. En 1990 se instalaron tres plantas de 5 MW de no condensación a boca de pozo y se inició la generación de electricidad. De 1997 a 2000 se instalaron e iniciaron 12 pozos de producción y dos de reinyección para una capacidad de generación total de 42 MW, mientras que la capacidad estimada es de 100 MW.

La Primavera, Jalisco. Este CG está localizado en la caldera volcánica en la intersección Tépic-Chapala, a 15 km al Oeste de Guadalajara en la porción Oeste del eje neo-volcánico. En 1988 fueron perforados 10 pozos a profundidades entre los 668 y 2900 m y los estudios llevados a cabo indicaron un potencial de generación estimado en 75 MW, aunque no ha sido explotado por cuestiones de preservación del ambiente ya que este CG se encuentra en una zona boscosa protegida.

Tres Vírgenes, Baja California Sur. Este CG se encuentra localizado en una zona muy aislada hacia el Sur de Baja California y en Julio de 2011 se instalaron 10 MW de capacidad.[4] Este sistema geotérmico es relacionado al complejo volcánico cuaternario compuesto de tres volcanes y el reservorio es de líquido dominante y altamente influenciado por roca fracturada y almacenamiento asociado de fluidos a alta temperatura. La Comisión Federal de Electricidad

(CFE) inició exploraciones en 1982 y actualmente se tienen seis pozos productores y tres de reinyección con profundidades de 1.290 a 2.500 m. El fluido producido tiene un contenido de cloruro de sodio característico de una salmuera geotérmica completamente equilibrada a una temperatura estimada de 280 °C. La composición química de los gases de fumarolas y pozos contiene CO_2 como gas predominante. Los problemas de producción en los pozos debidos a una alta pérdida de lodos de perforación y taponamiento e incrustación con calcita han contribuido al decaimiento en la producción de los pozos.[5]

2.2. El Campo Geotérmico de Cerro Prieto

Cerro Prieto es el campo geotérmico más importante de México y está localizado en la superficie aluvial del Valle de Mexicali, Baja California (115.16 ° longitud Oeste y 35.25 ° latitud Norte). Tectónicamente está situado en el límite de las placas del Pacífico y Norteamérica y cercano a la falla de San Andrés. El plano es un delta y la sección geológica está hecha de arcillas sin consolidar, arena y grava, las cuales descansan en rocas sedimentarias de arena comprimida, lutitas y limonitas. Algunos de los pozos en el campo fueron perforados a finales de los 1960s, sin embargo, no fue sino hasta abril de 1973 que se pusieron en operación de cuatro unidades de 37,5 MW. Actualmente, se han instalado 720 MW de capacidad divididos en cuatro plantas de energía, Cerro Prieto I,II, III y IV, con tasa de producción de 180, 220, 220 y 100 MW respectivamente. Las cuatro unidades de 37,5 MW de Cerro Prieto I funcionan con vapor de alta presión y una quinta unidad de 30 MW con vapor de media y baja presión, que se obtiene después de la primera expansión, es decir, de un fluido caliente de baja entalpía. Las plantas de Cerro Prieto II y III tienen cuatro turbogeneradores de 110 MW cada uno, y operan con vapor de media y alta presión. Por otro lado la planta IV opera con vapor seco y tiene dos turbogeneradores de 50 MW. Más de 350 pozos han sido perforados desde 1960 y el rango de profundidades varía desde 750 m para los más someros hasta 4.124 m para los más profundos y de casi 170 están suministrando vapor.[6] De acuerdo a estudios realizados previamente, el CG de Cerro Prieto tiene una capacidad estimada de reservorio de 1.200 MW, con 840 MW de capacidad probada.[7]

Los suelos en el CG de Cerro Prieto son ácidos con un pH de 2 a 3, ya que el H_2S es oxidado a H_2SO_4 y azufre (S) por lo que es común ver el suelo cubierto con manchas amarillas.[8] La red de tuberías de operación de Cerro Prieto incluye 120 km de ductos de acero al carbono (AC) para la conducción del vapor, además de 40 km de tuberías de AC y 60 km de canales abiertos de concreto reforzado con acero (CR) para el transporte de las salmueras.

Durante los más de treinta años de explotación han ocurrido cambios químicos y termodinámicos en el reservorio. La capacidad de producción de los pozos ha sido afectada por problemas de ebullición, corrosión e incrustación. Cerro Prieto es continuamente estudiado con las técnicas más avanzadas para entender sus cambios fisicoquímicos, así como también, muchos procedimientos de mantenimiento son mejorados constantemente para prevenir la pérdida de producción de vapor.

2.3. Aspectos Ambientales de los Sistemas Geotérmicos

Hoy en día existe una gran preocupación por los contaminantes en el ambiente incluyendo agua, suelo y en particular el aire, y sus efectos en la durabilidad de los materiales de ingeniería y el deterioro de la infraestructura. Los contaminantes del aire aún a concentraciones de unas pocas partes por millón (mg/L, ppm) pueden dañar la salud humana. Existe una relación directa entre la prevención y control de la corrosión y la protección y preservación de la calidad del ambiente.[9]

En los CGs existen problemas de bajo y alto impacto. Dentro de los de alto impacto podemos mencionar los gases que son liberados a la atmósfera y la alta salinidad descargada a lagunas, lagos y el mar, o reinyectados al subsuelo. Los problemas de bajo impacto incluyen ruido, dispersión de calor y vapor, subsidencia, sismicidad inducida, uso del suelo, cambios escénicos y derrames accidentales.

La influencia de varios componentes del fluido geotérmico en el ambiente son detallados a continuación:

Salmuera. El fluido extraído de pozos profundos en Cerro Prieto es una mezcla de vapor y salmuera que es separada con tecnología ciclónica. El vapor es utilizado para alimentar las turbinas de la planta de energía, mientras que la salmuera que representa el 69% del total del fluido extraído, se descarga a una laguna de evaporación de 16 km^2 donde es vaporada y concentrada. Aproximadamente un 60% de esta salmuera se reinyecta por gravedad desde la laguna de evaporación al acuífero superior que alimenta al manto geotérmico.[10] En la Tabla 1 se muestra un análisis de la composición típica de la salmuera de Cerro Prieto.

Componente	Na$^+$	K$^+$	Mg^{2+}	Ca^{2+}	Cl$^-$	SO$_4$$^{2-}$	SiO$_2$	HCO^{3-}
ppm (mg/kg solución)	6429	1176	18.6	347	11735	15	1133	303

Tabla 1. Composición química típica de una salmuera geotérmica de "Cerro Prieto"

Gases. La contaminación del aire en el CG de Cerro Prieto es causada por las emisiones de H$_2$S, un gas ácido que ataca las instalaciones del campo y la planta generadora causando daño por corrosión al equipo y las líneas de energía eléctrica. A altas concentraciones el H$_2$S corroe el refuerzo de acero de estructuras de concreto. Las emisiones de H$_2$S ocurren en casi todos los pasos de la explotación geotérmica incluyendo la perforación de los pozos y la operación en las plantas generadoras. Otros gases contaminantes adicionales son el amoniaco (NH$_3$), dióxido de carbono (CO$_2$) y el metano (CH$_4$) que están contenidos en el fluido geotérmico y son liberados a la atmosfera cuando los fluidos alcanzan la superficie.

En la planta de Cerro Prieto I se han tomado algunas medidas de control como la instalación de chimeneas a alturas mayores a las originalmente planeadas, logrando con ello y las direcciones predominantes del viento una mejor dispersión del gas. Los gases son continuamente monitoreados y los datos son alimentados a diseños de modelos de dispersión para conocer la distribución y concentración de éstos, así como su efecto en la corrosividad del ambiente en las cuatro zonas del CG de Cerro Prieto.[11,12]

Ruido. Este tipo de contaminación se produce durante los trabajos de perforación de pozos, limpieza y pruebas de pozos, mediciones de flujo, venteas de vapor en válvulas de seguridad o sistemas de regulación, construcción y uso de caminos y la maquinaria de las plantas.

Un ruido estruendoso de cerca de 130 dB es causado por la descarga directa a la atmósfera requerida para la limpieza de la tubería del pozo y los estratos de producción. Para aminorar el ruido, la mezcla separada es conducida a unas chimeneas gemelas de fibra de vidrio o acero al carbono aluminizado, montadas en una base hueca de concreto que actúan como silenciadores logrando abatir el ruido hasta niveles de 60 dB. El sistema de regulación de flujo de vapor está localizado a más de 300 m de la planta y cada unidad cuenta con silenciadores (Figura 3). El ruido de la turbina generadora es similar al de una planta convencional de combustibles fósiles. En la planta de CP I el alto nivel de ruido es generado por los eyectores de gas y vapor, mientras que en las unidades de CP II, III y IV, se tiene una considerable disminución del ruido gracias al uso de turbo compresores para la extracción de gas.

Figura 3. Instalación típica de sistema silenciador para la disminución de ruido.
También se puede observar el canal de conducción de agua separada

Calor y Vapor. El exceso de calor en CP es rechazado a través de torres húmedas de enfriamiento. El vapor es dispersado por medio de silenciadores y canales de agua caliente a cielo abierto. El calor de rechazo a la atmósfera estimado es de aproximadamente 2,67 GW, para una capacidad de producción de 720 MW. La dispersión es mínima puesto que las plantas están localizadas en un valle abierto y ésta se lleva a cabo en un área muy grande.

Subsidencia. La subsidencia es esperada cuando son removidas de los reservorios geotérmicos grandes cantidades de fluidos y no son reemplazados con inyección de fluido. Estudios recientes mostraron importantes incrementos de subsidencia en el CG y en el Valle de Mexicali, causados principalmente por fracturas naturales profundas que cruzan el campo (Sistema de fallas de San Andrés) las cuales conformaron el reservorio del CG. La máxima subsidencia en CP fue de 62 mm y ocurrió en el período de 1977 a 1979. Esta tendencia continuó y a la fecha se tienen cerca de 2 m a lo largo del canal Delta que corre al sur del CG, lo cual ha causado problemas de irrigación a las tierras de cultivo.

Sismicidad inducida. Debido a su relación con la zona de fallas geológicas, la ocurrencia de sismos en CP es muy común. Sismos de hasta 7,2 grados en la escala Richter como el ocurrido el 4 de Abril de 2010, no han afectado la explotación del CG.

Uso del Suelo. La mayor parte del suelo del CG de CP ha sido salino debido a la presencia de manantiales calientes y albercas hirvientes, que de primera instancia generan impactos al paisaje y no son utilizables para cultivo. En total el área impactada por la explotación del CG-CP es de casi 50 km^2 incluyendo las lagunas de evaporación y zonas de reserva.

3. Materiales, Equipos e Instalaciones

El equipo industrial, las estructuras y las instalaciones de los CGs son construidas principalmente con dos materiales de ingeniería: acero al carbono (AC) y concreto reforzado (CR) de baja porosidad para evitar la penetración de agua de los pozos y salmueras ricas en minerales que son corrosivas. Por sus propiedades de maquinabilidad, alta resistencia y fabricación, así como su relativamente bajo costo, el AC es utilizado para pozos, tuberías, tanques de almacenamiento, cables mecánicos y maquinaria. Sin embargo, debido a su limitada resistencia a la corrosión debe ser protegido con pinturas, recubrimientos y sistemas de protección catódica si es necesario. También se utilizan componentes fabricados con materiales compuestos que por su alta resistencia a la corrosión han reemplazado el uso de algunos materiales metálicos. En la Tabla 2 se muestra una lista abreviada de equipos y materiales para pozos geotérmicos y salmueras. Estos equipos sufren diferentes formas de desgaste: erosión, abrasión, fatiga, desintegración, esfuerzo, envejecimiento y particularmente corrosión húmeda. Algunas plantas geotérmicas como las del Valle Imperial en California, Estados Unidos, utilizan acero inoxidable, aleaciones de titanio y tubos de AC recubiertos con cemento para prevenir y/o minimizar la corrosión por ácidos y la incrustación de sílice (SiO_2) en sus instalaciones.

3.1. Pozos Geotérmicos

Debido a la composición química de los fluidos geotérmicos, éstos son corrosivos e incrustantes, y ello se debe a las formaciones geológicas con las que los fluidos interactúan y se percolan en su camino hacia el pozo, donde existen dos parámetros dominantes: el contenido de sales y el calor. Por ello es llamado sistema termo-haluro. Estos parámetros influencian fuertemente la corrosión y la incrustación cuando reaccionan con las superficies de equipo e instalaciones. La corrosión es influenciada por iones agresivos como Cl^- y SO_4^{2-} que favorecen una alta conductividad eléctrica (alrededor de 3000 μS/cm) y promoviendo la corrosión electroquímica. La construcción de pozos geotérmicos requiere utilizar tuberías de AC de alta resistencia mecánica (tensión, abrasión y erosión) como los API (American Petroleum Institute) tipo J-55, K-55, C-75, N-80 y L-80, que atravesaran distintos sustratos subterráneos. Algunas veces debido a los grandes esfuerzos el tubo de acero se fractura, falla y cae al fondo del pozo requiriendo realizar operaciones especiales para recuperar tuberías y herramientas de perforación.[13] Los pozos tienen profundidades de 700 a más de 3000 m y las temperaturas de fondo de pozo alcanzan rangos de 300°C a 340°C.

Equipos	Materiales
Tuberías y ductos	Acero en concreto reforzado
Bombas verticales y centrífugas	Acero y aleaciones de cobre (Cu)
Válvulas	Acero
Bridas y ajustes	Acero
Silenciadores	Concreto reforzado, poliéster reforzado con fibra de vidrio, acero
Canales para salmuera	Concreto reforzado
Lagunas de evaporación	Plásticos
Instrumentación para monitoreo y seguridad	Metales y plásticos

Tabla 2. Equipos y materiales utilizados para la construcción
de infraestructura de un campo y central geotérmica

El diseño correcto, la instalación y mantenimiento del pozo y sus componentes internos son factores muy importantes para lograr ahorros en los costos y la energía del programa de producción. Desafortunadamente, algunos pozos producen fluidos que dañan la estructura tubular, el cemento utilizado para mantener en su lugar la tubería interna y sellan las zonas abiertas de la tubería de explotación.

Los pozos de reinyección son pozos de desecho que reciben las aguas geotérmicas después de haber sido sometidas a sedimentación en lagunas donde pierden una gran cantidad de sólidos y sales. Aún así, este fluido es muy corrosivo y por ello los pozos son construidos con tuberías de plástico reforzado (PR) o de aleaciones resistentes a la corrosión (ARCs). Sin embargo, estas últimas son costosas y muchas veces son utilizadas como recubrimientos sobre tuberías de AC.

Los materiales de cementación entre el hoyo del pozo y la tubería interna deben ser químicamente resistentes a los fluidos involucrados. La separación de la salmuera y el vapor es llevada a cabo en equipo e instalaciones de acero en la superficie que se encuentran montados en la plataforma de cada pozo. El equipo básico de un cabezal de pozo incluye un arreglo de válvulas conocido como "Árbol de navidad", un separador de alta y/o baja presión, una válvula esférica, una tubería de conducción para la salmuera separada, un silenciador, y sistemas de seguridad y monitoreo.

3.2. Concreto Reforzado (CR)

EL CR es considerado un material estructural compuesto formado por una matriz cerámica y reforzado con varillas, barras, espirales o mallas de acero. La matriz consiste de una mezcla no homogénea de cemento Portland, arena, grava y agua. Las propiedades del concreto son determinadas por la relación agua/cemento. Éste tiende a cambiar su contenido de humedad dependiendo del lugar en que se encuentra y el clima. La durabilidad de las estructuras de CR es afectada por factores ambientales, especialmente la salinidad y la humedad. Las bajas temperaturas del invierno en la zona semidesértica de CP afecta de manera adversa su resistencia. Otros factores externos que causan deterioro del CR en el ambiente geotérmico son los sulfatos, cloruros, carbonatos y el H_2S. Las sales de $MgCl_2$ y $MgSO_4$ dañan las superficies del concreto durante su hidrólisis, reaccionando químicamente con el hidróxido de calcio [$Ca(OH)_2$] generado durante el curado del cemento, produciendo sulfato de calcio ($CaSO_4$). Después de esto, el sulfato de calcio reacciona con los aluminatos presentes en el concreto incrementando el volumen sólido, y causando expansión y fracturas. También, el refuerzo de acero expuesto a la infiltración de especies químicas, tales como iones cloruro, se corroe y falla.[14]

Las estructuras de concreto susceptibles son bases de soporte de edificios, silenciadores de vapor, canales de conducción y ductos de vapor.

3.3. Plásticos Reforzados (PR)

Los PR, poliéster reforzado con fibra de vidrio (PRFV) o epóxico, son materiales estructurales compuestos ampliamente utilizados en los CGs para torres de enfriamiento evaporativas, componentes de bombas, recipientes para almacenaje, y como recubrimientos de tuberías internas en pozos. De acuerdo con una decisión reciente de la Federación Europea de Corrosión (ECF), el término corrosión significa el deterioro de una estructura y/o material funcional, es actualmente aplicado a materiales metálicos y no metálicos tales como plásticos, cerámicos y compuestos. Esta decisión ha sido adoptada e implementada por los expertos y practicantes de la corrosión. El deterioro de PRFV usualmente se inicia en la superficie externa, su velocidad depende de sus propiedades, naturaleza del acabado superficial y la agresividad del medio. La interfase resina fibra de vidrio se rompe y las propiedades mecánicas sufren bajo la influencia de las sales geotérmicas, H_2S y microorganismos, lo cual causa fracturas graduales e hinchamiento durante los largos tiempos de exposición. Este problema puede ser controlado y la vida útil de servicio incrementada mediante procesos de fabricación apropiada, inspección y mantenimiento.

4. Corrosión: Efectos Químicos, Mecánicos y Térmicos

Los fenómenos de corrosión e incrustación aparecen simultáneamente y actúan de manera sinérgica sobre equipos e instalaciones en los CGs (Figura 4). Incrustaciones minerales y depósitos, asociados con la composición del agua geotérmica y su circulación, tienen un marcado efecto en la corrosión, que ocurre en estas aguas dependiendo de su interacción fisicoquímica con la superficie de los equipos, las condiciones de operación tales como: pH en el rango de 4 a 8; oxígeno disuelto (OD) de 4 a 6 mg/L; régimen de flujo t temperaturas de 30 a 250 °C. Los factores dominantes para la corrosión son la salinidad y la concentración de OD. Los iones cloruro pueden afectar la capa de óxido penetrando las películas pasivas, iniciando picaduras y hendiduras en sitios localizados. El ataque localizado es resultado de las diferencias en aeración, concentración, temperatura, velocidad y pH, y ocurre como picaduras, hendiduras, grietas, cortes y partes erosionadas.

Figura 4. Efectos de la corrosión en instalaciones de producción y conducción
de fluido geotérmico y sistemas de transmisión de energía eléctrica

Los mecanismos de corrosión predominantes son dos:

1. Corrosión Ácida bajo la influencia preponderante del H_2S en la tubería interna del pozo, tuberías y cabezal y,

2. Corrosión Neutra por la reducción catódica del OD en las tuberías que conducen el fluido geotérmico desde el pozo hasta las plantas de generación de electricidad.

A continuación se describen varios de los agentes y procesos de corrosión que ocurren en los CGs.

4.4.1. Acidez, Gases y Salinidad

Un mecanismo de corrosión ácida que ocurre en las tuberías internas y externas del pozo, se puede expresar en la reacción global de la Ecuación 1:

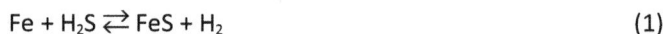

$$Fe + H_2S \rightleftarrows FeS + H_2 \tag{1}$$

H_2S es un gas incoloro con un desagradable olor a huevo podrido. Es un reductor débil, tóxico y corrosivo, que se origina en las piritas del pozo hidrotermal por acidificación natural. Éste burbujea hacia la atmósfera en el cabezal del pozo, corroe el acero y el hierro dúctil y forma una suspensión y/o depósito de sulfuro de hierro color negro (FeS), típico del ataque por sulfuros.[15] El FeS puede existir en formas minerales tales como pirrotita (FeS), Pirita (FeS_2) y otros, dependiendo de las condiciones de operación de las tuberías, concentración del H_2S, temperatura y pH. Una vez que es expuesto al oxígeno en presencia de la superficie metálica de AC, el H_2S gaseoso puede oxidarse a óxido de hierro y azufre (Ecuación 2):

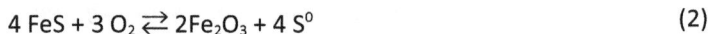

$$4\,FeS + 3\,O_2 \rightleftarrows 2Fe_2O_3 + 4\,S^0 \tag{2}$$

Entonces la película negra de FeS inicial cambia al color café rojizo del óxido de hierro hidratado. Algunas veces, bajo condiciones oxidantes fuertes, el H_2S es convertido en H_2SO_4 (Ecuación 3), un ácido fuerte que es muy corrosivo para el AC y el CR.

$$H_2S + 2\,O_2 \rightleftarrows H_2SO_4 \tag{3}$$

Las reacciones y productos de corrosión del hierro en un sistema geotérmico típico con presencia de H_2S son mostrados en el diagrama de Pourbaix de la Figura 5, el cual indica los dominios de inmunidad, corrosión y pasividad en función del potencial electroquímico del hierro y el pH del fluido.

Las diversas estructuras de concreto tales como canales, tuberías, soportes y silenciadores de ruido para el vapor, son degradadas por el H_2S gaseoso atrapado en el vapor condensado que permea a través de los poros y fracturas en la pared del concreto, corroyendo el refuerzo de CA.

Además del ácido sulfhídrico, los fluidos geotérmicos contienen otros gases: oxígeno (O_2), dióxido de carbono (CO_2) y amoniaco (NH_3), cuya solubilidad y actividad química afecta la corrosión de los materiales con que están construidos los equipos.

Las aguas geotérmicas conducidas por canales a cielo abierto y temperaturas menores de 100°C son saturadas con oxígeno disuelto en el rango de 4 a 6 mg/L. Como resultado de la interacción entre el agua y el acero, se forman capas de óxidos de hierro (Ecuación 4): hematita, limonita y goethita ($Fe_2O_3.nH_2O$):

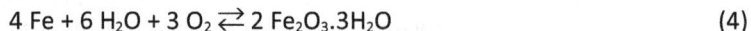

$$4\,Fe + 6\,H_2O + 3\,O_2 \rightleftarrows 2\,Fe_2O_3.3H_2O \tag{4}$$

La interacción entre el H_2S y el O_2 guía a la oxidación del sulfuro y a la reducción de O_2, de acuerdo con la Ecuación 5:

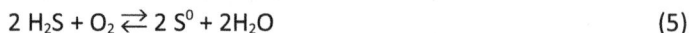

$$2\,H_2S + O_2 \rightleftarrows 2\,S^0 + 2H_2O \tag{5}$$

El dióxido de carbono es generado por descomposición térmica o ácida de la formación de carbonato y bicarbonato, reduciendo el valor del pH del agua, lo cual incrementa la corrosividad de ésta. El CO_2 libre se disuelve en el agua para formar ácido carbónico débil de acuerdo al siguiente equilibrio químico:

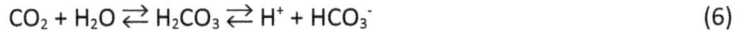

$$CO_2 + H_2O \rightleftarrows H_2CO_3 \rightleftarrows H^+ + HCO_3^- \qquad (6)$$

El gas amoniaco es generado por la descomposición química de compuestos que contienen nitrógeno tales como el kerógeno. En contacto con aguas geotérmicas, se forma el hidróxido de amonio (Ecuación 7):

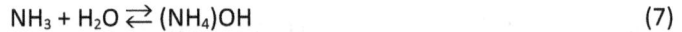

$$NH_3 + H_2O \rightleftarrows (NH_4)OH \qquad (7)$$

El amoniaco y sus sales corroen al cobre y sus aleaciones tales como el bronce (Cu-Sn) y latón (Cu-Zn), formando complejos metálicos de amonio. De esta manera los componentes de partes móviles en sistemas de bombeo se ven severamente dañados por corrosión.

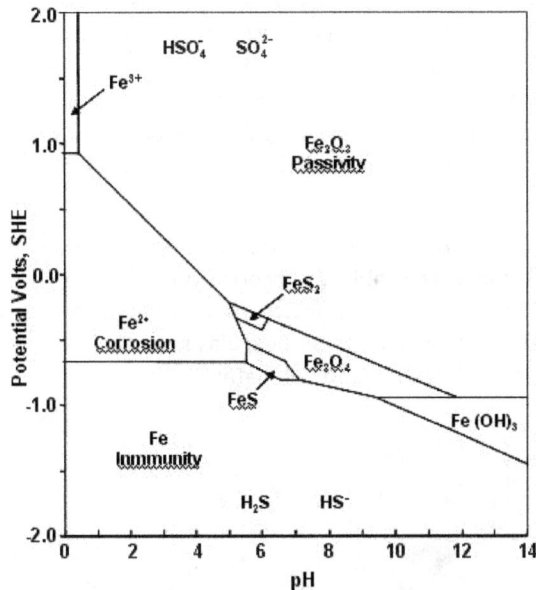

Figura 5. Diagrama de Pourbaix para la corrosión de Hierro en presencia de H₂S

La salinidad es medida a través de la concentración de cloruros o de la conductividad eléctrica de la salmuera. El principal efecto de la salinidad en la corrosión resulta del rompimiento de las películas pasivas por la influencia del ión cloruro Cl⁻.[16]

Las salmueras geotérmicas contienen una alta concentración de sólidos disueltos, sales ionizadas, principalmente cloruros y sulfatos. Estos elementos y compuestos están altamente disociados en la salmuera y contribuyen a su salinidad, conductividad eléctrica y alteran su pH incrementando su corrosividad. La cantidad relativa de carbonatos y bicarbonatos, son de primordial importancia en cualquier opinión de las características de corrosión de la salmuera. La composición típica de una salmuera geotérmica se muestra en la Tabla 2.

La concentración de sales minerales afecta la corrosión de AC y la velocidad se incrementa a un máximo a la concentración del agua de mar (3,5%) y luego disminuye a casi cero a la concentración de saturación (25%) debido a que la concentración de OD alcanza un valor mínimo muy cercano a cero y habilita condiciones de anoxia. El agua geotérmica se hace más salina por la evaporación y al final llega a las lagunas de evaporación donde la sal es depositada en el fondo.

4.1. Corrosión Microbiológicamente Inducida (CMI)

El papel de microorganismos con capacidades halofílicas y termofílicas, en el deterioro y corrosión de los diversos materiales utilizados en los CGs tiene una gran importancia. Bacterias, hongos y algas, promueven o influencian el biodeterioro y la biocorrosión de madera, poliéster reforzado con fibra de vidrio (PRFV), acero inoxidable (AI), AC, aleaciones de cobre y aluminio.[17]

En las torres de enfriamiento de la central geotermoeléctrica de CP I ocurrieron fallas originadas por un biodeterioro severo en varios de sus componentes. Las mamparas de PRFV fueron destruidas por colonias de las bacterias anaerobias *Desulfobacter latus* y *Desulforomonas acetoxidan*s, que consumieron la resina de poliéster como fuente de carbono para su metabolismo. Después de que el poliéster fue consumido por los microorganismos, las mamparas perdieron su resistencia mecánica y la superficie ya no pudo desviar el agua de enfriamiento correctamente (Figura 6). Al mismo tiempo, consorcios de algas y hongos, proveen condiciones anaerobias en el medio húmedo para las películas bacterianas, que atacan a otros sustratos tales como la madera, que es ampliamente utilizada en la construcción de grandes torres de enfriamiento. Tornillos y clavos de AI y AC utilizados para la fijación de la madera y mamparas de PRFV, sufrieron una severa corrosión por picaduras inducida por las bacterias antes mencionadas.

La arqueobacteria termofílica *Thermoproteus neutrophilus* encontrada en la planta geotérmica de Tejamaniles en Los Azufres, fue responsable de la corrosión localizada ocurrida en AI UNS S31600. Este microorganismo proviene del pozo y muestra un sorprendente capacidad para colonizar las superficies de AI a través de la formación de biopelículas no estables o no uniformes, y promover una corrosión selectiva en los límites de grano del metal.[17]

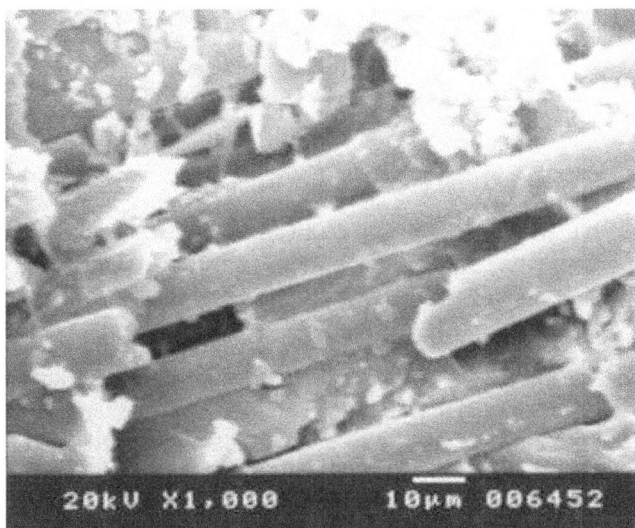

Figura 6. Biodeterioro de la matriz polimérica de poliéster en una mampara de fibra de vidrio expuesta en un ambiente geotérmico

Las biopelículas y su participación en los procesos de corrosión y deterioro de materiales, han sido caracterizadas por medio de técnicas electroquímicas y análisis de microscopia electrónica de barrido. AC y Al inmersos en salmuera geotérmica, condensados de vapor o agua de enfriamiento inoculados con cultivos de bacterias aisladas de los ambientes geotérmicos, sufrieron corrosión tan pronto como crecieron y colonizaron las superficies metálicas. La actividad biológica observada en estos microorganismos es muy interesante, sobre todo su habilidad para crecer en medios adversos con alta salinidad y temperatura, así como una baja concentración de nutrientes. Estos sorprendentes límites de sobrevivencia están asociados en todos los casos con corrosión y biodeterioro de materiales en CGs e instalaciones de las plantas generadoras de electricidad.

5. Incrustación

En los campos geotérmicos podemos encontrar dos tipos de incrustaciones formadas a altas temperaturas sobre las superficies de los equipos, combinadas con gruesas capas de productos de corrosión o depósitos minerales insolubles en agua. La incrustación es un problema común en aguas geotérmicas altamente concentradas, especialmente en salmueras calientes. A medida que la temperatura del fluido disminuye en su trayecto por los sistemas de distribución la incrustación se convierte en un problema más serio. La incrustación depende de las características fisicoquímicas de los fluidos geotérmicos y la composición de la salmuera: temperatura, salinidad, pH, densidad, gases disueltos, saturación, cinética y termodinámica del proceso de precipitación, y régimen de flujo. En la Figura 7 se puede observar una muestra de incrustación típica de Cerro Prieto.

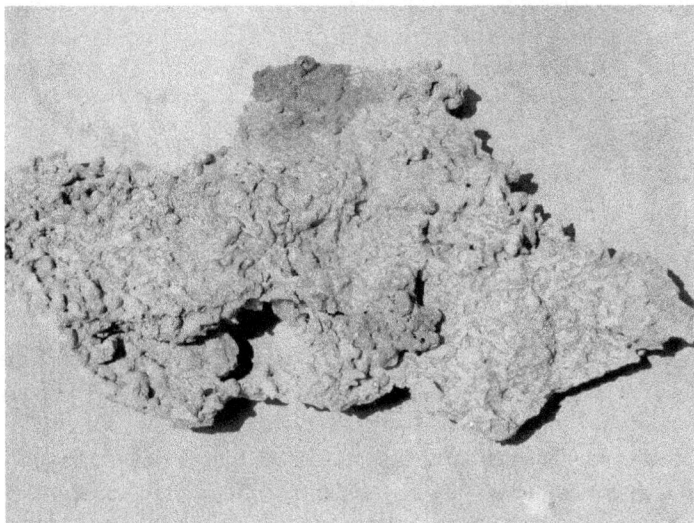

Figura 7. Muestra de una formación mineral de incrustación típica de Cerro Prieto

En contacto con los equipos superficiales y en particular las superficies metálicas, estos sedimentos influencian el comportamiento de la corrosión debido a la formación de depósitos amorfos o cristalinos que promueven una corrosión localizada debajo de éstos.

Los depósitos aparecen en las diferentes secciones de los CGs: tubería interna de producción, tuberías de distribución, canales de salmuera y lagunas de evaporación. Éstos son clasificados no sólo como incrustación, sino también como lodos suaves, productos de corrosión y productos biológicos, y muchas veces están mezclados como materiales multifases.

Los principales minerales formados y depositados son óxidos y sulfuros de hierro que resultan de la corrosión del acero, sílice amorfa (SiO_2), carbonatos ($CaCO_3$, calcita o aragonita), sulfatos ($CaSO_4 \cdot H_2O$; yeso) y silicatos ($MgSiO_3$, $MgCO_3$), dependiendo de sus respectivos coeficientes de solubilidad. La incrustación ocurre cuando los iones Ca^{2+} y HCO_3^- están presentes en exceso con respecto a la concentración de equilibrio y la precipitación de $CaCO_3$ favorecida (Ecuación 8):

$$Ca^{2+} + 2\ HCO_3^- \rightleftarrows CaCO_3 + CO_2 + H_2O \tag{8}$$

A medida que el CO_2 es removido, más $CaCO_3$ se incrusta en la superficie de la tubería interior generando taponamientos que obturan los flujos del fluido geotérmico. Las incrustaciones de silicatos son muy tenaces, densas y difíciles de remover de las superficies calientes. Una incrustación muy particular está constituida de SiO_2 y FeS de color negro, y es una capa densa muy adherente y dura, que también frecuentemente obstruye las tuberías.[18] Algunas veces el SiO_2 se hace gris reflejando el decrecimiento de la abundancia de FeS. En otros casos, incrustaciones en los cabezales de pozo consisten de sulfuros de Fe, Pb, Zn y Cu, que le dan una coloración negro quemado y aparecen como capas concentradas en el fondo de las tuberías de conducción.

5.1. Incrustación de Sílice

La sílice es la principal incrustación en los CGs y se presenta como especie disuelta en todos los líquidos dominantes de los recursos geotérmicos. Los fluidos geotérmicos ascendentes disuelven SiO_2 de las formaciones rocosas y alcanzan la saturación con respecto al cuarzo en sistemas acuosos a altas temperaturas. Las soluciones hidrotermales contienen cantidades significantes de SiO_2 particulado y ácido silícico ligeramente corrosivo (H_4SiO_4) y la condensación tiene lugar mediante la formación de enlaces químicos Si-O-Si.

Una planta de energía geotérmica en California, EUA, ha desarrollado un método de extracción de sílice comercializable, proveyendo de un recurso adicional con ganancias para la industria geotermoeléctrica. La salinidad en este CG es baja entre las 1,200 y las 1.500 ppm, con bajo contenido de calcio y una cantidad despreciable de hierro, lo cual permite obtener una sílice de muy alta pureza.[19]

El SiO_2 es utilizado para producir materiales de superficies de caminos y fabricar ladrillos para casa de bajo costo con la adición de fibras plásticas para mejorar tanto la resistencia mecánica como la resistencia al clima, así como también para la fabricación de dispositivos cerámicos.[20] La sílice aparece en diferentes tipos de estructuras: celular, esponjosa, laminar densa, bloques sólidos, porosa con un rango de porosidad de 40 a 80%. Otras formas incluyen geles viscosos que cristalizan como deposiciones de ópalo – calcedonia, con fuerte adherencia.[21] Una remoción temprana del SiO_2 presente en los fluidos geotérmicos puede evitar problemas de incrustación permitiendo una producción adicional de vapor.

5.2. Control de Corrosión e Incrustación

Como se ha mencionado en los párrafos anteriores, la industria geotérmica maneja medios muy agresivos que causan incrustación y corrosión en sus instalaciones de explotación, producción y conducción de vapor, así como en los sistemas de generación de electricidad. Dadas estas condiciones, es necesario entonces implementar sistemas de ingeniería y tecnología para el control de la corrosión. Evaluaciones económicas han estimado costos anuales por corrosión en los sistemas de infraestructura para el agua de 36,000 millones de dólares solamente en los EUA. De este monto, un 20% puede ser ahorrado si se aplican medidas que involucren tecnologías de control de corrosión.[22]

El análisis de eventos de corrosión consta de tres elementos principales: detección, caracterización y control. Los métodos prácticos que se utilizan para prevenir y/o minimizar la corrosión incluyen el uso de información sobre este tipo de fenómeno, selección de materiales adecuados que sean resistentes a la corrosión (MRC) y la aplicación de tecnología de protección.

6. Información sobre Corrosión

Actualmente muchos portales en línea despliegan información acerca de los materiales y su resistencia ante la corrosión, estructura, industrias y tipos de ambientes en manuales, revistas periódicas, sitios de Internet, directorios, listas de Instituciones y Organizaciones, etc., con contenidos generales o particulares. Algunos ejemplos de sitios en la red especializados en corrosión son: www.corrosionsource.com y www.corrosion-doctors.org, los cuales proveen herramientas útiles para el análisis de fallas por corrosión, investigación, ensayos, evaluación de materiales, prevención, protección y control en medios industriales, organizados en orden alfabético. Por otro lado, los manuales de corrosión publicados por asociaciones tales como NACE y ASM de EUA, DECHEMA de Alemania y empresas editoriales, constituyen una fuente rica de información sobre dicha temática e incluyen datos, tablas elaboradas y están disponibles tanto en papel como en medios electrónicos.

6.1. Selección de Materiales

El uso de materiales de construcción resistentes a la corrosión es la medida más directa de controlar la corrosión en los CGs Técnicamente el proceso de selección de materiales involucra tres etapas principales:

- Análisis de los requerimientos y condiciones de operación del campo.

- Selección y evaluación de los posibles materiales a utilizar, y finalmente.

- Selección del material más apropiado.

La resistencia a la corrosión, es la principal propiedad a considerar en la selección de materiales para fabricar equipos, sin embargo, la consideración final debe contemplar un acuerdo entre los factores técnicos y económicos. Muchas veces es más económico utilizar MRCs de alto costo que tendrán una larga vida de servicio sin problemas, que optar por un material de menor precio, pero que requiera mantenimiento frecuente o reemplazos. Los materiales seleccionados deben tener las características de adecuación que les permitan un desempeño seguro en su funcionamiento durante un periodo de tiempo razonable y un costo aceptable.

6.2. Protección Anticorrosiva

La manera más sencilla de proteger un equipo o infraestructura contra los efectos de la corrosión es formar una barrera física sobre las superficies que las excluya del medio que les rodea, evitando las interacciones superficie metálica-medio. Las pinturas anticorrosivas, los recubrimientos poliméricos y metálicos, o recubrimientos con hule, son medidas muy utilizadas en los CGs para proteger instalaciones y equipos. Los sistemas de protección catódica también son utilizados sobre todo en la protección de los refuerzos de acero en estructuras de cimentaciones y apoyos de concreto, utilizados como soporte de estructuras y equipos de producción de energía eléctrica. Por ejemplo, la aplicación de zinc térmicamente espurreado sobre el refuerzo de acero en la cimentación de las turbinas generadoras de electricidad en el área de máquinas.

6.3. Inhibición de la Incrustación

La formación y depósito de incrustaciones en las instalaciones de producción de recursos geotérmicos es controlada mediante la acidificación de la salmuera y la adición de inhibidores orgánicos. El objetivo de esto es el de limitar la incrustación, corrosión, riesgos de flujo y aspectos de seguridad.[23] El ácido que ha sido seleccionado para ser utilizado en dicha operación, deberá ser adecuado a la naturaleza química de la incrustación: carbonato, sulfato o silicato. Por ejemplo, si tenemos SiO_2 o silicatos, requerimos utilizar ácido fluorhídrico (HF) ya que éste reacciona rápidamente con las incrustaciones silíceas:

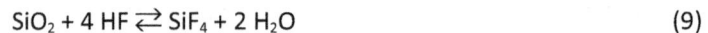

$$SiO_2 + 4\ HF \rightleftarrows SiF_4 + 2\ H_2O \qquad (9)$$

En el caso de los inhibidores, éstos son sustancias químicas que modifican el comportamiento de los fluidos geotérmicos y las velocidades de reacción de la incrustación cuando son adicionados en cantidades relativamente pequeñas. La prevención de incrustaciones de silicatos, carbonatos y sulfatos en los fluidos geotérmicos de la planta Kebili en Túnez, fueron estudiados y varios polímeros inhibidores fueron ensayados con resultados positivos.[24]

El conocimiento sobre la formación, localización e identificación de la incrustación tiene un impacto crucial en la productividad del campo geotérmico. Por lo tanto, nuevos métodos e inhibidores son desarrollados y propuestos continuamente en la literatura comercial. En este apartado las consideraciones económicas son muy importantes dados los volúmenes de consumo que se pueden alcanzar. El costo de un inhibidor bajo condiciones de operación es determinado en buena proporción tanto por su estabilidad química como por su eficiencia como agente de control.

Conclusiones

Los procesos de corrosión e incrustación que ocurren en los campos geotérmicos de México, son promovidos por las características de los fluidos geotérmicos y las condiciones climáticas, y afectan la capacidad de producción de los pozos geotérmicos. La prevención y control de la corrosión e incrustación en la infraestructura de los CGs contribuirá a la preservación de la calidad del medio ambiente y asegurará la durabilidad de los materiales de ingeniería utilizados en dichos campos. El equipo industrial, estructura e instalaciones de los CGs están construidas básicamente de dos tipos de materiales: acero al carbono y concreto reforzado que deben ser protegidos contra la corrosión con pinturas, recubrimientos, inhibidores y protección catódica.

Los factores dominantes de la corrosión son la acidez (principalmente H_2S), salinidad y gases disueltos tales como: oxígeno, dióxido de carbono y amoniaco. Por otro lado, incrustaciones de SiO_2 y mezclas de éstas con lodos y otros productos de corrosión, deberán ser removidos mediante técnicas químicas o mecánicas. La aplicación de tecnologías para la inhibición y control de corrosión e incrustación permitirá disminuir la frecuencia de paro de producción en las instalaciones del CG.

Referencias

1. Ines IR. *La última jornada de Melchor Díaz.* Revista Calafia, UABC. 1973; 2: 18-19.
2. Hernández-Galán JL. *La energía de la tierra.* México: Editorial CECSA; 1985.
3. Bertani R . *World geothermal power generation 2001-2005,* Geothermal Bull. 2005; 35(3): 89-111.
4. Hiriart G. *A bright future, geothermal energy development in México and other Latin American countries has great potential.* Geothermal Bull GRC. July/August, 2001; 30(4).
5. Ocampo DJ de D, Rojas BMR. *Production problems review of Las Tres Vírgenes Geothermal Field, Mexico.* GRC Trans. 2004; 28: 499-502.
6. Portugal E, Barragán R, Arellano A, Sandoval F. *Estudios geocientíficos del Polígono Hidalgo del campo geotérmico de Cerro Prieto.* Informe IIE/11/12875, para la CFE; 2006.
7. Alonso EH. *Cerro Prieto: Una alternativa en el desarrollo energético.* Memoria de la Reunión Nacional Sobre la Energía y el Confort, II. UABC, Mexicali, BC, México; 1982: 314-319.
8. Galindo M, Valdez B, Schorr M. Comportamiento de la infraestructura en zonas desérticas y áridas. En M. Schorr (ed.), Estudios del Desierto. UABC. 2006: 157-176.
9. Valdez B, Schorr, M. *Características corrosivas de salmueras geotérmicas.* Memorias del Congreso Anual de la Asociación Geotérmica Mexicana. Septiembre, Cerro Prieto, Mexicali, BC, México; 2006: 74-78.
10. Lippmann MJ, Truesdell A, Halfman-Dooley, S, Mañón A. *A review of the hydrogeologic-geochemical model for Cerro Prieto.* Geothermics. 1991; 20(1/2): 39-52. http://dx.doi.org/10.1016/0375-6505(91)90004-F
11. Mercado S, Arellano V, Barragán R. *Medio ambiente, geotermia y toma de conciencia.* Memorias del Congreso Anual de la Asociación Geotérmica Mexicana. 2006: 8.
12. Gallegos OR. *Modelo de dispersión para las emisiones de H_2S en Cerro Prieto.* Tesis de Maestría, Instituto de Ingeniería-UABC, Mexicali, BC, México; 1997.
13. Valdez B, Schorr, M, Sampedro J, Rosas N. *Corrosion of steel by drilling muds in geothermal wells.* Corros Rev. 1999; 17(3-4): 237. http://dx.doi.org/10.1515/CORRREV.1999.17.3-4.237
14. Rogers RD. *Effects of microbiologically influenced degradation massive geothermal field concrete.* Corros Rev. 1999; 17(34-4): 155.
15. Schorr M, Valdez B, Quintero M, Zlatev R. *Effect of H_2S on corrosion of polluted waters: a review.* Corros Eng Sci Technol. 2006; 41(3): 221-227. http://dx.doi.org/10.1179/174327806X132204
16. Dexter SC. *Corrosion seawater.* En ASM Handbook, Corrosion: Environments and Industries. 2006; 13C: 27-41.
17. Valdez B, Rioseco L, Schorr M, Navarrete M. *Deterioration of biomaterials in geothermal fields in Mexico.* Materials and Corrosion. 2000; 51, 698-704. http://dx.doi.org/10.1002/1521-4176(200010)51:10<698::AID-MACO698>3.0.CO;2-G

18. Ocampo DJ, Valdez B, Schorr M, Suaceda RL, Rosas N. *Corrosion and scaling problems in Cerro Prieto geothermal field.* Proc. of the 2005 World Geothermal Congress, Turkey, 2005; 1-5.

19. Bourcier W. *Coproduction of silica and other commodities from geothermal fields.* Ditto. 2006.

20. Lund JW, Boyd TL *Research on the use of waste silica from the Cerro Prieto geothermal filed, Mexico.* International Minerals Extraction from Geothermal Brines Conference, September, Tucson, Arizona, USA. 2006.

21. Rychagov SN, Boikova IA, Kalacheva EG, Ladygin VM, Frolova JV, Bashina JS, Koroleva GP. *Artificial Siliceous Sinter Deposits of the Pauzhetsky Geothermal System.* En Proceedings of the Conference on Mineral Extraction from Geothermal Brines. USA, Tucson, Arizona, USA. 2006.

22. Koch GH, Brongers M, Thompson N, Virmani Y, Payer J. *Corrosion and preventive strategies in the United States.* Supplement to Materials Performance, July 2002: 1-18.

23. Gallup DL, Barcelon E. *Investigations of organic inhibitors for silica scale control from geotermal brines-II.* Geothermics. 2005; 34: 756-771.
http://dx.doi.org/10.1016/j.geothermics.2005.09.002

24. Rose PE, Benoit WR, Lee SG, Tandia BK, Kilbourn PM. *Testing the naphthalene sulfonates as geothermal tracers at Dixie Valley, Ohaaki, and Awibengkok,* Proceedings, 25th, Workshop on Geothermal Reservoir Engineering, Stanford University, Stanford, California, USA. 2000. SGP-TR-165.

Capítulo 4

Corrosión y degradación de materiales por bio-combustibles

José Trinidad Pérez-Quiroz,[1] Nancy Leticia Araujo-Arreola,[2] Ana Isabel Torres-Murillo,[2] J. Porcayo-Calderón[3], Mariela Rendón-Belmonte,[1] Jorge Terán-Guillen,[1] Miguel Martínez-Madrid,[1] Ramiro Pérez-Campos[4]

[1] Instituto Mexicano del Transporte, México.

[2] Instituto Tecnológico de Querétaro, México.

[3] Universidad Autónoma del Estado de Morelos, CIIAp, Av. Universidad 1001, 62209-Cuernavaca, Morelos, México.

[4] Centro de Física Aplicada y Tecnología Avanzada, UNAM, México.

jtperez@imt.mx, naraujo508@hotmail.com, anima6_isa@hotmail.com, mbelmonte@imt.mx, jporcayoc@gmail.com, jteran@imt.mx, martinez@imt.mx, ramiro@fata.unam.mx

Doi: http://dx.doi.org/10.3926/oms.157

Referenciar este capítulo

Pérez-Quiroz JT, Araujo-Arreola NL, Torres-Murillo AI, Porcayo-Calderón J, Rendón-Belmonte M, Terán-Guillen J, Martínez-Madrid M, Pérez-Campos R. *Corrosión y degradación de materiales por biocombustibles.* En Valdez Salas B, & Schorr Wiener M (Eds.). *Corrosión y preservación de la infraestructura industrial.* Barcelona, España: OmniaScience; 2013. pp. 69-85.

J.T. Pérez-Quiroz, N.L. Araujo-Arreola, I. Torres-Murillo, J. Porcayo-Calderón, M. Rendón-Belmonte, J. Terán-Guillen, M. Martínez-Madrid, R. Pérez-Campos

1. Introducción

El alto costo del petróleo y la tendencia de que éste siga aumentando de precio, así como la disminución de sus reservas, han provocado que la seguridad energética a nivel mundial se vea afectada. Por otra parte se encuentra la constante preocupación por el calentamiento global, causado en gran medida por la liberación de gases provenientes de la quema de combustibles fósiles. Como consecuencia, es cada vez mayor el interés por el empleo de fuentes de energía renovables como el biodiésel, que posee grandes ventajas con mínimos daños al ambiente.

En el manejo de estos combustibles, son comunes problemas de corrosión que ocasionan graves pérdidas económicas. Por ello se requiere de investigaciones encaminadas a la mejora de los materiales ya existentes o a realizar una selección adecuada de materiales.

Este capítulo describe al biodiésel como uno de los combustibles que se proponen para su uso en el sector automotriz así como las ventajas y desventajas de este. Se describen sus características físicas, químicas así como su desempeño ante diferentes materiales en contacto con biodiésel, por medio de las técnicas gravimétricas y electroquímicas, la información que aportan los diferentes estudios podrían ser empleados para la selección y diseño de materiales usados en la industria automotriz en específico tanque de almacenamiento y componentes del motor del automóvil.

2. Marco teórico

En la actualidad, México al igual que muchos otros países, comienzan una nueva era dentro de la cual los biocombustibles juegan un papel importante, ya que forman parte de las nuevas energías alternativas que se buscan para reducir el impacto negativo sobre el medio ambiente del planeta. Al estudiar el comportamiento de diversos materiales en contacto con el biocombustible se obtendrían datos que ayuden al desarrollo tecnológico, ambiental y económico del país. Está comprobado que la tecnología genera el avance y desarrollo del país, pero a su vez genera daños, que en ocasiones son irreversibles, que se tienen que contrarrestar por medio de alternativas. Una de ellas es realizar investigaciones que ayuden a utilizar materiales adecuados que minimicen el problema.

Debido a lo anterior las investigaciones hechas hasta la fecha pretenden generar información del comportamiento materiales metálicos y materiales poliméricos en contacto con biodiésel. Los parámetros a medir son velocidades de corrosión y parámetros cinéticos electroquímicos, que permitan seleccionar el material más adecuado para el uso de biodiésel en automóviles como combustible alterno.

2.1. Biodiésel

Es un combustible de origen vegetal o animal, una fuente de energía limpia, renovable, de calidad y económicamente viable, que además contribuye a la conservación del medio ambiente, por lo que representa una alternativa al uso de combustibles fósiles. Químicamente y de acuerdo con la norma ASTM (American Standards for Testing and Materials) el biodiésel se define como: ésteres mono-alquílicos de ácidos grasos de cadena larga derivados de lípidos renovables tales como aceites vegetales, grasa animal y aceites usados, dichos ésteres son utilizados en los motores de combustión interna o ignición (motores diésel) o en calderas de calefacción.[1]

Las propiedades del biodiésel son prácticamente las mismas que las del gasóleo de automoción (diésel) en cuanto a densidad y número de cetanos, que es un indicativo de la eficiencia de la reacción que se lleva a cabo en los motores de combustión interna (ignición). Además, presenta un punto de inflamación superior. Por ello, el biodiésel puede mezclarse con el gasóleo para su uso en motores e incluso sustituirlo totalmente si se adaptan éstos convenientemente.

En cuanto a la utilización del biodiésel como combustible de automoción, debe señalarse que las características de los ésteres son más parecidas a las del gasóleo que las del aceite vegetal sin modificar. La viscosidad del éster es dos veces superior a la del gasóleo frente a diez veces ó más la del aceite crudo; además el índice de cetanos de los ésteres es superior, siendo los valores adecuados para su uso como combustible.

El biodiésel puede emplearse de cualquiera de las siguientes maneras:

- Como combustible puro (B 100).

- Como combustible mezclado con petrodiésel o gasóleo (B20).

- Como un aditivo del petrodiésel (Menor de 1% a 5%).

- Donde sea que el petrodiésel # l o # 2 (kerosene o diésel) sea usado.

El biodiésel se obtiene a partir de un proceso llamado "Transesterificación", que consiste en combinar los aceites con un alcohol (etanol o metanol) y se alteran químicamente para formar ésteres grasos como el etil o metil éster. Los productos formados son: glicerina y metil éster. La glicerina, en este caso, es un subproducto que puede ser aprovechada por la industria cosmética, química, entre otras.[1]

Se considera que el único combustible alternativo que puede utilizarse directamente en cualquier motor diésel, sin requerir ningún tipo de modificación siempre y cuando se utilice combinación de 5, 20 y 50%. Hoy en día, dichos motores requieren un combustible que al ser sometido a distintas condiciones en las que opera, permanezca estable y por otra parte sea limpio al quemarlo. Al poseer propiedades similares al diésel derivado del petróleo; ambos se pueden mezclar en cualquier proporción, sin generar problema alguno.

Además resulta un combustible ideal por sus bajas emisiones, en las áreas marinas, parques nacionales, bosques y sobre todo en las grandes ciudades para el transporte público.[2]

2.1.1. Características del biodiésel

El biodiésel, es un combustible de color amarillo ámbar, con una viscosidad similar al diésel su punto de ignición es de 150°C, no es inflamable ni explosivo, en contraste con el diésel de petróleo, que tiene un punto de ignición de 64°C. La característica que presenta de tener un punto elevado de inflamación, provoca que los automóviles que utilicen biodiésel sean mucho más seguros en accidentes que aquellos impulsados por diésel o gasolina. A diferencia del diésel de petróleo, el biodiésel es biodegradable y no tóxico y de manera significativa reduce las emisiones tóxicas y otras cuando se quema como combustible. La norma a seguir acerca de los requisitos del biodiésel es la ASTM D-6751 (Especificación para mezclas de combustible biodiésel (B100) para combustibles de destilación media).[3]

El biodiésel, en cuanto a potencia es ligeramente inferior al diésel convencional. Sin embargo, el biodiésel es mejor que éste, en términos de contenido de Azufre, punto de inflamación, contenido de aromáticos, y la biodegradabilidad. Una precaución a considerar cuando se utiliza éste biocombustible es el tipo de clima, cuando es muy frío, se vuelve gel, ocasionando problemas para el encendido del motor, debido a que presenta un punto de congelación entre 0 y -5 °C. En cuanto a costo, el biodiésel varía en función de la materia prima, área geográfica, los precios del metanol y variabilidad estacional en la producción de cultivos.[4]

2.1.2. Materia prima

Las materias primas más utilizadas para la fabricación de biodiésel son: los aceites de cocina usados, el aceite de girasol, de colza (planta perteneciente a la familia de las brasicáceas), y los extractos de plantas oleaginosas, además de cualquier materia que contenga triglicéridos. A continuación se detallan las principales materias primas para la elaboración de biodiésel.[5]

- Aceites vegetales convencionales
  - Aceite de girasol
  - Aceite de colza
  - Aceite de soja
  - Aceite de coco
  - Aceite de palma
- Aceites vegetales alternativos
  - Aceite de *Brassica carinata*
  - Aceite de *Cynara cardunculus*
  - Aceite de *Camelina sativa*
  - Aceite de *Crambe abyssinica*
  - Aceite de Pogianus
  - Aceite de *Jatropha curcas*
- Aceite de semillas modificadas genéticamente
  - Aceite de girasol de alto contenido oleico
- Grasas animales
  - Sebo de vaca
  - Sebo de búfalo
- Aceites de cocina usados
- Aceites de otras fuentes
  - Aceites de producciones microbianas
  - Aceites de microalgas

Los aceites de cocina usados, son la materia prima más económica, debido que al utilizarse, se evita un gasto de tratamiento como residuo, y, por otra parte, se disminuye la contaminación que ocasionan.

En cuanto a otros aceites y grasas, se diferencian principalmente en su contenido en ácidos grasos. Los aceites con proporciones altas de ácidos grasos insaturados, como el aceite de girasol o de Camelina sativa, mejoran la operatividad del biodiésel a bajas temperaturas, pero disminuyen su estabilidad a la oxidación, que se traduce en un índice de yodo elevado. Por este motivo, se pueden considerar como materias primas para producir biodiésel, los aceites con elevado contenido en insaturaciones, que hayan sido modificados genéticamente para reducir esta proporción de ácidos grasos.[5]

2.1.3. Ventajas medio ambientales

- Se trata de un combustible 100% vegetal y 100% biodegradable, es una energía renovable e inagotable, no genera residuos tóxicos ni peligrosos.

- Las emisiones de CO_2 están, entre un 20 y un 80% menos que las producidas por los combustibles derivados del petróleo tanto en el ciclo biológico en su producción como en su uso. Asimismo, se reducen las emisiones de dióxido de Azufre en casi 100%.

- El biodiésel, como combustible vegetal no contiene ninguna sustancia nociva, ni perjudicial para la salud, a diferencia de los hidrocarburos, que tienen componentes aromáticos y bencenos (cancerígenos). La no emisión de estas sustancias contaminantes disminuye el riesgo de enfermedades respiratorias y alergias.[4]

2.1.4. Ventajas económicas

- Elaborar biodiésel a partir de los aceites vegetales, se contribuye de manera significativa al suministro energético sustentable, lo que permite reducir la dependencia del petróleo, incrementando la seguridad y diversidad en los suministros, así como el desarrollo socioeconómico del área rural (producción de oleaginosas con fines energéticos).

- El uso de biodiésel puede extender la vida útil de motores porque posee un alto poder lubricante y protege el motor reduciendo su desgaste así como gastos de mantenimiento. También es importante destacar el poder detergente del biodiésel, que mantiene limpios los sistemas de conducción e inyección del circuito de combustible de los motores.[4]

2.1.5. Ventajas en seguridad y transporte

- El transporte del biodiésel es más seguro debido a que es biodegradable.

- En caso de derrame de este combustible en aguas de ríos y mares, la contaminación es menor que los combustibles fósiles.

- No es una mercancía peligrosa ya que su punto de inflamación está por encima de 150°C; por lo que su almacenamiento y manipulación son seguras, en comparación con la gasolina y el diésel.

- Por su composición vegetal, es inocuo con el medio, es neutro con el efecto invernadero y es totalmente compatible para ser usado en cualquier motor diésel, sea cual sea su antigüedad y estado.

- Se puede almacenar y manejar de la misma forma que cualquier combustible diésel convencional.[4]

2.1.6. Aplicaciones del biodiésel

- Alquiler de autos movidos a biodiésel. Comenzó la oferta en Maui (Hawai) y Los Ángeles en los EEUU. Son vehículos que alcanzan una autonomía entre 400 y 800 millas por tanque, teniendo en cuenta el valor actual de la gasolina.

- Calefacción para el hogar en base a biodiésel. Mucha gente está apuntando sus ojos hacia el biodiésel como una alternativa para la calefacción de la casa. Las calderas a petróleo pueden funcionar bien con biodiésel (B20), combustible fabricado con 80% de aceite de petróleo y 20% de biodiésel. Hay quienes han reformado sus calderas para biodiésel (B100), un combustible realizado totalmente con aceites vegetales, más limpio que el petróleo convencional.

- Generadores de electricidad con base en combustible biodiésel, estos son una alternativa superior al tradicional quemado de carbón mineral. El biodiésel es más económico, además es limpio y renovable para generar electricidad.

- Camiones de transporte alimentados con biodiésel. Poco a poco, camiones de transporte de carga cambian de diésel a biodiésel, los beneficios que obtienen son numerosos, para no mencionar las ventajas de ayudar al medio ambiente y reducir la dependencia de petróleo extranjero mientras se ahorra dinero.

- Maquinaria agrícola: Aprovecha el aceite biodiésel que ayuda a producir, en los motores de los tractores y las diferentes máquinas del campo, en bombas de irrigación, generadores, sistemas para irrigación, que habitualmente venían usando combustible diésel, ahora el uso de aceite biodiésel como combustible para conseguir energía, cierra un círculo virtuoso en la agricultura, desde productores a consumidores.

- Embarcaciones de fletes comerciales como transbordadores, yates de paseo, botes de vela y de motor son todos candidatos al uso de aceite biodiésel como combustible alternativo. La empresa "Pacific Whale Foundation", localizada en Hawai (EEUU) emplea también el biodiésel en sus barcos.

- Aditivos lubricantes en base a aceite biodiésel, porque es un buen lubricante en comparación al de uso actual en base a petróleo poco sulfurado, los inyectores de combustible y otros tipos de bombas de combustible, pueden perfectamente ser lubricados con aceite biodiésel. Con los aditivos correctos, el desempeño del encendido puede mejorar, haciendo los motores más durables.

- Otras aplicaciones se han pensado, como aditivo para la tolva de concreto y los tractores de asfalto. Por las propiedades solventes, limpia las partes mecánicas con seguridad reduciendo la irritación de ojos asociada con otros limpiadores.[2]

2.1.7. Obtención de biodiésel

La reacción química como proceso industrial utilizado en la producción de biodiésel, es la transesterificación (ver Figura 1), que consiste en tres reacciones reversibles y consecutivas. El triglicérido se transforma sucesivamente en diglicérido, monoglicérido y glicerina. En cada reacción un mol de éster metílico se libera. Todo este proceso se lleva a cabo en un reactor donde se producen las reacciones y en fases posteriores la separación, purificación y estabilización.

Las tecnologías existentes, pueden combinarse de diferentes maneras cambiando las condiciones del proceso y la alimentación del mismo. La elección de la tecnología estará en función de la capacidad deseada de producción, alimentación, calidad y recuperación del alcohol y del catalizador. En general, plantas de menor capacidad y diferente calidad en la alimentación (utilización al mismo tiempo de aceites refinados y reutilizados) suelen utilizar procesos por lotes o discontinuos. Los procesos continuos, sin embargo, son idóneos para plantas de mayor capacidad que justifique el mayor número de personal y requieren una alimentación continua y uniforme.[5]

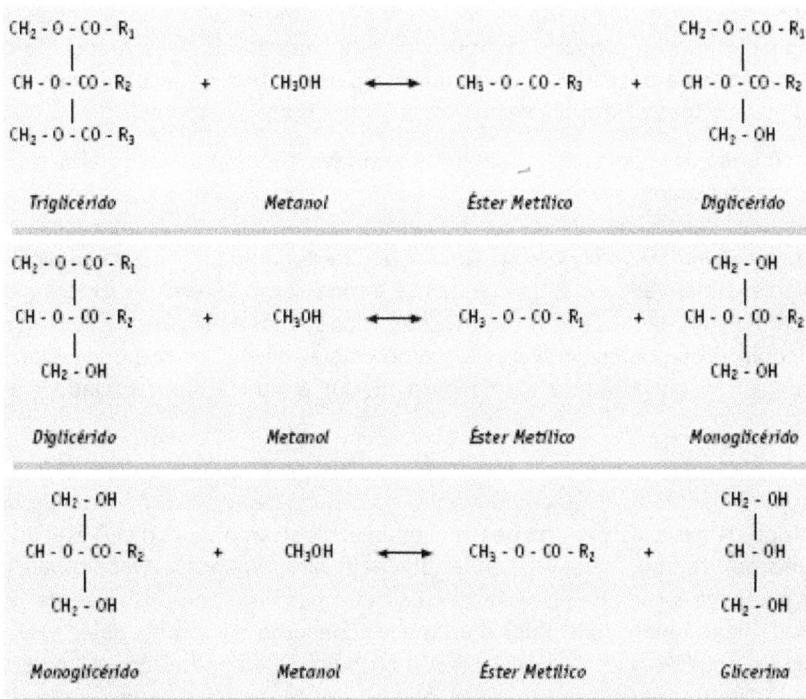

Figura 1. Reacciones químicas de transesterificación[5]

2.1.8. Balance energético de la producción de biodiésel

El balance energético del biodiésel, considerando la diferencia entre la energía que produce 1kg de biodiésel y la energía necesaria para la producción del mismo, desde la fase agrícola hasta la fase industrial es positivo al menos en un 30%. Por lo tanto puede considerarse una actividad sustentable.

Además de las condiciones favorables desde el punto de vista ecológico y energético merece destacarse la posibilidad del empleo inmediato en los motores. El biodiésel se quema perfectamente sin requerir ningún tipo de modificación en motores existentes pudiendo alimentarse alternativamente con el combustible diésel o en mezcla de ambos. Esta es la diferencia importante respecto de otras experiencias de sustitución de combustibles como la del bioetanol, donde es necesario efectuar en los motores modificaciones irreversibles. El empleo de biodiésel aumenta la vida de los motores debido a que posee un poder lubricante mayor, mientras que el consumo de combustible, la autoignición, la potencia y el torque del motor permanecen inalterados.

2.1.9. Importancia de los trabajos de investigación de corrosión por biodiésel

El incremento poblacional y la creciente demanda de energía en el sector transporte han provocado un agotamiento acelerado de las reservas de combustibles fósiles. El consumo elevado de combustibles fósiles en motores de automóviles, ocasiona también la contaminación del medio ambiente. Estos hechos han alentado a los investigadores a buscar combustibles alternativos que prometan una relación armoniosa con el desarrollo sustentable, la conversión de energía, la eficiencia y la conservación del medio ambiente. El biodiésel es un tipo de combustible prometedor que puede cumplir con esta necesidad.[6] Está reportado que existen algunas materias primas potenciales y disponibles para su uso en la obtención de biodiésel. Estos incluyen varios tipos de aceites vegetales, así como grasas animales.

Las fuentes comunes de biodiésel actualmente bajo investigación incluyen el aceite de soya,[7-8] girasol, maíz, aceite usado y aceite de oliva,[9-10] aceite de colza,[11-13] ricino, aceite de lesquerella,[14] aceite semilla de algodoncillo (*Asclepias*),[15] *Jatropha curcas*,[16] *Pongamia glabra (Karanja)*, *Madhuca indica (Mahua)* y *Salvadora oleoides*,[17] aceite de palma,[18-20] aceite de linaza,[21] etc. En general, el biodiésel derivado de estas fuentes se define como ésteres de ácidos grasos mono-alquílicos de cadena larga.[22] Los ésteres mono-alquílicos son las especies químicas principales del biodiésel, dándole propiedades similares al combustible diésel,[23] este puede utilizarse en los motores modernos a diésel en su forma pura (B100) o puede ser mezclado con diésel de petróleo.[24]

Como se menciono anteriormente, Además de ser fuente de energía renovable, el biodiésel ofrece una serie de ventajas. Es biodegradable, no tóxico, tiene mayor punto de inflamación, reduce la emisión de gases contaminantes, amigable ecológicamente con el diésel de petróleo.[25-27] Pero al mismo tiempo, también tiene algunas características desfavorables, como la inestabilidad oxidativa, propiedades pobres a baja temperatura como disolvente. Proporciona energía y torque ligeramente más bajos y un mayor consumo de combustible.[27] Las diferencias entre el diésel de petróleo y el biodiésel pueden atribuirse a su naturaleza química. Petrodiésel se compone de cientos de compuestos con puntos de ebullición de temperaturas diferentes (determinado por el proceso de refinación de petróleo y material de petróleo crudo). El biodiésel esta compuesto principalmente de cadenas largas de carbono de ésteres de alquilo C16-18 (determinada totalmente por la materia prima).[28] Además de los componentes principales de ésteres grasos, componentes menores del biodiésel incluyen monoglicéridos, diglicéridos y triglicéridos residuales resultantes de la reacción de transesterificación, metanol, ácidos grasos libres, esteroles, etc.[29]

Las características del biodiésel, descritas anteriormente causan una serie de problemas operativos en los motores, incluyendo incompatibilidad con materiales metálicos y elastómeros, depósitos duros en motores, carbonizado del inyector, taponamiento del filtro y del anillo del pistón.[30-31] Diversos estudios[32-33] muestran que diferentes características de biodiésel, como inestabilidad térmica, oxidación, polimerización, absorción de agua, incremento de la acidez, son la principal preocupación para garantizar propiedades estables del combustible durante su aplicación.

La compatibilidad de biodiésel con los materiales utilizados actualmente para automóviles es un problema. Aun cuando se han realizado estudios para analizar los problemas de incompatibilidad de los materiales, la interacción entre el biodiésel y los materiales del sector automotriz aún está lejos de ser comprendida totalmente. Los autores del presente capitulo han evaluado la interacción del acero inoxidable ferrítico y el aluminio con biodiésel, como materiales sugeridos para la fabricación de recipientes de almacenamiento que se utilizan en gran parte de piezas del motor respectivamente.

Diversos componentes de motores diésel están hechos de una variedad de materiales, tales como: metales, no metales y elastómeros. Las partes principales del motor / vehículo que están en contacto con el combustible son: depósito de combustible, bomba de alimentación de combustible, líneas de combustible, filtro de combustible, inyector de combustible al cilindro, pistón y sistema de escape. Estas piezas de motor / vehículo están hechas de metal (acero, acero inoxidable, cobre, aluminio, aleación base cobre, aleación base aluminio, aleación base hierro, fundición de hierro gris, fundición de hierro especial, fundición de aluminio, aluminio forjado, fundición de aluminio en arena, fundición de aluminio y fibra de aluminio y materiales no metálicos: elastómeros, plásticos, pintura, revestimiento, corcho, caucho, fibra cerámica y papel. El combustible entra en contacto con las diversas piezas del motor y sus accesorios variando la temperatura, velocidad, carga deslizante, y el estado físico. Se ha encontrado que las impurezas en el biodiésel o la degradación del biodiésel debida a la oxidación incrementa la corrosividad del combustible.[34]

Lo anterior se asocia con investigaciones que involucran metales y no metales en contacto con biodiésel. Cada autor menciona diferentes resultados, sin embargo la mayoría de autores coinciden que el principal factor para generarse el fenómeno de corrosión es el agua y los ácidos grasos encontrados en forma libre, que al estar en contacto con distintos materiales reaccionan de acuerdo a su composición química. Y no solo eso, también se reporta que el agua en el biodiésel es indeseable debido a que ésta promueve el crecimiento de micro-organismos generadores de corrosión.[35]

Tsuchiya et al., afirman que el proceso de oxidación que presenta el biodiésel, provoca un aumento en el contenido de agua libre, además de convertir los ésteres en diferentes mono - ácidos carboxílicos como el ácido fórmico, ácido acético, ácido propiónico y ácido caproico entre otros, que son responsables de aumentar la corrosión. Y que también estos mismos ácidos generan corrosión por picaduras sobre la superficie de un metal, dejando huecos, los cuales pueden reducirse mediante la prevención de la oxidación del biodiésel a través del uso de antioxidantes.[36]

Por su parte Díaz-Ballote et al., encontraron que la interacción de diversas características, tales como cambios en el valor de TAN (número de ácidos totales), el contenido de agua, el Oxígeno disuelto en biodiésel, la oxidación y la presencia de especies de metales, así como moléculas insaturadas; aumentan la corrosividad provocada por el biodiésel. Y que un factor que la disminuye, es un contenido de impurezas bajo, cuando se procesa el biodiésel.[37-38] Otros artículos sobre combustibles, reportan que el biodiésel esta constituido por diferentes tipos y cantidades de ácidos grasos saturados e insaturados. Estos últimos al ser insaturados, presentan dobles enlaces en sus estructuras y son los más susceptibles a la oxidación, ejemplo de ello, el aceite de soja y el aceite de girasol.[35]

Asociado a lo anterior Labeckas y Slavinskasthe, probaron que el aceite de colza, contiene muchos ácidos grasos de cadena larga y una cantidad 2,7 veces mayor de agua, que incrementa significativamente su densidad y viscosidad, reduciendo el número de cetano, y estimulando la acidez y así mismo la actividad de la corrosión.[39] Una aportación más es la de Winfried et al., quien determino que los ácidos grasos libres no esterificados y diferentes tipos de sales (Ca^{2+}, N^+, K^+), pueden causar corrosión en un motor y catalizar procesos de oxidación.[40-41]

Por otra parte, respecto al comportamiento de los materiales en general, se reporta que el Bronce, Latón, Cobre, Plomo, Estaño y Zinc se corroen en biodiésel. Estos elementos aceleran la oxidación y crean sedimentos, sin embargo, materiales como, Aluminio, acero inoxidable se reportan como materiales compatibles. Sin embargo el acero al Carbono no es recomendable debido a que sufre de lixiviación por parte del Hierro.[42] Diaz-Ballote et al. Estudiaron la corrosión del Aluminio puro en biodiésel elaborado a base de aceite de canola mediante técnicas electroquímicas. Ellos observaron que la velocidad de corrosión del Aluminio dependía fuertemente del nivel de impurezas en el biodiésel, originadas a partir del proceso de transesterificación. Por ello recomiendan una limpieza del biodiésel mediante el proceso de lavado consiguiendo una disminución enorme en la velocidad de corrosión.[35-38]

Sin embargo, otros estudios realizados por M.A. Fazal et al., para la determinación de las características corrosivas del Aluminio (99% comercialmente puro), Cobre y acero inoxidable (316); en contacto con diésel y biodiésel de palma, tras un tiempo de exposición de 1200 horas. Reportan que la velocidad de corrosión del Cobre y Aluminio en contacto con biodiésel es mucho mayor que la presentada con diésel, mientras que el acero inoxidable no muestra cambios significativos. Las velocidades de corrosión para Cobre, Aluminio y acero inoxidable son 0.586, 0.202 y 0.015 mm/año respectivamente.[42]

Para Kaul et al., utilizando biodiésel a partir de *Jatropha curcas, Karanja, Mahua* y *Salvadora*, para un tiempo de 12600 horas de exposición, se obtienen las siguientes velocidades de corrosión 0.0784, 0.0065, 0.1329 y 0.1988 mm/año.[43-44]

Comparando los anteriores resultados de velocidad de corrosión, con los obtenidos por los autores de este capitulo de libro, 2.60E-15 mm/año velocidad mínima y 1.03 mm/año velocidad máxima, para la velocidad de corrosión del Aluminio con un tiempo de exposición de 1492 horas (63 días) en biodiésel producto de aceites de cocina utilizados. Se deduce que el biodiésel menos corrosivo es el elaborado a partir de aceites de cocina utilizados, seguido por el elaborado a partir de *Jatropha curcas, Karanja, Mahua* y *Salvadora* y por ultimo el biodiésel de palma esto debido a la menor cantidad de humedad que contenía la muestra de biodiésel utilizada por los autores de este capitulo.

Este ultimo compuesto es un factor muy importante por ello se determino el porcentaje de humedad utilizando el método AOCS Ca 2b-38, del cual resulto que el biodiésel contiene 1.038 % de humedad, que se considera elevado de acuerdo con las normas ASTM D975 y D6751[44-45] las cuales permiten un 0.05% en volumen máximo.[42] Por ello se asocia que los resultados del análisis mediante microscopia electrónica de barrido (MEB) presenten crecimiento de bacterias en algunas muestras, además de depósitos carbonosos, presencia de Oxígeno y otros elementos como el Cloro y Azufre (provenientes de la materia prima del biodiésel) que estén contribuyendo a la presencia del fenómeno de la corrosión.

2.1.10. Resultados

Cabe mencionar que los resultados fueron obtenidos mediante la técnica gravimétrica recomendada por la norma ASTM G1, NACE TM0 169 y por Meas et al.,[46-48] las Figuras 2 y 3 muestran las características de los testigos y el dispositivo de montaje, mientras que la Figura 4 muestra la gráfica de los resultados obtenidos por esta técnica.

Se prepararon 32 placas de acero inoxidable y 32 de aluminio con las siguientes dimensiones 2.0 x 2.0 x 0.1 cm con un barreno de 2 mm de diámetro en una de las esquinas como se muestra en la Figura 2 (ASTM G1 y NACE TMO 169). La composición química de cada uno de los materiales usados se reporte en las Tablas 1 y 2. El biodiésel empleado en este trabajo fue donado por la empresa MORECO, que lo produce a partir de aceite de cocina.

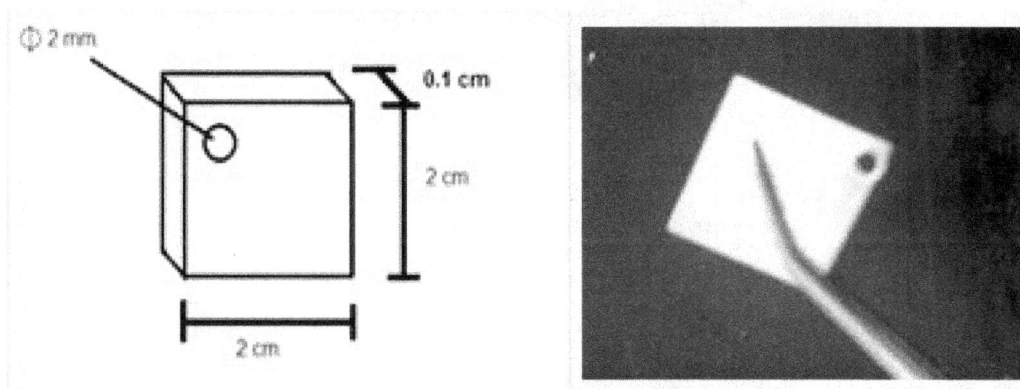

Figura 2. Dimensiones de muestras de acero inoxidable y aluminio

% C	% Si	% Mn	% P	% S	% Cr	% Mo	% Ni	% Al	% Co	% Cu	% Nb	% Ti	% V	% Pb	% Fe
0.0207	0.4526	0.2074	0.0623	0.0299	>6.00	0.06	0.2352	0.0163	0.0341	0.1208	0.0995	0.1059	0.1000	0.0060	85.8

Tabla 1. Composición química de la muestra de acero inoxidable

% Si	% Fe	% Cu	% Mn	% Mg	% Zn	% Ni	% Cr	% Pb	% Ti	% V	% Co	% Sr	% Al
0.1354	0.3437	0.0285	0.0102	< 0.0050	< 0.0050	0.0020	< 0.0010	< 0.0020	0.0251	0.0076	< 0.0020	0.0001	99.4

Tabla 2. Composición química de la muestra de aluminio

Técnica gravimétrica

Antes de iniciar el ensayo, las piezas deben estar perfectamente limpias, secas y libres de cualquier sustancia, no fue necesario lijarlas ya que mostraban una textura tersa y lisa, solo se uso detergente en polvo, agua destilada y alcohol etílico. La limpieza se llevó a cabo por medio de un cepillo de cerdas plásticas para asegurar una limpieza adecuada. Una vez limpias las placas la manipulación fue con guantes y pinzas de disección. Para esta prueba, cada una de las 32 piezas limpias y secas se pesan tres veces se registran los pesos y se cálculo del promedio de cada una de ellas, para pesar las piezas se uso una balanza analítica marca Voyager. Una vez registrados los valores, las placas se sujetaron con hilo de nylon a las tapas de los recipientes de vidrio; que contenían biodiésel garantizando que las piezas quedaran completamente sumergidas en el biodiésel. Se colocaron 2 placas por recipiente evitando el contacto entre ellas y con las paredes del recipiente, al final se sellan los recipientes y se inicia el ensayo, cabe mencionar que el ensayo se realizó a temperatura ambiente (Figura 3).

Figura 3. Piezas de acero inoxidable sumergidas en recipientes de vidrio sellados

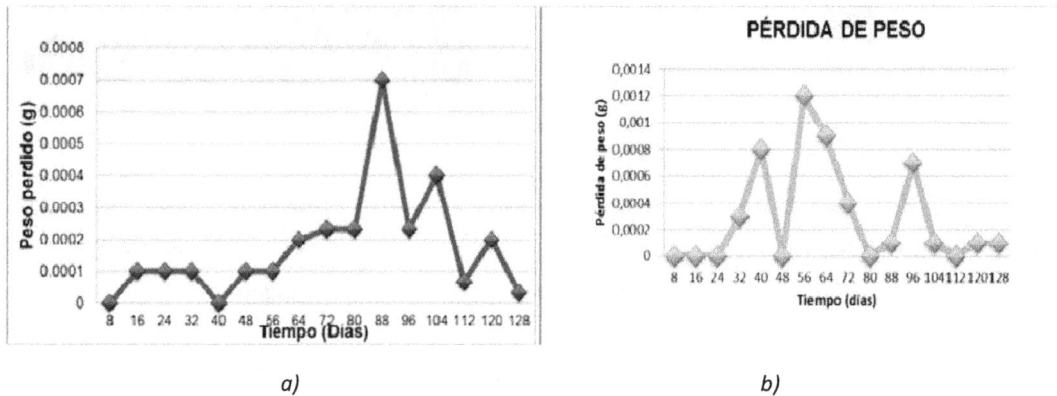

a)

b)

Figura 4. a) Gráfico de pérdida de peso para acero inoxidable y b) Gráfico de pérdida de peso para aluminio

Las placas fueron retiradas del recipiente cada 8 días, aun cuando la literatura recomienda que las piezas estén sumergidas en periodos de tiempos cortos o durante 90 días en un año.[46-48] Otra característica por la que se decidió retirar las placas cada 8 días fue debida a que esta reportado que el biodiésel se degrada incrementando la acidez. De acuerdo con los tiempos seleccionados las muestras fueron retiradas, observando la superficie para buscar productos de corrosión, y a simple vista no se observaron rastros de productos de corrosión; por lo que se procedió a enjuagar con jabón y se tallaron con cepillo de cerdas de plástico para un segundo enjuague con agua destilada y alcohol etílico y retirar cualquier rastro de grasa y se secaron con aire. Una vez terminado el proceso de limpieza, se pesaron inmediatamente en la balanza analítica y se registro su peso, las placas se pesaron tres veces para después obtener un promedio de los pesos. Los resultados se muestran en la Tabla 3.

Tiempo (días)	Acero inoxidable		Aluminio	
	Pérdida de peso (g)	Velocidad de corrosión (µm/año)	Pérdida de peso (g)	Velocidad de corrosión (µm/año)
8	0	0.0000	0	0.00000
16	0.0001	0.0004	0	0.00000
24	0.0001	0.0002	0	0.00000
32	0.0001	0.0002	0.0003	0.00054
40	0	0.0000	0.0008	0.00116
48	0.0001	0,0001	0	0.00000
56	0.0001	0.0001	0.0012	0.00125
64	0.0002	0.0002	0.0009	0.00082
72	0.0004	0.0002	0.0004	0.00032
80	0.0003	0.0002	0	0.00000
88	0.0007	0.0005	0.0001	0.00007
96	0.0003	0.0002	0.0007	0.00042
104	0.0004	0.0002	0.0001	0.00006
112	0.00005	0.00025	0	0.00000
120	0.0002	0.0001	0.0001	0.00005
128	0.0001	0.00005	0.0001	0.00005

Tabla 3. Pérdida de peso y velocidad de corrosión de las placas de acero inoxidable y aluminio

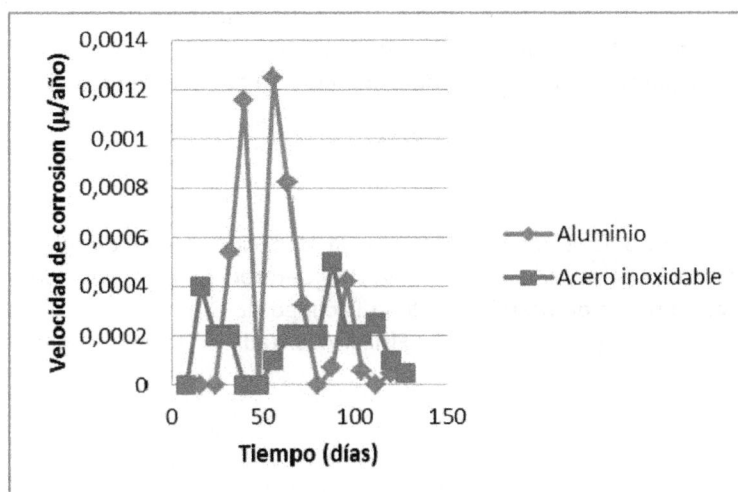

Figura 5. Gráico de velocidad de corrosión acero inoxidable y aluminio

Estos valores son similares a los reportados por Fazal et al.,[42] en magnitud aunque las velocidades de corrosión son más bajas, que las repostadas por Fazal. Por otro lado, Kaul.[43-44] describe que la presencia de ácidos grasos libres, trazas de oxígeno y la absorción de agua incrementan la corrosividad del biodiésel, comparada con el diésel de petróleo, sugiere que el biodiésel es más corrosivo debido a la presencia de compuestos ácidos insaturados debido al incremento en el numero total de acidez, este aumento indica oxidación del biodiésel. Tsuchiya et al. Reporta que el incremento en el valor de número de acidez total y la retención de agua hacen más corrosivo al biodiésel.[36]

3. Conclusiones

La técnica gravimétrica utilizada en los trabajos permitió identificar el comportamiento de la corrosión de la aleación de aluminio y acero inoxidable 439 en contacto con biodiésel. Los resultados muestran que el material después de estar expuesto durante un período de 128 días presenta una tendencia a corroerse. Sin embargo los valores obtenidos no aportan información del mecanismo de corrosión.

El comportamiento anterior se asocia con la composición química de cada placa, la cual debido a la heterogeneidad del material, causada por el proceso de fabricación, permitiría que se presente el fenómeno de corrosión. Y no solo los elementos presentes en el material, sino también los involucrados en el biodiésel, que por su parte esta compuesto por diferentes tipos de ésteres, que con el paso del tiempo provocan envejecimiento u oxidación de estos, lo que pudiese generar materia in-saponificable como: ácidos grasos, gomas (polipéptidos, fosfátidos, lecitina, proteínas, mucílagos, esteroles e hidrocarburos), sedimentos, óxidos y agua.

Este ultimo componente es un factor muy importante por ello se dedujo el porcentaje de humedad mediante la aplicación del método AOCS Ca 2b-38, del cual resulto que el biodiésel contiene 1.038% de humedad, lo que concluye que es un valor alto de acuerdo a lo que marca las normas ASTM D975 y D6751, las cuales permiten un 0.05% en volumen máximo. Por ello se asocia que los resultados del análisis mediante microscopia electrónica de barrido (MEB) presenten crecimiento de bacterias en algunas muestras, además de depósitos carbonosos, presencia de Oxígeno y otros elementos como el Cloro y Azufre (provenientes de la materia prima del biodiésel) que estén contribuyendo a la presencia del fenómeno de la corrosión.

Agradecimientos

Los autores agradecen a la empresa MORECO, la donación del biodiésel para realizar los experimentos. También agradecen al M. I. Agustín Gerardo Ruiz Tamayo del laboratorio de fundición del departamento de Metalurgia de la Facultad de Química de la UNAM; Al Instituto Mexicano del Transporte y al Centro de Física Avanzada y Tecnología Avanzada por las facilidades otorgadas.

Referencias

1. Gupta RB, Demirbas A. *Gasoline diésel and Ethanol Biofuels From Grasses and Plants.* Cambridge University Press. 2010: 22-36.
   http://dx.doi.org/10.1017/CBO9780511779152
2. Ciria JI. *Propiedades y características de combustibles diésel y biodiésel.* Disponible en web: www.wearcheckiberica.es/combustibles/. Fecha último acceso: Agosto 2011.
3. ASTM D6751-12. *Standard Specification for Biodiésel Fuel Blend Stock (B100) for Middle Distillate Fuels.*
4. Knothe G, Von Gerpen J, Krahl J. *The Biodiésel Handbook.* Champalgn, Illinois Edition, 2005: 84-87. http://dx.doi.org/10.1201/9781439822357
5. *Biodiésel, materias primas para su producción* Disponible en web: www.biodisol.com. Fecha último acceso: Julio 2011.

6. Haseeb ASMA, Fazal MA, Jahirul MI, Masjuki HH. *Compatibility of automotive materials in biodiésel: A review.* Fuel. 2011; 90: 922-31.
    http://dx.doi.org/10.1016/j.fuel.2010.10.042

7. Valente OS, Silva da MS, Pasa VMD, Belchior CRP, Sodre JR. *Fuel consumption and emissions from a diésel power generator fuelled with castor oil and soybean biodiésel.* Fuel. 2010; 89: 3637-42. http://dx.doi.org/10.1016/j.fuel.2010.07.041

8. He CH, Ge Y, Tan J, You K, Han X, Wang J. *Characteristics of polycyclic aromatic hydrocarbons emissions of diésel engine fueled with biodiésel and diésel.* Fuel. 2010; 89: 2040-6. http://dx.doi.org/10.1016/j.fuel.2010.03.014

9. Anastopoulos G, Lois E, Karonis D, Kalligeros S, Zannikos F. *Impact of oxygen and nitrogen compounds on the lubrication properties of low sulfur diésel fuels.* Energy. 2005; 30: 415-26. http://dx.doi.org/10.1016/j.energy.2004.04.026

10. Karonis D, Anastopoulos G, Zannikos F, Stournas S, Lois E. *Determination of physical properties of fatty acid ethyl esters (FAEE) – diésel fuel blends.* SAE Technical Paper No. 2009-01-1788.

11. Kousoulidou M, Fontaras G, Ntziachristos L, Samaras Z. *Biodiésel blend effects on common-rail diésel combustion and emissions.* Fuel. 2010; 89: 3442-9.
    http://dx.doi.org/10.1016/j.fuel.2010.06.034

12. Mamat R, Abdullah NR, Hongming Xu, Wyszynski ML, Tsolakis A. *Effect of fuel temperature on performance and emissions of a common rail diésel engine operating with rapeseed methyl ester (RME).* SAE Technical Paper No. 2009-01-1896.

13. Jin F, Zeng X, Cao J, Kawasaki K, Kishita A, Tohji K et al. *Partial hydrothermal oxidation of unsaturated high molecular weight carboxylic acids for enhancing the cold fbw properties of biodiésel fuel.* Fuel. 2010; 89: 2448-54.
    http://dx.doi.org/10.1016/j.fuel.2010.01.004

14. Goodrum JW, Geller DP. *Influence of fatty acid methyl esters from hydroxylated vegetable oils on diésel fuel lubricity.* Bioresour Technol. 2005; 96: 851-5.
    http://dx.doi.org/10.1016/j.biortech.2004.07.006

15. Holser RA, Harry-O'Kuru R. *Transesterified milkweed (Asclepias) seed oil as a biodiésel fuel.* Fuel. 2006; 85: 2106-10. http://dx.doi.org/10.1016/j.fuel.2006.04.001

16. Ilham Z, Saka S. *Two-step supercritical dimethyl carbonate method for biodiésel production from Jatropha curcas oil.* Bioresour Technol. 2010; 101: 2735-40.
    http://dx.doi.org/10.1016/j.biortech.2009.10.053

17. Kaul S, Saxena RC, Kumar A, Negi MS, Bhatnagar AK, Goyal HB et al. *Corrosion behavior of biodiésel from seed oils of Indian origin on diésel engine parts.* Fuel Process Technol. 2007; 88: 303-7. http://dx.doi.org/10.1016/j.fuproc.2006.10.011

18. Benjumea P, Agudelo J, Agudelo A. *Basic properties of palm oil biodiésel–diésel blends.* Fuel. 2008; 87: 2069-75. http://dx.doi.org/10.1016/j.fuel.2007.11.004

19. Tan KT, Lee KT, Mohamed AR. *A glycerol-free process to produce biodiésel by supercritical methyl acetate technology: an optimization study via response surface methodology.* Bioresour Technol. 2010; 101: 965-9.
    http://dx.doi.org/10.1016/j.biortech.2009.09.004

20. Boey P, Maniam GP, Hamid SA. *Biodiésel production via transesterification of palm olein using waste mud crab (Scylla serrata) shell as a heterogeneous catalyst.* Bioresour Technol. 2009; 100: 6362-8. http://dx.doi.org/10.1016/j.biortech.2009.07.036

21. Agarwal AK. *Performance evaluation and tribological studies on a biodiésel fuelled compression ignition engine. PhD thesis.* Center for Energy Studies, Indian Institute of Technology, Delhi, India; 1999.

22. Rashid U, Anwar F, Bryan RM, Knothe G. *Moringa oleifera oil: a possible source of biodiésel.* Bioresour Technol. 2008; 99: 8175-9.
http://dx.doi.org/10.1016/j.biortech.2008.03.066

23. Fernando S, Karra P, Hernande R, Kumar SJ. *Effect of incompletely converted soybean oil on biodiésel quality.* Energy. 2007; 32: 844-51.
http://dx.doi.org/10.1016/j.energy.2006.06.019

24. Lebedevas S, Vaicekauskas A. *Research into the application of biodiésel in the transport sector of Lithuania.* Transport. 2006; 2: 80-7.

25. Knothe G. *"Designer" biodiésel: optimizing fatty ester composition to improve fuel properties.* Energy Fuels. 2008; 22: 1358-64. http://dx.doi.org/10.1021/ef700639e

26. Fazal MA, Haseeb ASMA, Masjuki HH. *Biodiésel feasibility study: an evaluation of material compatibility, performance, emission and engine durability.* Renew Sustain Energy Rev. In press. http://dx.doi.org/10.1016/j.rser.2010.10.004

27. Demirbas A. *Progress and recent trends in biofuels.* Prog Energy Combust Sci. 2007; 33: 1-18. http://dx.doi.org/10.1016/j.pecs.2006.06.001

28. Graboski MS, McCormick RL, Alleman TL, Herring AM. *The effect of biodiésel composition on engine emissions from a DDC series 60 diésel engine.* National Renewable Energy Laboratory, NREL/SR-2003-510-31461.

29. Knothe G. *Biodiésel and renewable diésel: a comparison.* Prog Energy Combust Sci. 2010; 36: 364-73. http://dx.doi.org/10.1016/j.pecs.2009.11.004

30. Terry B, McCormick RL, Natarajan M. *Impact of biodiésel blends on fuel system component durability.* SAE Technical Paper No. 2006-01-3279.

31. Mushrush GW, Mose DG, Wray CL, Sullivan KT. *Biofuels as a means of improving the quality of petroleum middle distillate fuels.* Energy Sources. 2001; 23: 649-55.
http://dx.doi.org/10.1080/00908310152004746

32. Tao Y. *Operation of a cummins N14 diésel on biodiésel: performance, emissions and durability.* National Biodiésel Board, Ortech Report No. 1995-95-E11-B004524.

33. Monyem A, Van Gerpen JH. *The effect of biodiésel oxidation on engine performance and emissions.* Biomass Bioenergy. 2001; 20: 317-25.
http://dx.doi.org/10.1016/S0961-9534(00)00095-7

34. Singh B, Korstad J, Sharma YC. *A critical review on corrosion of compression ignition (CI) engine parts by biodiésel and biodiésel blends and its inhibition.* Renewable and Sustainable Energy Reviews. 2012; 16: 3401-8.
http://dx.doi.org/10.1016/j.rser.2012.02.042

35. Hasseb ASMA, Fazal MA, Jahirul MI, Masjuki HH. *Compatibility of automotive materials in biodisel.* Elsevier, 2010.

36. Tsuchiya T, Shiotani H, Goto S, Sugiyama G, Maeda A. *Japanese standards for diésel fuel containing 5% fame blended diésel fuels and its impact on corrosion.* SAE Technical Paper No. 2006-01-3303.

37. Hasseb ASMA, Masjuki HH, Ann LJ, Fazal MA. *Corrosión characteristics of coopper and leaded bronze in palm biodisel.* Elsevier, 2009.

38. Diaz-Ballote L, Lopez-Sansores JF, Maldonado-Lopez L, Garfías-Mesias LF. *Corrosion behavior of aluminium exposed to a biodiésel.* Electrochemistry Communications. 2009; 11: 41-4. http://dx.doi.org/10.1016/j.elecom.2008.10.027

39. Labeckas G, Slavinskas S. *Performance of direct-injection off-road diésel engine on rapeseed oil.* Renew Energ. 2006; 31(6): 849-63.
http://dx.doi.org/10.1016/j.renene.2005.05.009

40. Winfred R, Roland MP, Alexander D, Jürgen LK. *Usability of food industry waste oils as fuel for diésel engines.* J Environ Manage. 2008; 86(3): 427-34. http://dx.doi.org/10.1016/j.jenvman.2006.12.042

41. Karamangil MI, Taflan RA. *Experimental investigation of effect of corrosion on injected fuel quantity and spray geometry in the diésel injection nozzles.* Elsevier, 2011.

42. Fazal MA, Hasseb ASMA, Masjuki HH. *Comparative corrosive characteristics of petroleum diésel and palm biodiésel for automotive materials.* Elsevier, 2010.

43. Kaul S, Saxena RC, Kumar A, Negi MS, Bhatnagar AK, Goyal HB, Gupta AK. *Corrosion behavior of biodiésel from seed oils of Indian origin on diésel engine parts.* Elsevier, 2006.

44. Kaul S, Saxena RC, Kumar A, Negi MS, Bhatnagar AK. *Corrosion behavior of biodiésel from seed oils of Indian origin on diésel engine parts.* Fuel Process Technol. 2007; 88: 303-7. http://dx.doi.org/10.1016/j.fuproc.2006.10.011

45. ASTM D975. *Standard Specification for diésel Fuel Oils , biodiésel, biodiésel blend, diésel, fuel oil, petroleum and petroleum products.*

46. ASTM G1. *Standard Practice for Preparing, Cleaning, and Evaluating Corrosion Test Specimens.* 2003.

47. NACE standard TM0169. *Laboratory Corrosion Testing of Metals for the Process Industries.* 2000

48. Meas Y, López W, Rodríguez P, Ávila J, Genescá J. *Tres métodos para evaluar una velocidad de corrosión.* Ingeniería hidráulica en México. 1991: 21-35.

Capítulo 5

Materiales y corrosión en la industria de gas natural

Ángel So,[1] Benjamín Valdéz Salas,[2] Michael Schorr Wiener,[2] Mónica Carrillo Beltrán,[2] Rogelio Ramos Irigoyen,[2] Mario Curiel Alvarez[2]

[1] ECOGAS, Mexicali, B.C., México

[2] Cuerpo Académico Corrosión y Materiales. Instituto de Ingeniería, Universidad Autónoma de Baja California. C.P. 21280, Mexicali, Baja California, México.

angelsom@hotmail.com, benval@uabc.edu.mx

Doi: http://dx.doi.org/10.3926/oms.84

Referenciar este capítulo

So Á, Valdez Salas B, Schorr Wiener M, Carrillo Beltrán M, Ramos Irigoyen R, Curiel Alvarez M. *Materiales y corrosión en la Industria de gas natural.* En Valdez Salas B, & Schorr Wiener M (Eds.). *Corrosión y preservación de la infraestructura industrial.* Barcelona, España: OmniaScience; 2013. pp. 87-102.

1. Introducción

La corrosión es un problema en el medio ambiente e industrias, en particular en la industria del petróleo/gas y los ambientes marinos y costeros.[1] Esto ocurre debido a que las características físicas, químicas, biológicas, mecánicas, térmicas y corrosivas de estos fluidos afectan la resistencia a la corrosión de los elementos de la infraestructura industrial y civil. El gas natural (GN) es distribuido y utilizado principalmente como combustible para la generación de electricidad, uso doméstico e industrial, carburación en transportes y como materia prima en la producción de materiales plásticos (Figura 1). El GN se considera una energía limpia y amigable del medio ambiente, ofreciendo importantes beneficios ambientales en comparación con otros combustibles fósiles; con menores emisiones de dióxido de azufre, óxido nitroso y de dióxido de carbono. El GN se obtiene de pozos de petróleo en tierra y en alta mar, perforados y producidos en plataformas marinas; se transporta a la costa por tuberías submarinas de acero inoxidable. Por lo general, se extrae junto con agua salada o salobre y gases corrosivos: principalmente ácido sulfhídrico (H_2S) y dióxido de carbono (CO_2). El componente principal es el metano (CH_4), además contiene otros hidrocarburos ligeros. Los materiales más importantes utilizados en la industria del GN son aceros al carbono (CS). El GN generado se purifica para eliminar los contaminantes, luego se transporta en largos ductos de acero pero algunos contaminantes restantes afectan la integridad física de los ductos. Según criterios tecnológicos y económicos, los métodos comúnmente usados para el control de la corrosión de los ductos son la protección catódica (PC), los revestimientos y los inhibidores de corrosión.

La calidad del ambiente, escasez de agua y la energía limpia se han establecido hoy como las disciplinas centrales en la ciencia, tecnología y energía moderna en todo el mundo. Ya están ligados con los problemas actuales del cambio climático, el calentamiento global y la generación de gases de invernadero, en particular CO_2

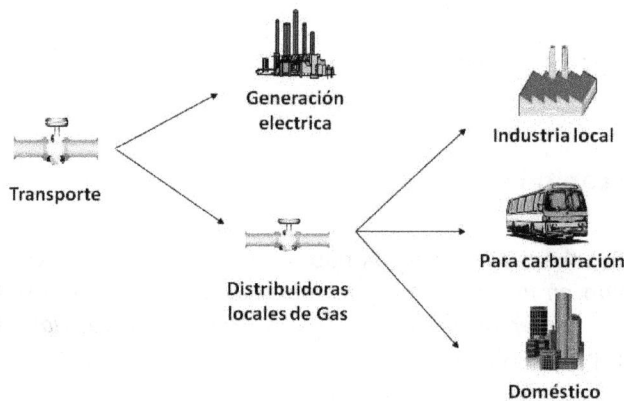

Figura 1. Transporte, distribución y uso del gas natural

Las plantas productoras de energía, queman combustibles fósiles: petróleo, carbón y gas natural (GN). Luego del trágico terremoto y maremoto de Fukushima en Japón, que destruyo las plantas nucleares de producción de electricidad, autoridades Europeas y Americanas, destacaron la conveniencia del uso de GN, debido a sus numerosas ventajas como ser mayor eficiencia, facilidad de transporte, menor formación y emisión de contaminantes, mas bajo precio comparado con el precio del petróleo que en esta época de crisis económica sube constantemente.[2] Las autoridades del Medio Ambiente y de la industria en general se enfrentan al reto de disminuir la polución por los contaminantes atmosféricos: SOx, NOx, H_2S, y COx y controlar la corrosión en las vastas instalaciones de la industria del GN, de los pozos productores, los ductos de transporte y la infraestructura de almacenaje, distribución y uso.

2. Gas Natural

El GN es una fuente esencial de energía para aplicaciones industriales, residenciales, comerciales y específicamente, para producción de electricidad. También se utiliza como materia prima para la producción de polímeros y plásticos. Los sectores importantes de la industria de GN incluyen la perforación de pozos y extracción del gas, almacenaje y transporte, la licuefacción y posterior vaporización.[3-5]

El GN se obtiene en plataformas de costa afuera, se envía a tierra por tuberías submarinas de acero inoxidable, pero también se genera en pozos de tierra adentro. Generalmente, el GN sale acompañado de impurezas como sales, salmueras y gases corrosivos como acido sulfhídrico (H_2S) y dióxido de carbono (CO_2), por lo cual debe purificarse antes de su uso. El componente principal del GN es el gas metano (CH_4) pero, a veces, contiene otros hidrocarburos livianos: etano (C_2H_6), propano (C_3H_8) y butano (C_4H_{10}), y en menor cantidad algunos hidrocarburos pesados.

La industria del GN es una parte vital de la industria del petróleo, ambos sectores primordiales de la infraestructura de una nación. Estos sectores sufren de problemas críticos relacionados con corrosión y polución puesto que los contaminantes aceleran la corrosión y los productos de corrosión, como la herrumbre, contaminan los cuerpos de agua. Esta situación obliga a desarrollar y aplicar ingeniería y tecnología de anticorrosión utilizando métodos y técnicas de prevención, protección, monitoreo y control de la corrosión.

GN húmedo, que contiene una mezcla de H_2S y CO_2, es corrosivo hacia el acero al carbono (CS), por lo cual se neutraliza con compuestos, de carácter alcalino. Para la transmisión del gas se utilizan aleaciones resistentes a la corrosión (CRAs por sus siglas en inglés), por ejemplo aceros inoxidables austeníticos UNS S31603 y UNS N08815 para los ductos, bombas y equipamiento.[6]

2.1. Propiedades del Gas Natural

Muchos gases naturales contienen nitrógeno así como dióxido de carbono (CO_2) y ácido sulfhídrico H_2S. Cantidades de argón, hidrógeno y helio pueden estar presentes. La Tabla 1, presenta las propiedades del gas natural antes de ser refinado. Otros componentes del GN en pequeñas proporciones son C + 5 hidrocarburos.

2.1.1. Análisis de Calidad de Gas Natural

El cromatógrafo utiliza un método físico de separación usado para determinar y analizar mezclas complejas, donde los componentes a ser separados son distribuidos entre dos fases.

Todas las separaciones por cromatografía, involucran el transporte de una pequeña muestra a través de una columna, como se muestra en la Figura 2.

El cromatograma es la representación gráfica del análisis realizado; se caracterizan los picos, de cada componente del GN medido por el detector. Cada uno de los picos debe mostrarse uniforme y su tamaño dependerá de la concentración del componente en el gas (Figura 3).

Nombre	Formula	Volumen %
Metano	CH_4	> 85
Etano	C_2H_6	3-8
Propano	C_3H_8	1-2
Butano	C_4H_{10}	< 1
Pentano	C_5H_{12}	< 1
Dióxido de Carbono	CO_2	1-2
Acido Sulfhídrico	H_2S	< 1
Nitrógeno	N_2	1-5
Helio	He	< 0.5

Tabla 1. Composición Típica de Gas Natural

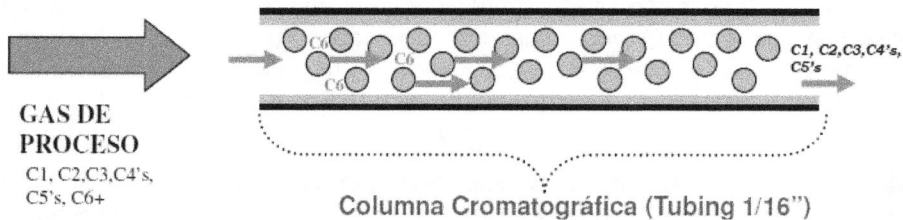

Figura 2. Transporte de gas a través de una columna de análisis cromatográfico

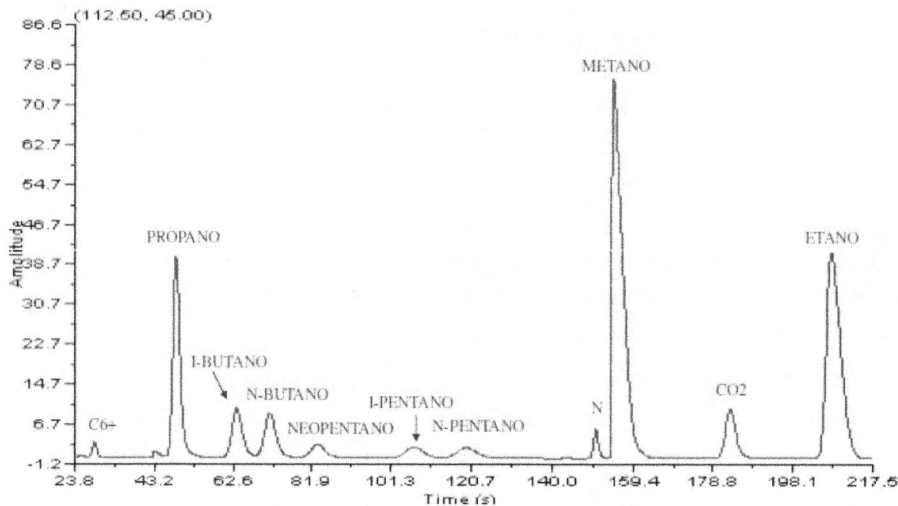

Figura 3. Cromatograma resultante de un análisis por cromatografía de gas de una muestra de gas natural

2.1.2. Detección de Acido Sulfhídrico

El ácido sulfhídrico (H_2S) pertenece a la familia química de los ácidos minerales; es altamente tóxico, corrosivo y reactivo. También se le conoce con otros nombres: sulfuro de hidrógeno, gas amargo e hidrógeno sulfurado.

El equipo para la detección de acido sulfhídrico en el transporte de gas natural por ductos, se muestra en la Figura 4. El modo de operación consiste en que el H_2S reacciona por contacto con una cinta impregnada de acetato de plomo, la cual previamente es de color blanco y comienza a tornarse marrón debido a la siguiente reacción química:

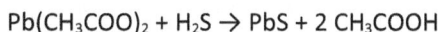

$$Pb(CH_3COO)_2 + H_2S \rightarrow PbS + 2\ CH_3COOH$$

La velocidad del cambio de color en la cinta es directamente proporcional a la concentración de H_2S en la corriente de gas. Así, si la velocidad del cambio de color es medida y la concentración de H_2S en la corriente de gas es determinada. El método ASTM usado es D 4084-82: Análisis de Sulfuro de Hidrógeno en Gases Combustibles (Método de Velocidad de Reacción del Acetato de Plomo).[7,8]

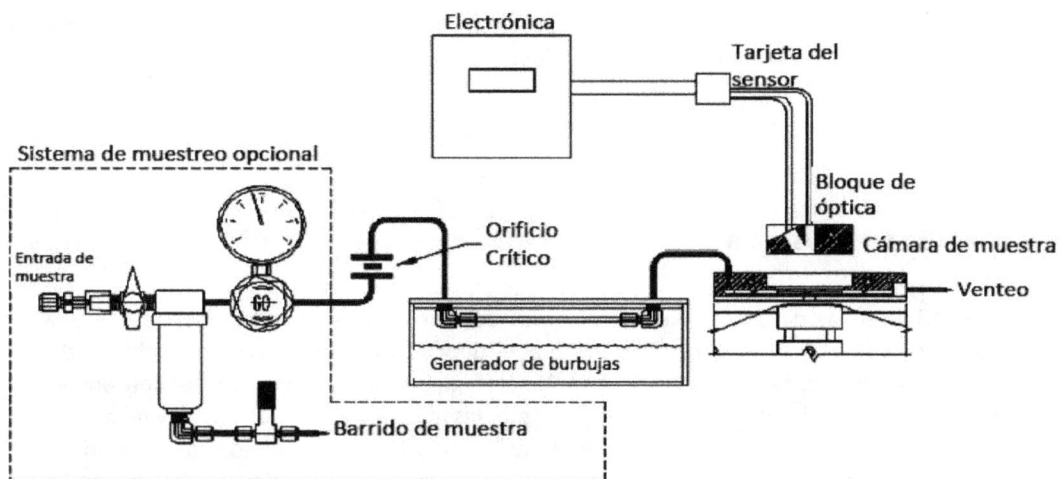

Figura 4. Diagrama de flujo del sistema para la detección y análisis de H_2S

2.1.3. Detección de Humedad

La concentración máxima de humedad en el transporte de GN según la Norma Oficial Mexicana NOM-001-SECRE-2010 es de 110 mg/m^3.

La espectroscopía de absorción láser de diodo sintonizable es una técnica altamente selectiva, sensitiva y versátil para medir trazas en el análisis de un gas. La fuente de láser de diodo se emite en la región del infrarrojo cercano (NIR) y es ideal para espectroscopía óptica debido a su estrecho ancho de banda, capacidad de sintonización, estabilidad, compacidad y habilidad de operación a temperatura ambiente debido a pérdidas del sistema y otras fuentes.

3. Gas de Pizarra (Shale Gas)

El gas pizarra o gas esquisto, es un tipo de gas natural que no aparece en bolsas como el gas natural convencional, sino que se encuentra enquistado sobre formaciones rocosas de origen orgánico conformadas por la pizarra, la cual se conoce desde principios del siglo XX, pero que en la última década en EEUU constituye una fuente central de energía. En 2010, un 20% de su energía es producida por el "Shale" gas.

El Departamento de Energía de EEUU considera que el uso de este gas reducirá drásticamente las emisiones de gases de invernadero, que producen las plantas generadoras de electricidad que actualmente consumen combustibles fósiles como carbón y petróleo. En el suroeste de EEUU ya se explotan grandes depósitos de "Shale" gas. Además, se están descubriendo y operando campos de gas pizarra en Europa.[9-11]

Existen dos problemas críticos relacionados con la explotación de estas fuentes de gas que son la posible contaminación de los acuíferos de agua potable durante la extracción del gas, y que la producción de gas se incrementa mediante una técnica mecano-química de fractura hidráulica (fracking) con la inyección de ácidos inorgánicos (HCl, H_2SO_4) y grandes cantidades de agua salada que es obtenida de otros pozos, para aumentar el flujo de gas. Algunos ambientalistas expresan su preocupación de que tal fractura podría provocar sismos locales, los cuales a su vez afectarían la infraestructura de la región.

Se considera que esta tecnología avanzará y será desarrollada para convertir a EEUU en un exportador central de gas a otros países convertido en gas licuado (GNL).

4. Corrosión e Incrustación

En la industria del gas natural ocurren problemas de corrosión de instalaciones metálicas y la obstrucción de tuberías y otros dispositivos por el depósito de incrustaciones, sobre todo en aquellos campos donde la fuente es de tipo "Shale" gas. Prácticamente se pueden encontrar fenómenos de corrosión de tipo localizado como las picaduras, corrosión galvánica que se genera por contacto de metales disimilares, corrosión microbiológica inducida por microorganismos de diversos tipos, corrosión asistida por efectos mecánicos, entre otros.

Para dar seguimiento a la corrosividad del medio externo o del gas hacia la infraestructura metálica utilizada para la explotación, conducción y procesamiento, es necesario colectar y analizar una serie de datos de parámetros como la composición química de aguas y suelos, condiciones de operación, contenido microbiológico, composición del gas, temperaturas, presiones y métodos de control de corrosión utilizados (inhibidores de corrosión, recubrimientos, protección catódica, etc.).

La corrosión se puede predecir mediante la elaboración de modelos particulares que permiten calcular la velocidad de corrosión potencial basándose en la química del agua, suelo y el gas, y los parámetros de producción y operación, los cuales son considerados como los factores primarios que influencian el mecanismo de la corrosión.

En el caso de la incrustación, esta puede determinarse a través del cálculo de los índices de saturación (IS) mediante el uso de diversos modelos como el Tomson-Oddo. Este parámetro indica la tendencia a la formación de incrustación y también el tipo y masa de la misma. La incrustación potencial es calculada en los yacimientos y a condiciones de superficie, con el fin de predecir la incrustación en el fondo de los pozos productores y en las instalaciones superficiales. La composición química más común de las incrustaciones es calcita o carbonato de calcio ($CaCO_3$), aunque también pueden presentarse algunos sulfatos o silicatos.

El análisis de los parámetros antes mencionados, permite la elaboración de programas exitosos de evaluación y monitoreo de corrosión e incrustación que permiten a su vez tener programas de mantenimiento más robustos y eficientes. Sin embargo, es importante mencionar que debido a que las características entre una instalación y otra son muchas veces diferentes, se hace necesario aplicar rediseño de programas para poder dar solución a los problemas de corrosión e incrustación.

5. Tuberías de Gas Natural

Los ductos fabricados de acero al carbono juegan un papel importante en la economía mundial por su empleo para el transporte y conducción de muchos tipos de fluidos: aguas potables y servidas, petróleo crudo y combustibles derivados, lodos de minerales de hierro y en particular para la transmisión de gas natural. Estas tuberías operan en su gran mayoría enterradas en el suelo y se detectan por las instalaciones adicionales como son bombas, válvulas y estaciones para el control de protección catódica. En los Estados Unidos de Norteamérica existen más de medio millón de kilómetros de tuberías de GN, con diámetros de alrededor de 0,8 m y espesor de pared de 5 a 7 mm, según la corrosividad del fluido transportado y de la agresividad del suelo. Estos ductos sufren eventos de corrosión, a veces fatales con daño a la propiedad cuando ocurren explosiones. Los accidentes causados por corrosión interna constituyen el 36%, mientras que el 64% es debido a corrosión externa.[12,13]

La aplicación eficiente de métodos de protección y control de la corrosión contribuirá a la seguridad y salud del personal, evitará la contaminación ambiental y la economía de operación de la tubería.

Los aceros al carbono, en particular los del grupo 5L, especificados por el American Petroleum Institute (API) se utilizan en las tuberías de transporte de GN. En algunos casos, donde se requieren mejores propiedades mecánicas, se usan aceros de baja aleación que contienen Mn, Ni o Cr.

En las tuberías aparecen distintos tipos de corrosión como son la corrosión por picaduras, corrosión galvánica, corrosión inducida por microorganismos (MIC) y fracturas por corrosión bajo esfuerzos (SCC).

Organismos Internacionales como NACE (National Association of Corrosion Engineers) han dedicado mucho esfuerzo para combatir y/o mitigar la corrosión en tuberías de GN, preparando y publicado estándares para controlar la corrosión.

La especificación NACE SP0110, describe la metodología para evaluar la corrosión interna en tuberías que transportan gas húmedo. Se analizan el efecto corrosivo del agua condensada y de hidrocarburos líquidos que afectan la integridad de la tubería. El objetivo principal es evitar la reducción del espesor de pared del ducto y determinar qué zonas de este están corroídas.[14]

Otra especificación, la NACE SP0210 evalúa la corrosión externa de tuberías enterradas en el suelo, analizando la presencia y efectos de la corrosión microbiológica (MIC), el SCC o fracturas por corrosión bajo esfuerzos y daños mecánicos.

6. Plantas de Regasificación

Las plantas de regasificación que reciben en terminales marítimas el gas natural licuado ara su almacenamiento y distribución terra adentro, están constituidas por una serie de equipamientos de diferentes tamaños construidos con una diversidad de materiales que pueden ser afectados por corrosión.[15,16] En la Tabla 2, se presenta un listado de equipos y materiales utilizados en las plantas de regasificación.

Equipamiento	Materiales
Instalacion portuaria	Concreto reforzado
Tubería y bombas de GNL	Acero Inoxidable
Tanques de almacenamiento GNL	Concreto reforzado con aleación de Fe-Ni
Vaporizador de GNL	Aleación de aluminio UNS A95052
Tuberías y bombas de agua de mar	Acero inoxidable
Turbinas de vapor y gas	Acero inoxidable, alecion Ni
Tanques de almacenamiento	Compositos reforzados con fibra de vidrio

Tabla 1. Equipamiento y materiales en plantas de regasificación

Se producen grandes cantidades de GN en países en los cuales la producción es mayor que el consumo e.g Indonesia, Argelia, Dubai, etc. El GN se purifica, se deshidrata, se remueven gases ácidos e hidrocarburos pesados. Posteriormente, mediante operaciones de enfriamiento y compresión el GN se transforma en GN licuado conocido como GNL (LNG en ingles), el cual es transportado en buques especiales, llamados criogénicos (Figura 5). Donde el gas se mantiene licuado a temperatura −160°C.

Una planta de regasificación se compone de dos unidades centrales: el puerto para el almacenaje dos buques criogénicos y el intercambiador de calor de aluminio (open rack-vaporizer), donde el gas licuado se convierte en gas, mediante el calentamiento con agua de mar, a temperatura de alrededor de 20°C.

El GNL se descarga del barco en grandes tanques de almacenaje fabricado de concreto reforzado, revestido interiormente por láminas de una aleación de Fe-Ni resistente al ataque del GNL.

Actualmente operan en el mundo alrededor de 100 de plantas regasificación en Europa, Asia, América Latina y EEUU. En México se conocen tres plantas, en el Pacifico, Costa Azul; en el Golfo de México, Tampico y últimamente comenzó a producir una planta en Manzanillo, Colima que abastece de GN a centrales termoeléctricas en las zonas Centro y Occidente del país; las cuales dejaran de consumir combustóleo y reducen las emisiones de CO_2 a la atmósfera.

Figura 5. Barco transportador de gas natural licuado en recipientes criogénicos

6.1. Equipos y Materiales

Una planta de regasificación consiste de dos partes: la terminal de equipos y materiales portuarios en la acosta y las instalaciones que incluyen los equipos de procesos: tanques, bombas, fitros, intercambiadores de calor, tubos de distintos diámetros y los ductos de transmisión del GN. La gran mayoría de ductos están hechos de CS, basado en las regulaciones del American Petroleum Institute (API), que especifican su composición química, espesor de pared, propiedades mecánicas y condición de soldaduras. En la Figura 6, se presenta un esquema con los distintos procesos que se realizan en una planta típica de regasificación de GNL.

El equipo prominente de la planta es el vaporizador (Figura 7), compuesto de tubos de la aleación de aluminio UNS A95052. Su resistencia de la corrosión proviene de la formación de una capa delgada de Al_2O_3 que le otorga la condición de pasividad. Además se depositan sales marinas de Na, Mg, Ca, Fe y Mn, provenientes del agua de mar, con un típico color rojizo (Figura 8). Otros equipos de la planta son fabricados de materiales resistentes a la corrosión.

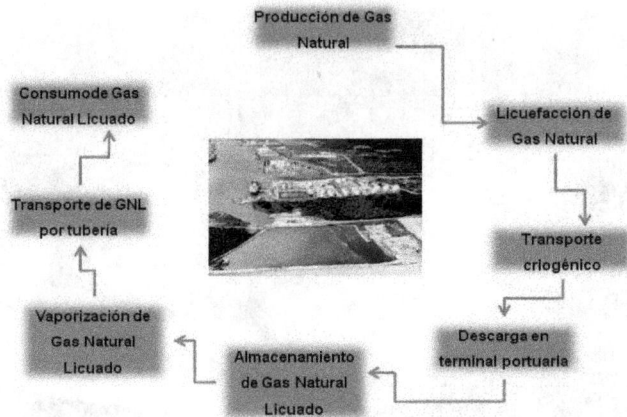

Figura 6. Diagrama de flujo de los distintos procesos realizados una planta
de regasificación de gas natural licuado

Figura 7. Vista general de una instalación típica de vaporizadores de gas natural licuado

Figura 8. Corrosión en y depósitos en tubos de aluminio de un vaporizador de gas natural licuado expuesto a agua de mar por la cara exterior

6.2. Control de corrosión

Las plantas de regasificación están ubicadas en las costas de océanos y mares, sufren de los vientos marinos portadoras de gotas salinas, de una alta humedad, que se depositan en los equipos y provocan varios tipos de corrosión.[16]

Corrosión marina, en particular en las zonas donde se rompen las olas (splash zone), que generan una espuma blanca, con alto contenido de burbujas de aire, que aportan oxígeno para la corrosión.

Corrosión atmosférica en la región costera y condensaciones de la humedad durante las noches frías. Las plantas de electricidad que queman combustibles fósiles que producen gas de ácidos corrosivos, e.g. SO_x, NO_x que causan la precipitación de lluvia ácida.

Corrosión industrial. Los equipos, maquinarias e instalaciones en el terreno, cerca de la costa, sufren de corrosión galvánica cuando se componen de metales de distinto potencial electroquímico. Además las pinturas de los tanques y bombas se deterioran por la humedad, las lluvias y los vientos que aportan contaminantes corrosivos.

El control de la corrosión se consigue mediante la selección de materiales resistentes a tales tipos de corrosión y la aplicación de pinturas y revestimientos y de la protección catódica.

6.3. Protección Catódica

La protección catódica fue aplicada por primera vez en el año 1824 por Hamphry Davy un químico e inventor Británico, al sujetar pedazos cortos y gruesos de hierro a la parte exterior del casco de cobre de un barco, por debajo de la línea del agua. El hierro, por tener un potencial electroquímico estándar mucho más negativo (-0.44V) que el cobre (+0.34V), juega el papel de ánodo de sacrificio en la celda de corrosión, formada por el casco de cobre y el pedazo de hierro. Así, por primera vez fue reducida dramáticamente la velocidad de corrosión del cobre, en agua de mar.

El análisis de las condiciones electroquímicas para la aplicación de protección catódica, muestra que esta es efectiva y económicamente benéfica, cuando la corrosión ocurre en las condiciones de despolarización por oxígeno con control del proceso de difusión, por ejemplo, la corrosión de metales en suelo, agua y soluciones acuosas neutras. Por esta razón, la protección catódica ha encontrado mayor aplicación para protección de estructuras metálicas de acero subterráneas (cables, gasoductos, oleoductos, acueductos, tanques de gasolina, etc.), construcciones y barcos en aguas dulces y del mar, equipos en las industrias en contacto con agua y soluciones acuosas neutras, muelles de concreto reforzado, plataformas de petróleo, etc.

6.4. La protección catódica (PC) se puede aplicar por dos métodos

6.4.1. Protección catódica por ánodo de sacrificio

Se lleva a cabo conectando eléctricamente la estructura metálica con un metal (protector), cuyo potencial de corrosión es más negativo (más anódico) que el potencial de la estructura, en las condiciones dadas. De esta manera, el metal protector juega el papel de ánodo en la celda de corrosión estructura metálica-ánodo protector, provocando la polarización catódica necesaria de la estructura metálica.

Como ánodos de sacrificio se utilizan metales baratos como aleaciones de zinc, magnesio y aluminio cuyos potenciales electroquímicos con suficientemente negativos, metales que no se pasivan y no generan capas de productos de corrosión con propiedades protectoras en el ambiente de uso. Para mejorar la eficiencia y estabilidad de funcionamiento de los ánodos protectores, éstos se colocan en un lecho de materiales de relleno específicos, que mantienen la humedad necesaria y electroconductividad alrededor de estos ánodos De esta manera se garantiza su disolución homogénea, así mismo, se evita su pasivación. La función del ánodo de sacrificio está limitada a una distancia determinada que depende de la conductividad del medio y el potencial electroquímico del ánodo. Una desventaja de esta protección electroquímica es la pérdida irrevocable del ánodo de sacrificio y su reemplazo periódico. Además, esta protección no es aplicable en ambientes con una alta resistencia eléctrica.

Para estructuras metálicas de grandes dimensiones, los ánodos galvánicos de sacrificio no pueden suministrar una corriente suficiente, por lo que no pueden proporcionarle una protección catódica completa. Por esta razón, en estos casos se utiliza la PC por corriente impresa.

En la Figura 9 se muestra la protección catódica con ánodos de sacrificio que ha sido instalada para proteger de la corrosión a los filtros del agua de mar que es utilizada como fluido de enfriamiento en los vaporizadores de una planta regasificadora de GNL.

6.4.2. Protección catódica por corriente impresa

Este método ofrece varias ventajas, comparado con el método de PC por ánodo de sacrificio: mayor eficiencia, posibilidad para protección de estructuras metálicas de área grande, la corriente exterior y el potencial aplicado se controlan y ajustan de una manera fácil, etc.

En la Figura 10 se muestra un esquema general de PC por corriente impresa, aplicada a una estructura metálica que se corroe como puede ser el caso de una tubería enterrada. El polo negativo de la fuente de corriente directa o rectificador de corriente se conecta con cables eléctricos a la estructura metálica que se desea proteger, mientras que el polo positivo es conectado a un electrodo auxiliar (ánodo). El voltaje de la corriente directa que se aplicará, debe ser de tal valor que garantice el estado inmune de la estructura (protección catódica).

Como materiales de ánodos galvánicos se utilizan acero y acero gris (ánodos solubles), o aceros inoxidables, grafito, aleaciones de plomo (ánodos insolubles). Los ánodos pueden ser de forma tubular y varilla sólida, o de cintas continuas de materiales especializados. Estos incluyen acero gris con alto contenido de Si (silicio), grafito (C), mezcla óxidos de metales, alambres de platino (Pt) y niobio (Nb) con recubrimientos, entre otros. Los ánodos son enterrados en el suelo en una "cama" de materiales de relleno, que mantienen un ambiente húmedo y aseguran una buena conductividad. Para muchas aplicaciones son instalados hasta 60 m de profundidad, en una cavidad vertical o pozo profundo con diámetro de 25 cm, donde el ánodo se rodea de carbón conductor para mejorar su función y vida útil.

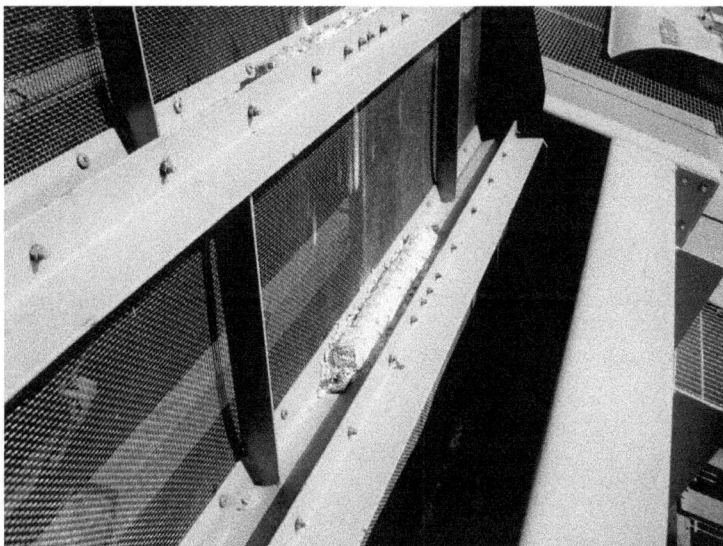

Figura 9. Protección catódica por medio de ánodos de sacrificio que ha sido instalada para proteger de la corrosión a los filtros de agua de mara utilizada en los vaporizadores de una planta de regasificación de gas natural licuado

Es aconsejable en suelos que presentan una baja resistividad y que por ende realizan una mejor conducción cerrando el circuito de interconexión para la PC y también que el ánodo esté construido de un metal más electropositivo que la estructura a proteger. En la Figura 11, se esquematiza la aplicación de la protección catódica por corriente impresa para la protección de una tubería enterrada.

Los sistemas de protección catódica comúnmente son acompañados de sistemas de recubrimientos que coadyuvan a tener una mejor protección, ya que la superficie de metal desnudo expuesto al medio corrosivo es mínima.

6.5. Medición de Potencial en Ductos

El levantamiento de potenciales en intervalos cortos (CIS), es realizado para el monitoreo del nivel de protección catódica en el sistema de corriente impresa o de ánodos galvánicos. En cada punto de medición deberán registrarse las lecturas ON y OFF correspondientes, y éstas solo tendrán validez cuando exista una sola celda de referencia de cobre-sulfato de cobre en contacto con el suelo.

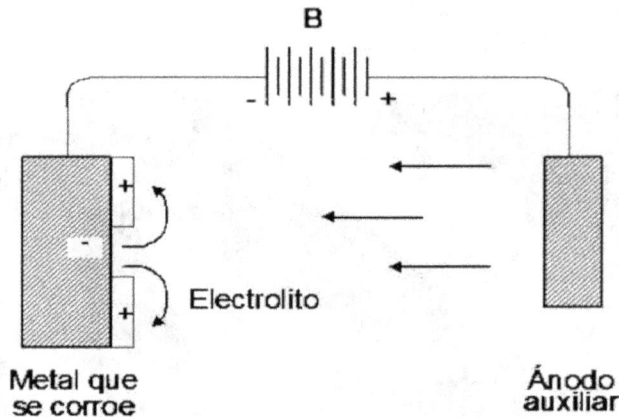

Figura 10. Diagrama general de un sistema de protección catódica por corriente impresa

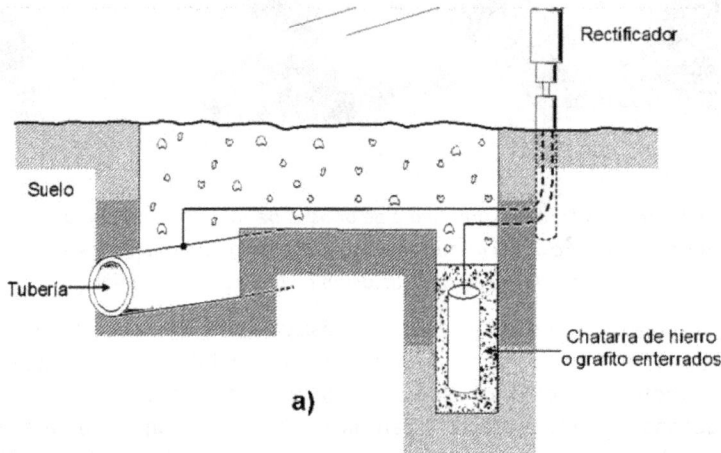

Figura 11. Esquema de protección catódica por corriente impresa para una tubería enterrada

Para la obtención de lecturas en ON/OFF se realiza una instalación de interruptores de corriente con sincronización satelital en cada uno de los registros con ánodo de sacrificio, de esta manera todos los equipos se sincronizarán para encender y apagar los ánodos de sacrificio al mismo tiempo.

Los valores de potencial son plasmados en gráficas cuyo eje de las ordenadas corresponde al valor del potencial y el eje de las abscisas a la ubicación a lo largo del ducto. El objetivo del levantamiento de potenciales en intervalos cortos es evaluar el desempeño de la protección catódica a lo largo de un ducto. Esta evaluación se realiza bajo los parámetros establecidos por el criterio de protección catódica de acuerdo a la Norma de Referencia NRF-047-PEMEX-2007.

En la gráfica de la Figura 12, se muestra la lectura y registro de potenciales en un ducto de acero al carbono paralelo a una línea de alta tensión. La línea roja establece la referencia de los -850 milivolts de protección, la línea azul es el perfil *on* y la línea verde es el perfil *off*.

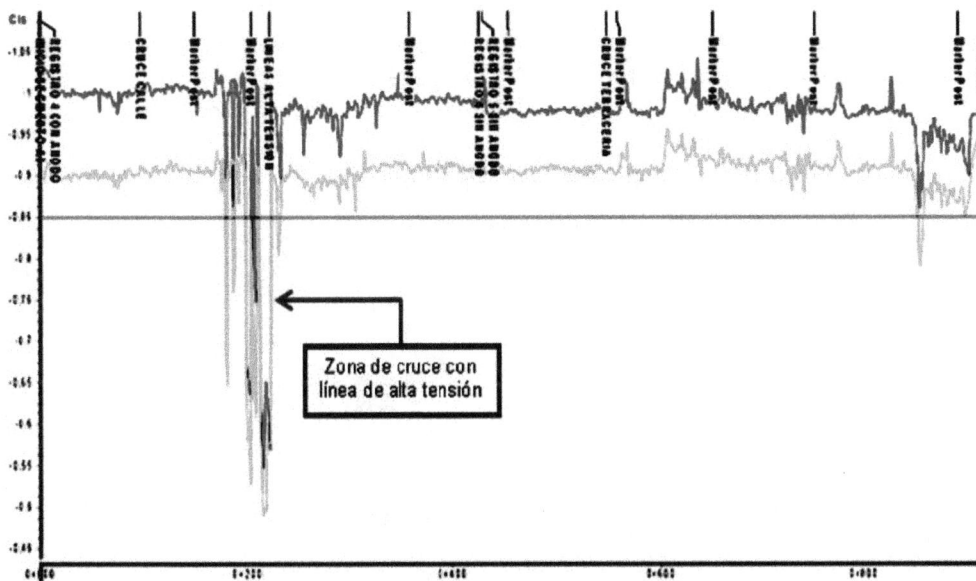

Figura 12. Perfil de Potenciales Ducto/Suelo registrados en una línea de conducción de GN que cruza con una instalación eléctrica de alta tensión

Referencias

1. Raichev R, Veleva L, Valdez B. *Corrosión de metales y degradación de materiales.* Universidad Autónoma de Baja California. 2009.
2. Park A. *Upgrading the disaster.* Time Magazine. April 25, 2011.
3. Heidersbach R. *Metallurgy and Corrosion Control in Oil and Gas Production.* Wiley. 2011. http://dx.doi.org/10.1002/9780470925782
4. Smith RV. *Practical Natural Gas Engineering.* PeenWell. 1990.
5. Mokhatab S, Poe WA, Speith JG. *Handbook of Natural Gas Transmission and Processing.* Elselvier. 2006.
6. Chilingar GV, Mourhatch R, Al-Qahtani GD. *The Fundamentals of Corrosion and Scaling for Petroleum and Environmental Engineers.* Gulf Publishing Company. 2008.
7. ASTM D 4084-82. *Análisis de Sulfuro de Hidrógeno en Gases Combustibles* (Método de Velocidad de Reacción del Acetato de Plomo).
8. NACE MR0175/ISO 15156-3. *Petroleum and Natural Gas Industries Materials for Use in H2S Containing Environments in Oil and Gas Production.* Houston, TX: NACE.
9. Science and Technology Section, The Economist, February 16, 2013: 32.
10. Science and Technology Section, The Economist, February 2, 2013: 53.

11. Wong J, Thomson S. *Chemically treating assets in the Bakken formation.* Materials Performance. February 2013; 52(2): 42-46.

12. Beavers JA, Thompson NG. *External Corrosion of Oil and Natural Gas Pipelines.* ASM Handbook, Vol. 13C. Corrosion: Environments and Industries. Materials Park, OH: ASM International. 2006: 1.015-1.025.

13. Srinivassar S, Eden DC. *Natural Gas Internal Pipeline Corrosion.* ASM Handbook, Vol. 13C. Corrosion: Environments and Industries. Materials Park, OH: ASM International. 2006: 1.026-1.036.

14. NACE Standard SP0110. *Wet Gas International Corrosion Direct Assessment Methodology for Pipelines.* Houston, TX: NACE; 1998.

15. Valdez B, Schorr M, So A, Eliezer A. *LNG Regasification Plants: Materials and Corrosion.* MP. 2011; 50(12): 64-68.

16. Roberge PR. *Corrosion Engineering Principles and Practice, Seawater.* New York, NY: McGraw-Hill; 2008: 276-277.

OmniaScience

Capítulo 6

Efecto del flujo turbulento sobre el proceso de corrosión por CO_2 y la determinación de la eficiencia de inhibidores corrosión

M.E. Olvera-Martínez,[1] J. Mendoza-Flores,[1] J. Genesca[2]

[1] Instituto Mexicano del Petróleo, México.

[2] Universidad Nacional Autónoma de México, Facultad de Química, México.

olverame@imp.mx, jmflores@imp.mx, genesca@unam.mx

Doi: http://dx.doi.org/10.3926/oms.149

Referenciar este capítulo

Olvera-Martínez ME, Mendoza-Flores J, Genesca J. *Efecto del flujo turbulento sobre el proceso de corrosión por CO_2 y la determinación de la eficiencia de inhibidores corrosión*. En Valdez Salas B, & Schorr Wiener M (Eds.). *Corrosión y preservación de la infraestructura industrial.* Barcelona, España: OmniaScience; 2013. pp. 103-129.

1. Introducción

Desde el punto de vista geológico, la presencia de CO_2 (bióxido de carbono) en yacimientos de petróleo y/o gas, es resultado de diversos procesos fisicoquímicos que se llevan a cabo en las formaciones rocosas.

La corrosión que sucede en el interior de los ductos de transporte de hidrocarburos, donde el bióxido de carbono está presente (comúnmente denominada "corrosión dulce"), constituye un serio problema para la industria del gas y petróleo, debido a que cuando el CO_2 se disuelve en agua, el ácido carbónico (H_2CO_3) que se forma por hidratación del CO_2, puede ser altamente corrosivo.

No obstante que los hidrocarburos líquidos o gaseosos que se transportan en ductos son sometidos a diversos tratamientos para eliminar impurezas, éstos aún conservan algunos contaminantes que pueden afectar la integridad física de los ductos por diferentes procesos de corrosión (CO_2, H_2S, microorganismos, etc.). Estos problemas han causado la implementación de diversos métodos para el control del fenómeno. Estos métodos incluyen el sobre diseño, el uso de materiales resistentes a la corrosión, la modificación del medio agresivo y el uso de inhibidores de corrosión. Debido a diferentes ventajas técnico – económicas el método más comúnmente usado para el control de la corrosión interior de ductos de transporte de hidrocarburos es la adición de inhibidores de corrosión. La eficacia de estos compuestos depende de diferentes parámetros, tales como son la composición del medio, la temperatura, los esfuerzos de corte generados por el movimiento del fluido, etc.

Comprender el proceso de corrosión que sucede en la interfase de una superficie metálica en contacto con un medio acuoso que contenga CO_2 disuelto y bajo diverso parámetros tales como temperatura, presión, relación agua – hidrocarburo, pH, composición química del medio, presencia de productos de corrosión ($FeCO_3$) sobre la superficie del metal y la presencia de inhibidores de corrosión es de una gran importancia para asegurar la integridad de los ductos de transporte.

Por otra parte, los ductos de transporte manejan fluidos en constante movimiento. El movimiento del fluido en el interior del ducto genera esfuerzos de corte sobre la pared interior del mismo. Estos esfuerzos afectan la adherencia de la película del inhibidor formada sobre el metal. No obstante lo anterior, existe poca información científico – técnica referente a la persistencia de la película de un inhibidor sobre una superficie metálica en contacto con un fluido en movimiento. Aunado a lo anterior, el régimen de flujo más comúnmente presente en ductos de transporte de hidrocarburos es de tipo turbulento.

El flujo turbulento incrementa el trasporte de masa de las especies corrosivas desde el seno del medio agresivo hacia la superficie del metal; así mismo, puede ocasionar la remoción de productos de corrosión o de películas de inhibidor. Desde el punto de vista teórico, el análisis y predicción del flujo turbulento es complejo, debido a su naturaleza aleatoria.

En el presente capítulo se muestra una introducción a la química del CO_2, corrosión por CO_2 en ductos de transporte, inhibidores de corrosión y flujo turbulento. Además, se presenta un análisis de resultados de diversos estudios electroquímicos de la cinética de corrosión de muestras de acero al carbono inmersas en medios acuosos que contienen CO_2 disuelto en condiciones de flujo turbulento. Adicionalmente, se muestran resultados referentes al efecto de la temperatura sobre la cinética de disolución del acero en un medio con CO_2 disuelto y el efecto del flujo sobre el desempeño de un inhibidor de corrosión. Por otra parte se presentan las ventajas del uso del electrodo de cilindro rotatorio en el estudio de fenómenos de corrosión en condiciones de flujo turbulento.

2. Química del CO_2 en agua

Cuando el gas CO_2 entra en contacto con agua, suceden varios equilibrios químicos.

a) El gas CO_2 ($CO_{2(g)}$) se disuelve en agua ($CO_{2(ac)}$) de acuerdo a la siguiente ecuación:

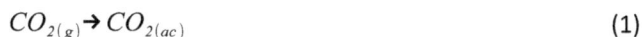

$$CO_{2(g)} \rightarrow CO_{2(ac)} \tag{1}$$

Esta reacción obedece la ley de Henry la cual define la constante de disolución (K_d) como:

$$K_d = \frac{[CO_{2(ac)}]}{P_{CO_{2(g)}}} \tag{2}$$

En donde $[CO_{2(ac)}]$ denota la concentración molar del bióxido de carbono disuelto (mol dm^{-3}) y $P_{CO2(g)}$ la presión parcial del gas CO_2 (bar).

b) Una pequeña fracción de CO_2 disuelto $CO_{2(ac)}$ se hidrata con el agua formando el ácido carbónico (H_2CO_3), de acuerdo a la siguiente reacción:

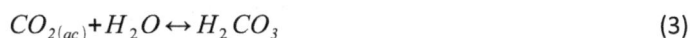

$$CO_{2(ac)} + H_2O \leftrightarrow H_2CO_3 \tag{3}$$

Para esta reacción es posible determinar una constante de velocidad, en sentido derecho (hidratación), k_1 en seg^{-1} y una constante en sentido izquierdo (deshidratación) o k_{-1} en seg^{-1}. Entonces, se puede definir una constante de hidratación (K_{hyd}) para el equilibrio anterior:

$$K_{hyd} = \frac{k_1}{k_{-1}} \tag{4}$$

Se ha determinado que esta constante varía ligeramente con la temperatura. Se ha reportado que K_{hyd} tienen un valor de 2.58 × 10^{-3} a 20 °C y un valor de 2.31 × 10^{-3} a 300 °C.[1] El valor de K_{hyd} indica que la reacción de hidratación del CO_2 puede ser considerada como un proceso lento y por lo consiguiente, puede ser el paso que determine la velocidad de reacción para subsecuentes reacciones.

A pH alcalinos otra reacción de hidratación puede suceder:

$$CO_{2(ac)} + OH^- \leftrightarrow HCO_3^- \tag{5}$$

Se ha indicado que esta reacción de hidratación es predominante solo a valores de pH superiores a 8 o 9.[2]

c) Una vez que el H_2CO_3 se forma, se disocia de acuerdo a:

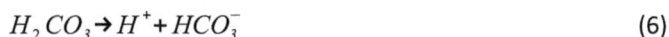

$$H_2CO_3 \rightarrow H^+ + HCO_3^- \tag{6}$$

La constante de disociación para esta reacción (K_{a1}) se encuentra definida por la concentración (mol dm^{-3}) de las especies en solución de acuerdo a:

$$K_{a1} = \frac{[H^+][HCO_3^-]}{[H_2CO_3]} \tag{7}$$

Sin embargo, algunas de las técnicas experimentales usadas para la medición del valor de K_{a1} se basan en determinar la cantidad total de bióxido de carbono disuelta en solución. Esto es, algunas técnicas, como la titulación, miden la cantidad de H_2CO_3 formada inicialmente en el equilibrio y adicionalmente el H_2CO_3 formado por la hidrólisis del $CO_{2\,(ac)}$, que sucede durante el curso de la titulación. Por lo tanto, la cantidad total medida es en realidad la suma de las siguientes concentraciones:

$$[H_2CO_3] + [CO_{2(ac)}] \tag{8}$$

Debido a esta limitación experimental es posible encontrar dos tipos de valores para la constante K_{a1} en la literatura, dependientes del método usado para su medición. Existen valores correspondientes a la constante de disociación real (Ecuación 7) y valores para una constante de disociación aparente (k_{a1}'), la cual considera el H_2CO_3 disuelto total, de acuerdo a:

$$k_{a1}' = \frac{[H^+][HCO_3^-]}{[H_2CO_3] + [CO_{2(a)}]} \tag{9}$$

d) La disociación del ion bicarbonato (HCO_3^-), puede continuar generando iones carbonato (CO_3^{2-}), de acuerdo a la siguiente reacción:

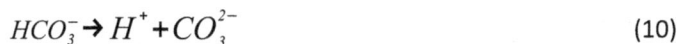

$$HCO_3^- \rightarrow H^+ + CO_3^{2-} \tag{10}$$

Con una constante de disociación (K_{a2}) definida por la concentración de las especies (mol dm^{-3})

$$K_{a2} = \frac{[H^+][CO_3^{2-}]}{[HCO_3^-]} \tag{11}$$

Turgoose, Cottis y Lawson[2] basados en una revisión histórica sobre la hidratación del bióxido de carbono, estudiaron este equilibrio en función del pH de la solución a una presión parcial de CO_2 de 1 bar. La Figura 1, muestra las concentraciones de las diferentes especies carbónicas en función del pH de la solución a 25°C y a una presión parcial de CO_2 de 1 bar. Los valores de las constantes usadas para el cálculo de la concentración de las especies carbónicas son: $K_d = 0.03386$ mol dm^{-3} bar^{-1},[3] $K_{hyd} = 0.00258$,[1] $K_{a1} = 1.74 \times 10^{-4}$ mol dm^{-3},[3,4] $K_{a2} = 4.7 \times 10^{-11}$ mol dm^{-3}.[3,5]

La distribución de la concentración de las especies carbónicas en solución, expresada como fracción mol (X_{mol}), se presenta en la Figura 2 en función del pH de la solución. La intersección entre las líneas correspondientes al equilibrio entre H_2CO_3 and HCO_3^- sucede en un valor de pH igual a pK_{a1}. La intersección entre las líneas correspondientes al equilibrio entre HCO_3^- y CO_3^{2-} sucede en un valor de pH igual a pK_{a2}.

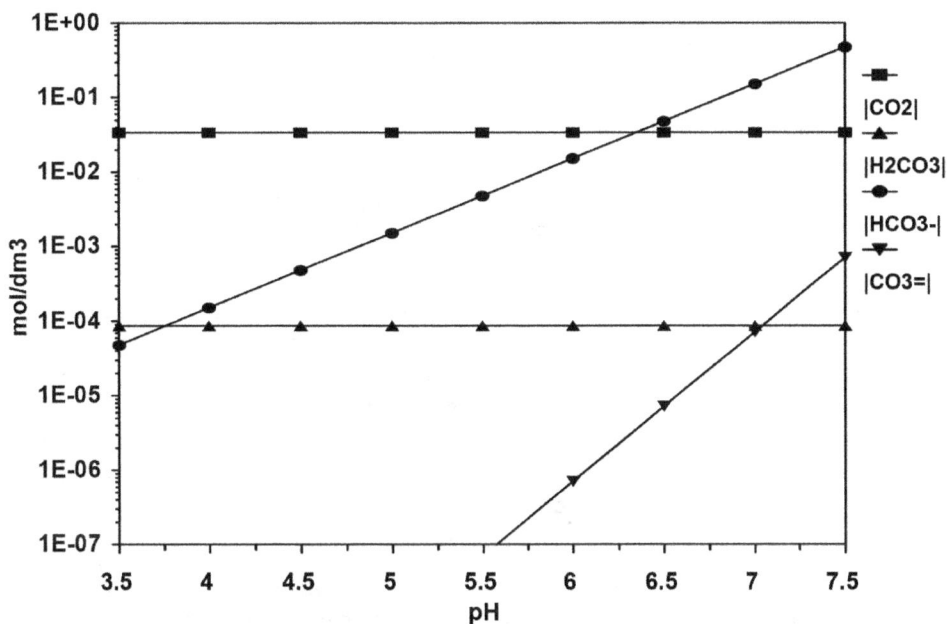

Figura 1. Concentración de especies carbónicas en agua en función del pH, 25 °C, 1 bar

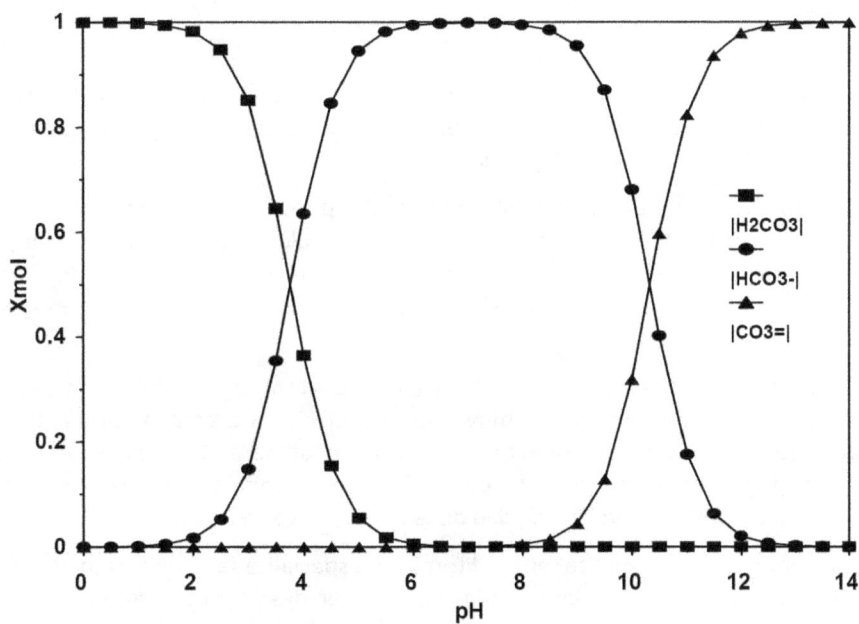

Figura 2. Concentración relativa de las especies carbónicas en función del pH, 25 °C, 1 bar

3. El CO₂ y la corrosión del acero al carbono

Cuando el bióxido de carbono (CO_2) se disuelve en agua se genera un ácido débil, el pH de la solución disminuye y la corrosividad de la solución formada aumenta. Se ha determinado que a un mismo valor de pH, una solución acuosa que contiene CO_2 disuelto puede ser más corrosiva que una solución de algún ácido fuerte.[6-8] Este comportamiento indica que el pH no puede ser considerado como el único parámetro para determinar la corrosividad de un ácido débil en solución.

Estudios de laboratorio iniciales han determinado correlaciones entre la velocidad de corrosión del acero al carbono, la temperatura y la presión parcial del CO_2 en medios acuosos. Frecuentemente, la corrosión del acero al carbono en medios acuosos que contienen CO_2 disuelto involucra la formación de una capa de carbonato de hierro sólido ($FeCO_3$). Este $FeCO_3$ sólido precipita sobre la superficie del metal formando una película de productos de corrosión. Sin embargo, no es protectora y el ataque corrosivo del metal prosigue. Esta situación puede generar una morfología de ataque corrosivo similar a la que tiene lugar con la formación de picaduras sobre la superficie del acero, típicamente asociada a CO_2.[9]

Adicionalmente a la corrosividad natural de los medios acuosos que contienen CO_2 disuelto, se ha observado que su corrosividad aumenta si el medio se encuentra en movimiento. Medios que contienen CO_2 pueden generar severos daños por corrosión al acero si se encuentran en movimiento.

4. Flujo turbulento

Cuando un fluido se encuentra en movimiento, las moléculas que lo forman sufren desplazamiento. Durante el movimiento las moléculas interactúan entre sí y suceden diferentes fenómenos de transferencia (momento, masa, calor, etc.)

En algunas circunstancias, el movimiento del fluido puede ser descrito considerando el desplazamiento de una serie de capas o láminas de moléculas, resbalando una sobre otra. En estas condiciones se asume que las moléculas que pertenecen a una lámina de fluido no se mueven a otra lámina, esto es, no se mezclan. Este movimiento sin mezcla se denomina "flujo laminar".

Cuando un fluido en movimiento se encuentra en un contenedor sólido, como sucede en la mayoría de los casos, las moléculas en movimiento también interactúan con las paredes del contenedor. Esta interacción ocasiona que el fluido se adhiera a las paredes sólidas y la generación de un esfuerzo de corte, tangencial al movimiento del fluido. Por lo tanto, la velocidad del fluido disminuye en la vecindad de la pared del contenedor.

Como se presenta frecuentemente en la literatura especializada en el flujo de fluidos, el movimiento de un fluido en condición laminar puede ser descrito considerando un fluido de viscosidad μ, contenido entre dos placas paralelas. Esta situación se ilustra en la Figura 3. Las placas paralelas se encuentran separadas por una distancia *h*, una de ellas permanece estática mientras que la segunda placa se mueve con una velocidad constante *U*, relativa a la placa estática. Se considera que la presión es constante en el fluido.

Placa sólida en movimiento $\xrightarrow{\quad U \quad}$

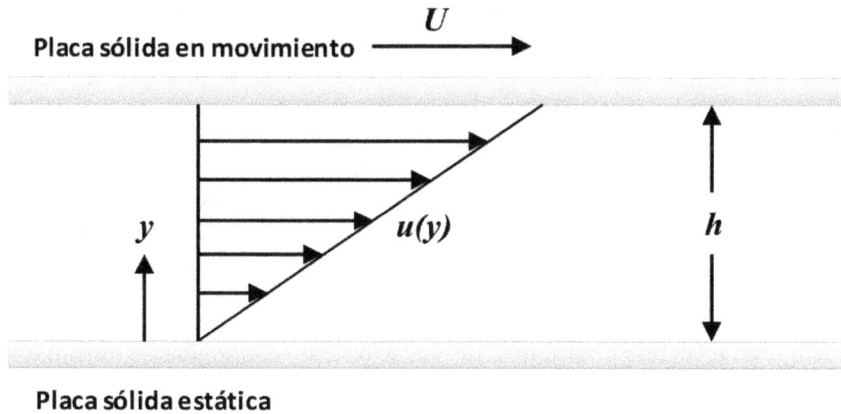

Placa sólida estática

Figura 3. Condiciones de flujo laminar. Fluido de viscosidad μ contenido entre dos platos paralelos separados por una distancia h. El plato superior se mueve a una velocidad constante U y el plato inferior se mantiene estático. y indica la distancia desde el plato estático a lo largo de h, y u(y) indica la distribución de velocidad en el fluido a lo largo de la dirección y

En estas condiciones el fluido adherido a la placa estática no se moverá y las moléculas de fluido adheridas a la placa en movimiento se desplazarán a una velocidad U. Entonces, la velocidad en el fluido es función de la posición a lo largo de la distancia h y se desarrollará un perfil de distribución de velocidad en el fluido. Si la velocidad del fluido en una cierta posición entre las placas se denomina *u(y)*, en condiciones laminares, el perfil de distribución de velocidad es linear, de acuerdo con:

$$u(y) = \frac{y}{h} U \tag{12}$$

Para mantener la placa constantemente en movimiento es necesario aplicar una fuerza en la dirección del mismo. Esta fuerza está en equilibrio con las fuerzas de fricción en el fluido. La fuerza de fricción por unidad de área o esfuerzo de corte (τ) está dada por la ecuación de Newton de la fricción:

$$\tau = \mu \frac{du}{dy} \tag{13}$$

La Ecuación 13 indica que τ es directamente proporcional a la viscosidad del fluido (μ). Por lo tanto, todos los parámetros que afecten la viscosidad afectarán directamente el valor de τ. El esfuerzo de corte en la pared de la placa estática, cuando y = 0, se denomina "esfuerzo de corte en la pared" y se denomina como τ_w.

Cuando el movimiento que sucede en condiciones de flujo laminar se altera por fluctuaciones irregulares, tal como el mezclado, se considera que el fluido se mueva en condiciones de "flujo turbulento". En condiciones de flujo turbulento la velocidad y la presión en un punto fijo del fluido no permanecen constantes con el tiempo. Esta variación es muy irregular y de alta frecuencia.

Entre las condiciones de flujo laminar y turbulento existe una región denominada de transición. La existencia de condiciones de flujo laminar, turbulento o de transición, depende de la geometría considerada, las propiedades del fluido y la rugosidad de la superficie metálica.

Se han obtenido algunas fotografías de experimentos en los cuales un delgado flujo de líquido colorante se adiciona a un fluido en movimiento dentro de un ducto transparente, desplazándose a diferentes velocidades.[10] En estas fotografías del proceso de mezclado en el seno del fluido en movimiento, en condiciones de flujo turbulento, se puede detectar la alteración de la forma del delgado flujo de líquido colorante. Este proceso de mezcla sucede por el movimiento aleatorio de "paquetes" de fluido o "corrientes de Eddy". Estas corrientes de Eddy son de tamaño variable, formándose y moviéndose de manera aleatoria. La presencia de corrientes de Eddy en un fluido incrementa los procesos de transferencia de calor, masa y momento.

Debido a la naturaleza aleatoria del flujo turbulento no existen métodos directos para calcular perfiles de velocidad en estas condiciones. Las ecuaciones de continuidad y movimiento, usadas comúnmente en el análisis de flujo laminar, también aplican en condiciones de flujo turbulento.[11] Sin embargo, la solución de dichas ecuaciones en condiciones de flujo turbulento es un proceso extremadamente complejo. Aún más, en condiciones turbulentas, el resultado de la solución de las ecuaciones cambia continuamente de manera aleatoria con el tiempo.

Debido a la complejidad que el estudio y descripción del flujo turbulento implica a través de los años se han usado aproximaciones semi-empíricas basadas en el uso de números adimensionales.

Los números adimensionales son grupos de variables que pueden ser considerados como representativos de ciertas características de un fluido. Algunos de los números adimensionales usados en estudios de corrosión en medios en movimiento son: el número de Reynolds (Re), número de Schmidt (Sc) y número de Sherwood (Sh).

El número de Reynolds define una velocidad de flujo relativa en términos de una longitud característica l, definida de acuerdo al sistema en estudio. Este número puede usarse para identificar el tipo de flujo que sucede en un sistema (laminar o turbulento). El Re se define como:

$$\mathrm{Re} = \frac{ul}{v} \tag{14}$$

En donde u es la velocidad media del fluido y v es la viscosidad cinemática del fluido, definida como:

$$v = \frac{\mu}{\rho} \tag{15}$$

En donde μ y ρ son la viscosidad y densidad del fluido respectivamente.

El número de Schmidt (Sc) es un número adimensional asociado a las propiedades de transferencia de masa del fluido y se define para una especie específica i, de acuerdo a:

$$Sc_i = \frac{\mu}{\rho D_i} = \frac{v}{D_i} \tag{16}$$

En donde D_i es el coeficiente de difusión de la especie i en el fluido.

El número de Sherwood (Sh) es un número adimensional asociado al coeficiente de transferencia de masa (k_i) de una especie dada en el fluido, definido para una especie i como:

$$Sh_i = \frac{k_i l}{D_i} \tag{17}$$

En términos generales, para un proceso electroquímico, k_i puede ser definido como la velocidad a la cual sucede la transferencia de masa de la especie i en el fluido, dividido entre la diferencia de concentración de "i", entre el seno de la solución y la superficie del electrodo.

El coeficiente de transferencia de masa de una especie i, para un proceso catódico controlado por la difusión de la especie, desde el seno de la solución hasta la superficie del electrodo, puede correlacionarse con la densidad de corriente límite ($i_{lim,i}$) de acuerdo a:

$$k_i = \frac{i_{\lim,i}}{nFC_{b,i}} \tag{18}$$

Entonces, el número de Sherwood puede ser redefinido en términos de una densidad de corriente límite como:

$$Sh_i = \frac{i_{\lim,i} l}{nFD_i C_{b,i}} \tag{19}$$

En donde n es el número de electrones involucrados en la reacción electroquímica, F es la constante de Faraday y $C_{b,i}$ es la concentración de la especie i en el seno de la solución.

Debido a que la densidad de corriente límite es un parámetro que puede ser fácilmente medido en un sistema en corrosión mediante métodos electroquímicos, la Ecuación 19 representan la unión práctica entre la teoría de flujo de fluidos y la naturaleza electroquímica de los procesos de corrosión.

Análisis hidrodinámicos han demostrado que los números adimensionales Re, Sc_i y Sh_i pueden ser correlacionados mediante la siguiente expresión:

$$Sh_i = C\,Re^x Sc_i^y \tag{20}$$

En donde C, x y y son constantes determinadas experimentalmente y que dependen del sistema hidrodinámico en estudio.[12,13]

Este tipo de análisis semi-empírico y el uso de sistemas hidrodinámicos de laboratorio bien caracterizados, tales como: electrodos rotatorios, ductos, jets de impacto sumergidos, etc., han demostrado ser adecuados para la obtención de correlaciones numéricas útiles en el estudio del fenómeno de corrosión en condiciones de flujo turbulento.

5. El electrodo de cilindro rotatorio (ECR)

Algunos de los primeros estudios enfocados a determinar la influencia de las condiciones de flujo sobre el proceso de corrosión involucraron el uso de discos metálicos girando a una velocidad constante e inmersos en diferentes medios agresivos.[14] De esta manera, la determinación de la influencia del flujo sobre la corrosión de los discos se realizaba de manera visual y mediante mediciones gravimétricas (pérdida de peso). En estos estudios iniciales se determinaron importantes ideas referentes a la influencia que tiene el flujo sobre la corrosión, sin embargo la caracterización de las condiciones hidrodinámicas era pobre y la descripción del proceso electroquímico involucrado no era posible.

Años después con el desarrollo de la teoría electroquímica de la corrosión y la disponibilidad de equipos electrónicos avanzados (potenciostatos), fue posible realizar estudios electroquímicos detallados, basados en el uso de electrodos de discos rotatorios (EDR). El EDR, tiene la ventaja de ser un sistema hidrodinámico bien caracterizado que permite realizar estudios de transferencia de masa más precisos.[15] El uso de los electrodos de disco rotatorio ha llevado a un desarrollo muy valioso en la comprensión de la electroquímica y de los fenómenos de transferencia de masa. Sin embargo, el EDR opera principalmente en condiciones de flujo laminar y su uso en el estudio de sistemas de flujo turbulento ha sido cuestionado por algunos investigadores.

El electrodo de cilindro rotatorio (ECR) es un sistema hidrodinámico de laboratorio usado en el estudio de procesos de corrosión en condiciones de flujo turbulento.[16] Este electrodo presenta diversas ventajas para su uso, tales como: construcción relativamente sencilla, fácil operación, permite realizar mediciones de tipo electroquímico y cuenta con una descripción matemática razonablemente bien definida.

5.1. Transferencia de masa en el electrodo de cilindro rotatorio (ECR)

Eisenberg, Tobias y Wilke[17] determinaron la relación existente entre la densidad de corriente límite, medida para una especie i en solución ($i_{lim,i}$) y la velocidad de rotación de un electrodo de cilindro rotatorio (u_{ECR}) a temperatura constante:

$$i_{\lim,i} = 0.0791\, nFC_{b,i}\, d_{ECR}^{-0.3}\, v^{-0.344}\, D_i^{0.644}\, u_{ECR}^{0.7} \tag{21}$$

En donde, n es el número de electrones involucrados en la reacción electroquímica, F es la constante de Faraday, d_{ECR} es el diámetro del electrodo cilíndrico, $C_{b,i}$ es la concentración de la especie i en el seno de la solución, v es la viscosidad cinemática del medio y D_i es el coeficiente de difusión de la especie i.

La Ecuación 21 indica que existe una relación lineal entre la $i_{lim,i}$ medida y la velocidad de rotación del electrodo, elevada a una potencia de 0.7 ($u^{0.7}$):

$$i_{\lim,i} = Au_{ECR}^{0.7} \tag{22}$$

En donde la constate A es igual a:

$$A = 0.0791\, nFC_{b,i}\, d_{ECR}^{-0.3}\, v^{-0.344}\, D_i^{0.644} \tag{23}$$

El análisis hidrodinámico del ECR indica que su longitud característica l, usada en las expresiones para el cálculo de los números adimensionales Re y Sh, es el diámetro del cilindro (d_{ECR}).[18] Por lo tanto, la Ecuación 20 puede ser escrita de la siguiente manera:

$$Sh_{i,ECR} = 0.0791 Re_{ECR}^{0.7} Sc_i^{0.356} \tag{24}$$

En donde Re_{ECR} y $Sh_{i,ECR}$ son los números adimensionales calculados para el electrodo de cilindro rotatorio.

Por lo que respecta al cálculo del esfuerzo de corte en la pared, para el caso del ECR ($\tau_{w,ECR}$) se asume que la siguiente expresión es válida:[19]

$$\frac{\tau_{w,ECR}}{\rho u_{ECR}^2} = 0.079 \mathrm{Re}_{ECR}^{-0.3} \tag{25}$$

Debido a la imposibilidad para determinar los valores de $\tau_{w,RCE}$ experimentalmente, es importante considerar que el cálculo de este parámetro involucra un cierto grado de incertidumbre.

6. Inhibidores de corrosión

En la industria de extracción y procesamiento del petróleo, los inhibidores siempre han sido considerados como la principal línea de defensa contra los problemas de corrosión.[20] Aunque se debe señalar que, en algunos casos, un ambiente puede hacerse menos agresivo mediante el uso de otros métodos tales como la remoción del oxígeno presente o la modificación del pH. La Organización Internacional de Estándares, ISO, por sus siglas en inglés (ISO 8044-1999) definió un inhibidor como[21] una sustancia química que cuando está presente en el sistema de corrosión a una concentración adecuada disminuye la velocidad de corrosión, sin cambiar significativamente la concentración de cualquier agente corrosivo

La literatura científica y técnica, posee una amplia lista de compuestos que exhiben propiedades de inhibición. De todos ellos solo unos cuantos son utilizados en la práctica. Esto es porque las propiedades deseables en un inhibidor usualmente se extienden más allá de las relacionadas a la protección de la superficie metálica. Consideraciones económicas, ambientales y de disponibilidad son las más importantes. Los inhibidores de corrosión comerciales se encuentran disponibles bajo ciertos nombres o marcas que usualmente no proporcionan ninguna información acerca de su composición química. Las formulaciones comerciales generalmente consisten de una sustancia activa (considerada como inhibidor), algún tipo de solvente y otros aditivos tales como surfactantes, desemulsificantes, formadores de película, secuestrantes de oxígeno, etc.[20,22]

Describir el efecto de los inhibidores de corrosión no es una tarea fácil. Existe una infinidad de enfoques en la literatura abierta que van desde un simple inhibidor y determinación de su eficiencia, hasta la aplicación de complicadas técnicas de modelado molecular para describir las interacciones del inhibidor con la superficie metálica y/o productos de corrosión. Por ejemplo, un enfoque se basa en la suposición de que la protección contra la corrosión se lleva a cabo mediante la adsorción de moléculas de inhibidor en la superficie metálica, disminuyendo la velocidad de una o ambas reacciones electroquímicas involucradas en el proceso de corrosión. El grado de protección se asume que es directamente proporcional a la fracción de superficie cubierta por el inhibidor (θ). En este tipo de modelos es necesario establecer la relación entre la fracción de superficie cubierta (θ) y la concentración del inhibidor (C_{inh}) en el medio. Lo anterior se puede realizar mediante el uso de isotermas de adsorción.[23]

Algunos compuestos orgánicos de bases nitrogenadas, tales como imidazolinas, amidas, amidoaminas, aminas y sus sales han sido utilizados exitosamente como inhibidores de corrosión. Las sustancias que contienen este tipo de compuestos, se utilizan comúnmente para proteger los ductos de transporte de gas y crudo de la corrosión asociada a la presencia de CO_2.[24] Otro tipo de compuestos, como los fosfatos, son muy efectivos especialmente a temperaturas moderadas o en presencia de pequeñas trazas de oxígeno.[25] Algunos compuestos orgánicos que contienen azufre, por ejemplo el ácido tioglicólico, ácidos mercaptoalquilcarboxílicos o tiosulfatos, en combinación con otros inhibidores de corrosión, se han utilizado exitosamente en aplicaciones donde se presentan altos esfuerzos de corte en la pared.[26] La efectividad de un compuesto orgánico utilizado como inhibidor de corrosión depende entre otras cosas de su composición química, estructura molecular, su afinidad por la superficie metálica y las condiciones reales bajo las cuales se aplica.

Algunos de los parámetros de campo más importantes que pueden afectar el desempeño de un inhibidor y que son importantes de considerar en la evaluación de un inhibidor son: temperatura, presión, presencia de diferentes fases en el fluido (relación gas/líquido o salmuera/hidrocarburo), régimen de flujo y propiedades de emulsión.

No existe un método universal a escala en laboratorio para pruebas de inhibidores de corrosión. Sin embargo, existen diferentes pruebas que se han llevado a cabo a fin de estudiar los parámetros que pueden afectar el desempeño de un inhibidor cuando se aplica en campo. Las técnicas electroquímicas se utilizan a menudo para estudiar la eficiencia de un inhibidor en pruebas a nivel laboratorio. La selección de técnicas electroquímicas para la evaluación de inhibidores depende del objetivo que se pretenda estudiar.[27]

La selección de un producto para aplicación en campo usual, pero no exclusivamente, se basa en resultados de pruebas de laboratorio y campo. Idealmente las pruebas deben reproducir todos los parámetros relevantes de campo. En realidad, el tiempo, esfuerzo y costos requeridos para diseñar y efectuar una prueba que reproduzca todas las condiciones reales hace impráctico lo anterior. Una forma más práctica es determinar los factores críticos que determinen el desempeño de un inhibidor.[28]

Numerosos esfuerzos se han efectuado para combatir los problemas de corrosión debida a la presencia de CO_2 en campo, a través de la selección de materiales y/o la aplicación de inhibidores de corrosión. Diversos inhibidores se han investigado y utilizado para combatir los efectos ocasionados por la presencia de CO_2 y en particular de las especies corrosivas presentes en las aguas de producción (ácidos orgánicos, cloruros, CO_2, H_2S, etc.) de los campos petroleros.

Algunas de las investigaciones incluyen la evaluación de la eficiencia del inhibidor bajo ciertas condiciones que sean "semejantes" a las condiciones encontradas en campo. La mayoría de los inhibidores utilizados en la industria del transporte de hidrocarburos son del tipo formadores de película. Su desempeño esta intrínsecamente relacionado a su habilidad para adherirse a la superficie a proteger, resistiendo en cierta medida las condiciones agresivas del medio. Esta característica es lo que comúnmente se denomina "persistencia de película". Diversos estudios[29] se han conducido para evaluar esta propiedad del inhibidor de corrosión mediante técnicas electroquímicas, utilizando diferentes sistemas de evaluación de laboratorio (circuitos de recirculación, EDR, ECR, Jaula Rotatoria, etc.).[30]

7. Efecto del flujo turbulento sobre la cinética electroquímica de corrosión del acero al carbono

7.1. Efecto sobre la cinética de la reacción catódica

A continuación se presentan resultados de diversos estudios electroquímicos que han tenido como objetivo obtener información cinética del proceso de corrosión del acero al carbono (especificación API 5L X52). En todos los estudios presentados se usaron cupones metálicos con un área expuesta de 3 cm^2, inmersos en soluciones acuosa de 5% NaCl saturadas con CO_2. Con el fin de contar con una superficie homogénea, las muestras de acero fueron pulidas hasta lija grado 600 y desengrasadas con acetona. A fin de obtener un control preciso de las condiciones de flujo turbulento, todos los resultados fueron obtenidos usando un electrodo de cilindro rotatorio.

La Figura 4 muestra una serie de curvas de polarización catódica obtenidas a una temperatura de 60°C a diferentes velocidades de rotación del ECR (u_{ECR}). es posible detectar una clara zona de densidad de corriente límite (i_{lim}) dependiente de la velocidad de rotación del electrodo. A medida que la velocidad de rotación del electrodo incrementa, la i_{lim} medida también aumenta.

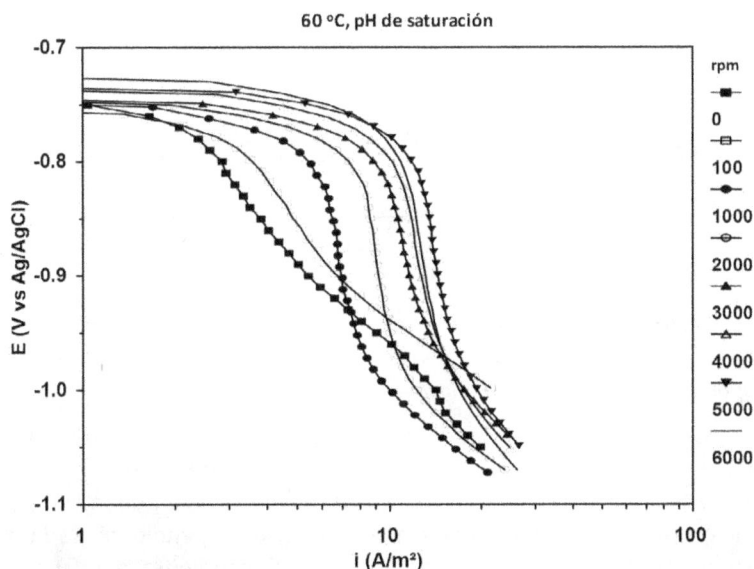

Figura 4. Curvas de polarización catódica a diferentes velocidades de rotación (rpm) de muestras de acero API 5L X52 inmerso en una solución acuosa de NaCl al 5% en peso, saturada con CO$_2$, 60 °C, pH 4

La Figura 5 muestra los valores de i_{lim} determinados a partir de los datos mostrados en la Figura 4, graficados como función de la velocidad del ECR (u) elevada a una potencia de 0.7. En esta figura se puede observar una clara relación lineal entre los dos parámetros mostrados, además de un valor de ordenada al origen diferente de cero. Estas observaciones sugieren que el proceso de reducción que sucede en la superficie del electrodo metálico consta de un componente dependiente del flujo, asociado a la relación lineal existente entre i_{lim} y $u^{0.7}$ y de un componente independiente del flujo, asociado al valor de la ordenada al origen, diferente de cero.

El componente independiente del flujo, asociado a la ordenada al origen diferente de cero, puede ser analizado considerando las ideas referentes a la cinética catódica en soluciones que contienen CO_2 disuelto propuestas por Schmitt y Rothman para el electrodo de disco rotatorio[8], considerando un ECR. Estos autores proponen que, la densidad de corriente límite medida en medios acuosos que contiene CO_2 disuelto ($i_{lim,CO2}$), es resultado de la superposición de procesos dependientes de la difusión y de una reacción química. Dado que Schmitt y Rothman desarrollaron sus estudios en electrodos de disco rotatorio, sus resultados están estrictamente definidos para condiciones de flujo laminar.

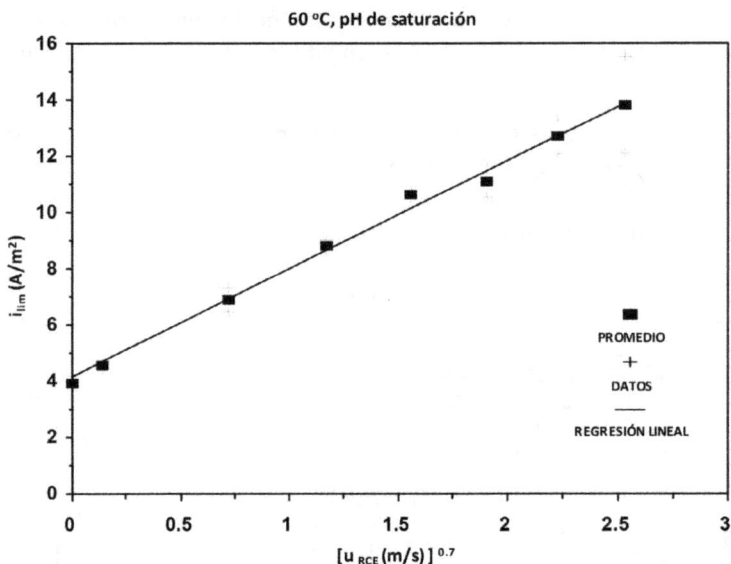

Figura 5. Valores de i_{lim}, en función de la velocidad del ECR (u) elevada a la potencia 0.7.
Marcadores sólidos = datos experimentales, marcadores en forma de cruz = variación asociada al valor,
línea = regresión lineal (ordenada al origen = 4.16 A m^{-2}, coeficiente de correlación = 0.9932)

Mendoza y Turgoose,[31] extendieron las ideas propuestas por Schmitt y Rothman al electrodo de cilindro rotatorio. Es posible sugerir que la densidad de corriente límite medida en condiciones de flujo turbulento (i_{lim}), en soluciones acuosas saturadas con CO_2, puede ser también descrita mediante la adición de dos componentes. Un componente dependiente de la difusión de las especies electro-activas presentes en el medio, $i_{lim,dif}$ (dependiente del flujo) y un segundo componente asociado a la reacción de hidratación lenta del CO_2 en agua, $i_{lim,R,H2CO3}$ (independiente del flujo).

$$i_{lim} = i_{lim,dif} + i_{lim,R,H_2CO_3} \tag{26}$$

7.1.1. Componente independiente del flujo ($i'_{lim,R,H2CO3}$)

El componente independiente del flujo puede ser calculado, en A m^{-2}, de acuerdo a la siguiente expresión:

$$i_{\lim,R,H_2CO_3} = FC_{b,H_2CO_3}\sqrt{D_{H_2CO_3}k_{-1}} \qquad (27)$$

En donde F es la constante de Faraday, $C_{b,H2CO3}$ es la concentración de ácido carbónico disuelto en el medio (mol m^{-3}), D_{H2CO3} es el coeficiente de difusión (m^2 s^{-1}) de las moléculas de H$_2$CO$_3$ y k$_{-1}$ la velocidad de la reacción de deshidratación (s^{-1}).

7.1.2. Componente dependiente del flujo ($i'_{lim,dif}$)

Si la concentración de O$_2$ disuelto se considera cercana a cero, entonces, las especies en solución capaces de ser reducidas son: H$^+$, H$_2$CO$_3$ y H$_2$O. Considerando que, la concentración de H$_2$O es prácticamente constante y que la velocidad de reducción de las especies H$^+$ y H$_2$CO$_3$ es relativamente lenta y dependiente de la difusión de las especies, entonces es posible considerar que el componte $i'_{lim,dif}$ es el resultado de la siguiente adición:

$$i_{\lim,dif} = i_{\lim,H^+} + i_{\lim,H_2CO_3} \qquad (28)$$

En donde $i'_{lim,H+}$ y $i'_{lim,H2CO3}$ son las densidades de corriente límite (A m^{-2}), en condiciones de flujo turbulento, para iones H$^+$ y moléculas de H$_2$CO$_3$ respectivamente.

Estos componentes pueden ser estimados, en condiciones de flujo turbulento, de acuerdo a la ecuación propuesta por Eisenberg para el ECR (Ecuación 21).

$$i_{\lim,H^+} = nFC_{b,H^+}d_{RCE}^{-0.3}v^{-0.344}D_{H^+}^{0.644}u_{RCE}^{0.7} \qquad (29)$$

$$i_{\lim,H_2CO_3} = nFC_{b,H_2CO_3}d_{RCE}^{-0.3}v^{-0.344}D_{H_2CO_3}^{0.644}u_{RCE}^{0.7} \qquad (30)$$

En donde $C_{b,H+}$ es la concentración de iones H$^+$ en el seno de la solución (mol m^{-3}), $C_{b,H2CO3}$ es la concentración de H$_2$CO$_3$ en el seno de la solución (mol m^{-3}), D_{H+} es el coeficiente de difusión de la especie H$^+$ (m^2 s^{-1}) y D_{H2CO3} es el coeficiente de difusión de las moléculas de H$_2$CO$_3$ (m^2 s^{-1}).

La Figura 6 compara los valores medidos de i_{lim} (Figura 5) con los correspondientes valores de i_{lim}, calculados con las Ecuaciones 26 a 30. Los valores de las constantes requeridas para los cálculos pueden ser encontrados en la literatura.

Este análisis confirma la validez de las ecuaciones propuestas (Ecuaciones 26 a 30).

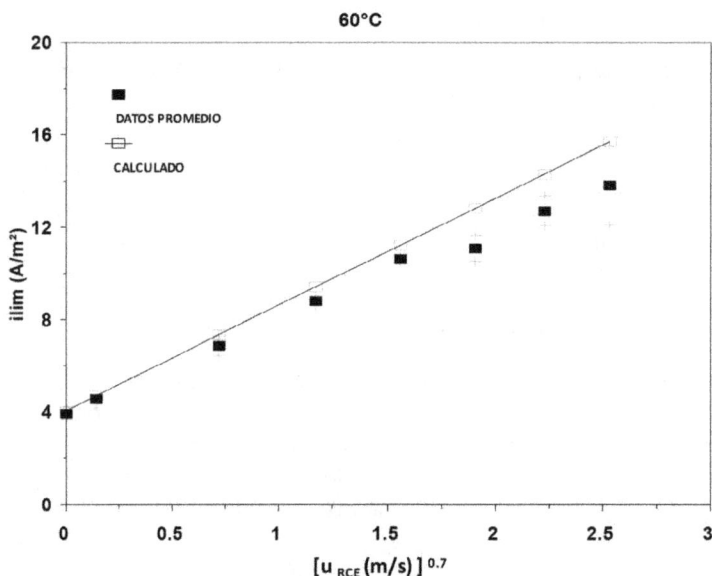

Figura 6. Valores de densidad de corriente límite (i_{lim}) medidos y calculados, en función de la velocidad de rotación del ECR elevada a la potencia de 0.7 ($u_{ECR}^{0.7}$). Acero al carbono API5L X52, solución acuosa NaCl al 5% en peso saturada con CO_2, 60°C. Marcadores sólidos = valores experimentales, marcadores en forma de cruz = variación asociada al valor experimental, marcadores vacios = valores calculados

7.2. Efecto sobre la cinética de la reacción anódica

Las Figuras 7 y 8 muestran curvas de polarización anódica, obtenidas en experimentos por separado, en un electrodo de cilindro rotatorio sobre muestras de acero al carbono API 5L X52 inmersas en soluciones acuosas de NaCl al 5% en peso saturadas con CO_2, a velocidades de rotación de 1000 (0.063 m s^{-1}) y 6000 rpm (3.77 m s^{-1}) y a dos temperaturas 20°C y 60°C. De manera general, estas figuras muestran, que la cinética anódica del acero es independiente del flujo.

A una velocidad de rotación de 1000 rpm, tanto a 20°C como a 60°C, la pendiente de Tafel calculada para cada curva es del orden de 0.04 V década^{-1}. A una velocidad de rotación de 6000 rpm, tanto a 20°C como a 60°C, la pendiente de Tafel calculada para cada curva es del orden de 0.05 V década^{-1}. Este análisis indica que el proceso anódico se encuentra controlado principalmente por transferencia de carga y es independiente del flujo.

1000rpm

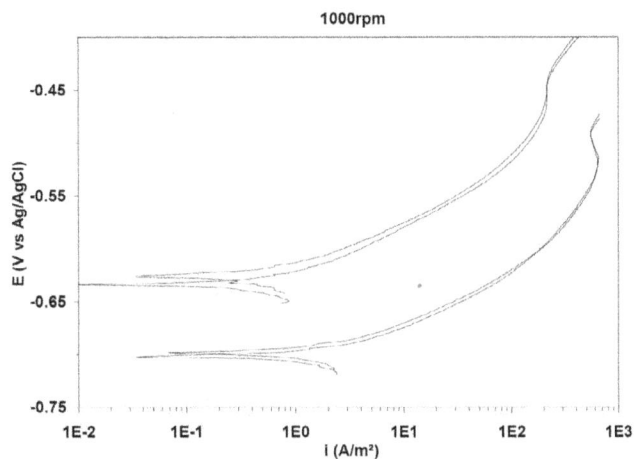

Figura 7. Curvas de polarización anódica determinadas en el electrodo de cilindro rotatorio, velocidad de rotación 1000 rpm, acero al carbono API5L X52, medio de prueba solución acuosa de NaCl al 5% en peso saturada con CO_2. Las mediciones se muestran por duplicado. Curvas en el extremo superior obtenidas a 20°C. Curvas en el extremo inferior obtenidas a 60°C.

6000rpm

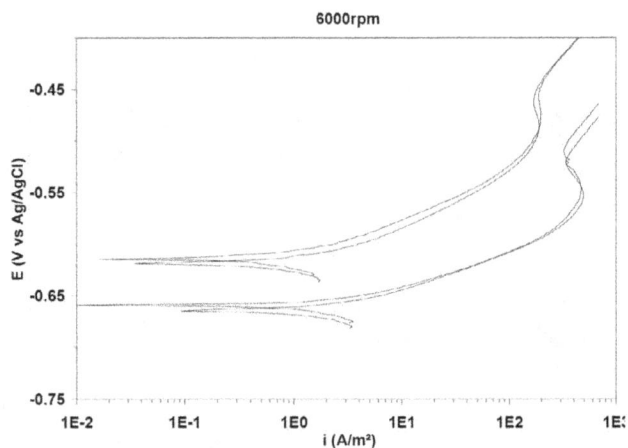

Figura 8. Curvas de polarización anódica determinadas en el electrodo de cilindro rotatorio, velocidad de rotación 6000 rpm, acero al carbono API5L X52, medio de prueba solución acuosa de NaCl al 5% en peso saturada con CO_2. Las mediciones se muestran por duplicado. Curvas en el extremo superior obtenidas a 20°C. Curvas en el extremo inferior obtenidas a 60°C.

7.3. Efecto del flujo turbulento y la temperatura sobre la densidad de corriente de corrosión (velocidad de corrosión) del acero al carbono en soluciones que contienen CO_2

Las Figuras 9 y 10 muestran una comparación entre los valores medidos de densidad de corriente de corrosión (i_{corr}) y los correspondientes valores de densidad de corriente límite catódica (i_{lim}), medidos a diferentes velocidades de rotación del ECR y a temperaturas de 20°C y 60°C. La comparación de los valores de densidad de corriente se presenta como función de la velocidad de rotación del ECR elevada a una potencia de 0.7 ($u_{ECR}^{0.7}$). Los valores de i_{corr} fueron obtenidos mediante la técnica electroquímica de resistencia a la polarización lineal (R_p) y los valores de i_{lim} mediante curvas de polarización catódica, en electrodos de cilindro rotatorio de acero al carbono y ensayos independientes.

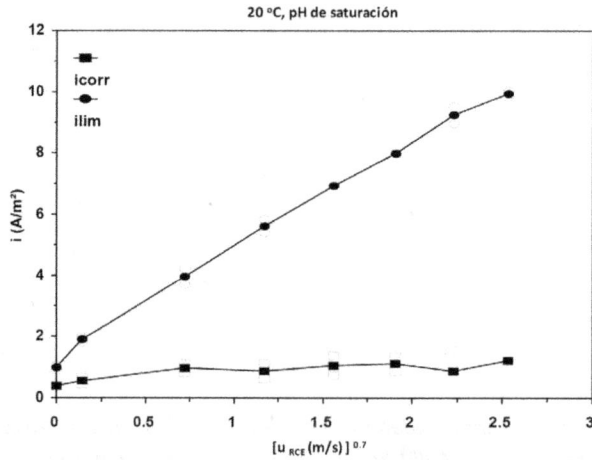

Figura 9. Valores de densidad de corriente de corrosión (i_{corr}) y densidad de corriente límite (i_{lim}) medidos en el electrodo de cilindro rotatorio, acero al carbono, medio acuoso de NaCl al 5% en peso saturado con CO_2, pH de saturación, 20 °C. Marcadores vacíos = datos experimentales, marcadores rellenos = valores promedio

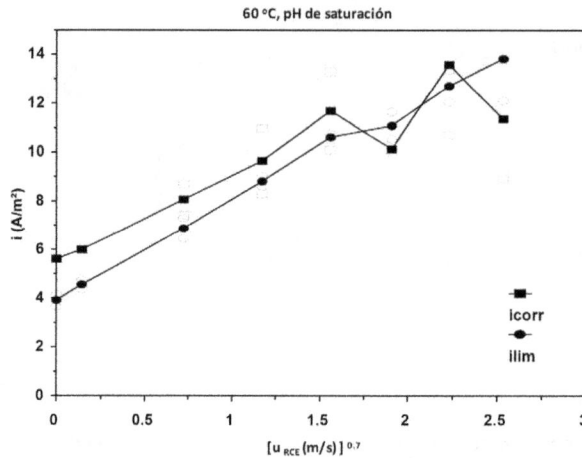

Figura 10. Valores de densidad de corriente de corrosión (i_{corr}) y densidad de corriente límite (i_{lim}) medidos en el electrodo de cilindro rotatorio, acero al carbono, medio acuoso de NaCl al 5% en peso saturado con CO_2, pH de saturación, 60 °C. Marcadores vacíos = datos experimentales, marcadores rellenos = valores promedio

El análisis de resultados mostrado en las Figuras 9 y 10 indica que, a 20°C, i_{corr} prácticamente es independiente del flujo y a 60°C, i_{corr} depende del flujo. Adicionalmente, a medida que la temperatura del medio con CO_2 aumenta, la i_{corr} del acero tiende a mostrar la misma dependencia del flujo que muestra la i_{lim} determinada para la cinética catódica del proceso de corrosión.

El análisis indica que la densidad de corriente límite catódica (i_{lim}) muestra una clara dependencia de las condiciones de flujo, tanto a 20°C como a 60°C; no obstante, el proceso global de corrosión del acero es independiente de la velocidad de flujo a 20°C y a 60°C muestra la misma dependencia del flujo que la observada para la i_{lim}.

7.4. Efecto del flujo turbulento sobre el potencial de corrosión (E_{corr}) del acero en soluciones de CO$_2$

La Figura 11 muestra la dependencia del potencial de corrosión (E_{corr}) con la velocidad de rotación del ECR y la temperatura del medio. Esta figura muestra que el E_{corr} es dependiente de la temperatura del medio y la velocidad de rotación del ECR. Dicha dependencia de la velocidad de rotación es más clara a temperaturas de 20°C y 40°C. Por otra parte, la dependencia del E_{corr} con el flujo no es tan evidente a temperaturas de 60°C y 80°C.

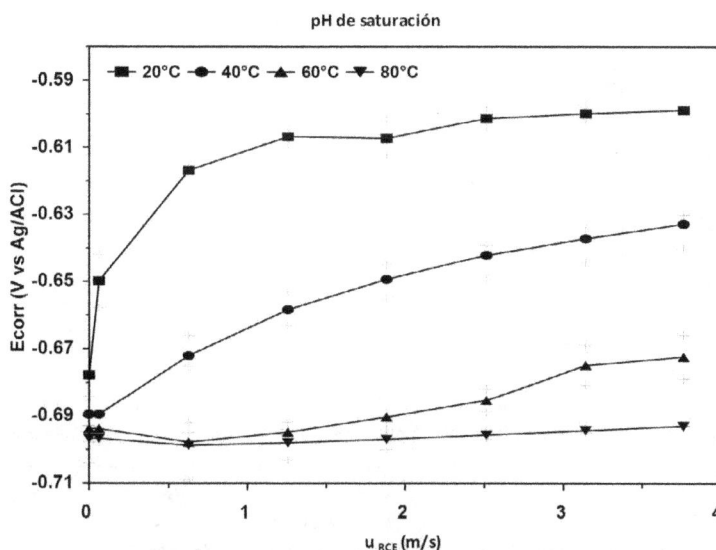

Figura 11. Valores de E_{corr} obtenidos de curvas de polarización catódicas a diferentes velocidades de rotación del electrodo de cilindro rotatorio, acero al carbono en solución acuosa de NaCl al 5% en peso saturada con CO$_2$, pH de saturación. Marcadores en cruz = valores experimentales, marcadores rellenos = valores promedio

Asimismo es posible observar que, a medida que la temperatura del medio se incrementa, los valores medidos de E_{corr} disminuyen.

7.5. Efecto del flujo turbulento sobre el desempeño de un inhibidor de corrosión

El compuesto 2-Mercaptobenzimidazole (2-MBI) ha probado ser un buen inhibidor para acero al carbón en ambientes altamente ácidos[32-35] sin embargo las condiciones de evaluación se han desarrollado bajo condiciones estáticas y aún no se ha determinado el efecto del flujo sobre el desempeño del inhibidor.

Los siguientes resultados corresponden a las pruebas electroquímicas efectuadas sobre acero API 5L X52 en una solución de NaCl al 3% en peso saturada con CO$_2$ a 60°C con la adición de 10 ppm del compuesto 2-Mercaptobenzimidazol (2-MBI).

7.5.1. Efecto del flujo sobre el potencial de corrosión E_{corr}, resistencia a la polarización (R_p) y eficiencia de inhibición (EI)

El cambio en el E_{corr} asociado con la adición de un inhibidor de corrosión al medio de prueba fue utilizado como una indicación cualitativa de la influencia del inhibidor sobre la cinética anódica y catódica del proceso de corrosión.

La Figura 12, muestra los valores de E_{corr} medidos en función de la velocidad de rotación del electrodo a diferentes concentraciones de inhibidor.

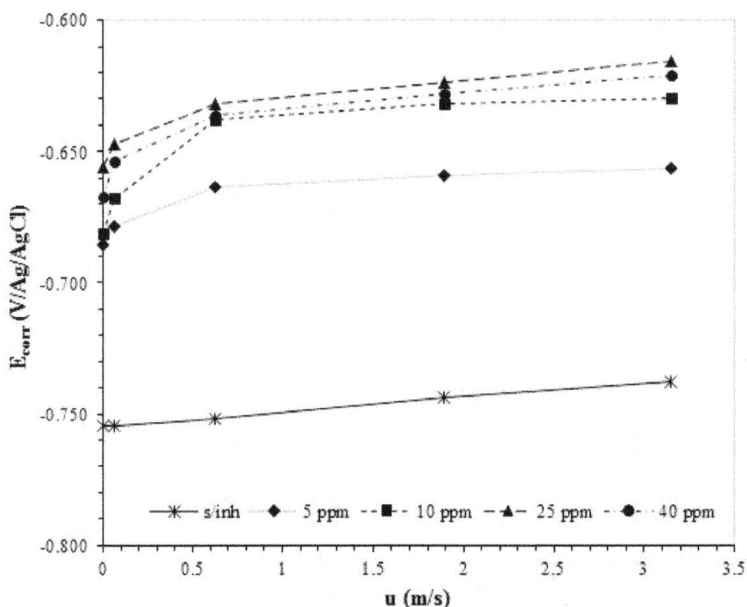

Figura 12. Potencial de corrosión (E_{corr}) en función de la velocidad de rotación del electrodo a diferentes concentraciones de inhibidor. Acero API 5L X52 en una solución de NaCl al 3% en peso saturada con CO_2, pH 4.27, 60°C. Las barras de error representan el valor máximo y mínimo del E_{corr} medido

Los resultados sugieren dos efectos, uno asociado con la concentración del inhibidor y un segundo asociado con la velocidad de rotación del electrodo. En condiciones estáticas (0 rpm), cuando la concentración de inhibidor aumenta, el E_{corr} se desplaza hacia potenciales más positivos con respecto a un medio sin inhibidor. Este cambio puede ser asociado a la adsorción de inhibidor sobre la superficie metálica del acero.

Por otra parte, el E_{corr} se ve afectado con el incremento en la velocidad de rotación del electrodo. Esta observación es asociada con el hecho de que el flujo turbulento promueve la difusión de las moléculas de inhibidor desde el seno de la solución hacia la superficie metálica.

La Figura 13, muestra los valores de R_p obtenidos en función de la velocidad de rotación del electrodo a diferentes concentraciones del inhibidor 2-MBI.

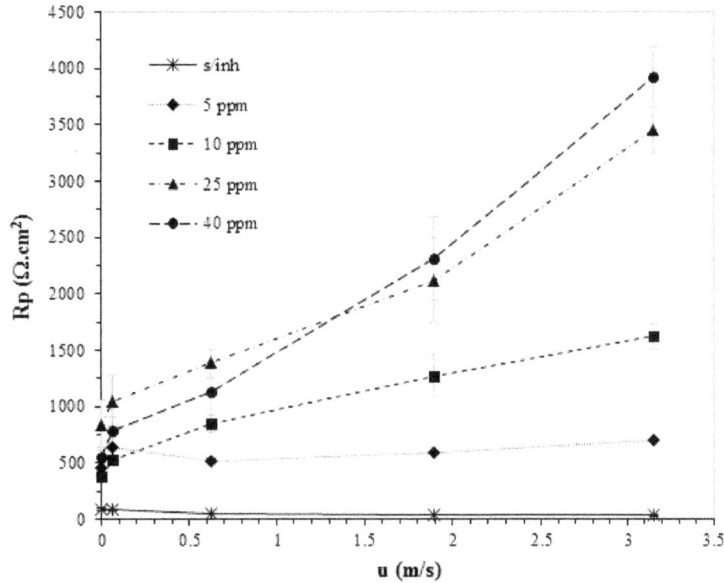

Figura 13. Valores de R_p en función de la velocidad de rotación a diferentes concentraciones de 2-MBI.
Acero API 5L X52 en una solución de NaCl al 3% en peso saturada con CO_2, pH 4.27, 60°C

La figura anterior muestra que para las concentraciones de inhibidor de 10, 25 y 40 ppm, los valores de R_p incrementan con la velocidad de rotación. Por otra parte a 5 ppm, los valores de R_p no muestran una clara dependencia con el flujo similar a la encontrada a concentraciones más altas.

El efecto de la velocidad de rotación sobre las propiedades de inhibición del compuesto 2-MBI puede analizarse mejor, si se calcula la eficiencia de inhibición (EI) expresada en porciento con los datos de R_p.

$$\%EI = \frac{R_p^\circ - R_p}{R_p^\circ} x\, 100 \tag{31}$$

Donde R_p^o y R_p son los valores de resistencia a la polarización (R_p) con y sin inhibidor.

La Figura 14 muestra los valores del %EI calculados a diferentes velocidades de rotación del electrodo con diferentes concentraciones de inhibidor. Es importante mencionar que los valores de eficiencias calculados representan el momento en el tiempo que se efectúa la prueba y no se relacionan con largos tiempos de exposición.

De la Figura 14, se observa claramente que tanto las condiciones hidrodinámicas y el aumento en la concentración del inhibidor son factores que afectan el desempeño del inhibidor. Los resultados de eficiencia sugieren que el esfuerzo de corte (τ) generado en la pared del electrodo no es suficiente para desprender las moléculas de inhibidor adsorbidas sobre la superficie metálica del electrodo.

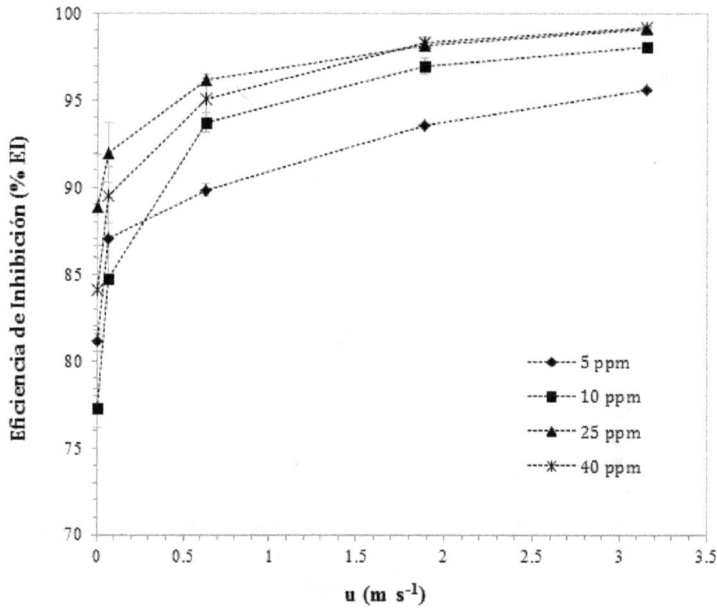

Figura 14. Valores estimados de eficiencia de inhibición (%EI) en función de la velocidad de rotación a diferentes concentraciones de 2-MBI. Acero API 5L X52 en una solución de NaCl al 3% en peso saturada con CO_2, pH 4.27, 60°C

Por otra parte, a 5000 rpm se alcanzan eficiencias mayores a 98% a concentraciones de 10, 25 y 40 ppm. Lo anterior es una consideración importante, tanto técnica como económica, ya que demuestra que aun cuando se incrementa la concentración de inhibidor la eficiencia no aumenta de manera significativa.

8. Análisis global, representación en diagrama de Evans

Con el fin de realizar un análisis global de la información electroquímica obtenida durante el estudio de la corrosión del acero al carbono en soluciones que contienen CO_2 disuelto, la Figura 15 muestra un diagrama de Evans que resume las observaciones experimentales previamente presentadas.

En la gráfica de potencial (E) contra el logaritmo de la densidad de corriente (i), se muestran las reacciones anódica y catódica a diferentes velocidades de rotación del ECR (u) y a dos diferentes temperaturas T_1 y T_2, siendo T_1 mayor a T_2. Para cada caso, el pH del medio se considera como el natural de saturación.

Los procesos catódicos y anódicos que suceden en la superficie del electrodo a la temperatura T_1 se representan como líneas continuas. Los procesos catódicos y anódicos que suceden en la superficie del electrodo a la temperatura T_2 se representan como líneas discontinuas. Para cada temperatura se presentan cuatro líneas catódicas, correspondientes a las velocidades de rotación del ECR u_1 a u_4.

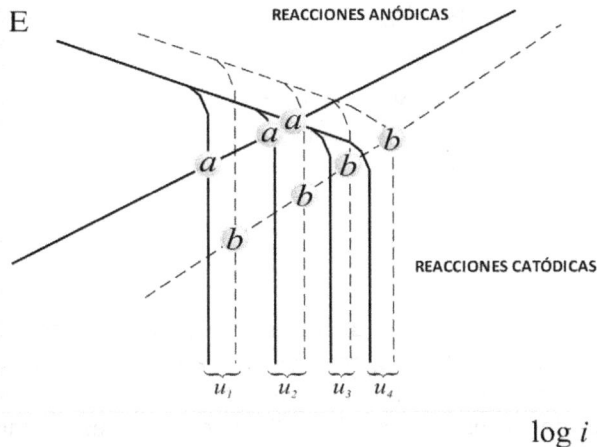

$$\log i$$

Figura 15. Diagrama de Evans propuesto para la descripción del proceso electroquímico de corrosión, que sucede sobre la superficie de muestras rotatorias cilíndricas de acero al carbono (ECR), inmersas en soluciones acuosas saturadas con CO_2, a diferentes velocidades de rotación, pH natural de saturación y dos temperaturas T_1 y T_2 ($T_2 > T_1$). Líneas continuas = procesos electroquímicos a la temperatura T_1. Líneas discontinuas = procesos electroquímicos a la temperatura T_2, a = intersecciones entre líneas anódica y catódica a la temperatura T_1, b = intersecciones entre líneas anódica y catódica a la temperatura T_2, u_1 a u_4 = velocidades de rotación a temperaturas T_1 y T_2, $u_1 < u_2 < u_3 < u_4$.

En este diagrama se resumen las siguientes observaciones experimentales:

1. La existencia de una densidad de corriente catódica límite (i_{lim}) a T_1 y T_2.

2. i_{lim} es dependiente del flujo. A medida que la velocidad de rotación del electrodo aumenta i_{lim} aumenta.

3. i_{lim} es dependiente de la temperatura. A una velocidad de rotación dada, si la temperatura del medio aumenta i_{lim} aumenta.

4. A T_1 y T_2, el proceso electroquímico anódico es independiente de la velocidad del electrodo.

5. El proceso anódico es dependiente de la temperatura del medio. A un valor constante de potencial (E) la densidad de corriente anódica, medida a la T_2 es mayor a la densidad de corriente anódica medida a la T_1.

6. A medida que la temperatura del medio aumenta, la pendiente anódica de Tafel aumenta.

7. A la menor temperatura (T_1) el potencial de corrosión (E_{corr}) aumenta en los primeros incrementos de velocidad de rotación, u_1 a u_3 y permanece constante a mayores incrementos de la velocidad de rotación del electrodo.

8. En general, los potenciales de corrosión (E_{corr}) medidos a la temperatura mayor (T_2) son menores que los valores de E_{corr} medidos a la temperatura menor (T_1). Debido a esto, los valores de E_{corr} determinados a la T_2, son dependientes de la velocidad de rotación del electrodo.

9. Como consecuencia de las observaciones anteriores, los valores de densidad de corriente de corrosión (i_{corr}) a la temperatura menor (T_1) son dependientes del flujo sólo en el rango de velocidad de rotación menor.

10. En contraste, a la mayor temperatura (T_2) los valores de densidad de corriente de corrosión (i_{corr}) son dependientes de la velocidad de rotación del electrodo y es posible considerar aproximado el criterio $i_{lim} \approx i_{corr}$.

9. Conclusiones

Los resultados y análisis electroquímicos de los diferentes estudios presentados en este trabajo, realizados en electrodos de cilindro rotatorio, referentes a la corrosión que sufre el acero al carbono en medios que contienen CO_2 disuelto, en condiciones de flujo turbulento y al desempeño de un inhibidor de corrosión (2-MBI) en dichas condiciones, permiten obtener las siguientes conclusiones.

- En la reacción de reducción del proceso de corrosión se determinó la existencia de una densidad de corriente límite, dependiente de la velocidad de flujo. Este resultado indica que el proceso catódico global se encuentra controlado por un proceso de difusión.

- A medida que la velocidad de flujo se incrementa, la densidad de corriente límite catódica se incrementa y muestra una relación directa con la velocidad de rotación del electrodo rotatorio elevada a una potencia de 0.7, tal y como lo describe la ecuación propuesta por Eisenberg, Tobias y Wilke (21).

- El proceso catódico que sucede sobre la superficie del acero, puede ser descrito por la adición de:

  a) Un proceso dependiente del flujo, asociado a la difusión de los iones H⁺, desde el seno de la solución hasta la superficie metálica.

  b) Un proceso de reducción independiente del flujo, asociado a la hidratación lenta del H_2CO_3 en solución.

- La reacción de oxidación o anódica del proceso de corrosión, es prácticamente independiente del flujo. Lo anterior indica que el proceso anódico se encuentra controlado principalmente por activación.

- A mayor temperatura del medio, la velocidad de corrosión aumenta a medida que la velocidad de flujo aumenta y el proceso general de corrosión sucede con mayor rapidez. Los resultados demostraron que, a 20 °C la velocidad de corrosión es independiente del flujo y a 60 °C la velocidad de corrosión es directamente dependiente de la velocidad de flujo.

- Se demostró que, para una misma concentración de inhibidor de corrosión su eficiencia es dependiente de la velocidad de flujo. A mayor velocidad de flujo, la eficiencia del inhibidor de corrosión tiende a ser mayor.

- Asimismo se observó que, para una misma velocidad de flujo, la eficiencia del inhibidor de corrosión es dependiente de la concentración del mismo, a las concentraciones evaluadas menores. A las concentraciones mayores evaluadas y a una misma velocidad de flujo, la eficiencia del inhibidor de corrosión, en términos prácticos, es independiente de la velocidad de flujo.

- Se demostró que, en las condiciones estudiadas, el flujo turbulento tiene una clara influencia sobre el desempeño del inhibidor de corrosión evaluado.

Los resultados y análisis presentados demuestran que, el estudio, la evaluación y el control de la corrosión de estructuras de acero en contacto con medios acuosos que contienen CO_2 disuelto, deben considerar el efecto que las condiciones de flujo pueden tener sobre los resultados que se desean obtener. Este comentario tiene una relevancia práctica importante debido a que, los efectos de las condiciones de flujo turbulento, no son comúnmente considerados en los análisis técnicos destinados al control de la corrosión de estructuras de acero en contacto con medios agresivos en movimiento, por ejemplo, ductos de transporte.

Referencias

1. Palmer DA, Eldik RV. *The Chemistry of Metal Carbonato and Carbon Dioxide Complexes.* Chemical Reviews. 1983; 83: 651-731. http://dx.doi.org/10.1021/cr00058a004

2. Turgoose S, Cottis RA, Lawson K. *Modelling of Electrode Processes and Surface Chemistry in Carbon Dioxide Containing Solutions.* En Computer Modelling in Corrosion. Munn RS (ed.), ASTM STP 1154. American Society for Testing And Materials, USA. 1992: 67-81.

3. Roberts BE, Tremaine PT. *Vapour Liquid Equilibrium Calculations for Dilute Aqueous Solutions of CO_2, H_2S, NH_3 and NaOH to 300 °C.* Canadian Journal Chemical Engineering. 1985; 63: 294-300. http://dx.doi.org/10.1002/cjce.5450630215

4. Patterson CS, Slocum GH, Busey RH, Mesmer RE. *Carbonate Equilibria in Hydrothermal Systems: First Ionisation of Carbonic Acid in NaCl Media to 300 °C.* Geochimica ET Cosmochimica Acta. 1982; 46: 1653-63.
http://dx.doi.org/10.1016/0016-7037(82)90320-9

5. Ryzhenko BN. *Determination Of Dissociation Constants Of Carbonic Acid And The Degree Of Hydrolysis Of The CO_3^{2-} And HCO_3^{3-} Ions In Solutions Of Alkali Carbonates At Elevated Temperatures.* Geochemistry (A translation of Geokhimiya); Geochemical Society. 1963: 151-164.

6. de Waard C, Milliams DE. *Carbonic Acid Corrosion of Steel.* Corrosion. NACE International. 1975; 31: 177-81. http://dx.doi.org/10.5006/0010-9312-31.5.177

7. de Waard C, Milliams DE. *Prediction of Carbonic Acid Corrosion in Natural Gas Pipelines.* 1st International. Conference on the Internal and External Protection of Pipes, Paper F-1, Univ. Durham. September, 1975.

8. Schmitt G, Rothman B. *Corrosion of Unalloyed and Low Alloyed Steels in Carbonic Acid Solutions.* Werkstoffe und Korrosion, 29, 1978. En CO_2 Corrosion In Oil And Gas Production - Selected Papers, Abstracts And References. Newton LE., Hausler RH (eds.), NACE T-1-3, 1984.

9. Berry WE. *How Carbon Dioxide Affects Corrosion Of Line Pipe.* Oil and Gas Journal. 1983; 81: 161-3.

10. Slichting H. *Boundary Layer Theory, (translated from German by J, Kesting).* 7th. Ed. McGraw-Hill Series in Mechanical Engineering. USA: McGraw-Hill book Company, 1979.

11. Silverman DC. *Rotating Cylinder Electrode-Geometry Relationships for Prediction of Velocity Sensitive Corrosion.* Corrosion. 1988; 44: 42-9. http://dx.doi.org/10.5006/1.3582024

12. Poulson B. *Electrochemical Measurements In Flowing Solutions.* Corrosion Science. 1983; 23: 391-430. http://dx.doi.org/10.1016/0010-938X(83)90070-7

13. Poulson B. *Advances in Understanding Hydrodynamic Effects on Corrosion.* Corrosion Science. 1993; 35: 655-65. http://dx.doi.org/10.1016/0010-938X(93)90201-Q

14. LaQue FL. *Theoretical Studies And Laboratory Techniques In Sea Water Corrosion Testing Evaluation.* Corrosion. 1957; 13: 303t-14t.

15. Bard AJ, Faulkner LR. *Electrochemical Methods, Fundamental And Applications.* USA: John Wiley & Sons; 1980.

16. Poulson B. *Electrochemical Measurements In Flowing Solutions.* Corrosion Science. 1983; 23: 391. http://dx.doi.org/10.1016/0010-938X(83)90070-7

17. Eisenberg M, Tobias CW, Wilke CR. *Ionic Mass Transfer And Concentration Polarisation At Rotating Electrodes.* Journal Electrochemical Society. 1954; 101: 306-19. http://dx.doi.org/10.1149/1.2781252

18. Gabe DR. *The Rotating Cylinder Electrode.* Journal of Applied Electrochemistry. 1974; 4: 91-108. http://dx.doi.org/10.1007/BF00609018

19. Silverman DC. *Rotating Cylinder Electrode For Velocity Sensitivity Testing.* Corrosion. 1984; 40: 220-6. http://dx.doi.org/10.5006/1.3581945

20. Roberge PR. *Handbook of Corrosion Engineering.* Ed. McGraw-Hill; 2000.

21. Shreir LL, Jarman RA, Burstein GT. *Corrosion Control.* Editorial Butterworth Heinemann. Vol. 2, 3a Ed., 1994.

22. Revie RW. *Uhlig´s Corrosion Handbook.* Editorial John Wiley & Sons Inc., 2a. Ed., 2000.

23. Nesic S. *Key Issues Related to Modeling of Internal Corrosion of Oil and Gas Pipelines-A review.* Corrosion Science. 2007; 49: 4308-38. http://dx.doi.org/10.1016/j.corsci.2007.06.006

24. Jovancicevic V, Ramanchandran S, Prince P. *Inhibition of CO_2 Corrosion of Mild Steel by Imidazolines and Their Precursors.* Corrosion. NACE International. 1998; 18.

25. Alink B, Outlaw B, Jovancicevic V, Ramachandran S, Campbell S. *Mechanism CO_2 Corrosion Inhibition by Phosphate Esters.* Corrosion. NACE International. 1999; 37.

26. Jovancicevic V, Ahn YS, Dougherty J, Alink B. *CO_2 Corrosion Inhibition by Sulfur Containing Organic Compounds.* Corrosion. NACE International. 2000; 7.

27. Nesic S, Wilhelmsen W, Skjerve S, Hesjevik SM. *Testing of Inhibitors for CO_2 Corrosion Using the Electrochemical Techniques.* Proceedings of the 8th European Symposium on corrosion inhibitors. 1995; 10.

28. Kapusta SD. *Corrosion Inhibitor Testing and Selection for E&P: A user's perspective.* Corrosion. NACE International. 1999; 16.

29. Choi HJ, Cepulis RL. *Inhibitor Film Persistence Measurements in Carbon Dioxide.* Materials Performance, March 1989: 87-9.

30. Altoe P, Pimenta G, Moulin CF, Diaz SL, Mattos OR. *Evaluation of oilfield corrosion inhibitors in CO_2 containing media: a kinetic study.* Electrochimica Acta. 1996; 41: 1165-72. http://dx.doi.org/10.1016/0013-4686(95)00467-X

31. Mendoza-Flores J, Turgoose S. *A rotating Cylinder Electrode Study of Cathodic Kinetics and Corrosion Rates in CO_2 Corrosion.*, Corrosion. NACE International. 1995; 124.

32. Wang L. *Evaluation of 2-Mercaptobenzimidazole as Corrosion Inhibitor for Mild Steel in Phosphoric Acid.* Corrosion Science. 2001; 43: 2281-9. http://dx.doi.org/10.1016/S0010-938X(01)00036-1

33. Mahdavian M, Ashhari S. *Corrosion Inhibition Performance of 2-Mercaptobenzimidazole and -Mercaptobenzoxazole Compounds for Protection of Mild Steel In hydrochloric Acid Solution.* Electrochimica Acta. 2010; 55: 1720-4.
http://dx.doi.org/10.1016/j.electacta.2009.10.055

34. Aljourani J, Golozar MA, Raeissi K. *The Inhibition of Carbon Steel Corrosion In Hydrochloric And Sulfuric Acid Media Using Some Benzimidazole Derivates.* Materials Chemistry and Physics. 2010; 121: 320-5.
http://dx.doi.org/10.1016/j.matchemphys.2010.01.040

35. Obot IB, Obi-Egbedi NO. *Theoretical Study of Benzimidazole And its derivatives And Their Potential Activity as Corrosion Inhibitors.* Corrosion Science. 2010; 52: 657-60.
http://dx.doi.org/10.1016/j.corsci.2009.10.017

Capítulo 7

Análisis de dos casos de corrosión: Acero inoxidable en una industria generadora de energía y planchas calcográficas de cobre

María Criado, Eduardo Otero, Santiago Fajardo, Pedro Pablo Gómez, José María Bastidas

Centro Nacional de Investigaciones Metalúrgicas (CENIM), CSIC, Avda. Gregorio del Amo 8, 28040 Madrid, España

mcriado@icmm.csic.es, s.fajardo@cenim.csic.es, pedropg@cenim.csic.es, bastidas@cenim.csic.es

Doi: http://dx.doi.org/10.3926/oms.92

Referenciar este capítulo

Criado M, Otero E, Fajardo S, Gómez PP, Bastidas JM. *Análisis de dos casos de corrosión: Acero inoxidable en una industria generadora de energía y planchas calcográficas de cobre*. En Valdez Salas B, & Schorr Wiener M (Eds.). *Corrosión y preservación de la infraestructura industrial*. Barcelona, España: OmniaScience; 2013. pp. 131-155.

Resumen

Se han analizado las causas de corrosión prematura aparecida en la soldadura de acero inoxidable AISI 316L de un circuito de refrigeración a los ocho meses de estar en servicio en una industria generadora de energía. Se ha determinado el contenido de ferrita-δ y se han realizado ensayos metalográficos y electroquímicos. También se han aplicado las técnicas de microscopía electrónica de barrido (SEM) y la espectroscopía fotoelectrónica de rayos X (XPS). El estudio se ha completado realizando ensayos bacteriológicos, demostrando que las bacterias que causan la corrosión de las tuberías son *desulfovibrio* y *thiocapsa*.

De forma paralela, se exponen los resultados obtenidos del estudio de la conservación preventiva de materiales que forman parte del patrimonio cultural metálico español. Se ha estudiado el deterioro y empañamiento de planchas calcográficas de cobre de 200 años de antigüedad pertenecientes a la Colección de la Calcografía Nacional. Posteriormente, se ha trabajado en la búsqueda de nuevos inhibidores de corrosión, menos contaminantes que los actualmente existentes para el cobre. Se han ensayado los inhibidores orgánicos, quinolinol, floroglucinol y resorcinol, en medios alcalinos que contenían glucosa y formaldehído. El medio con glucosa produce el mejor acabado superficial del cobre. El orden de eficiencia de la inhibición de la corrosión es quinolinol > floroglucinol > resorcinol.

1. Acero inoxidable en una industria generadora de energía

1.1. Introducción

Un circuito de refrigeración con agua de mar que operaba a temperatura ambiente, presentó corrosión localizada a los 8 meses de estar en servicio. El circuito se había fabricado con tubería de acero inoxidable AISI 316L de 25 pulgadas de diámetro y 8,5 mm de espesor de pared, había sido ensamblado *in situ* mediante soldadura transversal utilizando acero inoxidable AISI 308L. El electrodo utilizado en la soldadura longitudinal en el taller fue de acero AISI 316L. Después de 8 meses de estar en servicio se observó corrosión por picadura en las tuberías, preferentemente a lo largo del cordón de soldadura transversal, lo que hizo necesario desmontar el circuito, limpiar la zona afectada por corrosión y volver a soldar, en esta ocasión utilizando un electrodo de acero inoxidable AISI 316L. Pasados otros 10 meses en servicio se volvieron a detectar fallos, aparentemente idénticos a los primeros, localizados en el cordón de soldadura transversal y, también, en dos bandas paralelas a ≈8 mm y ≈15 mm del cordón de soldadura transversal. Asimismo, las tuberías presentaban picaduras en las soldaduras longitudinales. El resto de la superficie interna de la tubería estaba cubierta por una capa delgada de color marrón y puntos dispersos de color negro.

Debido a la aparente similitud observada en la corrosión de las tuberías después de 8 y 10 meses en servicio y dado que en el tiempo más largo, tanto el metal base como el cordón de las soldaduras transversal y longitudinal eran de acero inoxidable AISI 316L, se decidió llevar a cabo un estudio de las muestras tomadas de los 8 primeros meses de fallo en servicio. Se consideró que esto podría enriquecer la investigación dado que la información que se podría obtener sobre el comportamiento de los dos materiales, el acero AISI 316L (metal base y soldadura longitudinal) y el acero AISI 308L (soldadura transversal), era superior. La observación mediante microscopía óptica de la superficie interna de las picaduras reveló la presencia de productos residuales en forma de filamento, productos de color blanco, etc.

Es conocido que los electrodos que se utilizan en soldadura de acero inoxidable deben tener una composición química y unas propiedades mecánicas adecuadas y ser resistentes a la corrosión. Uno de los parámetros que se debe considerar, desde el punto de vista de resistencia a la corrosión, es el contenido de ferrita-δ y su distribución en la matriz de austenita. Un porcentaje de ferrita-δ menor del 5% se distribuye en la matriz de la aleación formando pequeñas islas, de tal forma que solamente aquella que aparece sobre la superficie es atacada. Cuando el porcentaje de ferrita-δ supera el 8-9%, esta fase tiende a formar redes continuas en la matriz de austenita que favorecen la corrosión del cordón de soldadura.

Hay dos formas de ataque en un cordón de soldadura de acero inoxidable. Una formando bandas metalúrgicas situadas a cada lado de la soldadura y a pequeña distancia que ocasionan ataque localizado, conocido como "deterioro de la soldadura" (weld decay), y otra como ataque en "filo de cuchillo" (knife-line) en el que la zona próxima a la soldadura sufre corrosión. Ambos tipos de ataque están relacionados con la precipitación de carburos en los límites de grano.[1]

El objetivo de este trabajo es determinar las causas del fallo prematuro por corrosión de la soldadura de las tuberías de acero inoxidable AISI 316L que forman parte de un circuito de refrigeración con agua de mar.

1.2. Materiales

La Tabla 1 muestra la composición química de los tres materiales ensayados. Se cortaron probetas del metal base, del cordón de soldadura transversal realizado *in situ* y del cordón de soldadura longitudinal realizada en taller. Las soldaduras se habían realizado por el procedimiento GTAW (gas tungsten arc welding).

Material	Elemento, % en peso							
	C	Si	S	Mn	Cr	Ni	Mo	P
Base	0,03	0,44	0,02	1,23	16,63	10,50	2,20	0,03
Soldadura Transversal	0,03	0,47	0,01	1,51	19,02	10,82	0,56	0,02
Soldadura Longitudinal	0,03	0,47	0,01	1,22	17,32	11,43	2,20	0,02

Tabla 1. Composición química del metal base y de los cordones de soldadura transversal y longitudinal

Se midió el contenido de ferrita-δ utilizando un ferritómetro de la marca, Forster, modelo 1054. Se siguió la norma ASTM A262 Practica A para determinar la susceptibilidad a la corrosión intergranular. Se realizaron curvas cíclicas de polarización anódica a una velocidad de polarización de 0,16 mV/s, de acuerdo con la norma ASTM G61, comenzando en el potencial de corrosión (E_{corr}) hasta que la densidad de corriente alcanzó el valor de 5 µA/cm². A partir de ese valor se invirtió el sentido de la polarización hasta que se cerró el ciclo de histéresis. Se utilizó un potenciostato EG&G PARC, modelo 273A, en la configuración clásica de tres electrodos. Un electrodo saturado de calomelanos (ESC) se utilizó como referencia. Las probetas utilizadas como electrodo de trabajo tenían una superficie de 1 cm² y se embebieron en una resina epoxi de curado en frío para proteger los bordes laterales y la parte trasera. Como contra electrodo se utilizó una malla de platino. La superficie objeto de estudio se pulió mecánicamente utilizando SiC de tamaño de grano, de forma sucesiva, 120, 400 y 600. En la realización de los ensayos electroquímicos se utilizaron dos electrólitos, agua de mar natural y agua de mar artificial, de acuerdo con la norma ASTM D1141. Se utilizaron las técnicas de microscopía electrónica de barrido (SEM) y energías dispersivas de rayos X (EDX), utilizando un microscopio JEOL JXA-840 equipado con un sistema LINK AN 10000. Se realizó análisis de la superficie de las muestras mediante espectroscopía fotoelectrónica de rayos X (XPS) utilizando un espectrómetro VG Microtech, modelo MT 500, con un ánodo de magnesio $MgKafka_{1,2}$ como fuente de rayos X (hv= 1253,6 eV) con un haz de energía primaria de 15 kV y una corriente electrónica de 20 mA. La presión en la cámara de análisis se mantuvo a 10^{-9} Torr durante las medidas.

1.3. Resultados

La Figura 1 muestra resultados metalográficos típicos de las tres zonas analizadas: el metal base con las picaduras situadas en una franja de ≈8 mm de la sección transversal del cordón de soldadura, Figura 1a); el cordón transversal de soldadura con picaduras, Figura 1b); y el cordón longitudinal de soldadura con picaduras, Figura 1c). El ataque es selectivo y preferentemente se corroe la ferrita-δ, afectando tanto al cordón de soldadura como al metal base. El ataque parece propagarse siguiendo las bandas de segregación.

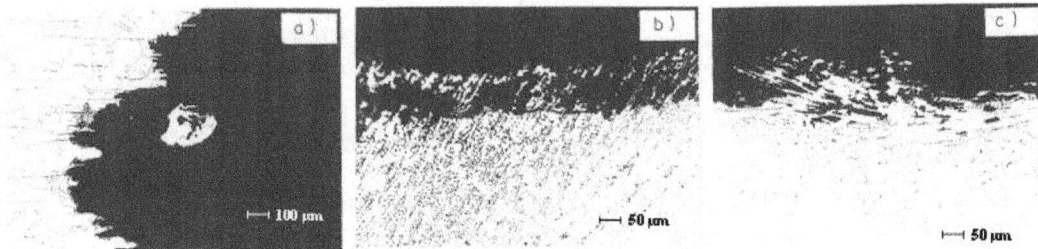

Figura 1. a) Picadura en el metal base. b) Picadura en el cordón de soldadura transversal.
c) Picadura en el cordón de soldadura longitudinal

La Figura 2a) muestra una micrografía típica de SEM de los productos residuales existentes en el interior de una picadura en un cordón transversal de soldadura. Los productos parecen tener forma de filamento. La Figura 2b) muestra una micrografía de SEM de los puntos negros existentes en la superficie interna de una tubería, se observa la presencia de corpúsculos esferoidales.

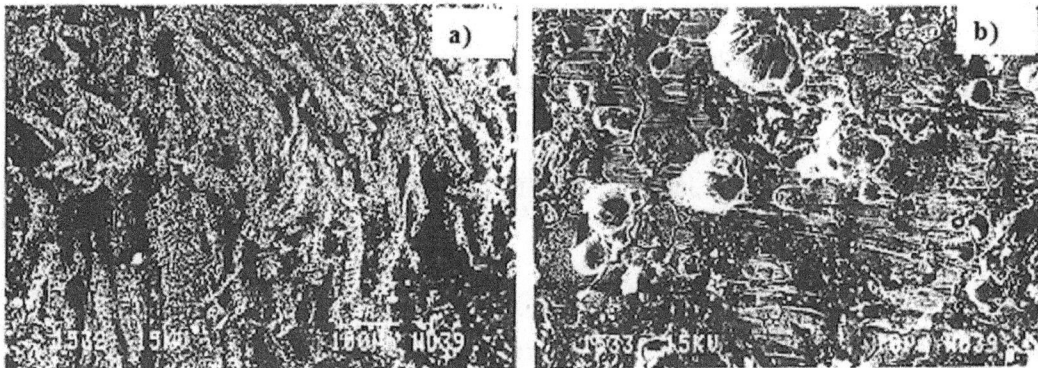

Figura 2. a) Micrografía de SEM de productos con forma de filamento en el cordón de soldadura
transversal. b) Micrografía de SEM de los puntos de color negro

La Figura 3a) muestra una micrografía de SEM de la misma zona a la indicada en la Figura 2a) pero a mayores aumentos. El ataque selectivo de los productos residuales les confiere una apariencia como de un esqueleto. La Figura 3b) muestra una micrografía de SEM de un corpúsculo esferoidal, detectado debajo de los puntos negros situados en la franja de ≈15 mm del cordón transversal de soldadura, en el que se ha detectado corrosión localizada.

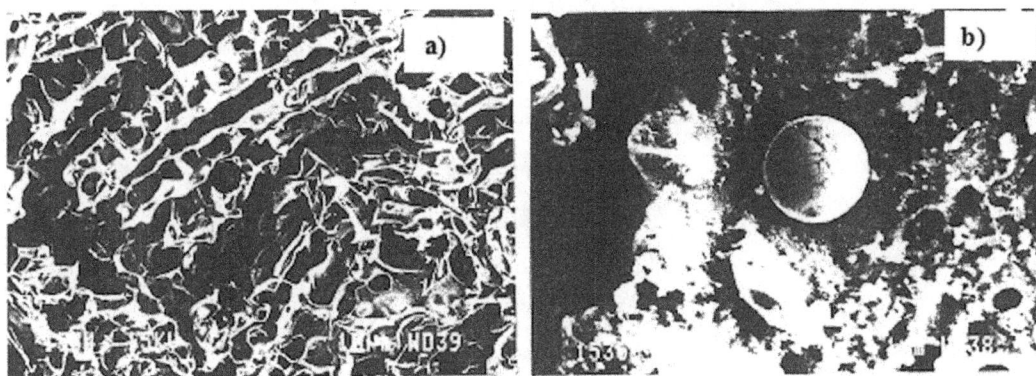

Figura 3. a) Micrografía de SEM de productos con forma de filamento en el cordón de soldadura transversal. b) Micrografía de SEM de los corpúsculos esferoidales en una picadura en un punto de color negro

Los espectros de EDX mostraron la presencia de un elevado contenido de silicio, aluminio, calcio, potasio y azufre. Se observó que los componentes mayoritarios eran fósforo y potasio. Así, los resultados de los espectros EDX sugieren la existencia de fosfatos de potasio, calcio y magnesio en los productos esferoidales en la superficie interna de las tuberías.

La Tabla 2 muestra el porcentaje de ferrita-δ en el metal base y en los cordones de soldadura transversal y longitudinal.

Material	Ferrita-δ, %
Metal base	0,4
Soldadura Transversal	3,4
Soldadura Longitudinal	4,6

Tabla 2. Contenido de ferrita-δ en el metal base y en los cordones de soldadura transversal y longitudinal. Los resultados son el promedio de cuatro determinaciones

El ensayo de sensibilización a la corrosión intergranular se ha llevado a cabo en tres zonas: Zona A: en el metal base, lejos de la soldadura, sin ataque intergranular; Zona B: una zona del cordón transversal de soldadura; y Zona C: zona del metal con picaduras situadas en una franja a ≈15 mm de distancia del cordón de una soldadura transversal. La Figura 4 muestra la variación del E_{corr} con el tiempo de inmersión en agua de mar de las probetas extraídas de las Zonas A, B y C. La Figura 5 muestra las curvas cíclicas de polarización anódica de probetas extraídas de las Zonas A, B y C. Zona A, Figura 5a); Zona B, Figura 5b); y Zona C, Figura 5c); después de 30 días de inmersión en agua de mar natural (línea de color negro) y en agua de mar artificial (línea de color rojo).

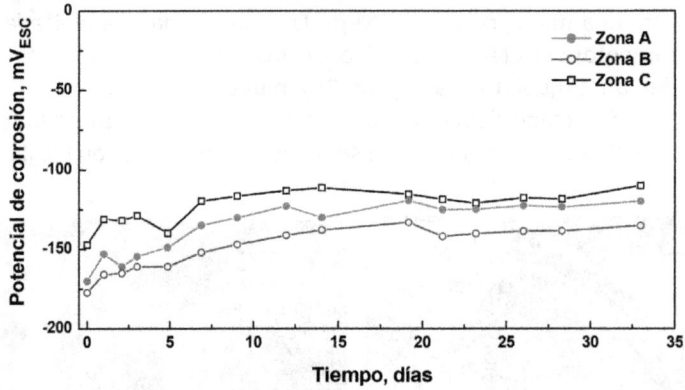

Figura 4. Variación del potencial de corrosión (E_{corr}) con el tiempo. Electrólito agua de mar natural

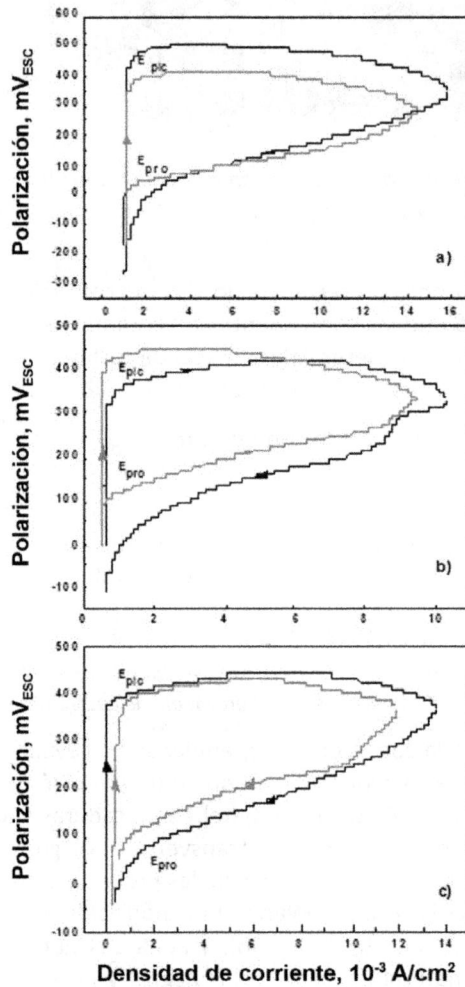

Figura 5. Curvas cíclicas de polarización anódica. a) Zona A; b) Zona B; y c) Zona C. Electrólito agua de mar natural (línea de color negro) y agua de mar artificial (línea de color rojo). Tiempo de ensayo 30 días

La Tabla 3 muestra la composición química de las diferentes probetas estudiadas utilizando la técnica de XPS. Esta tabla ha sido preparada utilizando los espectros XPS de alta resolución del Fe 2p, Cr 2p, Ni 2p, Mo 3d, Ca 2p, Na 1s, Si 2p, O 1s, C1 2p y F 1s.[2] Los espectros se obtuvieron después de bombardear las muestras con iones argón durante 30 min.

Material	Composición atómica, %									
	Fe	Cr	Ni	Mo	Ca	Na	Si	O	Cl	F
Base	69	18	11	2	-	-	-	-	-	-
Mancha Marrón	13	6	3	-	10	9	-	55	4	-
Mancha Negra	5	-	-	-	10	12	9	53	5	6
Filamento	23	16	-	-	-	-	-	58	3	-

Tabla 3. Composición química de las muestras analizadas mediante XPS

1.4. Discusión

El análisis químico de los materiales indicado en la Tabla 1 confirma que los materiales satisfacen con la composición requerida. El uso del acero inoxidable AISI 308L en la soldadura transversal no parece ser la causa del deterioro de las tuberías, el mayor contenido en cromo de este acero que el metal base (AISI 316L) podría compensar su falta de molibdeno. Además, la variación del E_{corr} con el tiempo, Figura 4, es similar para los tres metales ensayados. Sin embargo, este resultado no es decisivo porque el E_{corr} de los materiales en agua de mar parece ser poco significativo desde el punto de vista de la corrosión.[3]

La observación con el microscopio óptico reveló la presencia de productos con una estructura atípica de productos de corrosión inorgánicos. Adicionalmente, los lugares en los que aparecieron las picaduras y su morfología están en concordancia con corrosión inducida por microorganismos (MIC).[4-7] El fallo prematuro de las tuberías puede, por tanto, ser atribuido a un fenómeno de MIC.

Los estudios metalográficos revelaron la ausencia de defectos estructurales en el metal base. No se detectaron defectos en la soldadura tales como cavidades, uniones, inclusiones de fundentes, etc. En la zona afectada térmicamente (ZAT) en el cordón de soldadura no se observó la precipitación de carburos. Estos resultados indican que aunque no es acertado el uso de acero inoxidable AISI 308L como electrodo de aporte en la soldadura de acero AISI 316L, el par 316L/308L no ha sido la causa de la corrosión por picadura. De hecho, el estudio metalográfico muestra claramente que el ataque fue selectivo, iniciándose en la ferrita-δ precipitada o segregada en el metal base o en el cordón de soldadura (Figura 1). Estos resultados indican, también, que pueden ser atribuidos a un fenómeno de MIC.[6]

Los resultados obtenidos por SEM y EDX muestran, también, un ataque selectivo, dado que el níquel prácticamente desaparece de los productos residuales con forma de filamento, Figuras 2a) y 3a), y de la superficie interna de las picaduras. La técnica SEM muestra la presencia de corpúsculos esferoidales y productos en los que el análisis con EDX indicó la presencia de azufre, hierro, fósforo y potasio. La aparición de fósforo se relaciona con un fenómeno de MIC.[3] Adicionalmente, es difícil de imaginar que la presencia de los corpúsculos esferoidales, Figura 2b), es resultado exclusivamente de las reacciones químicas o electroquímicas. Con respecto a la Figura 3b), la imagen es análoga a otras micrografías encontradas en la bibliografía para ilustrar la presencia de un fenómeno de MIC.[8]

El porcentaje de ferrita-δ en los cordones de las soldaduras longitudinal y transversal está en el rango de 3,4-4,6%, Tabla 2. Como se ha mencionado anteriormente, el porcentaje de ferrita-δ de los cordones de soldadura longitudinal y transversal se puede considerar adecuado.

Se acepta que la susceptibilidad de un metal a la corrosión localizada se puede evaluar mediante el potencial de picadura (E_{pic}) o el potencial de protección (E_{pro}).[9] Cuanto mayor es el valor de la diferencia E_{pic}-E_{corr}, mayor es la resistencia del metal a la corrosión localizada. La Tabla 4 se ha preparado con los resultados obtenidos de las curvas cíclicas de polarización de la Figura 5. De estos resultados, se puede concluir que la probabilidad de formación de picaduras, para las condiciones ensayadas en el laboratorio, es baja. En el caso menos favorable la diferencia E_{pic}.E_{corr} es muy elevada 536 mV.

Electrólito	Zona	E_{corr}, mV$_{ESC}$	E_{pic}, mV$_{ESC}$	E_{pic}-E_{corr}, mV
Agua de mar natural	A	-126	480	606
	B	-159	410	561
	C	-93	480	573
Agua de mar artificial	A	-150	450	600
	B	-124	412	536
	C	-116	420	536

Tabla 4. Potencial electroquímico de las Zonas A, B y C

Los resultados obtenidos mediante la técnica de XPS también sugieren un fenómeno de MIC. En primer lugar, se corrobora el ataque selectivo. El níquel no se detecta en la composición de los productos residuales con forma de filamento. Si se acepta que solamente el hierro y el cromo forman parte de estos productos metálicos, en la proporción atómica indicada en la Tabla 3, la composición en peso de los productos filamentosos es 60% Fe y 40% Cr. El oxígeno no se ha considerado dado que se puede incorporar por la resina conductora utilizada para fijar los filamentos al portamuestras en la técnica XPS.

Se observan diferencias entre las manchas negras, situadas en la banda a una distancia de ≈15 mm de los puntos transversales de la soldadura, y la capa de color marrón, Tabla 3. En el primero, no se observaron elementos aleantes como cromo o níquel, mientras se detecta la presencia de flúor y especialmente de silicio. La ausencia de níquel en las manchas negras corrobora el ataque selectivo. Comparando la composición química, determinada utilizando la técnica de XPS, de la capa de color marrón y de las manchas de color negro, Tabla 3. Se observa la ausencia de sílice en la primera. Así, en zonas uniformes de la capa de color marrón, en ausencia visible de corrosión localizada, no hay sílice, la cual parece estar limitada a las manchas negras en las que se ha detectado corrosión localizada. Este resultado también concuerda con los datos de EDX, dado que los espectros de los productos residuales filamentosos y los productos existentes en el interior de las picaduras de color blanco indican la presencia de silicio, a veces como el elemento mayoritario.

La acumulación de silicio no tiene lugar exclusivamente como el resultado de un proceso de corrosión electroquímica. Sin embargo, como ya se ha comentado, numerosos estudios en la bibliografía asocian este resultado con un fenómeno de MIC.[5] Se concluye que de la información suministrada por la ténica de XPS es una prueba adicional de la participación de las bacterias en la corrosión localizada de las tuberías de AISI 316L soldadas formando parte de un circuito de refrigeración con agua de mar.

Finalmente, para confirmar la presencia de microbios en el proceso de corrosión localizada, se realizó un estudio bacteriológico en el agua de mar que circulaba por el circuito. Se detectó la presencia de la bacteria del género sulfato reductoras *desulfovibrio* y la del género sulfuro-oxidante *thiocapsa*, corroborando un fenómeno de corrosión inducido por microorganismos.

1.5. Conclusiones

La corrosión localizada afecta tanto al metal utilizado en la soldadura transversal (tipo AISI 308L) como al metal base y al metal utilizado en la soldadura longitudinal, estos dos últimos del tipo AISI 316L, aunque el ataque es más severo en las soldaduras transversales. El tipo de ataque es selectivo, dado que los productos residuales con forma de filamento no contienen níquel. Productos en forma de filamento se encuentran frecuentemente en los fenómenos de corrosión inducidos por microorganismos (MIC). El ataque tiene lugar, preferentemente, siguiendo las bandas de ferrita-δ precipitada o segregada. Se observa la formación de corpúsculos esferoidales de baja consistencia. Corpúsculos de este tipo son habitualmente encontrados, también, en fenómenos de MIC. No se observaron diferencias estructurales en el metal base entre la zona afectada térmicamente (ZAT) y las zonas alejadas de la soldadura.

Se obtuvo una buena concordancia entre los resultados obtenidos utilizando las diferentes técnicas experimentales. En las condiciones experimentales del presente estudio las técnicas electroquímicas, E_{corr} y curvas cíclicas de polarización anódica, fueron las que menor información suministraron. El fenómeno MIC se atribuye a la presencia de las bacterias sulfato-reductora *desulfovibrio* y a la sulfuro-oxidante *thiocapsa*.

2. Planchas calcográficas de cobre

2.1. Introducción

Cuando una superficie de cobre pulida se expone a un ambiente interior "sin contaminación" inmediatamente se forma una película extremadamente delgada sobre ella de óxidos nativos. El espesor de esta película es el resultado de la difusión de iones cobre del metal a la parte más externa de dicha película. A medida que la película crece la difusión se hace más difícil, de tal forma que después de pocas horas el aumento es prácticamente nulo.[10] Los procesos químicos, físico-químicos y electroquímicos se activan por la presencia de humedad y contaminantes que conducen al empañamiento y la apariencia de manchas en la superficie del cobre.

Se acepta que el contaminante con mayor efecto en la corrosión atmosférica del cobre es el sulfuro de hidrógeno (H_2S). Si un ambiente contiene sulfuros, el cobre se empaña debido a la incorporación de sulfuro cuproso (Cu_2S) en la película superficial. Contrariamente a la cuprita (Cu_2O) el Cu_2S contiene defectos estructurales que facilitan la permeación de iones cobre y así el deterioro del metal base.[10]

La humedad junto con el SO_2 son las principales causas de corrosión atmosférica en muchos metales. Sin embargo, en el caso del cobre el SO_2 es de importancia secundaria, se le considera en torno a cuatro órdenes de magnitud menos agresivo que el H_2S.[11] Se conoce que la concentración de SO_2 en ambientes interiores es considerablemente menor que en exteriores.[12] Se requieren elevados niveles de SO_2 para provocar un efecto considerable en la corrosión del cobre.[13] En atmósferas urbanas la velocidad de corrosión del cobre en ambientes interiores es unas dos ordenes de magnitud inferior que en ambientes exteriores. Esta diferencia se atribuye a la reducción del tiempo de humectación (tiempo durante el cual la superficie metálica permanece húmeda) y al contenido de iones del electrólito. En ambientes exteriores el paso de los años puede conducir a la formación de una capa verdosa conocida como "patina", compuesta principalmente de sales básicas de cobre: sulfatos, carbonatos y cloruros, en proporciones variables dependiendo del tipo de ambiente. En interiores se forman delgadas películas que empañan la superficie del cobre, a veces con la apariencia de manchas, pero no es habitual observar verdaderas patinas, como en el caso exposiciones al exterior.

La Colección de la Calcografía Nacional, en la Real Academia de Bellas Artes de San Fernando en Madrid, posee más de 7.000 planchas calcográficas, de las cuales 3.670 son del siglo decimoctavo y son de cobre. Los grabados de las planchas contienen restos de tinta, procedentes de los procesos de impresión, algunos de hace 200 años. Adicionalmente, todas las planchas están cubiertas (empañadas) por películas de color oscuro y algunas de ellas ($\approx$1%) muestran, también, zonas con productos pulverulentos de corrosión de color marrón oscuro o verdosos.

El objetivo de este trabajo es identificar los productos de corrosión existentes en las planchas calcográficas del siglo decimoctavo de la Colección de la Calcografía Nacional, con la intención de aplicar el tratamiento más adecuado para la restauración y conservación de tan valiosos trabajos de arte.

2.2. Materiales

Entre las planchas con productos pulverulentos de corrosión, se ensayaron seis y sus números de catálogo de la Colección de la Calcografía Nacional fueron: 2429, 2659, 2723, 3171, 3880 y D-157. Los productos pulverulentos se obtuvieron con la ayuda de una delgada espátula y se estudiaron utilizando las técnicas de difracción de rayos X (XRDA) y de espectroscopía infrarroja (IRS).

La composición química del cobre de las planchas calcográficas utilizadas en los ensayos de espectroscopía fotoelectrónica de rayos X (XPS) y espectroscopía de electrones Auger (AES) fue (% en peso): 0,13 As; 0,13 Pb; 0,14 Sb; 0,04 Sn; 0,07 Ni; 0,006 Fe; 0,005 Zn; y el resto Cu.

La Figura 6 muestra un ejemplo de dos planchas calcográficas, una en buen estado Figura 6a) y la otra con empañamiento y productos pulverulentos de corrosión, Figura 6b).

Se utilizó la técnica XRDA para identificar los productos de corrosión, mediante un equipo Bruker D8 Advance diffractometer con Sol-X detector. Se utilizó el método del polvo policristalino. También se utilizó la técnica IRS, utilizando un equipo Nicolet con pastillas de bromuro de potasio (KBr).

La técnica AES en combinación con el bombardeo de iones argón se utilizó para caracterizar la superficie de las planchas calcográficas. En la técnica AES se utilizó un equipo JEOL Scanning Auger Microprobe, modelo JAMP-IOS, con una presión base de 4 x 10^{-10} Torr, con una energía primaria de bombardeo de 10 kV y una corriente electrónica de 122 nA. Los espectros se integraron durante 300 ms. Se obtuvieron perfiles de profundidad con un bombardeo a 10 kV y 115 nA de iones argón.

Se utilizó el análisis de XPS utilizando un espectrómetro Leybold Heraeus LHS 10 con una energía de paso de 20 eV. El espectrómetro estaba equipado con un ánodo de Mg como fuente de rayos X (hv = 1253,6 eV). Varias regiones de energía 20 eV de interés se escanearon. Cada región del espectro se promedió por un número de barridos para obtener una buena relación de señal-ruido. Aunque se observaron fenómenos de carga superficial en todas las muestras, las energías de ligadura (BE) aproximadas se pudieron medir refiriéndolas al pico del C 1s a 284,6 eV.

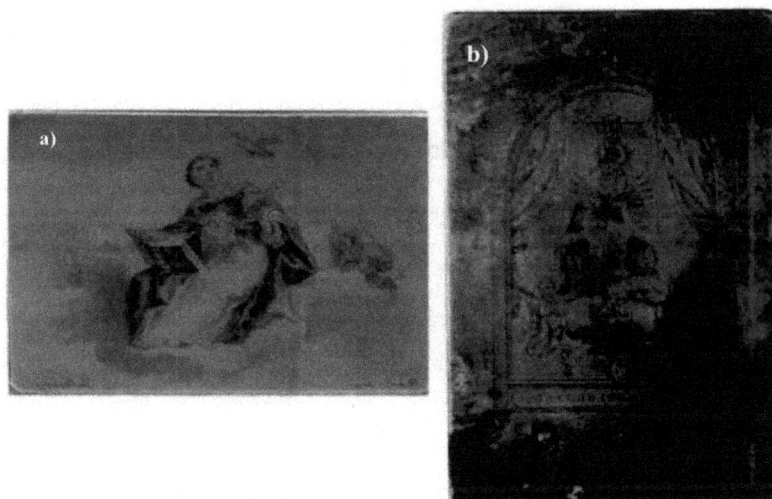

Figura 6. Fotografía de planchas calcográficas. a) Buen estado. b) Con productos pulverulentos de corrosión

Las técnicas AES y XPS requieren pequeñas muestras. Dado el valor artístico e histórico de las planchas calcográficas, estas técnicas se han aplicado solamente a muestras obtenidas de planchas calcográficas rotas o con desperfectos. Se cortaron cuatro muestras de 10 x 10 mm^2 de los fragmentos de las planchas calcográficas, dos de una zona sin grabado, etiquetadas como "smooth area", y las otras dos de zonas con gran cantidad de líneas de grabado, que contenían tinta seca en el grabado, etiquetadas como "engraved areas".

2.3. Resultados

La Figura 7 muestra el difractograma XRDA de la plancha 2723 que permite identificar nantokita (CuCl), cuprita (Cu$_2$O) y atacamita (CuCl$_2$ · 3Cu(OH)$_2$). La Tabla 5 incluye los compuestos identificados mediante las técnicas de XRDA e IRS de tres planchas calcográficas. En las tres planchas restantes no fue posible caracterizar los productos de corrosión debido a su baja cristalinidad.

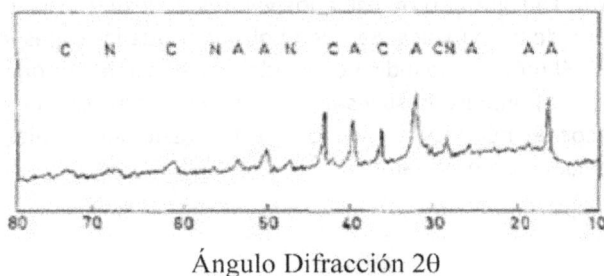

Ángulo Difracción 2θ

Figura 7. Espectro XRDA de productos pulverulentos de corrosión. A: atacamita (CuCl$_2$ · 3Cu(OH)$_2$); N: nantokita (CuCl); C: cuprita (Cu$_2$O)

Plancha Calcográfica	Compuesto, XRDA	Radical, IRS
2429	$CuCO_3 \cdot Cu(OH)_2$	$CO_3^=$, OH^-
2659	$CuCl_2 \cdot 3\ Cu(OH)_2$	$CO_3^=$, OH^-
2723	$CuCl$, Cu_2O	OH^-
3171	-	$CO_3^=$, OH^-
3880	-	$CO_3^=$, OH^-
D-157	-	-

Tabla 5. Compuestos y radicales identificados mediante las técnicas XRDA e IRS, respectivamente

La Figura 8 muestra los espectros de IRS de los productos pulverulentos de corrosión. A pesar de la complejidad de los espectros cuando coexisten varios compuestos químicos, las vibraciones correspondientes al enlace O-C-O pueden ser claramente apreciadas y, también a los número de onda mayor que 3500-3600 cm^{-1} se observa la vibración del grupo OH$^-$. La Tabla 5 incluye los radicales identificados con la técnica IRS.

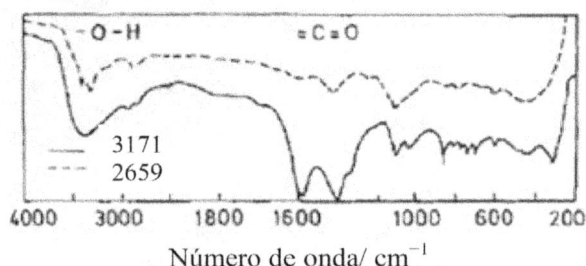

Figura 8. Espectro IRS de productos pulverulentos de corrosión

La técnica AES se ha aplicado para estudiar la película delgada de empañamiento en las dos áreas diferentes de una plancha calcográfica: a) una lisa sin grabado "smooth area", y b) otra con grabado "engraved area" que retiene la tinta envejecida en el grabado.

La Figura 9 muestra un espectro AES de una película delgada de empañamiento de la "smooth area" obtenida entre 20,2 y 980 eV. Se confirma la presencia de Cu, Cl, C y O. Estos elementos coinciden con los constituyentes de los compuestos determinados por las técnicas XRDA e IRS. El espectro de la zona "engraved area" con restos de tinta no ofrece información adicional.

Los espectros AES conjuntamente con el bombardeo con Ar$^+$ se utilizó para caracterizar la composición elemental aproximada de la superficie, en función de la profundidad. Se realizaron 14 barridos sucesivos con una intensidad de los iones de 150 nA, registrando en cada barrido el correspondiente espectro. La Figura 10 muestra los valores de las intensidades relativas de los picos Auger para cada uno de los barridos. Se puede observar que las capas más externas están enriquecidas en Cl, C y O. El método no indica el estado de oxidación. La concentración de estos elementos disminuye con el bombardeo sucesivo con Ar$^+$. En contraste, la concentración de Cu rápidamente aumenta con el número de barridos. Estos resultados indican que la capa de empañamiento es extremadamente delgada.

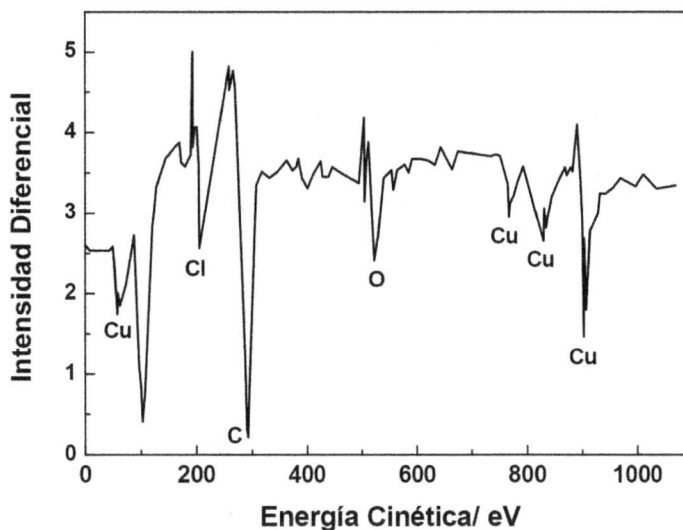

Figura 9. Espectro Auger de una capa de empañamiento de una zona lisa "smooth area".
Se detecta Cu, Cl, C y O

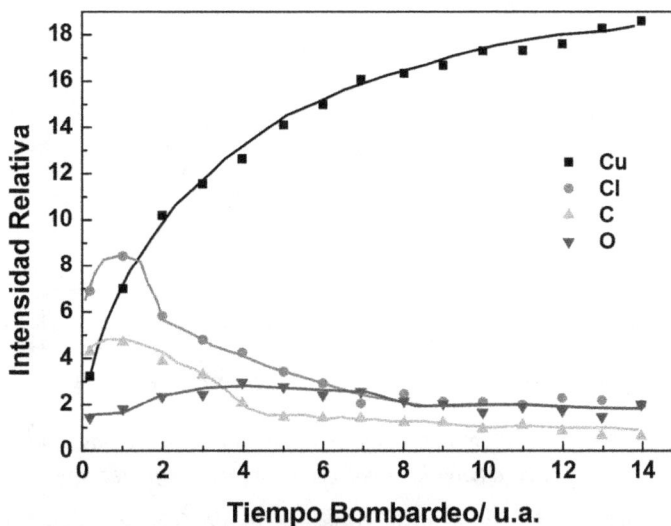

Tiempo Bombardeo/ u.a.

Figura 10. Variación de la intensidad relativa de los picos Auger en sucesivos barridos
bombardeando con iones argón

La técnica XPS ha sido aplicada a las capas delgadas de empañamiento: a) una zona lisa "smooth area", y b) una zona grabada "engraved area". Se registraron los niveles del C 1s, O 1s, Cu 2p y el pico Auger Cu L_3VV, y se midieron las correspondientes energías de ligadura (BE), ver Tabla 6.

Zona	O 1s	Cu 2p	Cu L₃VV	Auger modificado
Zona Lisa	530,6	933,1	913,6	1848,9
Zona Grabada	530,5	932,9	915,5	1849,3

Tabla 6. Energías de ligadura (BE) (eV) y parámetro Auger modificado

La Figura 11 muestra los picos del Cu 2p y los respectivos Auger de las dos áreas objeto de estudio. Se observa que hay diferencias entre los niveles del Cu 2p y los picos Auger en la "smooth area" y en la "engraved area". Contrariamente, la contribución del "satélite" en el lado de mayor energía de ligadura en cada pico principal del Cu 2p en ambos "smooth area" y "engraved area" es de poca importancia, indicando que el Cu se encuentra en un estado de oxidación inferior a +2. No obstante, se pueden observar diferencias en la forma de la línea. La "smooth area" presenta como una desintegración de los picos, un fenómeno típico en muchas muestras de Cu, mientras la "engraved area" presenta picos bien definidos. A pesar de estas diferencias, el parámetro Auger modificado es esencialmente el mismo en ambas zonas lisa y grabada y concuerda con el valor dado en la bibliografía para el ion Cu$^+$.[14,15] Adicionalmente, se puede observar un pequeño hombro hacia los mayores valores de energía cinética en el pico Auger en la "engraved area", indicando una cierta participación de iones Cu^{2+}, esto esta en concordancia con la presencia de un satélite más intenso en el nivel Cu 2p.

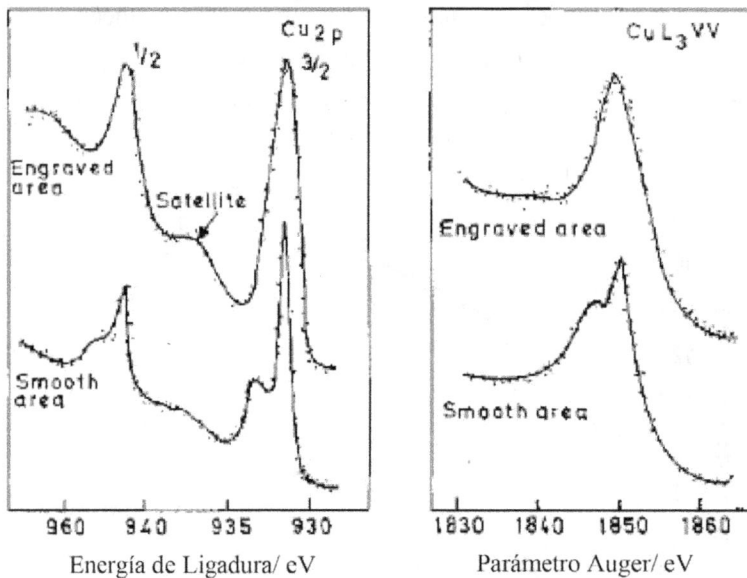

Figura 11. Energía de ligadura (BE) (eV) y parámetro Auger modificado de las zonas de las planchas calcográficas lisa (smooth area) y con grabado (engraved area)

La relación atómica O/Cu encontrada en la zona lisa es de 0,62 y se aproxima a la relación estequiométrica del Cu$_2$O. Por otro lado, en la zona grabada con tinta envejecida retenida, la relación es aproximadamente de 4 revelando un notable enriquecimiento en O. El espesor de la película de empañamiento en la zona lisa es del orden de 10-15 Å.

2.4. Discusión

La primera sorpresa que surge al analizar las planchas calcográficas es la ausencia de compuestos de azufre. Ninguno de los cuatro métodos analíticos utilizados ha detectado la presencia de azufre, sulfuros o sulfatos. Este resultado es interesante. Como se ha comentado anteriormente, los gases sulfurosos son los contaminantes que tienen un mayor efecto en la corrosión atmosférica del cobre, hasta ahora no se ha detectado la presencia de compuestos de azufre después de 200 años en un ambiente interior. Esta ausencia de compuestos de azufre puede ser debida a la baja contaminación existente hasta hace 50 años, y desde entonces las planchas calcográficas han permanecido en el interior del Museo de la Calcografía Nacional.

En el caso de planchas calcográficas con una película de empañamiento, su estado concuerda con el que se podría esperar para la corrosión del cobre en ambientes interiores. Los resultados obtenidos con las técnicas AES y XPS son muy interesantes a este respecto. La técnica AES revela la existencia de los elementos Cu, C1, C y O los cuales se encuentran en una película superficial muy delgada. La técnica XPS permite conocer la composición de esta capa, el cobre en su totalidad se encuentra en la forma de Cu^+, con una pequeña participación de Cu^{2+}. Además, se ha determinado la relación atómica entre O y Cu siendo aproximadamente de 0,62 lo que sugiere que la película de empañamiento está compuesta mayoritariamente de Cu_2O.[13]

De la información obtenida con la técnica XRDA se deduce que los productos pulverulentos de corrosión en algunas planchas calcográficas están formados por Cu_2O, CuO, hidroxicloruros y hidroxicarbonatos. La técnica IRS muestra, para los mismos productos de corrosión la presencia de enlaces O-C-O y grupos OH^-. La presencia de O-C-O en las muestras que se supone que han permanecido siempre en ambientes libres de contaminación, solamente puede ser atribuida a la presencia de $CO_3^=$ el cual junto con la existencia de grupos OH^- permite deducir la existencia de carbonatos básicos de cobre en cuatro de las seis muestras, y que la técnica de XRDA solo los ha detectado en una de las planchas calcográficas (Plancha No. 2429).

Los hidroxicloruros y los hidroxicarbonatos son compuestos frecuentes en la corrosión atmosférica del cobre en ambientes exteriores y, por tanto, su presencia es difícil de entender en ambientes interiores, a menos que alguna de estas planchas fuera almacenada en condiciones inadecuadas en algún momento en el pasado o haber sido salpicadas con agua, ya que la ausencia de patina en el cobre en atmósferas interiores es atribuida principalmente a la baja humedad relativa de estas atmósferas.

En este estudio las manchas existentes en la plancha calcográfica de la Figura 6b) (esquina inferior izquierda) con contornos bien definidos podría ser debido a "manchas de agua" (water stains),[10] que habitualmente se producen en las superficies de estanterías o en laminas de material enrollado. Este tipo de manchas induce a pensar que los productos pulverulentos de corrosión existentes en algunas planchas calcográficas podrían ser debidos a salpicaduras accidentales de agua sobre las planchas durante sus 200 años de existencia.

Afortunadamente, en ambos casos las planchas con películas delgadas de empañamiento y aquellas que presentan productos pulverulentos de corrosión, el espesor y la composición de los productos identificados no parece presentar especial dificultad en su eliminación, y por esta razón las precauciones que deben ser tenidas en cuenta en el momento de seleccionar un posible tratamiento de limpieza para la restauración y conservación dependerá más de las propias planchas calcográficas que del estado de su superficie.

2.5. Conclusiones

La cuatro técnicas experimentales utilizadas, XRDA, IRS, AES y XPS, permiten la caracterización de los productos de corrosión formados en las planchas calcográficas almacenadas durante 200 años de la Colección de la Calcografía Nacional. Se ha determinado la presencia de cobre, cloro, carbono y oxígeno en las películas delgadas de empañamiento. El espesor de estas películas, determinado mediante la espectroscopia Auger en combinación con el bombardeo con iones argón, ha mostrado ser extremadamente delgado.

Los resultados obtenidos con la técnica de XPS han mostrado que las películas de empañamiento están compuestas básicamente de Cu_2O y su espesor es del orden de 10-15 Å. Los productos pulverulentos de corrosión existentes en algunas planchas calcográficas se pueden atribuir a salpicaduras accidentales de agua sobre las planchas en algún momento de sus 200 años de existencia. Las técnicas XRDA e IRS indican que los productos pulverulentos de corrosión están formados por Cu_2O, $CuCO_3 \cdot Cu(OH)_2$, $CuCl$, y $CuCl_2 \cdot 3Cu(OH)_2$.

3. Limpieza del cobre utilizando soluciones alcalinas

3.1. Introducción

Los principales componentes de los baños electrolíticos utilizados en la limpieza del cobre son sustancias que hacen la solución moderadamente alcalina e impiden el empañamiento de la superficie. Se añaden agentes antiespumantes para mejorar la "humectabilidad", de una solución alcalina, esto es, su habilidad para penetrar en la superficie metálica y humedecer cualquier sustancia externa.

Las propiedades reductoras de los aldehídos y la glucosa en una solución de elevada alcalinidad son bien conocidas. Estas propiedades son la base los reactivos de Tollens y Fehling.[16] Soluciones que contienen la sal de Roechelle (tartrato mixto de sodio y potasio), NaOH y un azúcar o un aldehído, se utilizan en la limpieza del cobre por dos razones, la mayor acción limpiadora de una solución de elevada alcalinidad y las propiedades reductoras del azúcar y los aldehídos, los cuales pueden ser una ventaja para el tratamiento del cobre, especialmente cuando esta cubierto por una película delgada de productos de corrosión debido a su exposición en un ambiente interior como es el caso de un museo.

El objetivo de este trabajo es ensayar dos nuevas soluciones que contienen glucosa D(+) o formaldehído para la limpieza del cobre. Los resultados se comparan con soluciones convencionales de limpieza del cobre que contienen carbonato, silicato, fosfato, etc. El estudio se completó utilizando tres inhibidores de corrosión.

3.2. Materiales

La composición química del cobre, de elevada dureza (HV≈120), fue (% en peso), <0,01 As; < 0,011 Pb; < 0,011 Sb; < 0,02 Sn; < 0,01 Ni; < 0,01 Fe; < 0,01 Zn; < 0,005 P; y el resto Cu. Las muestras se pulieron hasta acabado espejo. Las probetas tenían un espesor de 1 mm y una superficie de 50 y 2 cm^2, respectivamente, para la realización de los ensayos gravimétricos y electroquímicos.

Se ensayaron dos soluciones alcalinas. Solución A: 100 g de tartrato potásico tetrahidratado ($C_4H_4KNaO_6 \cdot 4H_2O$), 20 g NaOH y agua destilada hasta completar 750 ml. Finalmente, se añadieron 250 ml de formaldehído (HCHO) de pureza 37-40%. Solución B: 100 g de tartrato potásico tetrahidratado ($C_4H_4KNaO_6 \cdot 4H_2O$), 20 g de NaOH y agua destilada hasta completar 800 ml. Finalmente, se añadieron 100 g de glucosa D(+) ($C_6H_{12}O_6$) y la cantidad necesaria de agua destilada para completar un volumen total de 1000 ml.

Finalmente, se ensayo una tercera solución alcalina convencional definida de la forma siguiente: Solución C: 14 g/l Na_2CO_3, 15 g/l Na_2SiO_3, 6 g/l $Na_5P_3O_{10}$ y 2 g/l "Tween 20" (polioxietileno sorbitanmonolaurato) surfactante no iónico. El pH de las Soluciones A y B puede variar con el tiempo, y tiene que ser controlado periódicamente. Por debajo de pH 9 las propiedades reductoras del formaldehído y de la glucosa D(+) sobre el cobre desaparecen.

El estudio se completó ensayando tres inhibidores de corrosión, sugeridos en la bibliografía para la limpieza del cobre en soluciones alcalinas:[16] Resorcinol (1,3-dihidroxibenceno) $C_6H_4(OH)_2$ (RSL), floroglucinol (1,3,5-trihidroxibenceno) $C_6H_3(OH)_3$ (PGL) y 8-quinolinol (8-hidroxiquinolina) C_9H_7NO (8QL). Estas sustancias, reactivos para análisis, se añadieron a las soluciones alcalinas en la proporción de 1 g/l.

La técnicas experimentales utilizadas en este estudio fueron: el potencial de corrosión (E_{corr}) medido a diferentes tiempos; la resistencia de polarización (R_p) para determinar la densidad de corriente de corrosión (i_{corr}); las curvas de polarización al final de los ensayos y a una velocidad de barrido de potencial de 0,1 mV/s; y ensayos gravimétricos de pérdida de peso (por triplicado). Un electrodo saturado de calomelanos (ESC) se utilizó como referencia en las medidas electroquímicas y una malla de platino como contra electrodo.

Se llevó a cabo un ensayo complementario con las nuevas Soluciones A y B, con el objetivo de a) estudiar el efecto de las Soluciones A y B en el acabado superficial del cobre, y b) estudiar las propiedades reductoras de las Soluciones A y B sobre el cobre, para ello se utilizaron probetas de cobre con tres acabados superficiales diferentes. El Lote I de probetas se pulió hasta acabado espejo. El Lote II se expuso durante tres años a una atmósfera interior de laboratorio, las cuales se empañaron. El Lote III presentaba empañamiento y manchas de corrosión.

3.3. Resultados y discusión

La Figura 12 muestra los resultados de pérdida de peso del cobre sumergido en las Soluciones A, B y C, en presencia y ausencia de inhibidor. La pérdida de peso originada por las tres soluciones ensayadas es pequeña, particularmente con las Soluciones A y B. La pérdida de peso fue del orden del límite de sensibilidad de la balanza analítica utilizada (±0,1 mg). La pérdida de peso es inferior en las soluciones alcalinas estudiadas aquí que en soluciones ácidas en idénticas condiciones experimentales.[12] A efectos prácticos es innecesario el uso de inhibidores de corrosión. Se puede observar (Figura 12) que en la Solución B sin inhibidor, la pérdida de peso es inferior que en la Solución A sin inhibidor. Esto puede ser debido al hecho de que la glucosa D(+) tiene mayores propiedades reductoras que el formaldehído, como consecuencia de la participación de otros grupos orgánicos presentes en la cadena orgánica.

Si se supone que 3 mg/dm^2 es el límite máximo de pérdida de peso permitido para el cobre sin empañamiento sumergido en un baño de limpieza, ninguna de las soluciones ensayadas aquí produce esta velocidad de corrosión. La experiencia de los autores indica que cuando la corrosión del cobre es del orden de 3-10 mg/dm^2 el aspecto de la superficie del cobre no cambia. La Figura 12 muestra, también, que la pérdida de peso en las tres soluciones ensayadas, en presencia y ausencia de inhibidor, es prácticamente constante en el período de tiempo ensayado. Estos resultados tienen un interés práctico, debido a que el tratamiento del cobre puede continuar durante varios días, sin ataque adicional sobre el cobre. Esta conclusión concuerda con los datos electroquímicos.

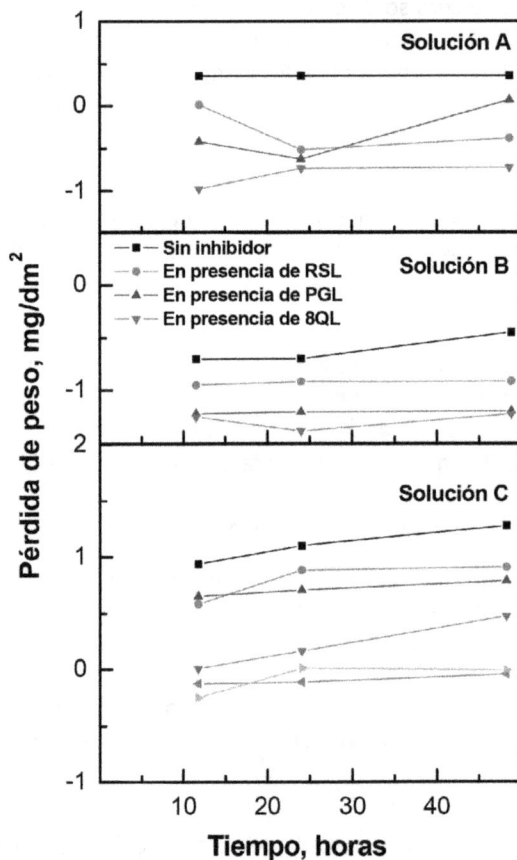

*Figura 12. Pérdida de peso frente al tiempo en las Soluciones A, B y C
en presencia y ausencia de inhibidor*

La Tabla 7 incluye la eficiencia de los tres inhibidores de corrosión ensayados. La eficiencia se calculó mediante la relación: $(P_{sin}-P_{con}) \times 100/P_{sin}$, donde P_{sin} y P_{con} son las pérdidas de peso sin inhibidor y con inhibidor, respectivamente. La mayor eficiencia se obtuvo con el inhibidor 8QL, mayor del 90%. La acción protectora de estos inhibidores se puede atribuir a la presencia del grupo OH⁻ en la substancia orgánica, y la formación sobre el material de un producto de reacción entre el cobre, el inhibidor y la solución de NaOH.[16]

Solución	RSL, %	PGL, %	8QL, %
A	77	93	91
B	66	83	100
C	92	88	91

Tabla 7. Eficiencia inhibidora (%) calculada gravimetricamente después de 24 h de ensayo

La Figura 13 muestra los resultados del ensayo complementario utilizando tres acabados superficiales del cobre. En el Lote I el brillo de las probetas no cambia después de un tiempo de inmersión de 48 h. El empañamiento de las probetas del Lote II desaparece después de unos pocos segundos. Después de 12, 24 y 48 h de experimentación el aspecto superficial es excelente. Finalmente, el empañamiento en las probetas del Lote III desaparece después de unos pocos segundos y se redujeron las manchas de corrosión con el aumento del tiempo de inmersión. Este fenómeno es más evidente en la Solución B que en la Solución A.

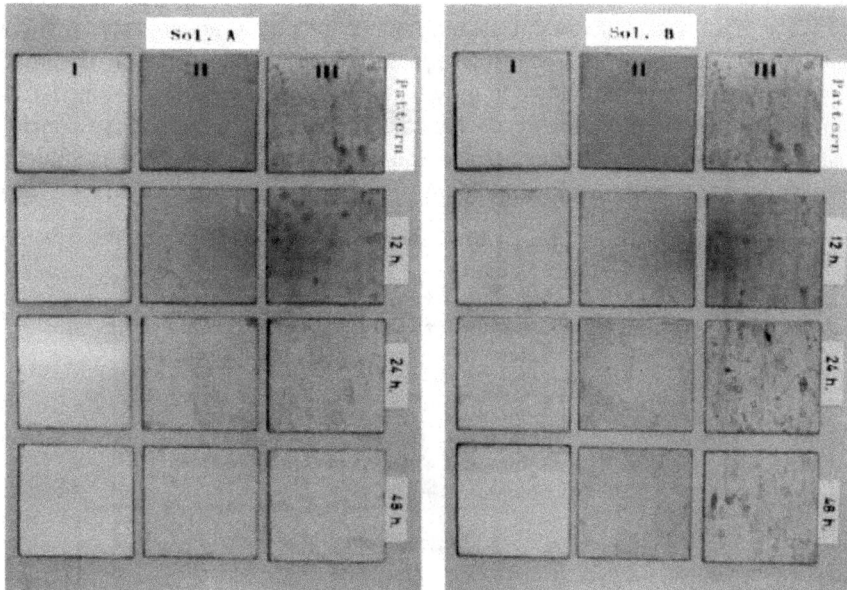

Figura 13. Evolución de la apariencia de la superficie del cobre con el tiempo de inmersión

Los ensayos electroquímicos se limitaron a los inhibidores 8QL y RSL, con la mayor y menor eficiencia, respectivamente. La Figura 14 muestra la variación del E_{corr} con el tiempo del cobre en las Soluciones A, B y C, en presencia y ausencia de inhibidor. El E_{corr} de la Solución B, en presencia y ausencia de los inhibidores RSL y 8QL, es del orden de -500 mV_{ESC} < E_{corr} < -650 mV_{ESC}. Para la Solución A, en presencia y ausencia de los inhibidores RSL y 8QL, está en el rango de -680 mV_{SCE} < E_{corr} < -900 mV_{SCE} hasta las 24 h. Finalmente, para la Solución C, sin y con el inhibidor RSL está situado en el rango -300 mV_{ESC} < E_{corr} < -400 mV_{ESC} hasta 24 h. El E_{corr} fue prácticamente constante durante las 48 h de duración de los experimentos. Solamente la Solución C inhibida con 8QL, entre 24-48 h, mostró un cambio hacia potenciales más nobles, correspondiendo con una disminución en la i_{corr} y puede ser asociado con la formación de una capa sobre la superficie del cobre, como mostraron las probetas al final del ensayo.

Los resultados de densidad de corriente (i_{corr}) obtenidos aplicando E_{corr} ±25 mV no mostraron una clara tendencia, el cobre no sufrió ataque por las Soluciones A, B y C en presencia y ausencia de inhibidor, es decir cuando una polarización de ±25 mV se aplicó la respuesta en intensidad (ΔI) fue prácticamente inexistente y, en consecuencia, la i_{corr} fue despreciable.

Se aplicaron polarizaciones de E_{corr} ±100 mV para obtener resultados cuantitativos. Estas condiciones experimentales están lejos de las condiciones teóricas establecidas en la ecuación de Stern-Geary.[17] La Figura 15 muestra la variación de la i_{corr} frente al tiempo del cobre en las Soluciones A, B y C, en presencia y ausencia de inhibidor. Estos resultados se obtuvieron mediante la aplicación de E_{corr} ±100 mV y cada resultado es el promedio de cinco lecturas. La Figura 15 debe ser considerada con precaución, y debe ser utilizada solamente con fines comparativos. Se observa un descenso en la i_{corr} del cobre por el efecto de los inhibidores RSL y 8QL en las Soluciones A y C. En la Solución B el efecto inhibidor de RSL y 8QL no está claro.

Asimismo, la i_{corr} disminuye con el tiempo de inmersión para la Solución A en presencia y ausencia de los inhibidores RSL y 8QL. Estos últimos resultados concuerdan con los datos gravimétricos. Como se indicó anteriormente, en la Solución C inhibida con 8QL se puede observar una disminución en la i_{corr} entre 24-48 h. La Figura 15 muestra, también, el efecto inhibidor de RSL y 8QL en la Solución C. Desde un punto de vista práctico, estos resultados de la Solución C inhibida con RSL y 8QL muestra que la velocidad de corrosión es prácticamente constante en todos los experimentos y con muy bajo valor. Estos resultados concuerdan con los datos gravimétricos. De la comparación de los resultados de la Figura 15 se concluye que la menor densidad de corriente se produce con la Solución B, la mayor i_{corr} con la Solución C y una posición intermedia es ocupada por la Solución A.

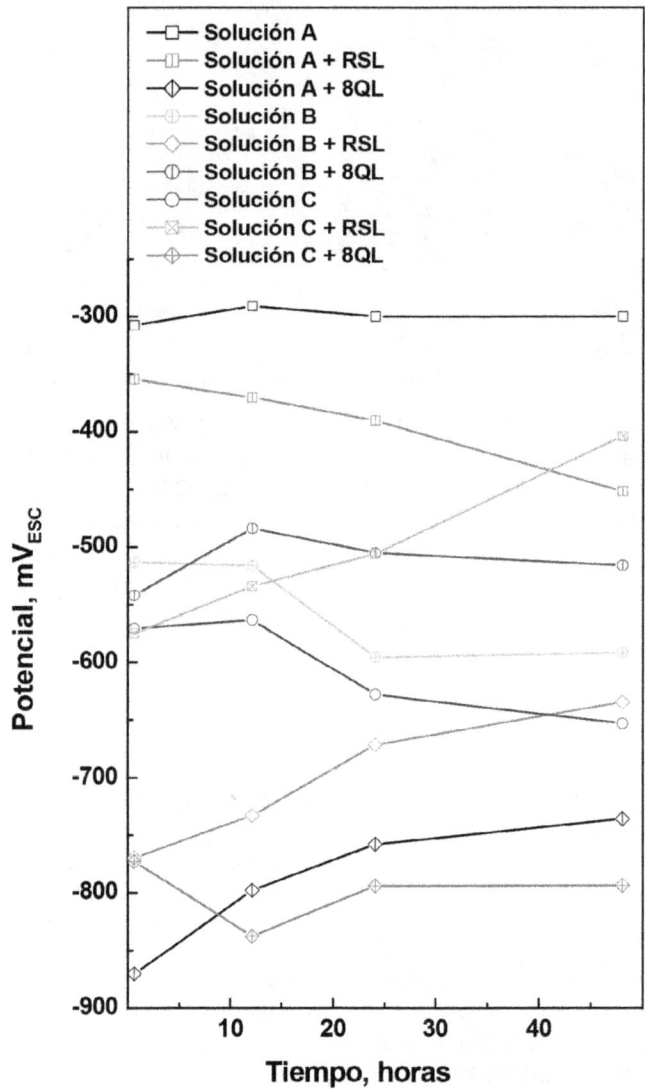

Figura 14. Variación del potencial de corrosión (E_{corr}) del cobre
con el tiempo en presencia y ausencia de inhibidor

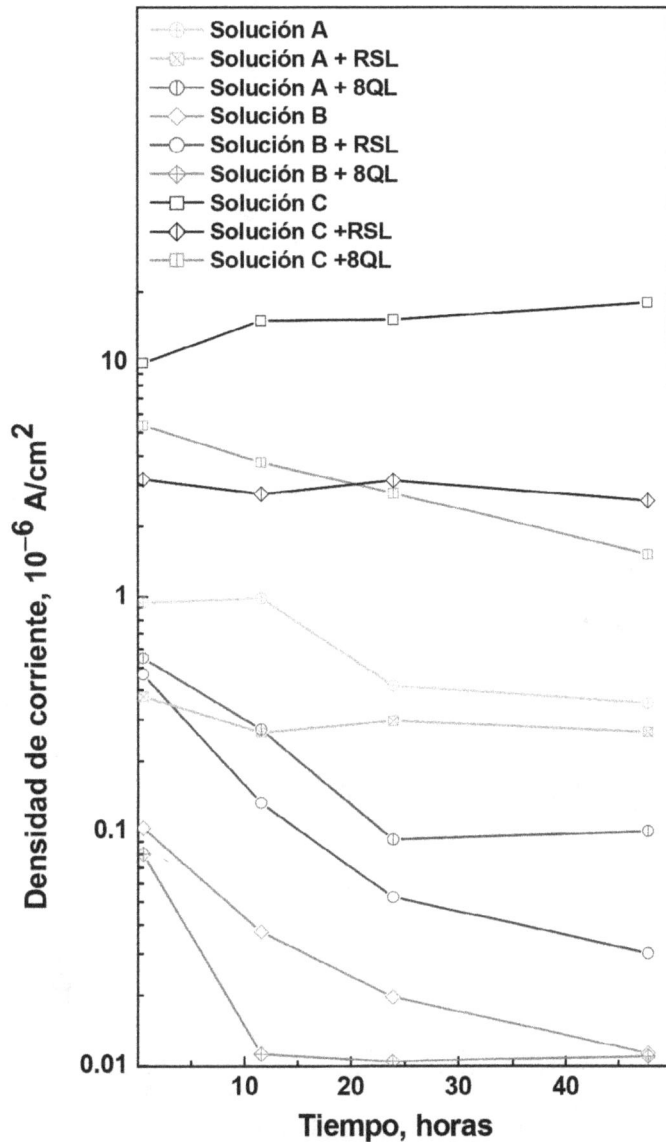

Figura 15. Variación de la densidad de corriente (i_{corr}) del cobre con el tiempo en presencia y ausencia de inhibidor

La Figura 16 muestra las curvas de polarización del cobre en las Soluciones A, B y C después de 48 h de inmersión, en presencia y ausencia de los inhibidores RSL y 8QL. Si se asume que 10 $\mu A/cm^2$ es el límite máximo de i_{corr} permitido para el cobre sumergido en un baño de limpieza para obtener un buen acabado superficial, las Soluciones A y B producen una densidad de corriente inferior a ese valor. La Solución C sin inhibidor produce un máximo de 18 $\mu A/cm^2$ después de 48 h de inmersión. Se observa dispersión en los resultados con las Soluciones A y B, que pueden ser atribuidos a la complejidad de estas soluciones. Se observa, también, dispersión en presencia de inhibidor.

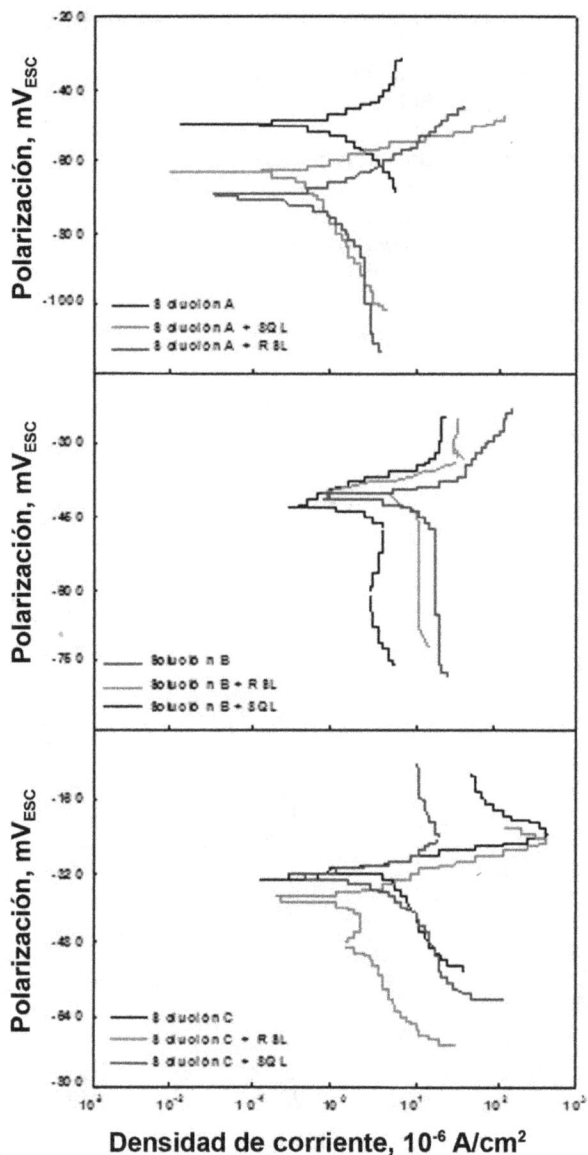

Figura 16. Curvas de polarización del cobre en: a) Solución A en presencia y ausencia de los inhibidores RSL y 8QL; b) Solución B en presencia y ausencia de los inhibidores RSL y 8QL; y c) Solución C en presencia y ausencia de los inhibidores RSL y 8QL

La Tabla 8 incluye los valores de las pendientes anódica y catódica de la Figura 16. En la Solución A, Figura 16a), ambos inhibidores RSL y 8QL actúan sobre la reacción catódica y, consecuentemente, pueden ser asociados a un mecanismo catódico. La Figura 16c) y la Tabla 8 muestran que el inhibidor 8QL actúa, principalmente, sobre la reacción anódica en la Solución C. Por otra parte, el inhibidor RSL modifica sensiblemente la reacción catódica. Consecuentemente, el mecanismo de inhibición de ambos inhibidores 8QL y RSL en la Solución C es diferente, 8QL actúa como anódico y RSL como catódico.

Solución	β_a, mV	β_c, mV
A	133	548
A+RSL	116	1130
A+8QL	128	3517
B	108	1833
B+RSL	73	265
B+8QL	77	153
C	41	343
C+RSL	54	461
C+8QL	244	548

Tabla 8. Pendientes anódica (β_a) y catódica (β_c) obtenida de la Figura 16

La Figura 16c) muestra que en presencia y ausencia de inhibidor cerca de ≈-0,280 V_{SCE} se produce un pico en la corriente y una rápida disminución en la densidad de corriente seguido por un rellano en la densidad de corriente, indicando la formación de una capa pasiva. Resultados similares se pueden observar en la Figura 16b) para la Solución B en ausencia de inhibidor y en presencia del inhibidor RSL a potenciales más activos. Este fenómeno puede ser atribuido a la formación de Cu_2O.[18,19]

3.4. Conclusiones

La Soluciones A y B son excelentes para la limpieza del empañamiento del cobre. Esta conclusión es más evidente con la Solución B. A efectos prácticos, es innecesario utilizar inhibidores de corrosión. La Solución C es un buen baño de limpieza del cobre pero produce peores resultados que las Soluciones A y B. Con la Solución A ambos inhibidores RSL y 8QL actúan sobre la reacción catódica. En la Solución C, el inhibidor 8QL actúa como anódico y el RSL como catódico. Los resultados de pérdida de peso concuerdan con los electroquímicos. El orden de inhibición de los compuestos orgánicos es: quinolinol > floroglucinol > resorcinol.

Con la Solución C, en presencia y ausencia de inhibidor, y para la Solución B sin inhibidor y con el inhibidor RSL, se forma un pico en la densidad de corriente seguido de un rellano con baja densidad de corriente, indicando pasivación.

Agradecimiento

M. Criado y S. Fajardo expresan su agradecimiento al Ministerio de Ciencia e Innovación y al Consejo Superior de Investigaciones Científicas (CSIC) de España por la financiación de sus contratos Juan de la Cierva y Programa JAE, respectivamente, cofinanciados por el Fondo Social Europeo. Los autores desean expresar su agradecimiento a V. López, J.L.G. Fierro y W. López por la ayuda en la obtención e interpretación de los resultados, y a la CICYT de España por la financiación del Proyecto DPI2011-26480.

Referencias

1. Hushimoto K. *Corrosion.* En Shreir LL, Jarman RA, Burstein GT (Eds.), Butterworth-Heinemann, Oxford. 1995: 3:1-3:160.

2. Moulder JE, Stickle WF, Sobul PE, Bomben KD. *Handbook of X-ray Photoelectron Spectroscopy.* En Chastain J (Ed.) Perkin-Elmer, Eden Prairie, Minnesota. 1992.

3. LaQue FE. A*n essay on pitting, crevice corrosion, and related potentials.* Mater. Performance. 1983; 22: 34.

4. Moreno DA, Cano E, Ibars JR, Polo JL, Montero F, Bastidas JM. I*nitial stages of microbiologically influenced tarnishing on titanium after 20 months of immersion in freshwater.* Appl Microbiol Biot. 2004; 64: 593.
   http://dx.doi.org/10.1007/s00253-003-1472-7

5. Ibars JR, Polo JL, Moreno DA, Ranninger C, Bastidas JM. *An impedance study on admiralty brass dezincification originated by microbiologically influenced corrosion.* Biotechnol Bioeng. 2004; 87: 855. http://dx.doi.org/10.1002/bit.20197

6. Otero E, Bastidas JM, López V. *Analysis of the premature failure of welded AISI 316L stainless steel pipes originated by microbial induced corrosion.* Mater Corros. 1997; 48: 447. http://dx.doi.org/10.1002/maco.19970480707

7. Wagner D, Fischer W, Paradies HH. *Copper deterioration in a water distribution system of a country hospital in Germany caused by microbially influenced corrosion-II. Simulation of the corrosion process in two test rigs installed in this hospital.* Werkst Korros. 1992; 43: 496. http://dx.doi.org/10.1002/maco.19920431006

8. Weber GR. I*solations and testing of metal corroding bacteria. Mater. Performance* 1983; 22: 24.

9. Bastidas JM, Polo JL, Torres CL, Cano E. *A study on the stability of AISI 316L stainless steel pitting corrosion through its transfer function.* Corros Sci. 2001; 43: 269.
   http://dx.doi.org/10.1016/S0010-938X(00)00082-2

10. Otero E, Bastidas JM, López W, Fierro JLG. *Charaterization of corrosion products on chalcographic copper plates after 200 years' exposure to indoor atmospheres.* Mater. Corros. 1994; 45; 387. http://dx.doi.org/10.1002/maco.19940450704

11. Otero E, Bastidas JM. *Study of two new aqueous alkaline copper cleaning solutions and comparison with a conventional bath.* Mater. Corros. 1996; 47: 511.
    http://dx.doi.org/10.1002/maco.19960470906

12. Bastidas JM, Otero E. *A comparative study of bezotraizole and 2-amino-5-mercapto-1,3,4-thiadiazole as copper corrosion inhibitors in acid media.* Mater. Corros. 1996; 47: 333.

13. Otero E, Bastidas JM. *Cleaning of two hundred year-old copper works of art using citric acid with and without benzotriazole and 2-amino-5-mercapto-1,3,4-thiadiazole.* Mater. Corros. 1996; 47: 133. http://dx.doi.org/10.1002/maco.19960470303

14. Guerrero-Ruíz A, Rodríguez-Ramos I, Siri GJ, Fierro JLG. *Joint use of XPS and auger techniques for the identification of chemical-state of copper in spent catalysts.* Surf. Interface Anal. 1992; 19: 548. http://dx.doi.org/10.1002/sia.7401901102

15. Cano E, López MF, Simancas J, Bastidas JM. *X-ray photoelectron spectroscopy study on the chemical composition of copper tarnish products formed at low humidities.* J Electrochem. Soc. 2001; 148: E26. http://dx.doi.org/10.1149/1.1344547

16. Trabanelli G, Carassiti V. *Advances in Corrosion Science and Technology.* Vol. 1. Fontana MG, Staehle RW (Eds.), Plenum Press. Nueva York. 1970: 147.

17. Stern M, Geary AL. *Electrochemical polarization. I. A theorical analysis of the shape of polarization curves.* J Electrochem Soc. 1957; 104: 56.
http://dx.doi.org/10.1149/1.2428496

18. Adeloju SB, Duan YY. *Corrosion resistance of Cu_2O and CuO on copper surfaces in aqueous media.* Br Corros J. 1994; 29: 309.
http://dx.doi.org/10.1179/000705994798267485

19. Bastidas DM, Criado M, Fajardo S, La Iglesia VM, Cano E, Bastidas JM. *Copper deterioration: Causes, diagnosis and risk minimisation.* Int Mater Rev. 2010; 55: 99.
http://dx.doi.org/10.1179/095066009X12506721665257

Capítulo 8

Microcorrosión en sensores ópticos usados para detectar microorganismos en industrias de alimentos de Tijuana, México

Gustavo López Badilla,[1] Benjamín Valdéz Salas,[2] Michael Schorr Wiener,[2] Mónica Carrillo Beltrán,[2] Nicola Radnev Nedev,[2] Roumen Zlatev,[2] Margarita Stoytcheva Stilianova,[2] Rogelio Ramos Irigoyen[2]

[1] Universidad Politécnica de Baja California, Mexicali, B.C., México.

[2] Instituto de Ingeniería, Universidad Autónoma de Baja California, Mexicali, B.C., México.

glopezbadilla@yahoo.com

Doi: http://dx.doi.org/10.3926/oms.82

Referenciar este capítulo

López Badilla G, Valdez Salas B, Schorr Wiener M, Carrillo Beltrán M, Radnev Nedev N, Koytchev Zlatev R, Stoytcheva Stilianova M, Ramos Irigoyen R. *Microcorrosión en sensores ópticos usados para detectar microorganismos en industrias de alimentos de Tijuana, México*. En Valdez B, & Schorr M (Eds.). *Corrosión y preservación de la infraestructura industrial*. Barcelona, España: OmniaScience; 2013. pp. 157-173.

G. López Badilla, B. Valdez Salas, M. Schorr Wiener, M. Carrillo Beltrán, N. Radnev Nedev, R. Koytchev Zlatev, M. Stoytcheva Stilianova, R. Ramos Irigoyen

1. Introducción

El desarrollo de nuevas tecnologías aplicadas a la fabricación de dispositivos electrónicos ha permitido utilizar estos micro componentes en varias operaciones de empresas dedicadas a diversas actividades industriales.[1] Los sistemas electrónicos a nivel macro o micro más utilizados son los sensores ópticos en procesos de manufactura para detectar variaciones en las características de los procesos y productos fabricados. Esto ocurre por varias causas como los periodos acumulados de servicio de los equipos y sistemas eléctricos y electrónicos y sus accesorios con los que operan. Además, se presentan cambios drásticos de los factores climáticos mencionados y en su mayor efecto, la presencia de niveles de concentración que exceden los estándares de calidad del aire de los sulfuros y cloruros, que son los que se presentan índices más altos en interiores de plantas industriales.[2] Esto origina la corrosión atmosférica, que ocasiona el deterioro de las superficies metálicas de conexiones y conectores de los micro dispositivos electrónicos.

Una de las causas principales, de las variaciones de HR y temperatura en los interiores de las empresas instaladas en la costa de Baja California, donde están instaladas una gran cantidad de plantas industriales, es por la presencia de los VSA.[3] Esta región del noroeste de la República Mexicana es considerada una zona industrial y es frontera con el estado de California de los Estados Unidos, con quien la ciudad de Tijuana con gran cantidad de compañías, tiene una gran relación comercial.[4]

Los VSA son flujos de viento muy secos provenientes de la Gran Cuenca y el Desierto de Mojave en el suroeste de California y su comportamiento se basa en los niveles de temperatura y humedad que hacen que estos parámetros climáticos, varíen drásticamente.[5,6] Esto origina un efecto adverso en los microclimas de interiores de empresas como las ubicadas en esta región. Uno de los tipos de industrias de importancia en la costa de Baja California son las de conservación y empaques de alimentos de mar como lo son el atún y la sardina originarios de esta región marítima.[7] Estos productos alimenticios deben de tener las condiciones climáticas requeridas y establecidas por agencias de regulación sanitaria e higiene, como la FDA (Food and Drug Administration, United States).[8]

1.1. Industrias de alimentos

La industria alimenticia contiene una diversidad de operaciones sencillas y complejas, siendo a nivel global de gran importancia por manufacturar productos que son necesarios para obtener la energía requerida por los seres vivos para sus actividades cotidianas. La industria alimentaria incluye algunos aspectos de interés en la infraestructura industrial de la fabricación de alimentos, para tener el mejor rendimiento productivo.[9,10]

- *Actividades agrícolas, ganaderas y pesqueras.* Es la parte fundamental en la materia prima de la industria de alimentos, donde se debe tener las mejores tecnologías para el máximo rendimiento en las cosechas que proveen a los procesos de manufactura de estas compañías.

- *Procesamiento de alimentos.* Representa la preparación de productos frescos para el mercado, elaboración de productos alimenticios preparados, por medio de las técnicas de manufactura más avanzadas con el fin de obtener los máximos niveles de producción y calidad, y con ello altas ganancias.

- *Normas de manufactura.* Representa los reglamentos locales, regionales, nacionales e internacionales para la producción y venta de alimentos, para siempre obtener la calidad e inocuidad de los alimentos sin generar algún daño a la salud. Además, se regula la relación entre las empresas de este tipo para mejorar la competitividad.

- *Desarrollo de investigación.* Es indispensable en actividades de evaluación de los productos y procesos para tener día a día, el mejor aprovechamiento del personal que labora en estas compañías, así como la maquinaria industrial y la satisfacción del cliente que consume los productos para obtener las mejores ganancias.

- *Análisis de mercado.* Representa la promoción de productos que la empresa fabrica y el desarrollo de nuevos alimentos siempre cumpliendo con los requisitos que los clientes desean para su máxima satisfacción. Esto se lleva a cabo a través de la opinión pública por medios de publicidad, empaques representativos y relaciones públicas, principalmente. En base a esto, se realizan las ventas al por mayor y distribución con actividades de almacenaje, transporte, logística, manufactura y colocación de los productos alimenticios en los mercados donde se desean.

1.2. Sensores ópticos electrónicos

Los dispositivos electrónicos son fundamentales en cualquier actividad industrial, donde son utilizados de diversas formas, siendo una de ellas, en la detección de microorganismos que en ocasiones. Estos, se desarrollan en los procesos de manufactura y forman parte de los productos alimenticios que se envían a los consumidores. La aplicación de micro dispositivos electrónicos como los MSO en las operaciones de producción de la industria de alimentos, es de gran utilidad para detectar varios tipos de microorganismos que se desarrollan por la presencia de CMB.[11] Este proceso electroquímico ocurre cuando no se tiene un control adecuado de los microclimas en los interiores de las plantas industriales, donde los niveles de humedad y temperatura varían constantemente en ciertos periodos del año. Esto es debido a que se presentan fenómenos naturales como los VSA, que generan variaciones drásticas en el exterior de las empresas e influyen en la sección interna de las compañías de este tipo.[12] Los MSO son herramientas ideales para la detección de los MO y para determinar el nivel de desarrollo de las comunidades microbianas dentro de los recipientes metálicos principalmente. Estas poblaciones de MO se adhieren a las superficies de las profundidades de las latas metálicas, donde se empacan los alimentos, como biopelículas que forman los MO.[13] Estos MSO realizan mapeos detallados de las superficies de interior de las latas metálicas por medio de un sondeo de intensidad de luz a una frecuencia determinada, con el fin de obtener información de la región en la parte profunda de la lata.[14] Una vez transmitido el haz de luz, se genera un reflejo en forma de dispersión para tener datos del monitoreo elaborado. Además, tienen la función de detectar las propiedades ópticas de la luz que absorben los sistemas microbianos, para conocer si están formados o en proceso de desarrollo.[15] Los MSO se utilizan en combinación con micro sensores de especies químicas, y micro sondas de irradiación que permiten estudios detallados de la fotosíntesis y la regulación de los MO.[16] Estos MO, se desarrollan en el interior de los recipientes metálicos bajo condiciones ambientales que forman parte de su hábitat natural. Además los MSO, interactúan con sistemas de fibra óptica unidos a micro sondas fluorométricas sensibles a niveles de micro escala que permiten mediciones de fluorescencia.[17] De esta forma, son utilizados para un mapeo de difusión y el flujo del rápido desarrollo y distribución de MO, de manera fotosintética y la actividad de la fotosíntesis con oxigeno través de clorofila y variables que generan mediciones de fluorescencia. Además, se obtiene información de los niveles de HR, temperatura, salinidad, pH, O_2 y CO_2, que son factores clave en el desarrollo de los MO,[18,19] y sus mediciones se llevan a cabo mediante la inmovilización de tintes ópticos con indicadores en el extremo de las fibras ópticas. Dichos MSO forman parte de la infraestructura de la industria alimenticia.

1.3. Vientos Santa Ana

Los VSA se originan por diferencias de temperatura en los vientos a ciertos niveles del suelo y que una vez generados tienen una gran fuerza, proviniendo de cerca de la costa de California de los Estados Unidos (EU), y se expanden hacia las regiones costeras de este estado y de Baja California que está ubicado en el sur de esta zona.[20] Este fenómeno natural afecta a los hábitats de esta región sureste de los EU y noroeste de México y es parte fundamental en las variaciones drásticas de humedad y temperatura de los exteriores de edificaciones que tienen un efecto adverso en los interiores de plantas industriales principalmente. La ocurrencia de los VSA en la época final del otoño y a principios de primavera, es parte por los índices de HR y temperatura de esas épocas en donde se origina este fenómeno natural.[3] El origen de los VSA son principalmente por la presencia de un clima caluroso y seco que interfiere con cambios repentinos en los niveles de humedad que ocasionan los frentes de diferencia de temperaturas del aire en la costa de California o cerca de ésta.[21] Además de causar variaciones en la humedad y temperatura, los VSA pueden ocasionar incendios por la generación de climas muy secos que con actividades antropogénicas. Los VSA son factor del inicio de una flama y de su rápida expansión, siendo famosos por avivar incendios en regiones forestales. Según el Servicio Meteorológico (SM) de los Estados Unidos, los VSA son fuertes vientos que soplan hacia el sur de los EU, a través de la costa y montañas del suroeste de California.[22] Los VSA pueden superar los 40 kilómetros por hora, ser cálidos y secos y agravar ambientes por donde fluyan, principalmente en cambios estacionales. El aire de los VSA, se calienta por calentamiento adiabático durante su descenso y una vez que el aire de estos vientos, ya ha sido secado por elevación orográfica antes de llegar a la Gran Cuenca del estado de California. Así como intercambio de la atmósfera superior, la HR del aire se reduce aún más a medida que desciende desde el alto desierto hacia la costa, con frecuencias hasta de 30% a 50% en un par de horas. El aire del desierto alto es debido a lo árido de la región donde se forman los VSA, y por lo tanto tiende a canalizar hacia los valles y cañones en rachas que pueden alcanzar fuerza de huracán a veces. A medida que desciende, el aire no sólo se vuelve más seco, sino que también se calienta por la compresión adiabática.[23] El sur de California, es una región costera que presenta índices de alta temperatura, en su periodo más caluroso del año durante el otoño, mientras que los VSA fluyen a otras zonas del estado de donde se originaron. Durante las condiciones de Santa Ana es típicamente más caliente a lo largo de la costa que en los desiertos.[24] Este fenómeno natural daña la infraestructura industrial de las plantas con procesos de manufactura donde se empacan alimentos.

1.4. Corrosión atmosférica

La corrosión atmosférica es un proceso electroquímico que origina deterioro de metales que se exponen a cambios drásticos de HR y temperatura o atmósferas agresivas con la presencia de contaminantes del aire principalmente por sulfuros y cloruros.[25-26] Este fenómeno daña las micro conexiones de los MSO disminuyendo su rendimiento operativo y permitiendo que en las latas metálicas usadas para empaque de alimentos se corroan y se formen MO.[27] Estos recipientes metálicos están en áreas de almacén, así como en operaciones de manufactura y en zonas de embarque de los interiores de la industria de alimentos de mar. Los recipientes de envasado, expuestos a microclimas de interiores de empresas se corroen muy rápido en atmósferas deterioradas porque los MSO no operan adecuadamente. La humedad es el parámetro climático, y en base a sus variaciones por la presencias de los VSA, se origina la condensación que inicia el deterioro de los MSO.[28] Esto genera que no se detecte la micro corrosión en las latas metálicas, y permanezcan húmedas en ciertas épocas del año, lo que facilita el deterioro de estos recipientes y promueve la CMB. En base a esto, se realizan evaluaciones de los tiempos de humectación (TH). El TH representa los periodos horarios, diarios, semanales, mensuales y estacionales, en que las micro superficies metálicas de los MSO permanecen húmedas.[29] En ambientes secos, la película de óxido que crece normalmente protege al micro metal y con ello disminuye la velocidad de corrosión (VC). En ambientes no controlados de interiores de la industria de alimentos, la VC inicialmente es alta y permanece constante durante un período. Posteriormente, al generarse la micro capa con un cierto espesor de apreciable tamaño, la VC disminuye originándose la corrosión uniforme y con ello es cuando la VC es baja, aun con el proceso de la condensación.[30] Otro aspecto de interés, con la presencia de índices de HR mayores al 75%, es el desarrollo de MO en los interiores de las latas metálicas, que origina el deterioro de los alimentos envasados. El efecto de atmósferas húmedas es la creación de gotas de algún electrolito fuerte con un patrón clásico de la corrosión como un pequeño ánodo en el centro de la gota que actúan como fuente de iones del micro metal del MSO que sufre de deterioro.[31] En cambio, las zonas catódicas donde existe reducción de oxígeno es en los bordes que producen iones hidroxilo. Dependiendo de las condiciones atmosféricas, estas gotitas pueden permanecer por largos periodos de tiempo, o pueden diseminarse o producir productos de corrosión que son fundamental en el desarrollo de los MO que no son detectados por los MSO dañados por la corrosión. Cuando la película de óxido en la superficie interna de la lata metálica, se ha formado de manera uniforme, dicha área del recipiente puede ser privada de oxígeno y se genera rápidamente la corrosión.[32,33] La presencia de sales corrosivas como agentes contaminantes, facilitan el deterioro de las micro superficies metálicas de las latas.

1.5. Análisis numérico

El análisis del efecto de la corrosión atmosférica en los materiales, es realizado por el programa MATLAB. Este sistema de programación, es un lenguaje de alto nivel y un entorno interactivo para cálculo numérico, visualización y programación. Al utilizar el MATLAB se pueden analizar los datos, desarrollar algoritmos matemáticos y crear modelos y aplicaciones para procesos de simulación.[34] El lenguaje, las herramientas y funciones incorporadas de matemáticas le permiten explorar múltiples enfoques y llegar a una solución más rápida que con las hojas de cálculo o lenguajes de programación tradicionales, tales como C / C + + o Java. Este programa tiene amplia gama de aplicaciones, incluyendo el procesamiento de señales y comunicaciones, elaboración de imágenes y video en dos y tres dimensiones, sistemas de control y pruebas de medición en las áreas de análisis de materiales. Más de un millón de ingenieros y científicos en la industria y el mundo académico utilizan MATLAB, como lenguaje del cálculo técnico. El lenguaje MATLAB incluye funciones matemáticas que apoyan de manera común análisis de ingeniería de materiales y operaciones científicas de evaluación de corrosión. Las funciones básicas de matemáticas utilizan el procesador optimizado para proporcionar una rápida ejecución de cálculos vectoriales y matriciales. Los métodos que utiliza el MATLAB, disponen de aspectos de interpolación y regresión, diferenciación e integración de funciones matemáticas, análisis de sistemas lineales de ecuaciones y de Fourier, y de ecuaciones diferenciales y matriciales. Este programa utiliza funciones en áreas especializadas, como las estadísticas, optimización, análisis de señales y el aprendizaje de la máquina.

1.6. Técnicas de análisis de superficies

Existe una gran variedad de técnicas de análisis, con una amplia gama de instrumentos de alto rendimiento de análisis de superficie para proporcionar una caracterización detallada física y química de las áreas que se evalúan. Estos equipos de análisis de superficies, son a micro y nano escala con caracterización de diversos procesos, donde se forman películas delgadas y gruesas.[35] Las evaluaciones son en base a las tecnologías que mejor se adapten a sus necesidades para cada análisis de superficie.[36] Existen diversas técnicas con las cuales se pueden evaluar las superficies de los materiales, siendo las más comunes a nivel microscópico la MBE y de Dispersión de Rayos X (DRX). A nivel nano, se tienen las de mayor uso como la EEA, Espectroscopia de Foto electrónica de Rayos X, Espectroscopia de Masa de Iones Secundarios (EMIS). Los análisis de superficie, tienen un efecto enorme en el éxito o el fracaso de la operación de cualquier tipo de material, lo que significa la importancia y la necesidad de una adecuada caracterización de la superficie metálica que se evalúa.[37] Las técnicas de microscopía y nanoscopía, determinan los tipos y concentraciones de los elementos químicos que constituyen las superficies que son analizadas.[38] La medición de ángulos de contacto en cualquier técnica, es una herramienta muy útil en la evaluación de la formación de películas de productos de corrosión, así como los mecanismos que participan en este fenómeno electroquímico.[39] Todos los análisis de superficie son de gran importancia, pero en ocasiones, es necesario utilizar más de una técnica para obtener evaluaciones detalladas de los agentes químicos que reaccionan con las superficies metálicas de las latas donde se empacan los alimentos de mar. Unas son técnicas principales y otras son emergentes, que han demostrado ser útiles en los análisis de las propiedades superficiales de estos tipos de materiales metálicos. Estos equipos de micro y nano análisis de superficies, a veces son parte de la infraestructura de las empresas que empacan alimentos como en donde se tuvo la oportunidad de realizar el estudio. En otras ocasiones, solicitan el apoyo de estas evaluaciones a institutos de investigación de unidades educativas o privadas.

2. Metodología

La micro corrosión en MSO usados en la detección de microorganismos, genera grandes pérdidas económicas a la industria de alimentos de mar. El estudio realizado en una empresa en la ciudad de Tijuana considerada como zona costera y donde se presentan el fenómeno de los VSA, es de gran utilidad a este tipo de industrias y de otro tipo. Esto ocurrió por la generación de ambientes agresivos en interiores de plantas industriales por la corrosión atmosférica. Los MSO reducían su rendimiento operativo, y con ello no se detectaban al máximo los microorganismos formados en el interior de las latas metálicas y con ello reaccionaban con el atún y sardina y las deterioraba originando un problema de salud con enfermedades gastrointestinales.[40]

2.1. Materiales y métodos

La investigación realizada en la industria alimenticia donde se empacan alimentos de mar, conllevó a utilizar métodos y técnicas de análisis de micro superficies de MSO para determinar los mecanismos de generación de la micro corrosión. Este fenómeno se originó en estos dispositivos,[41] que no detectaban adecuadamente los MO en el interior de las latas metálicas usadas en los procesos de empaque de estos alimentos.

2.2. Monitoreo de factores climáticos y efecto de los VSA

Los factores climáticos mencionados anteriormente modifican rápidamente sus índices permitidos para evitar la generación de corrosión. Estos parámetros, son monitoreados en zonas externas de la industria alimenticia por las Estaciones de Monitoreo Meteorológico (EMM) y en los interiores de este tipo de empresas por dispositivos especializados como higrómetros y termómetros. La Tabla 1 contiene características de los factores meteorológicos de las EMM. Al ser los VSA un aspecto de importancia en los cambios drásticos de HR y temperatura, el personal especializado en estos tópicos debe tomar las medidas adecuadas para evitar la presencia de corrosión.

2.3. Medición de VC

Con el uso del MATLAB se obtuvieron las correlaciones de la VC influenciada por la HR, temperatura y presencia de sulfuros y cloruros. En base a eso, se observaron los niveles mayores y menores de la VC de acuerdo a los índices de los parámetros climáticos. Además, se consideran las concentraciones de los contaminantes más predominantes en esta ciudad costera del noroeste de la República Mexicana, mencionados (sulfuros, óxidos de nitrógeno y cloruros (EPA, 2012)[42]), que en ciertos periodos del año, sobrepasan los niveles estándares de calidad del aire.[43-45] La VC se mostró alta desde el inicio del proceso electroquímico y fue lenta, conforme transcurría el tiempo, se formaban las películas de productos de corrosión de manera uniforme. Para obtener la relación de los niveles de concentración de los sulfuros y cloruros con la VC, se utilizaron la técnica de platos de sulfatación (TPS)[46] y el método de la vela húmeda (MVH).[47]

2.4. Método de análisis superficial

El proceso desarrollado en las evaluaciones de superficie, mostró información detallada, con la cual se observa el proceso de corrosión desde su inicio y después de un periodo de tiempo analizado. Las técnicas utilizadas en el estudio fueron la de MBE y EEA, indicando las representaciones gráficas de las etapas del fenómeno electroquímico y determinando los principales agentes químicos que reaccionaron con las micro conexiones de los MSO y sus niveles de concentración. Esta información obtenida corroboró la analizada en la bibliografía de estudios anteriores en esta ciudad y de otras investigaciones donde señalan a los sulfuros y cloruros, así como la HR y temperatura como factores de la generación de corrosión[48].

3. Resultados

Las variaciones de factores climáticos afectan a la velocidad de corrosión de metales usados en la industria electrónica. En los períodos de otoño y primavera, que es cuando se tienen variaciones mayores originadas por el cambio climático, se generan una mayor cantidad de fallas eléctricas, principalmente en la época de la presencia de los VSA. Estos cambios drásticos ocasionan en interiores de plantas industriales que un material que es materia prima no pueda ser utilizado en la manufactura de productos electrónicos y es considerada como pérdidas económicas.

G. López Badilla, B. Valdez Salas, M. Schorr Wiener, M. Carrillo Beltrán, N. Radnev Nedev, R. Koytchev Zlatev,
M. Stoytcheva Stilianova, R. Ramos Irigoyen

3.1. Análisis del clima en interiores de la industria de alimentos

Los valores de HR y temperatura fueron superiores al 70% y 35°C en verano y 80% y 20°C en invierno. Los altos niveles de humedad y temperatura elevada incrementan la velocidad de corrosión del cobre. En verano la velocidad de corrosión (VC) fue la más elevada en el periodo de seis meses. En la época de verano, a temperaturas en el rango de 25°C a 35°C, y HR del 30% al 70%, la VC fue alta. En invierno, a temperaturas de 15°C a 25°C y HR de 35% a 75%, el agua se condensaba y se generaba una película húmeda sobre la superficie del metal y la velocidad de corrosión del cobre se incrementó muy rápido. La Tabla 1 muestra la correlación entre la VC del cobre de las micro conexiones de MSO y los contaminantes del aire: SO_2, NO_x y Cl^-, HR y temperatura, nivel de concentración de contaminación y VC en el interior de la empresa instalada en ésta ciudad. El SO_2, fue el contaminante atmosférico con un mayor efecto a la corrosión del cobre.

Factores climáticos	Bióxido de azufre (SO_2) HR[a] T[b] C[c] VC[d]				Óxidos de Nitrógeno (NO_x) HR[a] T[b] C[c] VC[d]				Cloruros (Cl^-) HR[a] T[b] C[c] VC[d]			
Primavera												
Max.	69.3	39.2	0.54	192	80.2	27.5	117	205	62.3	29.8	313	243
Min.	27.8	20.1	0.39	141	42.4	17.8	94	133	34.5	19.1	222	188
Verano												
Max.	90.240	42.7	0.51	213	79.9	43.6	101	199	80.2	45.6	299	278
Min.	.3	24.5	0.32	194	39.5	27.9	78	151	44.3	27.7	205	232
Invierno												
Max.	85.6	29.7	0.76	289	83.5	24.2	143	222	91.5	33.4	389	317
Min.	30.2	18.4	0.48	196	34.1	13.4	112	171	47.9	18.4	257	229

[a]HR. Humedad Relativa (%); [b]T. Temperatura (°C); [c]C. Niveles de Concentración de Contaminación del Aire (ppm);
[d]VC - Velocidad de corrosión (mg/m^2.año). Estándares permitidos: SO_2 = 0.5 ppm en un periodo de 3 horas,
NO_x = 100 ppb en periodos de una hora Cl^- = 250 mg/l

Tabla 1. Correlación del clima y contaminación con la VC en interiores de la empresa (2011)

La VC evaluada con el SO_2, tuvo el valor más alto de 289 mg/m^2 año, con rangos de HR, temperatura y SO_2 de 85.62%, 29.7°C y 0.76 ppm, respectivamente. Las variaciones de la HR y temperatura en el rango de 30% a 80% y de 0°C a 35°C, y con elevadas concentraciones de contaminantes atmosféricos, como sulfuros y cloruros en este ambiente marino donde está ubicada la ciudad de Tijuana, superan los niveles de los estándares de calidad del aire determinados por la Agencia de Protección Ambiental de Estados Unidos (EPA, por sus siglas en inglés), siendo una condición importante que favorece la corrosión.

3.2. Evaluación de VC en micro conexiones de MSO

Los microcircuitos, conectores y contactos eléctricos utilizados en las plantas industriales, principalmente en la industria de alimentos, son susceptibles a la corrosión atmosférica, que se produce en interiores de este tipo de compañías de la ciudad de Tijuana y en las épocas con la presencia de los VSA. Las variaciones de clima por la presencia de los VSA, generaron en interiores de la empresa donde se realizó el estudio, cambios de humedad y temperatura, en las épocas de principios de primavera y finales de otoño. Estas variaciones climáticas, aunadas a los contaminantes del aire mencionados, originaron rápidamente el fenómeno de la corrosión. En base a esto, se determinaron los niveles de corrosividad (NC) en interiores de la industria electrónica de las ciudades evaluadas y con ello la VC, como se muestran en las Figuras 1 y 2. La

Figura 1 representa la correlación de los niveles de clima y la VC, mostrándose los índices mayores de deterioro de los materiales metálicos con el color rojo y una VC en menor escala con el color azul verde. El color azul indica índices de VC lentos debido a que el proceso de corrosión se estabiliza, por la generación de corrosión uniforme. Las secciones de esta figura que presentan coloración continua, indican el proceso de corrosión uniforme y las áreas blancas sin color, representa corrosión por picaduras. La Figura 1 que representa la época de verano, indica que existen mayores áreas discontinuas con corrosión por picaduras y en la Figura 2 que presenta la correlación de invierno, se observa mayores secciones con corrosión uniforme en su mayor proporción y con menor nivel por corrosión por picaduras.

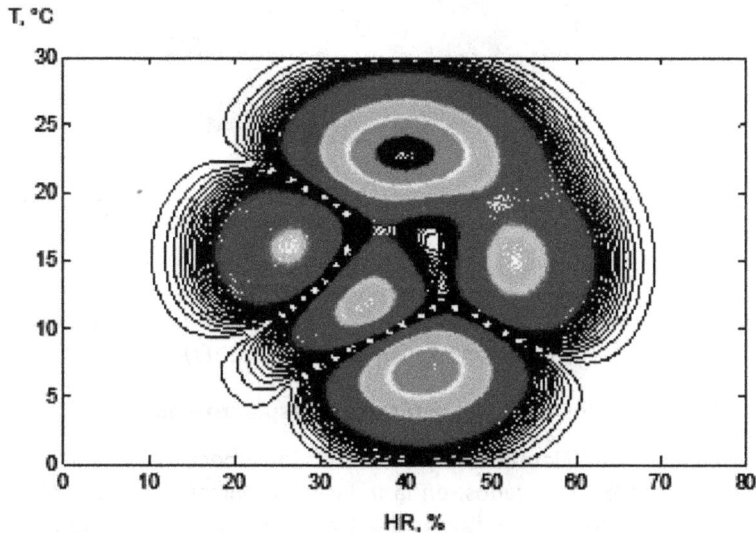

Figura 1. Correlación de VC con niveles de clima en el interior de la planta industrial de Tijuana en la época de verano (2011)

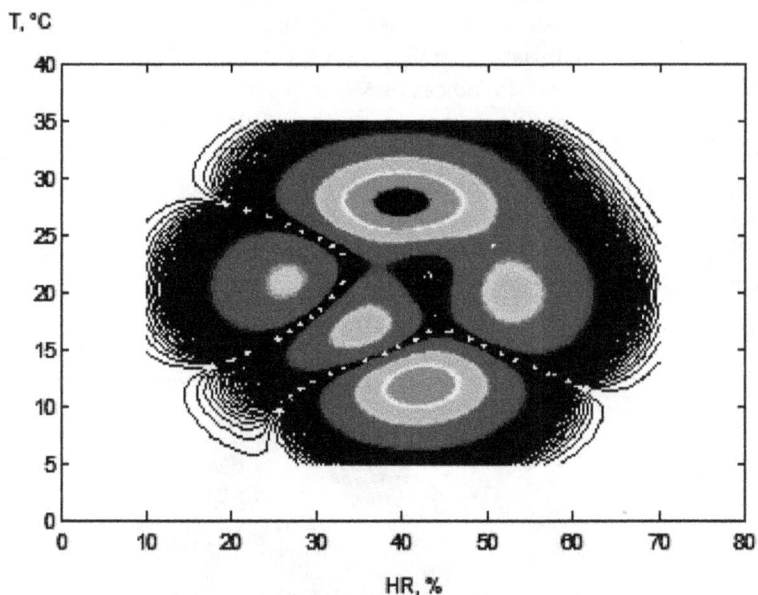

Figura 2. Correlación de VC con niveles de clima en el interior de la planta industrial de Tijuana en la época de invierno (2011)

3.3. Análisis de deterioro de los MSO con la técnica de espectroscopia

El análisis de los mapas Auger (Figuras 3 y 4) mostraron los espectros de señales de las muestras de micro conexiones de MSO evaluados, en la industria mencionada predominando en mayor porcentaje los sulfuros y cloruros. Las figuras 3 y 4 muestran los análisis de EEA. Se utilizó una resolución espacial de esta técnica es de alrededor de 100 nano metros y de 1 nano metro de profundidad. Con ésta técnica se observaron a detalle los agentes contaminantes que reaccionaron con las superficies de cobre de las micro conexiones de los MSO, donde se utiliza una cámara de ultra vacío (UV). El sistema de obtención de la información de los elementos químicos se realizó con un bombardeo de electrones Auger, al someter un átomo a una prueba por un mecanismo externo, como un fotón o un haz de electrones con energías en el rango de 2 keV a 50 keV.

Los espectros de EEA de las Figuras 3 y 4 que muestran los análisis de la corrosión en los micro conexiones de los MSO, con la mayor parte de material de cobre (Cu), fueron generados utilizando un haz de electrones 5keV, que indican una evaluación de la composición química de las películas formadas en la superficie de Cu. Dichos espectros muestran el análisis de superficie de tres puntos evaluados en diferentes zonas de las probetas metálicas. Los picos de Cu aparecen entre 905 y 915 eV, con picos de 181 para cloruros y 152 para sulfuros.

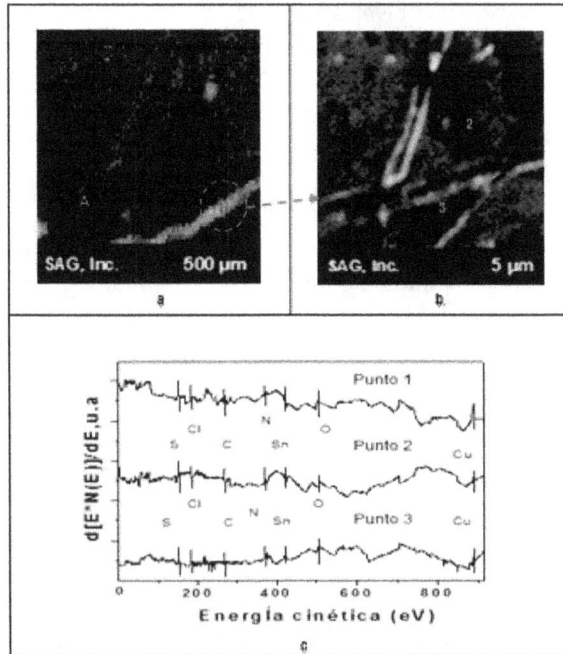

*Figura 3. Análisis Auger de conexiones eléctricas de MSO con mapa Auger a: (a) 500X, (b) 5X,
(c) espectro de Auger en la época de verano en interiores de la planta industrial de Tijuana (2011)*

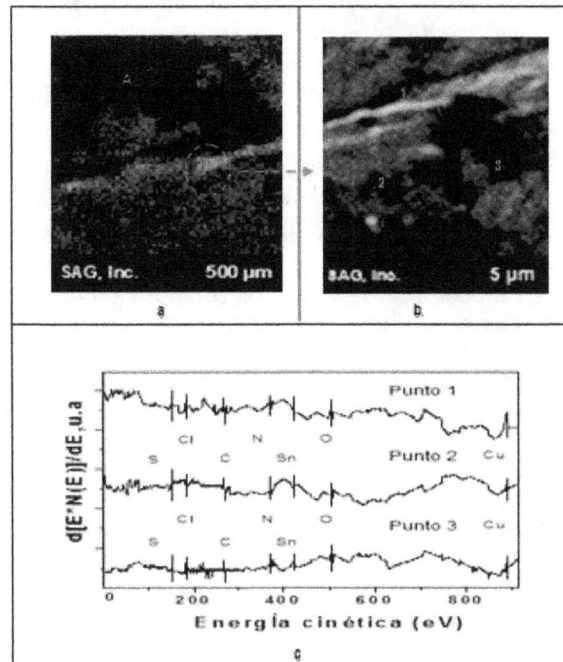

*Figura 4. Análisis Auger de conexiones eléctricas de MSO con mapa Auger a: (a) 500X, (b) 5X,
(c) espectro de Auger en la época de invierno en interiores de la planta industrial de Tijuana (2011)*

En las Figuras 3 y 4 se observan los niveles máximos de los agentes contaminantes (SO_x, Cl^- y NO_x), además de los materiales que conforman las micro conexiones de los MSO. La Tabla 2 muestra la concentración atómica de las zonas de las muestras de las superficies metálicas de cobre evaluadas, donde se indican los contaminantes que reaccionan con este material, con sus porcentajes obtenidos en dos principales áreas de la empresa (almacén de materiales y manufactura), donde se desarrolló el estudio.

Areas	Almacén			Manufactura		
Elementos	Punto 1	Punto 2	Punto 3	Punto 1	Punto 2	Punto 3
C	31	31	30	29	30	29
Cl	14	14	15	16	15	14
Cu	12	10	11	13	11	12
O	10	11	12	10	14	13
S	33	34	32	32	30	32

Tabla 2. Concentración atómica (%) de zonas analizadas en áreas de la empresa (2011)

Los espectros de EEA de los especímenes de Cu fueron generados utilizando un haz de electrones 5keV, que indican un análisis de la composición química de las películas formadas en la superficie de Cu.

3.4. Evaluación por microscopia de micro sensores ópticos y formación de MO

La técnicas de MBE se realizó para determinar los productos de corrosión formados en la superficie de cobre y con las imágenes se muestran las microfotografías del efecto de la corrosión, detectado con mayor incidencia en algunas zonas. En todos los análisis, se observan en mayor porcentaje niveles de sulfuros y cloruros en interiores de la empresa ubicada en la ciudad de Tijuana. La presencia de Cl^- y S_2^- actúan como los iones corrosivos principales presentes en el cobre como productos de la corrosión. En las regiones de la superficie de cobre analizado se observaron diferentes concentraciones de azufre, carbono y oxígeno, siendo el principal contaminante del aire que se detectó fue los SO_x, como se muestran en las Figuras 5, 6 y 7. Las Figuras 5a y 5b, representan la generación de una dendrita en un espacio de las micro conexiones de los MSO a escalas de 500 X y 5X respectivamente, donde se generó una conexión innecesaria y con ello un corto circuito que ocasionó daño en el MSO y dejara de funcionar. Las Figuras 6a y 6b, muestran la formación de MO en los interiores de las latas a escalas de 500 X y 5 X respectivamente, observando a nivel superficial la composición externa de los MO.

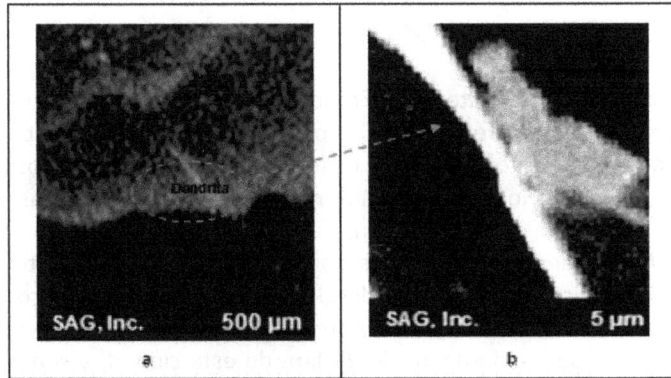

Figura 5. Microanálisis de formación de dendritas en conexiones eléctricas de MSO en procesos de manufactura de planta industrial de Tijuana en invierno (2011) a: (a) 500 X y (b) 5X en el invierno

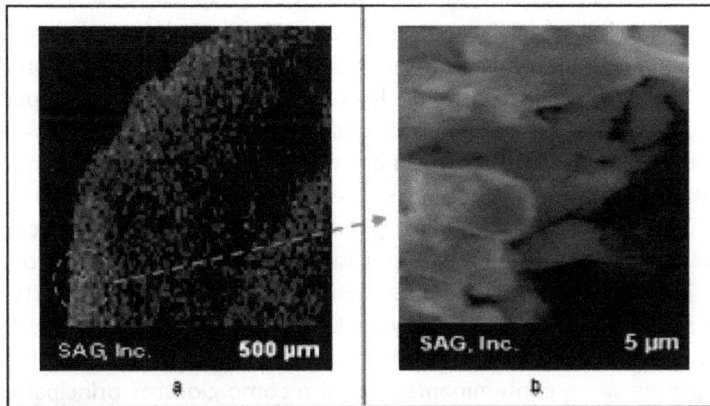

Figura 6. Microanálisis de MBE de formación de microorganismos en interior de latas metálicas en proceso de manufactura de planta industrial de Tijuana en verano (2011) a: (a) 500 X y (b) 5X

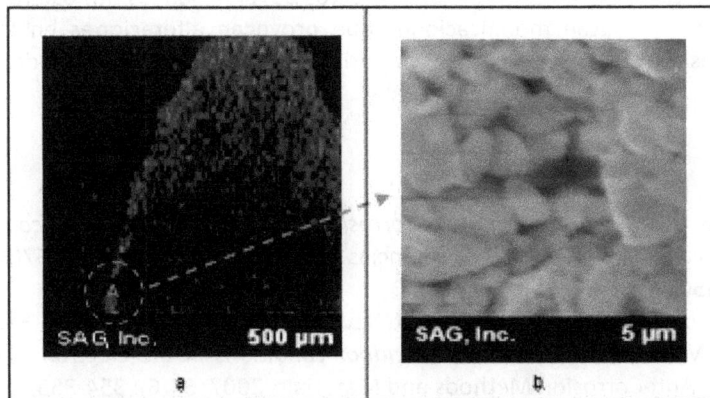

Figura 7. Microanálisis de MBE de formación de microorganismos en interior de latas metálicas en proceso de manufactura de planta industrial de Tijuana en invierno (2011) a: (a) 500 X y (b) 5X

4. Conclusiones

Los microcircuitos, conectores y contactos eléctricos utilizados en la industria electrónica, son susceptibles a la corrosión atmosférica, que se produce en interiores de plantas industriales ciudades de la costa de Baja California. Las VC observadas en los micro dispositivos electrónicos como los MSO, que detectan a los MO en los interiores de las latas metálicas, utilizadas para el empaque de atún y sardina en esta región, fueron más altas en las épocas cuando se presentaron los VSA. Los principales agentes corrosivos mencionados anteriormente fueron emitidos por el tráfico vehicular e industrias donde se tiene un gran número de automóviles y plantas industriales en la ciudad de Tijuana. Además, se emitieron óxidos de nitrógeno de la planta termoeléctrica ubicada a alrededor de 25 km. de esta ciudad, y son dispersados por el flujo de viento. Estos contaminantes del aire deterioraron rápidamente las superficies de cobre de las micro conexiones de los MSO, afectando su rendimiento operativo y con ello no se detectaban los MO que se formaban en los interiores de los envases usados para empacar los alimentos de mar. Esto contribuyó a que en la empresa evaluada, se envasaran los alimentos deteriorados siendo un factor en la generación de enfermedades gastrointestinales para los clientes que consumían estos productos alimenticios. La mayor parte de la producción de esta industria alimenticia, se envía al centro de la República Mexicana y una pequeña parte es consumida por la población de Baja California. Los materiales utilizados en las latas de envase, perdieron sus propiedades de resistencia a la corrosión, al ser expuestos a ambientes agresivos en los interiores de la empresa donde se realizo el estudio. Las emisiones de gases contaminantes de las fuentes mencionadas, penetraron por pequeños orificios y rendijas de paredes y techos de la empresa analizada y por los sistemas de aire acondicionado. Además al ser la ciudad de Tijuana una zona con un clima agradable en la mayor parte del año, estos agentes químicos se introducían por puertas y ventanas, que permanecían abiertas. Aunado a las variaciones de los factores climáticos, se observaron procesos de corrosión uniforme y por picaduras por la presencia de contaminantes del aire como cloruros principalmente y sulfuros como segundos agentes contaminantes con un efecto que contribuía al deterioro de los MSO. Los MSO operaron en condiciones en mal estado o dejaron de operar, sin realizar el proceso de detección adecuado y se generó CMB que deterioró los alimentos y originó pérdidas económicas. Estos cambios radicales generan efectos adversos en las atmósferas de interior de plantas industriales y causan modificaciones que provocan alteraciones en los procesos de manufactura, ocasionando deterioro en los materiales utilizados en empresas de esta región.

Referencias

1. Valdez B, Schorr M. *Control de la Corrosión en la industria electrónica.* Revista Ciencia de la Academia Mexicana de Ciencias. Julio-Septiembre 2006; 57(3): 72-80. ISSN 1405-6550.

2. López Badilla G, Valdez Salas B, Koytchev Zlatev R, Flores PJ, Carrillo Beltrán M, Schorr Wiener M. *Corrosion of metals at indoor conditions in the electronics manufacturing industry.* Anti-Corrosion Methods and Materials. 2007; 54(6): 354-359.
    http://dx.doi.org/10.1108/00035590710833510

3. López Badilla G, Valdez Salas B, Schorr Wiener M. *Spectroscopy analysis of corrosion in the electronic industry influenced by Santa Ana winds in marine environments of*

Mexico. En Orosa JA (Ed.). *Indoor And Outdoor Polluton*. Chapter 4. INTECH Ed. ISBN 978-953-307-310-1; Book, 2011.

4. Asociación de la Industria Maquiladora (AIM) y de Exportación de Tijuana. *Anuario Estadístico, 2011*.

5. Veleva L, Valdez B, Lopez G, Vargas L, Flores J. *Atmospheric corrosion of electro-electronics metals in urban desert simulated indoor environment*. Corrosion Engineering Science and Technology. 2008; 43(2): 149-155.
http://dx.doi.org/10.1179/174327808X286275

6. López Badilla G. *Caracterización de la corrosión en materiales utilizados en la industria electrónica de Mexicali*. Tesis Doctoral. 2008.

7. López Badilla G, Valdez Salas B, Schorr Wiener M. *Micro and nano corrosion in steel cans used in the food industry*. En Valdez Salas B, Schorr Wiener M (Eds.). *Scientific, Health and Social Aspects of the Food Industry*. Chapter 7. INTECH Ed. ISBN 978-953-307-916-5; Book, 2012.

8. Food Drug Administration (FDA). *FDA Food Industry Systems and Regulations*. 2012.
http://www.fda.gov/Food/ResourcesForYou/FoodIndustry/default.htm

9. Avella M, De Vlieger JJ, Errico ME, Fischer S, Vacca P, Volpe MG. *Biodegradablestarch/clay nanocomposite films for food packaging applications*. Food Chem. 2005; 93(3): 467-74. http://dx.doi.org/10.1016/j.foodchem.2004.10.024

10. Brody A, Strupinsky ER, Kline LR. *Odor removers*. En: Brody A, Strupinsky ER, Kline LR (Eds.). *Active packaging for food applications*. Lancaster, Pa.: Technomic Publishing Company, Inc.; 2001. Pp. 107-17.

11. Dubiel M, Hsu H, Chien CC, Newman DK. *Microbial Iron Respiration Can Protect Steel from Corrosion*. Applied and Environmental Microbiology. 2002: 1440-5.
http://dx.doi.org/10.1128/AEM.68.3.1440-1445.2002

12. López Badilla G, Valdez Salas B, Schorr Wiener M, Navarro GCR. *Microscopy and spectroscopy analysis of MEMS used in the electronics industry of Baja California Region, Mexico*. En López Badilla G, Valdez Salas B, Schorr Wiener M (Eds.). *Scientific, Health and Social Aspects of the Food Industry*. Chapter 9. INTECH Ed. ISBN 978-953-51-0674-6; Book, 2012.

13. Costerton JW, Stewart PS. *Battling biofilms*. Sci. Am. 2001; 285: 74-81.
http://dx.doi.org/10.1038/scientificamerican0701-74

14. Lord JB. *The food industry in the United States*. En Brody AL, Lord J (Eds.). *Developing new food products for a changing market place*. 2nd ed. Boca Raton, Fla.: CRS Press; 2008. Pp. 1-23.

15. Newman DK. *How bacteria respire minerals*. Science J. 2001; 292: 1312-3.
http://dx.doi.org/10.1126/science.1060572

16. Ray S, Easteal A, Quek SY, Chen XD. *The potential use of polymer-clay nanocomposites in food packaging*. Int J Food Eng. 2006; 2(4): 1-11.
http://dx.doi.org/10.2202/1556-3758.1149

17. Cooksey K. *Effectiveness of antimicrobial food packaging materials*. Food Addit Contam. 2005; 22(10): 980-7. http://dx.doi.org/10.1080/02652030500246164

18. Brody AL., Bugusu B, Han JH., Sand K, Mchugh TH. *Innovative Food Packing Solutions*. Journal of Food Science. 2008; 73(8).

19. Brown H, Williams J. *Packaged product quality and shelf life*. En Coles R, McDowell D, Kirwan MJ (Eds.). *Food packaging technology*. Oxford, U.K.: Blackwell Publishing Ltd.; 2003. Pp. 65-94.

20. Santa Ana Wind - NOAA's National Weather Service Glossary. NOAA National Weather Service. 2011.

21. Lenihan JM, Drapek R, Bachelet D, Neilson RP. *Climate change effects on vegetation distribution, carbon, and fire in California.* Ecological Applications. 2003; 13(6): 1667-81. http://dx.doi.org/10.1890/025295

22. Westerling AL, Cayan DR, Brown TI, Hall BL, Riddle LG. *Climate, Santa winds and autumn wildfires in the southern of California.* EOS, Transactions, American Geophysical Union; Eos. 3 August 2004; 85(31).

23. Moritz MA, Stephens SL. *Fire and sustainability: Considerations for California's altered future climate.* Climatic Change. 2008; 87 (Suppl 1): S265-71. http://dx.doi.org/10.1007/s10584-007-9361-1

24. Raphael MN. *The Santa Ana winds of California.* Earth Interactions. 2003; 7(8): 1-13. http://dx.doi.org/10.1175/1087-3562(2003)007<0001:TSAWOC>2.0.CO;2

25. López Badilla G, Valdez Salas B, Schorr Wiener M, Rosas GN, Tiznado VH, Soto HG. *Influence of climate factors on copper corrosion in electronic equipment and devices,* Anti-Corrosion Methods and Materials. 2010; 57(3): 148-152. http://dx.doi.org/10.1108/00035591011040119

26. López Badilla G, Tiznado VH, Soto HG, De la Cruz W, Valdez Salas B, Schorr Wiener M, Koytchev Zlatev R. *Corrosión de dispositivos electrónicos por contaminación atmosférica en interiores de plantas de ambientes áridos y marinos.* Nova Scientia. 2010; 5(3): 11-28.

27. Ibars JR, Moreno DA, Ranninger C. *Microbial corrosion in steel cans of food industry.* Electrochemical J. 2002: 123-9.

28. López Badilla G, Valdez Salas B, Schorr Wiener M, Zlatev R., Tiznado VH, Soto HG, De la Cruz W. *AES in corrosion of electronic devices in arid in marine environments.* Anti-Corrosion Methods and Materials. 2011; 6(8): 331-336. http://dx.doi.org/10.1108/00035591111178909

29. Rice DW, Peterson P, Rigby EB. *Atmospheric corrosion of electronic devices.* J. Air Polluiton. 2001; 51(7): 346-51.

30. Moncmanova A. (Ed.). *Environmental Deterioration of Materials.* WITPress. 2007: 108-12.

31. López Badilla G, Valdez Salas B, Koytchev Zlatev R, Flores PJ, Carrillo Beltrán M, Schorr Wiener M. *Corrosion of metals at indoor conditions in the electronics manufacturing industry.* Anti-Corrosion Methods and Materials, United Kingdom. 2007; 54(6); 354-9. http://dx.doi.org/10.1108/00035590710833510

32. Kim H. *Corrosion process of silver in environments containing 0.1 ppm H_2S and 1.2 ppm NO_2.* Materials and Corrosion. 2003; 54: 243-50. http://dx.doi.org/10.1002/maco.200390053

33. Kleber Ch, Wiesinger R, Schnöller J, Hilfrich U, Hutter H, Schereiner M. *Initial oxidation of silver surfaces by S_2^- and S_4^+ species.* Corrosion Science. 2008; 50: 1112-21. http://dx.doi.org/10.1016/j.corsci.2007.12.001

34. Walsh G, Azarm S, Balachandran B, Magrab EB, Herold K, Duncan J. *Engineers Guide to MATLAB.* Prentice Hall; 2010. ISBN-10: 0131991108.

35. Anoikin TV, Spratt GWD. *Microscopic corrosion in metals used in the food industry.* Atmospheric Pollution. 2003; 4: 56-61.

36. Asami K, Hashimoto K. *Auger spectroscopy analysis of materials used in the electronics industry.* Air Pollution J. 2007; 8(5): 178-83.

37. Bastidas JM, Mora N, Cano E, Polo JL. *Characterization of copper corrosion products originated in simulated uterine fluids and on packaged intrauterine devices.* Journal of Materials Science: Materials in Medicine. 2004; 12(5).

38. Clark AE, Pantan CG, Hench LL. *Auger Spectroscopic Analysis of Bioglass Corrosion Films.* Journal of the American Ceramic Society. 2006; 59 Issue 1-2: 37-9.

39. AHRAE; Handbook; *Heating, Ventilating and Ari-Conditioning;* applications; *American Society of Heating*, Refrigerating and Air-Conditioning Engineers Inc.; 1999.

40. Soroka, W. *Fundamentals of Packaging Technology.* Institute of Packaging Professionals (IoPP); 2002. ISBN 1-930268-25-4.

41. Yang CJ, Liang CH, Liu X. *Tarnishing of silver in environments with sulphur contamination.* Anti-Corrosion Methods and Materials. 2007; 54(1): 21-6. http://dx.doi.org/10.1108/00035590710717357

42. Environmental Protection Agency (EPA). *Sulfurs and nitrogen oxides air quality standards.* 2012. http://www.epa.gov/air/criteria.html

43. ISO 11844-1:2006. Corrosion of metals and alloys - Classification of low corrosivity of indoor atmospheres - Determination and estimation of indoor corrosivity. ISO, Geneva; 2006.

44. ISO 11844-2:2005. Corrosion of metals and alloys - Classification of low corrosivity of indoor atmospheres - Determination and estimation attack in indoor atmospheres. ISO, Geneva; 2005.

45. ISO 9223:1992. Corrosion of metals and alloys, Corrosivity of Atmospheres, Classification; 1992.

46. ASTM G91–97. Standard Practice for Monitoring Atmospheric SO2 Using the Sulfation Plate Technique (SPT); 2010.

47. ASTM G140-02. Standard Test Method for Determining Atmospheric Chloride DepositionRate by Wet Candle Method; 2008.

48. Valdez Salas B, Schorr Wiener M., Lopez BG, Carrillo Beltrán M, Koytchev Zlatev R, Stoycheva M, Dios Ocampo DJ, Vargas OL, Terrazas GJ. *H₂S Pollution and Its Effect on Corrosion of Electronic Components.* En López Badilla G, Valdez Salas B, Schorr Wiener M (Eds.). *Air Quality-New Perpective.* Chapter 13. INTECH Ed. ISBN 978-953-51-0674-6; Book, 2012.

Capítulo 9

Evaluación de estructuras de concreto reforzado en México, muelles

Mariela Rendón-Belmonte, Andrés Antonio Torres Acosta, Angelica Del Valle Moreno, José Trinidad Pérez Quiroz, Guadalupe Lomelí Gonzalez, Miguel Martínez Madrid

Instituto Mexicano del Transporte, México.

mbelmonte@imt.mx, atorres@imt.mx, avalle@imt.mx, jtperez@imt.mx, mglomeli@imt.mx, martinez@imt.mx

Doi: http://dx.doi.org/10.3926/oms.65

Referenciar este capítulo

Rendón Belmonte M, Torres Acosta AA, Del Valle Moreno A, Pérez Quiroz JT, Lomelí Gonzalez G, Martínez Madrid M. *Evaluación de estructuras de concreto reforzado en México, muelles*. En Valdéz Salas B, & Schorr Wiener M (Eds.). *Corrosión y preservación de la infraestructura industrial*. Barcelona, España: OmniaScience; 2013. pp. 175-205.

1. Introducción

La actividad económica de México y sus tratados de libre comercio han dado un importante vuelco en una creciente demanda de servicios en puertos para transportar mercancías de y hacia territorio nacional así como turismo de cruceros; esto ha conllevado un sensible desarrollo de infraestructura portuaria que posicione al país en un entorno económico más favorable y competitivo a nivel mundial. La operación de todos los puertos en México se circunscriben a aquellos administrados de manera Federal y aquellos privados. Dentro de los Federales, hay 16 que son operados como empresas paraestatales con participación mayoritaria del gobierno federal, denominadas las Administradoras Portuarias Integrales, API's mismas que tienen una dependencia orgánica de la Secretaría de Comunicaciones y Transportes. Los puertos federales de México con infraestructura importante son: Ensenada, Guaymas, Topolobampo, Mazatlán, Puerto Vallarta, Manzanillo, Lázaro Cárdenas, Salina Cruz, Puerto Chiapas, Coatzacoalcos, Dos Bocas, Progreso, Veracruz, Tuxpan, Tampico y Altamira. Ver Figura 1.

Estos puertos requieren de una continua inversión en mantenimiento y adecuación de su infraestructura para poder cabida con calidad internacional, a todos los servicios que hagan posible el ingreso de la mercancía, hasta su despacho al destino final, así como brindar servicios adecuados y atractivos a los visitantes que allí desembarcan.

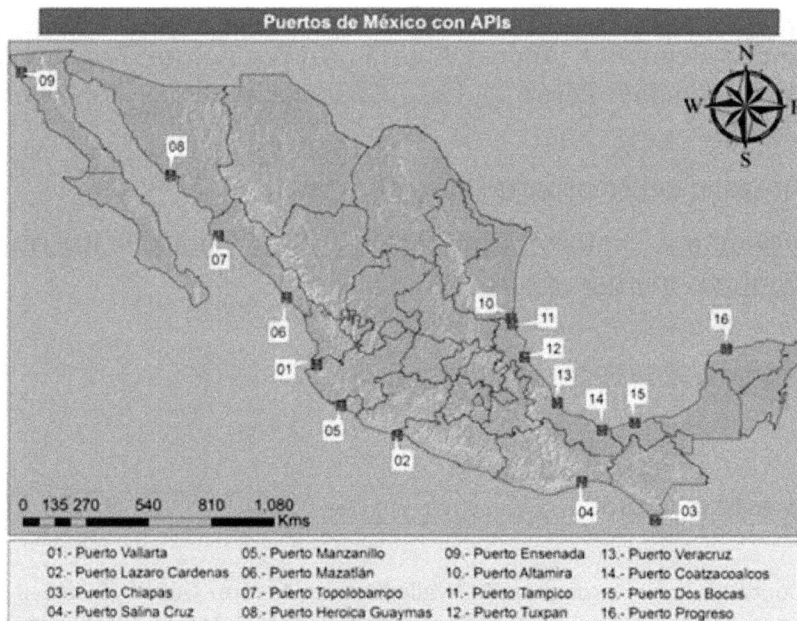

Figura 1. Puertos de México administrados por la Secretaría de Comunicaciones y Transportes [1]

Por la importancia de los puertos, la Administración Portuaria Integral trabaja de manera permanente en su conservación para preservarlos y alargar su vida útil. El Instituto Mexicano del Transporte (IMT) centro de investigación de la SCT, ha realizado evaluaciones y diagnósticos de manera general de todos los muelles construidos con concreto reforzado. A la fecha se han evaluado detalladamente 4 puertos federales identificados para este caso como puertos A, B, C y D. Este capítulo describe la metodología utilizada para la evaluación general del deterioro estructural de la infraestructura portuaria federal y presenta resultados de algunos de los muelles evaluados a la fecha.

Las excepcionales propiedades del concreto lo colocaron como el material preferido de construcción más utilizado desde finales del siglo XIX hasta nuestros días; sin embargo, su vida útil se ciñe en su forma de fabricación, servicio que prestará y las condiciones ambientales a las que estará operando. Lo ideal es que una obra de concreto se mantenga en buen estado estructural, químico y estético por tiempo indefinido sin reparaciones o rehabilitaciones costosas, pero en la realidad esto es prácticamente imposible de alcanzar, ya que la sobre-operación misma del puente o muelle y la interacción con el medio ambiente causan su deterioro prematuro. La carbonatación y la presencia de cloruros a nivel del acero de refuerzo se consideran los mecanismos principales de corrosión del acero de refuerzo y degradación del concreto.[2]

Existen numerosas tecnologías para prevenir y reparar daños causados por corrosión. Las estrategias para retrasar el inicio de la corrosión en estructuras nuevas se categorizan como estrategias de "prevención"; las tecnologías y materiales desarrollados para reparar el daño inducido por corrosión son referidos como "reparación" y el término que se utiliza sí el propósito elimina, controla la causa o interfiere con el proceso de deterioro es "rehabilitación". Para diseñar la estrategia adecuada, es necesario primero realizar una evaluación detallada para conocer el nivel del avance del daño por deterioro de la estructura.[3]

Existen dos métodos de evaluación que se interrelacionan mutuamente; a) Método Simplificado y b) Método Detallado. El uso de uno y otro depende de los alcances de la evaluación, la información disponible, el interés del propietario de la estructura y el costo de la evaluación.[4]

a) El Método Simplificado (MS) consiste en establecer un nivel del estado de la estructura actual y recomienda los periodos de inspección o evaluación necesarios. Este método orillará a los dueños de la estructura y a los evaluadores, a definir si es necesaria una evaluación posterior más detallada. El MS está basado en la ponderación adecuada de diversos aspectos relativos no sólo a la tipología estructural sino también al proceso de corrosión a través de un índice de corrosión y un índice estructural. Está especialmente diseñado para administraciones (públicas o privadas) que posean una extensión importante de estructuras y cuyo primer nivel de conocimientos sea el establecimiento de una jerarquía de intervención en función de unos presupuestos siempre limitados. También para aquellos propietarios con recursos limitados o cuando se trate de realizar una Evaluación Preliminar de estructuras singulares. Aunque la teoría empleada en el desarrollo de estos índices puede ser aplicada fácilmente a obras públicas (diques, puentes, etc.) es necesario remarcar que los índices han sido calibrados de momento exclusivamente para edificación donde cada elemento posee una clara distinción estructural. Su aplicación por tanto es para puentes o grandes estructuras, aunque posible, debe ser tomada con precaución y trabajada por el equipo evaluador.

b) El Método Detallado (MD) consiste en un análisis riguroso de la estructura, elemento a elemento, teniendo en cuenta los efectos de la corrosión de las armaduras en la sección concreto–acero. Sirve también para el establecimiento de la reducción de la capacidad portante con el tiempo de exposición. El método tiene como base fundamental el conocimiento de la reducción de la sección de acero y del concreto, así como la determinación de la velocidad de corrosión representativa que aporta la posibilidad de predecir la evolución futura.

Independientemente del método, deberán valorarse los siguientes criterios:

- Objetivo e importancia de la evaluación.

- Número de elementos a evaluar y extensión del daño.

- Resultados de otras inspecciones anteriores.

- Nivel de información necesario o datos disponibles.

- Presupuesto e interés del propietario de la estructura.

El proceso de la evaluación consiste básicamente en cinco etapas:

- *Fase de inspección* que permita recopilar todos aquellos aspectos relevantes concernientes a la estructura y su entorno.

- *Determinación de los efectos de la corrosión* sobre el concreto y el acero, y en concreto cómo afecta el deterioro a la adherencia, a la sección de las armaduras, a la geometría de la sección de concreto y a la fisuración del recubrimiento.

- *Evaluación de acciones y análisis*, considerando las posibles reducciones de las secciones masivas.

- Determinación de la capacidad resistente a partir de las *propiedades de los materiales* modificadas por el efecto de la corrosión.

- *Verificación del comportamiento estructural* tanto en el estado actual (diagnosis) como en el futuro (prognosis) a partir de la aplicación de la "Teoría de los Estados Límite".

Los objetivos principales de la inspección serán entonces:

- Identificación del principal mecanismo de deterioro y determinar si pueden estar produciéndose otros procesos de manera simultánea.

- Levantamiento de daños.

- Primera selección de sitios para futuros ensayos.

Para llevar a cabo una correcta *evaluación* es necesaria realizar una serie de actividades previas que permitan recopilar todos aquellos aspectos relevantes concernientes a la estructura y su entorno. En este caso se consideran tres etapas previas: *Inspección visual preliminar, trabajos de oficina* y *trabajos in situ*.

En la Tabla 1 se muestra la clasificación y su contenido.

INSPECCIÓN VISUAL PRELIMINAR	
Objetivo	**Información necesaria**
Identificación del mecanismo de deterioro	Cloruros / carbonatación, corrosión bajo tensión.
Levantamiento de daños	Localización, frente del agresivo, mapa de fisuración, desprendimientos, pérdida de sección.
Formación de lotes	Tipología estructural, agresividad ambiental, nivel de daño.
Selección de sitios para ensayos	Lotes, mecanismo de deterioro.

TRABAJO DE OFICINA	
Recopilación de información	- Cálculos, modelos estructurales. - Histórico de acciones. - Edad de la estructura.
Clasificación ambiental	Datos de clima, fenómenos ambientales: lluvia, humedad, contenido de cloruros.
Formación de lotes	Tipología estructural, agresividad ambiental, nivel de daño.
ENSAYOS IN SITU	
Ensayos	Carbonatación y contenido de cloruros, microestructura del concreto, resistencia mecánica, intensidad de corrosión y resistividad.
Mediciones	Geometría y dimensiones de los elementos, cargas actuantes, detalle de armado, espesor de recubrimientos y pérdida de sección.

Tabla 1. Etapas durante la fase de inspección [4]

1.1. Inspección visual preliminar

La primera etapa es la determinación de si está llevándose a cabo un proceso de corrosión o no y de si éste puede darse en el futuro. Por tanto, debe llevarse a cabo una inspección visual de todos los componentes de la estructura y debe centrarse en la detección y registro de signos de deterioro propios de un proceso de corrosión, como el color y extensión de manchas de óxido, localización y tamaño de fisuras en el concreto o desprendimientos de recubrimiento.[4]

Aún en el caso de que no se detecten síntomas visibles de deterioro debido a corrosión, se debe considerar la agresividad del ambiente en el que se encuentra la estructura, pudiendo dar lugar a fenómenos de corrosión en el futuro (humedad junto con carbonatación o presencia de cloruros en el recubrimiento).

Para la identificación de la clase de exposición se recomienda considerar los siguientes aspectos relacionados con el ambiente:

1. Si hay presencia o no de cloruros, teniendo en cuenta las tres posibles fuentes de éstos:

    a) En la masa (en el caso de construcciones del siglo XX o en zonas donde no es posible encontrar agua pura o áridos limpios).

    b) Añadidos externamente mediante sales fundentes o a través de productos químicos en contacto con el concreto (plantas industriales).

    c) Ambientes marinos.

2. La distancia de la superficie del concreto al origen de cloruros o el origen de humedad.

3. En ausencia de cloruros, serán entonces la carbonatación el agresivo a considerar. La humedad en contacto con el concreto es el principal factor, y en este sentido el concreto puede localizarse:

    a. Sujeto a ciclos de secado-humectación.

    b. Permanentemente mojado en contacto con una fuente de humedad.

Para el caso de muelles, en general el ambiente es marino y el principal deterioro es por ciclos de humectación-secado y presencia de cloruros. Aunque algunos están ubicados en zonas en donde la contaminación industrial es considerable, como el caso de los muelles cercanos a industria petroquímica o cementera, la cual genera gran cantidad de contaminantes como dióxidos de azufre o carbono o también por la contaminación que se genera por el manejo y derrame de sustancias químicas agresivas, como es el caso de fertilizantes o sustancias a granel (nitratos y sulfatos). En estos casos es menester cuantificar el nivel de deterioro específico del concreto en las zonas de los muelles afectados, valorando no nada más el avance del proceso corrosivo, sino la descomposición de sus propiedades mecánicas y físicas.

1.2. Trabajo de oficina

Junto con la inspección visual preliminar, es necesario llevar a cabo trabajo en oficina para recopilar la información necesaria acerca de la estructura,[4] tal como

toda la documentación posible acerca de las modificaciones del proyecto de la estructura, inspecciones previas, operaciones de mantenimiento y reparaciones que se hayan llevado a cabo en la estructura a evaluar. Los documentos de mayor interés pueden ser:

- Cálculos y modelos estructurales.
- Planos de diseño.
- Planos de construcción.
- Informes de inspecciones anteriores.
- Informes de operaciones de mantenimiento.
- Informes de reparaciones.
- Fotografías.
- Información técnica del constructor, características de los materiales de construcción.
- Tránsito diario promedio anual (TDPA).

1.2.1. Formación de lotes

Una vez que se ha realizado la inspección preliminar, la estructura puede dividirse en diferentes zonas representativas. Los elementos estructurales pueden clasificarse en grupos de elementos homogéneos atendiendo los siguientes aspectos:

- Tipología estructural: flexión, compresión, elementos en masa, prefabricados, ...
- Exposición ambiental.
- Nivel de daño, a partir del levantamiento realizado durante la inspección visual.

Aquellas zonas de la estructura que se consideren más críticas o que sean más vulnerables al deterioro deberían considerarse independientemente para realizar un estudio más detallado de las mismas. Entre este tipo de zonas se pueden citar:

- Áreas sometidas a elevados esfuerzos en servicio.
- Áreas con posibles fallos debido a los procedimientos constructivos empleados.

- Áreas sujetas a cargas ambientales elevadas o localizadas en ambientes especialmente agresivos.

Esta clasificación es fundamental al momento de definir lotes de elementos homogéneos, ya que las decisiones a tomar tras la evaluación pueden ser diferentes para cada lote y que afectarán a todos los elementos que los componen.

1.3. Ensayos *in situ*

Una vez que se dispone de toda la documentación acerca de la estructura y que se dispone de los datos de la inspección visual, es posible planificar una inspección más detallada de la misma. Dicha inspección debe proporcionar los datos necesarios para caracterizar totalmente los lotes en que se ha dividido la estructura de tal forma que se pueda realizar un diagnóstico de la situación en que se encuentran, y delimitar su comportamiento futuro (predicción).[4]

Por tanto, en primer lugar debe establecerse un plan de ensayos en el que se reflejarán el número y tipo de ensayos a realizar y qué información se pretende obtener de cada uno de ellos para caracterizar los lotes.

Este plan debe elaborarse teniendo en cuenta la influencia de los datos que se obtengan en el proceso de evaluación. Al ser un procedimiento con un costo elevado, la planificación de ensayos debe realizarse meticulosamente, teniendo en cuenta los siguientes aspectos:

- Tipo de ensayos a realizar.
- Número de medidas necesarias para obtener un valor representativo.
- Limitaciones de los métodos de ensayo.
- Localización de los ensayos.
- La necesidad de contar con medios auxiliares.

Los ensayos deben orientarse a la cuantificación de aquellos parámetros que sean relevantes para la diagnosis y la prognosis de la estructura. Los ensayos realizados, se describen a continuación.

1.3.1. Detalle del refuerzo

Al momento de realizar una evaluación de este tipo es necesario conocer tres aspectos básicos referentes al detalle del refuerzo:[4]

- Espesor de recubrimiento.
- Localización del refuerzo (esta información no siempre es proporcionada por los planos de la estructura).
- Sección transversal de las barras.

El recubrimiento actúa como una barrera física entre el refuerzo y el ambiente al que se encuentra expuesta la estructura. Dependiendo de sus características, el acceso de los agresivos que provocan corrosión se producirá lenta o rápidamente. El tipo de daño esperado vendrá también influenciado por el espesor de recubrimiento y su relación con el diámetro del refuerzo.

Para los trabajos tanto de inspección como de reparación es necesario conocer exactamente la localización y principales características del refuerzo (número de barras, diámetro, etc.)

La medida del espesor de recubrimiento tiene sentido realizarla en dos momentos de la vida de una estructura. En la época de la construcción, para comprobar que se ajusta a las especificaciones de diseño, y cuando se tiene noticia de que se está produciendo un proceso de corrosión. La variabilidad del espesor de recubrimiento es un parámetro fundamental para un correcto análisis de la vida residual de la estructura.

El método más habitual de medida del recubrimiento y de localización del refuerzo es el empleo de pacómetros. Estos aparatos están basados en las diferentes propiedades electromagnéticas del acero y del concreto que las rodea. Cuando un campo magnético alterno afecta a un circuito eléctrico, se induce un potencial que es proporcional a la velocidad de cambio del flujo magnético a través del área encerrada por dicho circuito. Este principio de inducción electromagnética es el que permite a los pacómetros medir los cambios en el campo magnético producidos por la presencia del acero de refuerzo.

La ventaja de este método radica en su bajo costo y en el corto tiempo de ejecución, de tal forma que pueden explorarse amplias áreas con facilidad. El número de puntos para determinar la posición, espesor de recubrimiento y tipo del refuerzo dependerá de la tipología estructural y de la geometría del elemento, pero al menos deberán caracterizarse completamente aquellas zonas que estén sometidas a los mayores esfuerzos.

1.3.2. Resistencia mecánica

La extracción de testigos (o también nombrados corazones) es la forma más habitual para determinar la resistencia mecánica del concreto en estructuras existentes,[5] mientras que el ensayo mecánico se realiza considerando la metodología descrita en la o norma ASTM C-109.[6]

Las dimensiones de las probetas suelen ser de 250 mm de largo y un diámetro de 100 mm, de tal forma que se obtenga una relación 1:2 (diámetro:altura). Para obtener un valor estadísticamente representativo, se extraen al menos tres testigos de cada lote, procurando que sean extraídos de distintas zonas del lote. La Figura 2, presenta el procedimiento de extracción y ensayo de núcleos.

La extracción de testigos puede combinarse con el uso de técnicas no destructivas como *ultrasonido o método de rebote y penetración (también llamado esclerometría)*, de tal forma que se pueden calificar amplias zonas de la estructura.

1.3.3. Ultrasonido

La inspección mediante ultrasonido es un método no destructivo que mide la velocidad de propagación de ondas de sonido en un material y se emplea en aplicaciones estructurales para evaluar el estado de materiales como el concreto. Este método se describe en detalle en la norma ASTM C 597-09.[7]

Este método ha sido empleado en la evaluación de la uniformidad y calidad relativa del concreto y en la localización de defectos como fisuras o coqueras de elementos estructurales que presentan dos caras accesibles como vigas, losas y soportes.

Figura 2. a) b) y c) Muestran la extracción de núcleos y d) el ensayo mecánico

Mediante una correcta interpretación de los resultados, es posible obtener información acerca de procesos de corrosión que puedan estar produciéndose en el elemento.

El método se basa en la relación existente entre la calidad del concreto y la velocidad de un pulso ultrasónico a través del material. Se han realizado numerosos intentos de correlacionar la velocidad del pulso con la resistencia a compresión. La idea básica es que la velocidad del pulso es función de la densidad del material y de la rigidez, estando ambos parámetros relacionados con la resistencia a compresión. Sin embargo, únicamente se han obtenido resultados parciales. Existen numerosas variables que afectan la resistencia a compresión del concreto (relación a/c, tipo y forma del agregado, tamaño de la muestra, contenido de cemento, etc.) pero no todos ellos afectan a la velocidad del pulso. Se acepta que es un buen indicador de la resistencia a edad temprana o de la homogeneidad del material en diferentes puntos del elemento estructural a evaluar.

Puede aplicarse en cualquier parte de la estructura en la que el concreto aparenta ser uniforme, para este caso se aplica el siguiente criterio para la velocidad del pulso, Tabla 2.

Velocidad (m/s)	Calidad del recubrimiento
> 4000	durable
3001-4000	alta
2001-3000	normal
< 2000	deficiente

Tabla 2. Criterios para la velocidad de pulso de concretos durables[8,9]

1.3.4. Método de rebote o esclerometría

Este ensayo permite tener una idea de la calidad de la concreto, homogeneidad y en algunos casos la resistencia a la compresión, aunque principalmente mide la dureza superficial del concreto. Consiste en medir un índice esclerómetro o un número de rebote de martillo obtenido directamente del impacto del esclerómetro de reflexión sobre el área de ensayo. Estos ensayos se realizan de acuerdo a la norma ASTM C 805-08.[10] Figura 3.

Como el método proporciona un valor de la dureza de la superficie, a veces se toma como válido este método para determinar la resistencia a la compresión de un elemento estructural de concreto. Pero debe de considerarse que el concreto en la superficie de un elemento estructural, sufre de carbonatación, por lo que su microestructura ha sido modificada mediante el llenado de productos de carbonatación de las fases hidratadas. Esto hace que el resultado sea más elevado que lo que realmente el concreto de la estructura posee.

Figura 3. Muestra el ensayo de esclerometría

La resistividad eléctrica del concreto es, junto con la disponibilidad de oxígeno, uno de los parámetros del material más influyentes en la intensidad de corrosión. Su medición es cada vez más empleada junto con el mapeo de potencial en el seguimiento e inspección de estructuras para determinar la gravedad de los problemas de corrosión que pueden presentarse. La resistividad proporciona información acerca del riesgo de corrosión temprana, porque se ha demostrado que existe una relación lineal entre la intensidad de corrosión y la conductividad electrolítica, esto es, que una baja resistividad está correlacionada con una alta intensidad de corrosión.

Aunque es necesario mencionar que la intensidad de corrosión no está controlada únicamente por la resistividad del concreto, de tal forma que este parámetro no puede considerarse como el factor determinante para definir o prevenir un daño potencial en la estructura y establecer la necesidad de aplicar técnicas preventivas o de reparación.[4,9]

Existen tres formas diferentes de medir la resistividad:

- Directamente en la superficie de la estructura.

- En testigos.

- Empleando sensores embebidos.

Para este caso, la resistividad se mide mediante la técnica de Wenner.[9,11] Este método emplea cuatro electrodos equi-espaciados y humectados con un líquido conductor (regularmente se usa agua) que proporcione un buen contacto con la superficie del concreto. Se pasa una corriente alterna conocida (generalmente con una frecuencia entre 50 y 1000 Hz) entre los electrodos externos y se mide la diferencia de potencial entre los interiores.

Las recomendaciones para realizar esta medida de resistividad del concreto son, principalmente, que se realicen utilizando los testigos extraídos de la estructura de concreto, previamente humedecidos hasta saturación del espécimen de concreto. De esta manera se elimina la variable de la posible falta de electrolito (humedad o agua) del concreto en el ambiente al que está expuesto. Así es como los criterios de resistividad eléctrica del material se definen, en la Tabla 3, para concretos saturados de agua.

Intervalo	Criterio
P > 200 kohm·cm	Poco riesgo
200 >P> 10 kohm·cm	Riesgo moderado
P < 10 kohm·cm	Alto riesgo

Tabla 3. Criterios para resistividad de concretos durables[9]

1.3.5. Porosidad

La porosidad se considera que está directamente relacionada con la durabilidad del concreto cuando éste se encuentra en un ambiente agresivo. La red de poros (permeabilidad) es el camino empleado por los agresivos externos para penetrar en el concreto. Para este caso, la técnica que se emplea es la absorción capilar, metodología que consiste en obtener muestras de los núcleos de concreto extraídos y someterlos a un pre-acondicionamiento de secado y posteriormente ponerlos en contacto en agua.[9] Ver Figura 4.

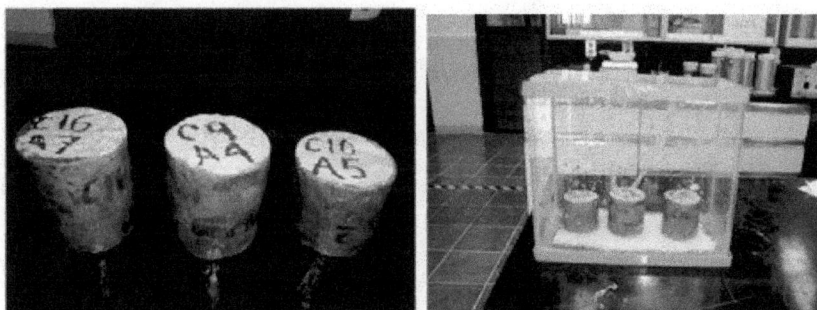

Figura 4. Obtención de porosidad

El ensayo se realiza sobre especímenes de espesor H ≤ 50 mm (recomendándose de 20 a 30 mm para concretos especiales), luego de un pre-acondicionamiento de secado a 50°C por 48 h para asegurar un peso constante y posterior enfriamiento en desecador. Luego de registrar su peso inicial, W_0 la muestra se coloca sobre una esponja húmeda en el interior de una cubeta de fondo plano teniendo cuidado de que el agua llegue a 3 mm por encima de la parte inferior de la probeta de ensayo. Previamente los cubos son cubiertos con cera en las áreas laterales del espécimen. A lo largo del ensayo se mantiene cubierto el recipiente para evitar la evaporación. El cambio de peso $(W_t - W_0)$ de la probeta por unidad de área expuesta del espécimen se registra a intervalos de tiempo de 1/12, 1/6, 1/4, 1/2, 1, 2, 3, 4, 6, 24, 40 horas.[9]

Los coeficientes se calculan en base a las siguientes ecuaciones:

$$m = \frac{t}{z^2} \, (s / m^2)$$

(1)

Ecuación 1. Coeficiente *m*. Donde *z* representa la profundidad de penetración del agua en tiempo *t*

$$k = \frac{(W_t - W_o) / A}{\sqrt{t}} \; (\text{kg/m}^2\text{s}^{1/2})$$

(2)

Ecuación 2. Coeficiente *k*

Porosidad efectiva = $\varepsilon e = \dfrac{k\sqrt{m}}{1000} \, (\%)$

(3)

Ecuación 3. Porosidad efectiva

El coeficiente *k* puede ser evaluado como la pendiente de la región lineal del gráfico $(W_t - W_0)/A$ en función de $\sqrt{t}$

El coeficiente *m* puede ser determinado calculando el tiempo requerido para que el agua ascienda a la cara superior de la probeta, es decir, cuando $z = H$

Con la anterior información la Absorción Capilar *S*, se calcula como:

$$S = \frac{1}{\sqrt{m}} \; (\text{mm/h}^{1/2}) \, o \, (\text{m/s}^{1/2})$$

(4)

Ecuación 4. Absorción Capilar, *S*

Con los resultados obtenidos por esta prueba, se puede también determinar si el concreto es durable, según los criterios que se presentan en la Tabla 4.

Porcentaje (%)	criterio
≤10	Concreto de buena calidad y compacidad
10-15	Concreto de moderada calidad
>15	Concreto de durabilidad inadecuada

Tabla 4. Criterios de evaluación de porcentaje de porosidad[9]

1.3.6. Penetración del frente de agresivo: avance de carbonatación y de cloruros

Avance de carbonatación

Para determinar la *profundidad de carbonatación*, X_{CO2}, es necesario exponer una superficie de concreto. El avance del agresivo se determina añadiendo fenolftaleína y observando las variaciones de color en función del pH del concreto, como se ve en la Figura 5.[9] Deben realizarse al menos cuatro medidas del espesor de la zona incolora, incluyendo los valores máximo y mínimo obtenidos.

El frente de carbonatación puede medirse, de preferencia, en los testigos que se extraigan para obtener la resistencia mecánica del concreto. Estos testigos deben de partirse en dos partes longitudinales para que la prueba de carbonatación se haga en una superficie no contaminada por los polvos del procedimiento de extracción. Para ello el método más común es realizar una prueba de resistencia a la tensión indirecta, o método brasileño, para así partir el testigo longitudinalmente en dos partes.

Existe la posibilidad de realizar esta prueba de carbonatación sobre la superficie exterior de los testigos extraídos o usando la cala que queda de la extracción, antes de ser rellenada o resanada con mortero. Esto no es recomendable por la situación de contaminación de ambas superficies (testigo o de la cala) por los polvos que se generan durante el proceso de extracción del propio testigo con el equipo extractor.

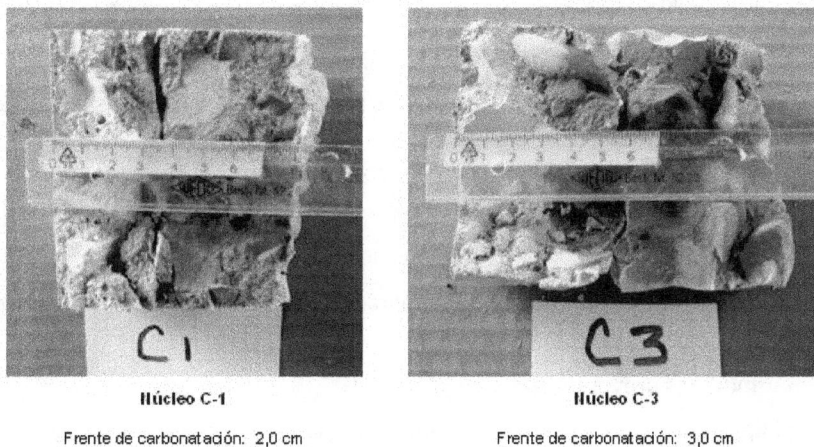

Núcleo C-1

Frente de carbonatación: 2,0 cm

Núcleo C-3

Frente de carbonatación: 3,0 cm

Figura 5. Perfil de carbonatación

Avance de cloruros

En cuanto al *avance de cloruros*, existen varios métodos que pueden aplicarse para determinar el contenido total de cloruros en el concreto. Los ensayos se llevan a cabo sobre muestras de polvo tomadas de taladros en la estructura realizados a diferentes profundidades. Cuando el recubrimiento está fisurado o desprendido, pueden emplearse los fragmentos para realizar los análisis químicos. El objetivo final es determinar el perfil o gradiente de cloruros desde la superficie hacia el interior e identificar el umbral de cloruros que produce la despasivación de las armaduras. Los perfiles de cloruros pueden obtenerse a partir de testigos que luego son cortados milímetro a milímetro.

El método utilizado para determinar el contenido total de cloruros en campo es el método potenciométrico, ver Figura 6.

1.3.7. Potencial de corrosión e intensidad de corrosión.

Potencial de corrosión

La corrosión lleva a la coexistencia de zonas pasivas y activas en la misma barra, provocando cortocircuitos en los que la zona que se está corroyendo actúa como un ánodo y la pasiva como cátodo. La diferencia de voltaje en este macro elemento induce un flujo de corriente a través del concreto con un campo eléctrico, que puede representarse como líneas equipotenciales que permiten estudiar el estado de un metal en su entorno.

Figura 6. Extracción de muestras y equipo para análisis de cloruros

El principal objetivo de las medidas de potencial es localizar áreas en las que la armadura está pasiva y que es susceptible de corroerse si se dan las condiciones oportunas de humedad y presencia de oxígeno. Además, puede emplearse para:

- Localizar y definir aquellas zonas en las que deben realizarse otros ensayos para determinar de forma precisa y económica en qué estado se encuentra la estructura.

- Evaluar la eficiencia de trabajos de reparación mediante el control del estado de la corrosión.

- Diseñar medidas preventivas.

La metodología empleada es la descrita en la norma ASTM C876-09 que establece un umbral de -350 mV CSE.[12] Valores menores de potencial sugieren corrosión con un intervalo del 95 %, si el potencial es mayor de -200 mV, existe una probabilidad mayor del 90% de que no se esté produciendo corrosión y para aquellos valores entre -200 y -350 mV el resultado es incierto. Figura 7 muestra el procedimiento de medición. Existen diferentes aspectos que deben tenerse en cuenta a la hora de realizar medidas de potencial:

- Contenido en humedad del concreto. Los cambios en el contenido en humedad pueden provocar diferencias de potencial de hasta ±200 mV, por lo que es importante considerar no sólo diferentes condiciones de humedad en un punto determinado sino también los cambios a lo largo de la estructura. Los valores de potencial son más negativos cuanto mayor es la humedad del concreto.

- Contenido de cloruros. La experiencia en campo ha demostrado que existe cierta correlación entre el contenido en cloruros y los valores de potencial, coincidiendo los valores más negativos con aquellas áreas de mayor contenido en cloruros.

- Carbonatación. Como la carbonatación produce un incremento de la resistividad del concreto, los valores de potencial son más positivos tanto para las zonas pasivas como en las que las armaduras están corroyéndose.

- Espesor de recubrimiento. A medida que es mayor el recubrimiento, la diferencia entre los potenciales de zonas activas y pasivas es menor, tendiendo hacia un valor uniforme de potencial. Por tanto, la localización de pequeñas zonas activas es más difícil a medida que aumenta el recubrimiento.

- Efectos de polarización. El ánodo polariza las barras pasivas en la proximidad del área que se está corroyendo hacia potenciales negativos. El paso de potenciales hacia valores más negativos es mayor en concreto con resistividad baja que alta, lo que lleva la mejor detección de las áreas pequeñas de corrosión en el primer caso pero no en el segundo ya que la polarización que se produce es menor.

- Contenido en oxígeno. Las condiciones de aireación como la accesibilidad del oxígeno determinan los valores de potencial para acero pasivo. Un contenido bajo en oxígeno produce una disminución pronunciada en el valor del potencial, mientras que en concreto húmedo, con una difusión muy baja del oxígeno, puede producir un incremento del potencial tal que zonas de refuerzo pasivo muestren valores de potencial similares a los de zonas activas.

Figura 7. Muestra la medición de potencial de corrosión

Intensidad de corrosión

La medida de la intensidad de corrosión, indica la cantidad de metal que se transforma en óxido por unidad de superficie de armadura y tiempo. La cantidad generada de óxidos está directamente relacionada con la fisuración del recubrimiento de concreto y la pérdida de adherencia, mientras que la reducción en la sección transversal del acero afecta a la capacidad portante de la estructura. Por tanto, la velocidad de corrosión es un indicador de la velocidad de descenso de la capacidad portante de la estructura.[4]

La técnica empleada para medir intensidad de corrosión es mediante un electrodo de referencia, que indica el potencial eléctrico y un electrodo auxiliar que proporciona la corriente. En las medidas *in situ* se emplea un anillo de guarda modulado por dos electrodos de referencia para confinar la corriente en una superficie de armadura determinada. Si no se confina la señal de forma modulada, se obtendrían valores muy elevados y por tanto se sobrestimaría el riesgo de corrosión (Figura 8).

Figura 8. Muestra la medición de intensidad de corrosión

2. Resultados. Evaluación de muelles mexicanos

2.1. Generalidades de la estructura (puerto A)

En este punto se describen resultados obtenidos de la evaluación detallada de uno de los puertos evaluados a la fecha, que para este caso se denomina puerto A.

El Puerto A está situado en el Golfo de California, sobre la costa del estado de Sonora, este puerto es un nodo importante de comunicación marítima del Noroeste de la República Mexicana, siendo punto de distribución estratégico tanto para internar productos al país como salida de ellos hacia otras partes de México y del mundo. El Recinto Portuario, administrado desde 1995 por la Administración Portuaria Integral tiene una extensión de 149 ha, con un canal de acceso de 4,2 km de longitud, 150 m de amplitud y alrededor de 13 m de profundidad. El muelle consta de 6 posiciones de atraque, dos de ellas de 13 m de profundidad. Para la conformación del muelle y su extensión actual fue necesario aplicar rellenos para ampliar la superficie de terreno al mar, aprovechando las características físicas de la bahía. En esta saliente extendida artificialmente se ubicó el muelle con la disposición de dos bandas, la Banda Este, con orientación norte-sur, compuesto por los tramos 1, 2, 3 y 4; y la Banda Sur, con orientación este-oeste, compuesta por los tramos 5 y 6, indicados en la Figura 9.

Los seis tramos poseen características constructivas diferentes. De los seis, el tramo 1 consiste en una serie de losas de concreto tendidas sobre tierra firme contenida por muros de concreto, mientras que los restantes son losas por encima del mar. El tramo 2, de 18,5 m de ancho y 200 m de longitud, se compone de losas soportadas por pilas circulares de 1,5 m de diámetro, dispuestas en un arreglo cuadrado de 6,5 m de lado. Como característica propia, en la dirección este-oeste corren trabes de soporte de la losa sobre las pilas, proveyéndole refuerzo transversal. En los tramos 3, 4, 5 y 6 las losas están soportadas por pilotes cuadrados, originalmente de 0,5 m de sección, en posiciones vertical e inclinada. Figura 10.

La evaluación de los daños por corrosión de la estructura fue realizada sobre las pilas y pilotes de los Tramos 2 al 6 del muelle del puerto (Figura 9).

Figura 9. Plano del recinto portuario, puerto A[13]

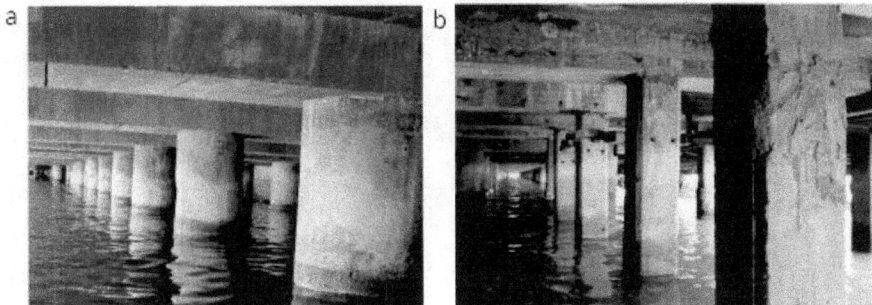

Figura 10. Muestra la subestructura del muelle. a) Pilas circulares y trabes de soporte del tramo 2 y b) pilotes de soporte de la losa en muelles 3 a 6

2.1.1. Inspección visual preliminar (puerto A)

La mayoría de los pilotes han sido reparados en diferentes etapas para mitigar los daños por corrosión. Muchas de éstas reparaciones se conservan en buen estado, pero una buena cantidad presenta deterioro. Se desconoce la fecha de las reparaciones pero al parecer el procedimiento fue el mismo: retiro del concreto deteriorado, limpieza y "posible reparación del acero existente" y recuperación con un colado de concreto de mayor sección que la original. Algunas de éstas reparaciones tienen sección rectangular, otras, la mayor parte, tienen sección circular. La Figura 11 muestra los principales daños detectados en los tramos 2 al 6: pérdida de sección de acero, manchas de óxido, acero descubierto, desprendimiento de concreto.

Figura 11. Daños encontrados en la inspección visual del puerto A

En algunos casos, la corrosión es local, justo encima o debajo de donde se ha realizado la reparación, con destrucción del recubrimiento y dejando en alto riesgo estructural a los pilotes puesto que todo el peso descansa únicamente en el acero corroído (Figura 12 a), además se observan áreas extensas delaminadas y con pérdida significativa de sección en el acero de refuerzo longitudinal y pérdida total en el acero transversal (Figura 12 b).

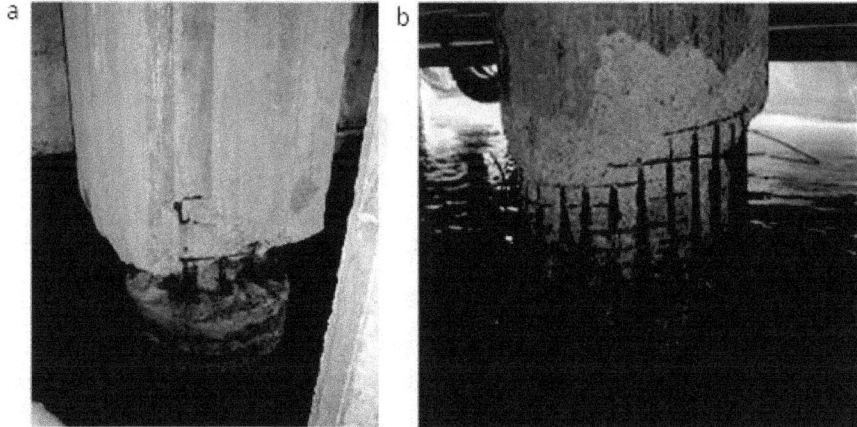

*Figura 12. a) Muestra la destrucción del recubrimiento y acero corroído y b) áreas
con pérdida significativa de hacer en el puerto A*

En las zonas donde se localizan las juntas constructivas entre dos tramos consecutivos del muelle, muestra problemas de filtración y acumulación de humedad, lo que provocó que las trabes que se encuentran delimitando la junta y las losas colindantes presenten problemas de corrosión (Figura 13).

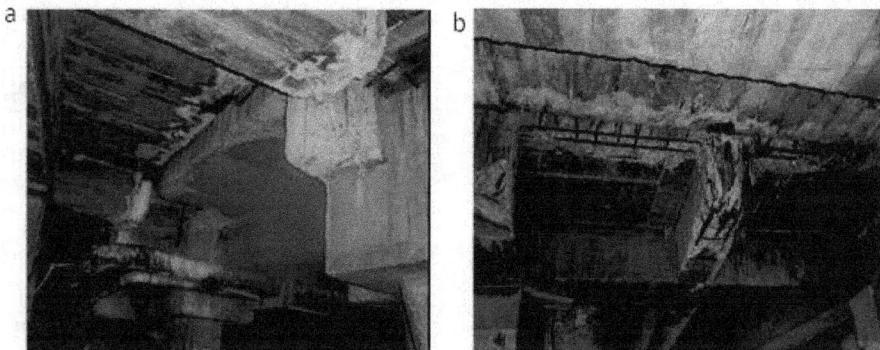

Figura 13. a) Muestra filtración de agua y b) acero expuesto hallados en el puerto A

Existen daños considerables por corrosión en algunos puntos de los muros interiores del muelle, aunque no están generalizados (Figura 14).

Figura 14. Muestra daños en interior del muelle (Puerto A)

2.1.2. Planos de levantamiento de daños (puerto B)

De acuerdo al levantamiento de daños se generan planos para actualizar su información técnica. Para este caso, la Figura 15 es un ejemplo de plano de levantamiento de daños generado en evaluación del puerto B.

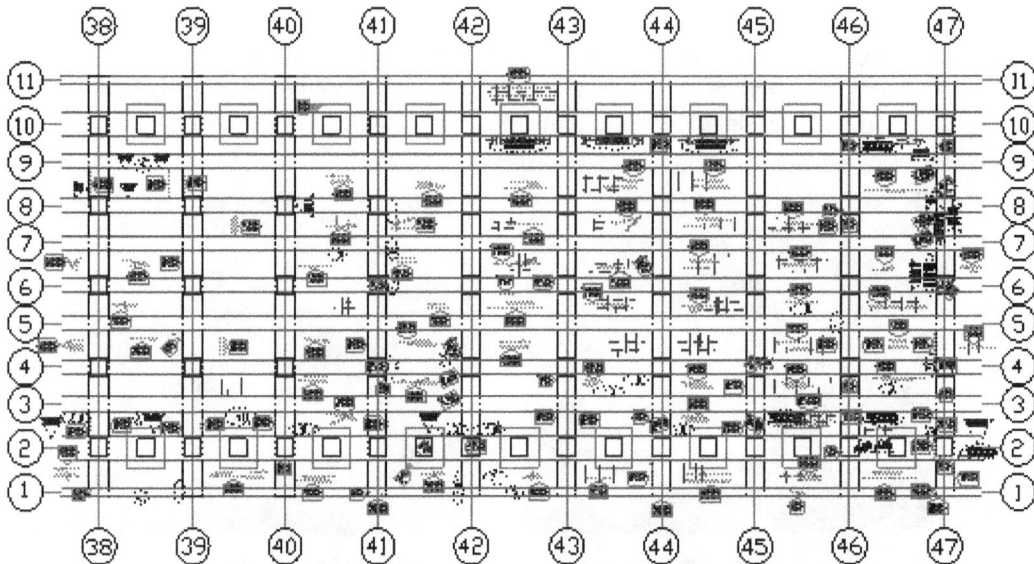

Figura 15. Ejemplo de plano del levantamiento de daños del puerto B [14]

2.2. Ensayos *in situ*

2.2.1. Detalle del acero de refuerzo (puerto C)

En todos los casos, para esta prueba se utilizó un pacómetro con capacidad de detectar recubrimientos desde 7 hasta 180 mm y barras de 5 a 50 mm de diámetro.

En esta ocasión solo se presentan resultados obtenidos en el muelle 1 del puerto C.

La Figura 16 muestra el porcentaje acumulado de los espesores de recubrimiento de las barras de refuerzo divididas por Banda del puerto C. Como puede apreciarse, únicamente el 23 % de los valores medidos se encuentran por debajo del límite de la especificación de espesor igual a 50 mm para la Banda B. En cambio, las Bandas A y C mostraron valores de recubrimiento mayores que las especificadas en el proyecto, lo que incrementaría la vida útil de estas estructuras por este incremento azaroso del recubrimiento del acero de refuerzo.

Lo interesante es que las tres bandas muestran recubrimientos tan diferentes unas de otras que implicaría un cambio en el proyecto o la construcción de las tres bandas. Esto es importante considerar que, a pesar que las autoridades del puerto C definieron que los tres muelles deberían de cumplir, por proyecto, un recubrimiento de 50 mm, éstos presentaron una gran variabilidad, por lo que las tres bandas poseen diferentes vidas de servició.

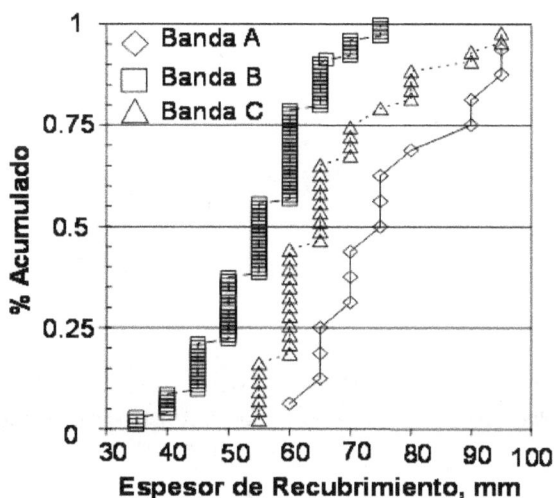

Figura 16. Espesor de recubrimiento de la banda I, II y III del puerto C

2.2.2. Resistencia mecánica (puerto C)

Para este ensayo se presentan resultados obtenidos de la evaluación del puerto C.

Se extrajeron 50 núcleos de concreto (o corazones) y se ensayaron 29 a compresión y 21 a tensión indirecta (o prueba brasileña). Cabe mencionar que dado que el diámetro de los núcleos de concreto extraídos fueron pequeños (5 y 7 cm), comparados con el tamaño de agregado encontrado (hasta 2 pulgadas en muchos de los casos), la resistencia obtenida de los ensayes a compresión simple está subestimada con respecto a los cilindros de 15 x 30 cm que normalmente se ocupan con concreto fresco para determinar el f'c. El valor de diseño de las tres bandas de este puerto C, de acuerdo con datos proporcionados por el administrador del puerto, es de 35 MPa en compresión y en tensión no se dio especificación alguna.

En este sentido, se puede esperar que la resistencia a la compresión del concreto ensayado sea del orden de un 10 a 15% menor comparado contra los cilindros mencionados. En este caso, los resultados que se muestran se obtuvieron directamente de los ensayos. En Figura 17 se muestra un resumen de los resultados de resistencia a la compresión y tensión indirecta.

En general se observa que el concreto presenta resistencia a la compresión por encima del f'c especificada (35 MPa). Todos los especímenes de la Banda A cumplen este requisito, 10 de 15 de la banda B y 3 de 4 de la Banda C. Si se toma en cuenta que la resistencia a la tensión del concreto corresponde, aproximadamente, a un 10% de la resistencia a la compresión, se deduce que todos los especímenes usados para estimar la resistencia a la tensión indirecta, estuvieron por debajo del valor esperado (3.5 Mpa).

De nueva cuenta se observa una variabilidad de consideración entre los valores de la tres bandas de este puerto C, aunque debe de considerarse que las tres bandas fueron construidas en etapas diferentes que van de un par de años hasta 10 años. Por ello se toma como válido que los valores fueran un poco variables, aunque no tan diferentes como se pensaba, con el hecho de la variabilidad observada en los recubrimientos obtenidos (Figura 16).

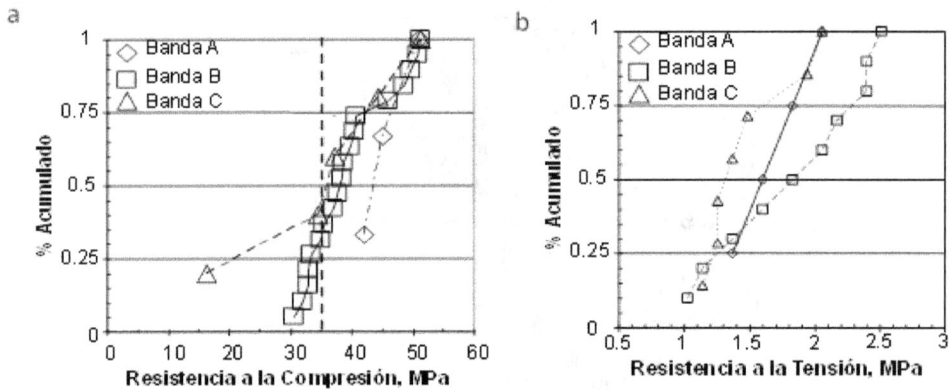

Figura 17. Muestra el resumen de resultados de resistencia a) a la compresión y b) tensión indirecta (puerto B)

2.2.3. Esclerometría (puerto C)

Para conocer el índice esclerométrico del concreto en las Bandas A, B y C del puerto C, se realizaron ensayos de esclerometría. El compendio de los resultados obtenidos de esclerometría se muestra en la Figura 18 para las tres bandas estudiadas del puerto C. Es interesante observar, de nuevo, que a pesar de que la autoridad del puerto definió que las bandas deben de cumplir las especificaciones del proyecto en cuanto a la resistencia del concreto con una misma resistencia (35 MPa), los valores de esclerometría fueron muy variados, más aún que los encontrados en los testigos de concreto probados directamente en compresión (Figura 18).

Considerando que el concreto de los diferentes elementos que conforman la subestructura de las tres bandas se encuentra siempre húmedo por su ubicación, éstos no están carbonatados. Por lo tanto, la resistencia a la compresión obtenida mediante este ensayo (método indirecto) debería ser muy aproximada a la resistencia de compresión real del concreto mostrado en la Figura 18.

Considerando la constante del equipo (para transformar los valores del índice esclerométrico en resistencia a la compresión indirecta) igual a 10.2, se puede observar que los rangos de resistencia a la compresión indirecta están entre 25 y 62 MPa, de nuevo mucha variación entre los resultados. Inclusive los resultados de cada banda se obtuvieron también con mucha variación. La Banda B fue la que presentó valores con menor diferencias entre mediciones, significando que el concreto fue el más homogéneo encontrado entre las tres bandas evaluadas de este puerto C.

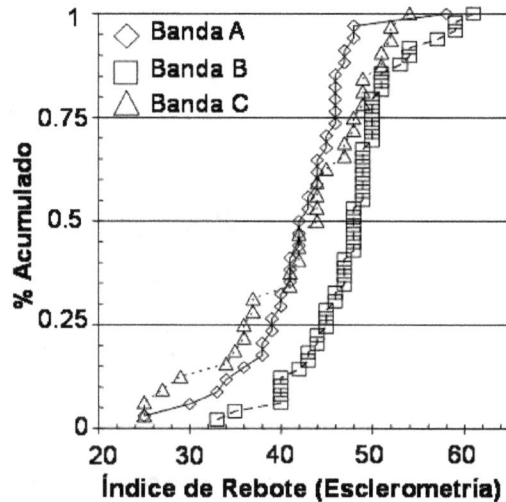

Figura 18. Resistencia a la compresión indirecta para las muestras obtenidas del Muelle 1, puerto C

2.2.4. Porosidad (puerto D)

El ensayo se realizó a partir de testigos de concreto extraídos en los muelles, para este caso se presentan resultados del núcleo 1 y "pollo" F4.

La Figura 19 presenta dos fotografías tomadas a las probetas utilizadas para esta prueba.

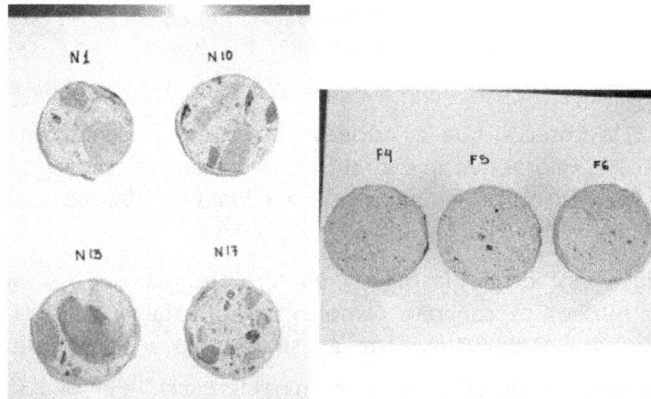

Figura 19. Fotografías de los testigos (núcleos y pollos) usados en la prueba
de resistencia a la penetración de agua del puerto D

La Figura 20 presentan los datos resultantes de la prueba de porosidad capilar de acuerdo al procedimiento detallado en la sección 3.3.6 para un núcleo de concreto y un "pollo" (denominación dada a los elementos tipo silleta para proporcionar el recubrimiento especificado a las barras de refuerzo). Con los resultados de variación de peso por absorción de agua en el tiempo obtenidos en los núcleos evaluados, se utilizaron las Ecuaciones (1) a la (4) para determinar los parámetros de resistencia a la absorción de agua (descritos en la sección 3.3.6). La Tabla 5 presenta en resumen las estimaciones de estos parámetros.

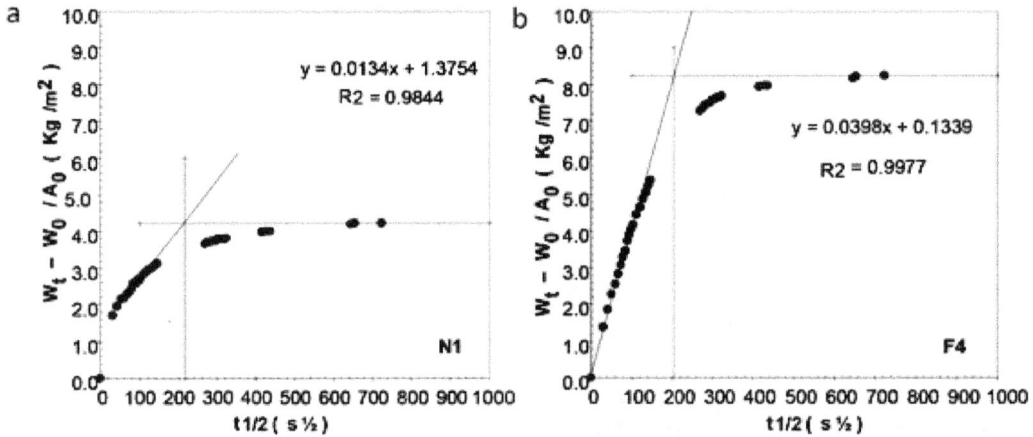

*Figura 20.- Resultados de las mediciones de resistencia a la penetración de agua
a) del núcleo 1 y b) de pollo F4, puerto D*

Núcleo	k (kg/m^{2}s$^{1/2}$)	t_n (s$^{1/2}$)	m (s/m^2)	ε_e (%)	S (mm/hr$^{1/2}$)	% Total Vacíos[2]
1	0.020	45859.9	104387999.3	20.3	5.87	19,5
10	0.023	18901.2	56936617.3	17.23	7.95	20,9
13	0.025	16256.3	38456889.0	15.5	5.86	20,4
17	0.018	39082.3	104812962.1	18.3	5.86	19,3
F4	0.040	41440.9	41526927.8	26.1	9.31	-
F5	0.035	54629.7	48736865.3	24.5	8.59	-
F6	0.068	22738.7	20817248.3	31.0	13.15	-

Tabla 5. Parámetros estimados de resistencia a la penetración de agua de los testigos evaluados, puerto D

A partir de la Tabla 5, se observar que los núcleos de concreto presentan una porosidad capilar (ε_e) entre 15,5% y 20,3% , valores que se encuentran medianamente altos para concretos de alta durabilidad, cuyo valor debería de encontrarse por debajo de 15% de acuerdo a los valores reportados en la Tabla 4.[9]

De los datos obtenidos y listados en la Tabla 5, es claro observar que los valores de absorción capilar (S), para los núcleos de concreto cumplen con lo establecido en la referencia[9] para concretos durables, aunque los valores de ε_e se encuentran por arriba del 15% de lo recomendable para concreto durable en la misma referencia.[9] Por ello se concluye que el concreto cumple, aunque marginalmente, para considerarse como un material durable que puede contrarrestar la penetración de cloruros en un futuro cercano.

A diferencia de los resultados obtenidos en los núcleos de concreto, el material utilizado en la fabricación de los "pollos" se encuentra en el rango de material no durable, ya que la porosidad capilar se encuentra por arriba de 24,5% y el valor de S está por arriba de 8,6 mm/hr$^{1/2}$, más del doble del requerimiento de la referencia[9] que es de 3 mm/hr$^{1/2}$. Esto implica que los agentes agresivos penetrarían de forma más acelerada en estos puntos en donde el "pollo" se utilizó, incrementándose así la probabilidad de que se inicien problemas de corrosión en el refuerzo de forma muy localizada.

2.2.5. Frente de carbonatación y profundidad de ión cloruro (puerto A)

Carbonatación

La impregnación de los núcleos de concreto se realiza con una solución indicadora de pH se efectuó para determinar la profundidad de avance del frente de carbonatación. En la Tabla 6 se muestran los datos obtenidos de esta prueba apara muestras obtenidas del puerto A.

Al igual que en los ensayes anteriores, hay una gran variación en los resultados. En el concreto original de los pilotes, el efecto químico de la penetración de los gases CO_2 va desde los 20 a los 50 mm, mientras que en el material de las reparaciones, de menor edad, el frente de carbonatación sólo penetró 20 mm en el peor de los casos.

Comparando los resultados de la Tabla 6 con los espesores de recubrimiento, es posible identificar que el frente de carbonatación alcanzó en buena parte de los casos al acero de refuerzo (5 de las 7 muestras en el concreto original alcanzan al 25% del acero examinado, ver (Figura 21) y sin duda contribuyó al desarrollo de los problemas por corrosión que se presentaron a lo largo de la vida del muelle.

	Prof. de carbonatación (mm)
	20
	20
	40
	35
XIV-17-24	35
VII-6-63	50
IV-3-33	30
Rep. XV-14-33	20
Rep. I-5-3	Pila / Pilote
Rep. III-2-23	
Rep. XXI-96-2B	XXIII-14A
	XIX-42-7
	X-8-97
	XVIII-4-76

Tabla 6. Profundidades de carbonatación

Contenido de ión cloruro (puerto A)

Para la determinación del contenido de cloruros, se describe a continuación resultados obtenidos de muestras del puerto A. Se ensayaron muestras de 1,5 gramos de polvo de concreto extraídas en 3 intervalos de profundidad para cada uno de los sitios. Las profundidades elegidas fueron de 0 a 25, de 25 a 50 y de 50 a 75 mm, excepto en las muestras extraídas en las zonas reparadas, en las cuales, al tener una sección mayor que las del pilote original y por lo tanto mayores espesores de recubrimiento, se eligieron las profundidades de 50 a 75, 75 a 100 y 100 a 125 mm.

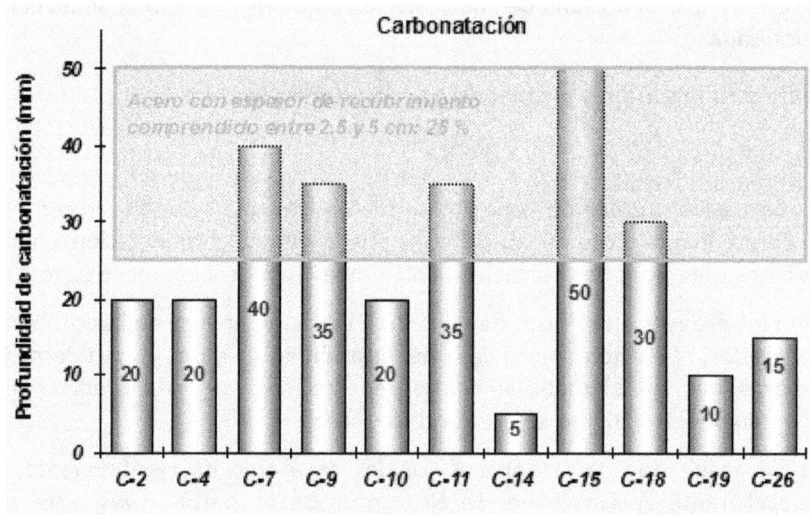

Figura 21. Comparación de las profundidades de carbonatación con posición de acero

Cuerpo original de Pilas / Pilotes (3 sitios). Las muestras fueron extraídas a una altura de entre 5 a 10 cm por encima del nivel máximo de marea, que es la zona de exposición con mayor concentración de cloruros y oxígeno. Los contenidos de cloruros son muy altos inclusive a la profundidad de 5 a 7,5 cm, zona donde el contenido mínimo encontrado es de 0,26 % con respecto al peso del cemento. Como referencia estadística, la siguiente Tabla 7 se elaboró comparando los valores promedio de contenido de cloruros en cada una de las profundidades evaluadas, contra los resultados de espesores de recubrimientos obtenidos con el detector de armados:

Ubicación	Profundidad de 0 a 2,5 cm		Profundidad de 2,5 a 5 cm		Profundidad de 5 a 7,5 cm		Profundidad > 7,5 cm		Total Lecturas
	No. de lecturas	%	No. de lecturas	%	No. de lecturas	%	No. de lecturas	%	
Pilas / pilotes originales	2	3,1	15	23,4	29	45,3	18	21,1	64
Cl⁻ promedio (%/ W_{cem})	5,00%		2,05%		1,18%		n/d		

Tabla 7. Comparación de lecturas de recubrimiento contra contenido de Cl⁻ en pilotes originales

Por citar un ejemplo de esta Tabla, se observa que el 45,3 % del acero inspeccionado se encuentra a una profundidad de entre 5 a 7,5 cm. Lo cual significa que a esa profundidad, el contenido de cloruros es de 1,18% de contenido de iones cloruro con respecto al peso del cemento y los criterios de evaluación internacionales establecen el 0,4% de cloruros respecto al peso de cemento como valor umbral para el inicio de la corrosión.

En reparaciones (4 sitios). Se eligieron los sitios a la misma altura que en el caso anterior, aunque, como ya se mencionó, esta vez las muestras se extrajeron a mayor profundidad con la finalidad de conocer el contenido de cloruros lo más cerca posible del acero de refuerzo. Salvo en uno de los cuatro sitios examinados, los niveles de cloruros son considerables aun a profundidades mayores a 10 cm. Se muestra también la Tabla 8.

Ubicación	Profundidad de 5 a 7,5 cm		Profundidad de 7,5 a 10 cm		Profundidad de 10 a 12,5 cm		Profundidad > 12,5 cm		Total Lecturas
	No. de lecturas	%	No. de lecturas	%	No. de lecturas	%	No. de lecturas	%	
Reparaciones	0	0,0	8	20,0	17	42,5	15	37,5	40
Cl⁻ promedio (%/ W$_{cem}$)	0,60%		0,39%		0,26%		n/d		

Tabla 8. Comparación de lecturas de recubrimiento contra contenido de ión cloruro (Cl⁻) en pilas reparadas

En zona de variación de mareas (2 sitios). Estas muestras fueron extraídas para medir el contenido de cloruros en la zona del pilote en la cual ocurre la variación diaria de marea y comparar resultados contra los valores de los dos casos anteriores, ver Figura 22. Los contenidos de cloruros son muy altos a todas las profundidades tanto en el pilote original como en la reparación, Tabla 9.

Figura 22. Muestra la extracción de muestras para cloruros

Ubicación	Profundidad de 0 a 2,5 cm		Profundidad de 2,5 a 5 cm		Profundidad de 5 a 7,5 cm		Profundidad > 7,5 cm		Total Lecturas
	No. de lecturas	%	No. de lecturas	%	No. de lecturas	%	No. de lecturas	%	
III-8-24	1	33,0	1	33,0	1	33,0	0	0,0	3
Cl⁻ promedio (%/ W_{cem})	3,18%		1,14%		0,51%		n/d		
Reparaciones XI-8-106	1	33,0	1	33,0	1	33,0	0	0,0	3
Cl⁻ promedio (%/ W_{cem})	5,40%		5,40%		4,98%		n/d		

Tabla 9. Comparación de lecturas de recubrimiento contra contenido de Cl⁻ en zona de mareas

En bloque de reparación para dos pilotes (1 sitio). En algunos casos, las reparaciones se efectuaron colando un gran bloque de concreto que incluyera dos (e inclusive 3) pilotes al mismo tiempo. En la mayoría de las veces, estos bloques fueron armados con acero y prácticamente todos tienen un severo deterioro por corrosión, mala calidad del concreto aunado a un bajo recubrimiento. Tabla 10.

Ubicación	Profundidad de 5 a 7,5 cm		Profundidad de 7,5 a 10 cm		Profundidad de 10 a 12,5 cm		Profundidad > 12,5 cm		Total Lecturas
	No. de lecturas	%	No. de lecturas	%	No. de lecturas	%	No. de lecturas	%	
XII-19-2A	1	33,0	1	33,0	1	33,0	0	0,0	3
Cl⁻ promedio (%/ W_{cem})	5,40%		5,40%		4,98%		n/d		

Tabla 10. Comparación de lecturas de recubrimiento contra contenido de ión cloruro en pilotes reparados como bloque

Losa (2 sitios). Se extrajeron muestras en dos sitios en el lecho inferior de la losa original del muelle (hay tramos del muelle en donde en las reparaciones de 1996 se sustituyó la losa completamente) para evaluar su grado de contaminación. Los resultados muestran que los niveles de cloruros son aún muy bajos después de los 2,5 cm de profundidad. Tabla 11.

Ubicación	Profundidad de 0 a 2,5 cm		Profundidad de 2,5 a 5 cm		Profundidad de 5 a 7,5 cm		Profundidad > 7,5 cm		Total Lecturas
	No. de lecturas	%	No. de lecturas	%	No. de lecturas	%	No. de lecturas	%	
I (entre 7-3 y 7-2)	1	33,0	1	33,0	1	33,0	0	0,0	3
Cl⁻ promedio (%/ W_{cem})	0,09%		0,03%		0,02%		n/d		
V (entre 3-47 y 4-47)	1	33,0	1	33,0	1	33,0	0	0,0	3
Cl⁻ promedio (%/ W_{cem})	0,06%		0,05%		0,04%		n/d		

Tabla 11. Comparación de lecturas de recubrimiento contra contenido de ión cloruro (Cl⁻) en losa

2.3. Potencial de corrosión (puerto C)

En este ensayo, se presentan resultados de potencial de corrosión obtenidos en las pilas del puerto C, a diferentes alturas Sobre la Marea Alta (SMA) y cara de la pila (E= este; W=oeste; S=sur; N=norte). Se eligió evaluar una hilera de pilas/pilotes, tomando lecturas a diferentes alturas en cada una de las caras de los mismos. Cabe mencionar que en muchos pilotes, debido a dificultades en el acceso, no fue posible tomar lecturas en todas sus caras.

Los potenciales obtenidos en general muestran tres zonas bien definidas de activación de los potenciales. De izquierda a derecha, la primera zona corresponde a potenciales de corrosión activa (más negativos que -350 mV vs CSE o cobre/sulfato de cobre) donde poco más del 50% de las lecturas de potencial, a una altura de 0.1 m SMA, fueron zonas activas de corrosión. El otro 50% de esta misma altura ASM de 0.1 m se encuentra en la segunda zona de activación por corrosión conocida como incierta (entre -350 y -220 mV vs CSE).

También se puede observar una tendencia que a mayor es la distancia entre la SMA del pilote, más positivo es el valor del potencial de corrosión del acero de refuerzo en estas pilas. Así para el refuerzo en pilas que se encuentra por encima de 1 m SMA, los potenciales todos son pasivos (no existe probabilidad e corrosión) y para potenciales tomados en pilas a una altura de 0.9 SMA, se observa que menos del 20% se encuentran en la zona de potencial de actividad por corrosión incierta (ver Figura 23). De nueva cuenta se observa, de la Figura 24, que existe una variabilidad muy grande entre los resultados de potencial de corrosión y dependen de la altura del refuerzo SMA.

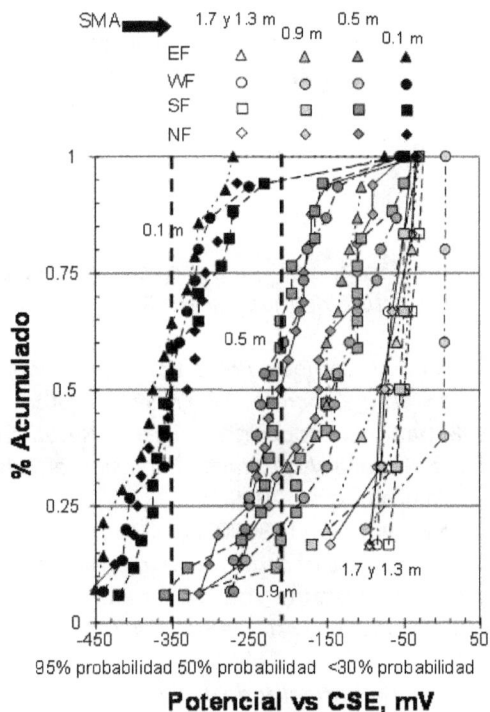

Figura 23. Potenciales de corrosión del puerto C

Conclusión

- De manera general y basándose en las inspecciones simplificadas, los 16 puertos federales presentan deterioro ambiental y por carga en sus estructuras. En algunos casos el deterioro llega a presentar problemas ya con el acero de refuerzo y por ende de la capacidad portante de cada muelle.

- La inspección detallada de los 4 puertos (A-D) presentada en este trabajo, demuestra en todos los casos una gran variabilidad de las propiedades físicas del concreto y electroquímicas del acero, a pesar de que se encuentren en un mismo micro clima. Esto debe tomarse en cuenta en todo trabajo de inspección detallada de estructuras de concreto, por lo que la selección de las zonas de inspección deben ser ubicadas en diferentes posiciones en la estructura a evaluar.

- Para caracterizar los concretos de una estructura de una manera más completa, será necesario realizar las pruebas de laboratorio presentadas en este trabajo, y no solo considerar la resistencia a la compresión como regularmente se hace. El fin de realizar estas pruebas es conocer la durabilidad del concreto en función de criterios de evaluación previamente establecidos y enunciados en este trabajo.

- Para conocer el estado de durabilidad del acero de refuerzo será también importante realizar pruebas electroquímicas en mayor número de elementos que conforman la estructura ya que se ha demostrado, de nueva cuenta, la variabilidad que estos valores podrían tener, sobre todo por la cercanía con la zona de cambio de mareas.

- Con base en lo anterior es menester realizar una inspección detallada en los 12 muelles federales faltantes que permita calificar específicamente el deterioro de sus muelles de concreto reforzado.

Referencias

1. Instituto Mexicano del Transporte. *Informe de investigación proyecto Inspección preliminar de la infraestructura de muelles de 13 puertos federales mexicanos.* México. 2012.
2. Chess P, Gronvold & Karnov. *Cathodic Protection International*, Copenhagen, Denmark. *Cathodic Protection of Steel in Concrete*. E & FN SPON. 2005.
3. NCHRP Synthesis 398. National Cooperative Highway Research Program. Transportation Research Board of The National Academies. *Extension of Existing Reinforced Concrete Bridge Elements*, D.C. Whashington. 2009.
4. Geocisa EC Innovation Programme IN30902I CONTECVET. *A validated Users Manual for assessing the residual service life of concrete structures. Manual for assessing corrosion-affected concrete structures.* Instituto Torroja, España.
5. ASTM C 42/C 42M. *03 Standard Test Method for Obtaining and Testing Drilled Cores and Sawed Beams of Concrete*.
6. ASTM C109/C109M. *Método Normalizado de Ensayo de Resistencia a Compresión de*
7. ASTM C597 - *09 Standard Test Method for Pulse Velocity Through Concrete*.

8.   NMX-C-275-ONNCCE-2004. *Industria de la construcción. Concreto. Determinación de la velocidad de pulso a través de concreto: Método de ultrasonido. México.*

9.   RED DURAR. *Manual de Inspección, Evaluación y Diagnóstico de Corrosión en Estructuras de Hormigón Armado.* Programa Iberoamericano de Ciencia y Tecnología para el Desarrollo (CYTED), Subprograma XV: Corrosión/Impacto Ambiental sobre Materiales, Maracaibo, Venezuela. 2000. ISBN 980-296-541-3.

10. ASTM C805/C805M - *08 Standard Test Method for Rebound Number of Hardened Concrete.*

11. ASTM G57 - *06(2012). Standard Test Method for Field Measurement of Soil Resistivity Using the Wenner Four-Electrode Method.*

12. ASTM C876 - *09 Standard Test Method for Corrosion Potentials of Uncoated Reinforcing Steel in Concrete.* 1999.

13. Instituto Mexicano del Transporte. Informe final de investigación, proyecto *Determinación del estado de corrosión y capacidad de carga de los muelles de los tramos 2, 3, 4, 5 y 6 del puerto de Guaymas sonora.* México. 2006.

14. Torres Acosta A, Gudiño-Espino M, López W. *Rehabilitación de estructuras de concreto dañadas por corrosión usando la técnica de parcheo.* Memoria de Congreso, XXI International Materials Research Congress. México. 2012.

Capítulo 10

Inspección y monitoreo de corrosión a chimeneas de concreto reforzado

F. Almeraya Calderón[1], P. Zambrano Robledo[1], A. Borunda T[2], A. Martínez Villafañe[2], F.H. Estupiñan L[1], C. Gaona Tiburcio[1]

[1] Universidad Autónoma de Nuevo León, UANL. Facultad de Ingeniería Mecánica y Eléctrica, FIME. Centro de Investigación e Innovación en Ingeniería Aeronáutica, CIIIA. Carretera a Salinas Victoria Km. 2.3; Aeropuerto Internacional del Norte. Apocada, Nuevo León. México.

[2] Centro de Investigación en Materiales Avanzados, S.C. Miguel de Cervantes 120, Complejo Industrial Chihuahua. Chihuahua, Chih., México.

falmeraya.uanl.ciiia@gmail.com, facundo.almerayac@uanl.mx

Doi: http://dx.doi.org/10.3926/oms.76

Referenciar este capítulo

Almeraya Calderón F, Zambrano Robledo P, Borunda T A, Martínez Villafañe A, Estupiñan L FH, Gaona Tiburcio C. *Inspección y monitoreo de corrosión a chimeneas de concreto reforzado*. En Valdez Salas B, & Schorr Wiener M (Eds.). *Corrosión y preservación de la infraestructura industrial*. Barcelona, España: OmniaScience; 2013. pp. 207-224.

1. Introducción

Cuando el concreto empezó a utilizarse industrialmente, a principios del siglo XX, se pensó que se había encontrado un material de durabilidad ilimitada, ya que este aporta una protección de tipo químico al acero, debido a su elevada alcalinidad, y supone una barrera física que aísla a la armadura de la atmósfera.[1,2]

El concreto reforzado con varilla de acero es uno de los materiales de construcción más ampliamente usados, sin embargo las estructuras que lo emplean tienen el inconveniente de ser susceptibles a la corrosión debido a la perdida de protección natural ofrecida a la armadura por el recubrimiento del concreto. La corrosión en puentes, particularmente en ambientes marinos, es un problema grave que ha venido afectando al mundo, ya que se pueden presentar manifestaciones patológicas de significativa intensidad, lo que lleva a elevados costos de reparación de la estructura, posible reducción de su capacidad resistente a las cargas de servicio, falta de estética y dependiendo del grado de daño, podría verse afectada la seguridad de las personas.[2-4]

El concreto armado es uno de los materiales más empleados en la construcción, para la elaboración de estructuras como:[5]

- Elementos estructurales de edificación e Infraestructura

- Puentes de concreto

- Muros de contención

- Uso de concreto armado en túneles

- Pavimentos rígidos

- Obras de drenaje

- Presas

- Silos de concreto armado

- Tanques de concreto armado para almacenamiento

Hoy en día en México los diseños de dichas estructuras se basan en mecanismos de fallas dúctiles, generados por distintos esfuerzos en las estructuras. Sin embargo, dichas estructuras están sometidas a otros factores distintos a aquellos para los que fueron diseñadas, los cuales de una u otra forma afectan la vida útil de las mismas, deteriorando tanto el concreto como el acero que las componen.

El desconocimiento de cómo afectan estos factores a la estructura, puede conducir a problemas críticos de corrosión y degradación en el interior del concreto armado, lo que puede producir daños irreparables como pueden ser:[2,3,6]

- Grietas.

- Vibraciones.

- Deformaciones.

- Colapsos.

Es importante tener conocimiento de algunos de los distintos factores que pueden afectar la vida útil de una estructura de concreto, y los daños producidos pueden ocasionar grandes pérdidas económicas, humanas y materiales.[7-8]

El objetivo de este capítulo es compartir el tipo de estudios en campo que se pueden llevar a cabo cuando se realiza una Inspección, evaluación y diagnóstico en estructuras reales, como fueron dos Chimeneas de concreto reforzado, dentro de una empresa Siderúrgica. En este estudio de campo se emplearon las técnicas electroquímicas de resistencia a la polarización y potenciales de corrosión, así como pruebas químicas de carbonatación y porciento de cloruros.

2. Metodología Experimental

Los estudios de campo se basan primordialmente en la experiencia del grupo de trabajo y de los alcances acordados con la empresa en interés. El alcance de este trabajo fue inspeccionar dos chimeneas y definir los sitios a evaluar (ver Figura 1), posteriormente se realizaron pruebas de corrosión y químicas en las zonas de interés acordadas con la empresa afectada.

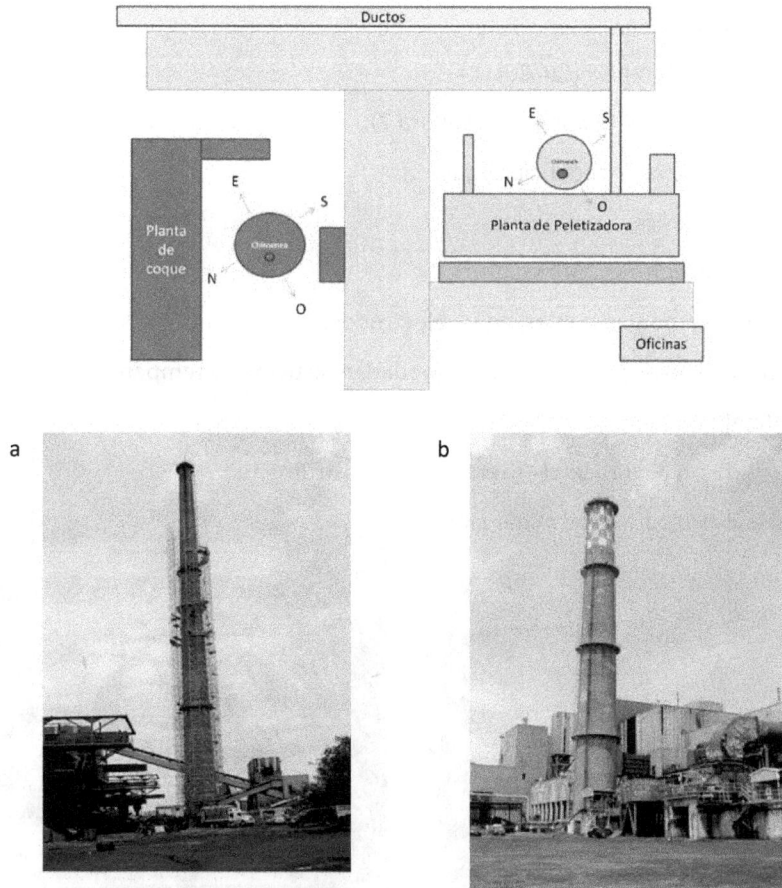

Figura 1. Plano de ubicación de las chimeneas, a) Chimenea de la planta de Coque
y b) Chimenea de la planta de Peletizado

a) Evaluación por corrosión de las zonas indicadas en el plano anexo.

b) Técnicas a emplear:

- Mapeo de potenciales de corrosión, ASTM C876.[9]

- Técnica de resistencia a la polarización, ASTM G59.[10]

- Determinación de Cloruros y Carbonatación.[5,6]

- Medición de pH del concreto.

Los sitios donde se acordó llevar a cabo el monitoreo de corrosión fue en los niveles 0.0-2 y 25-27 m, para la chimenea de una planta peletizadora, y en los niveles 4-6 y 30-32 m, para la chimenea de la planta coquizadora.

2.1. Equipos y Materiales a Emplear

El equipo y reactivos utilizados para llevar a cabo la evaluación de las chimeneas fue el siguiente:

- Brocha, cepillo, lima y otras herramientas para limpieza de la superficie.

- Cables y conectores.

- Electrodo de referencia (Cu/CuSO$_4$).

- Equipo de corrosión Gecor 6 NDT (Figura 2).

- Voltímetro de alta impedancia (Figura 3).

- Cámara fotográfica.

- Martillo y cincel.

- Conexiones (esponjas, cables, agua, electrodos).

- Sensores de corrosión: corrosión, humedad, resistividad y temperatura.

- Fenolftaleína.

- Medidor de pH (Figura 9; pH-meter Denver Instruments).

- Potenciómetro para determinar cloruros.

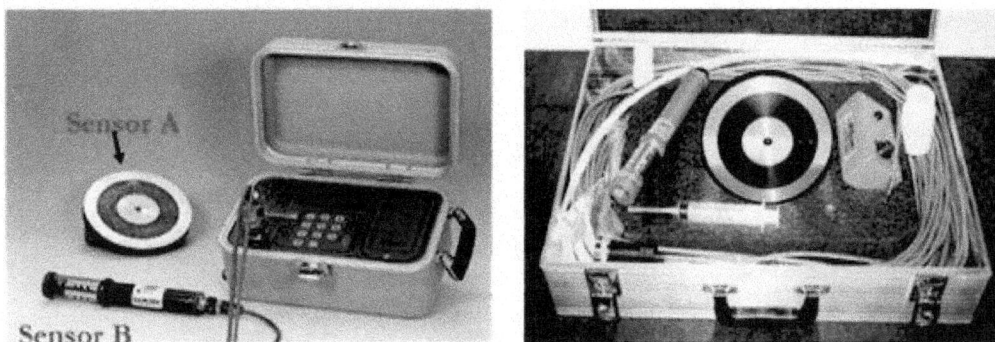

Figura 2. Equipo de Corrosión GECOR 6 de NDT Instruments

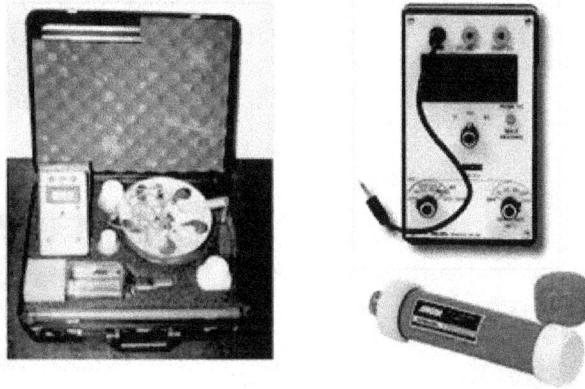

Figura 3. Equipo Para medición de Potenciales de Corrosión (voltímetro de alta impedancia)

2.2. Inspección a la estructura

Durante la inspección a la empresa Siderúrgica, se revisaron las dos chimeneas de las plantas de peletizado y coquizado; estas estructuras cuentan con más de 35 años de servicio.

En la Chimenea peletizadora se encontraron zonas con deterioros bastante severos, donde el concreto presenta una mala calidad, además de observarse corrosión en la varilla de acero, cuando el concreto ya no sirve como barrera protectora (Figura 4).

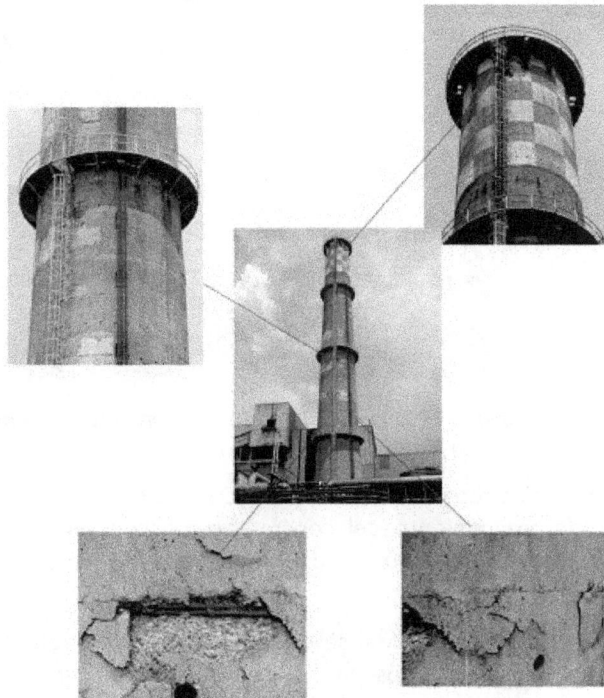

Figura 4. Deterioros en la Chimenea de la Planta Peletizadora

En el nivel 0.0 m se observan deterioros en el concreto, teniendo principalmente agrietamientos en el mismo. A partir de la primer plataforma (aproximadamente 25 m), los deterioros del concreto y de la varilla de acero se ven más notorios, además se puede ver que existe un mayor deterioro y desprendiendo del concreto en los lados Sur y Oriente, siendo menor en la zona norte (ver Figura 5).

Figura 5. Chimenea de la planta de Peletizado. Deterioros generales
(en función de los puntos cardinales)

La chimenea ha tenido varias reparaciones en el concreto a través de parcheos, los cuales se realizaron a raíz del desprendimiento del concreto como consecuencia de las condiciones climatológicas prevalecientes en la región: temperatura, humedad relativa y presencia de gases generados en los procesos.

En la chimenea de la planta coquizadora, se encontró que el concreto no es de muy buena calidad, existen muchos agrietamientos en la estructura, se observa desconchamiento del concreto, y en algunas zonas hay presencia de corrosión.

En la Figura 6, se puede observar que cuando se realizó un orificio a la chimenea (nivel 4 m), la varilla presentaba oxidación, debido a la temperatura de los gases, y por otro lado, a las condiciones climatológicas de la región.

Figura 6. Deterioros en la Chimenea de la Planta Coquizadora

2.3. Potenciales de Corrosión

Consiste en medir el potencial de corrosión, ASTM C876-09 [9], del acero en el concreto mediante el uso de electrodos de referencia de Cobre / Sulfato de Cobre (ER). Se determinó el potencial electroquímico, que es el potencial eléctrico del metal, relativo a un electrodo de referencia, medido bajo condiciones de circuito abierto. Por lo anterior se realizó un mapeo de potenciales, siendo líneas de isopotencial que se dibujan sobre la superficie evaluada con la finalidad de establecer el área de cambio de potencial. En la Figura 7 se observa el esquema general para poder realizar la medición del potencial de corrosión del acero embebido en el concreto.

La interpretación de los potenciales de corrosión se realiza con base en la norma ASTM C-876 (ver Tabla 1), u organismos internacionales como el DURAR.

Potencial E_{corr} (V vs. ER)	Riesgo de Daño
< -0.200	10% de probabilidad de corrosión
-0.200 a -0.350	Cierta incertidumbre
> -0.350	90% de probabilidad de corrosión

a) ASTM C876-91 (reaprobada en 1999, "Standard Test Method for Half-Cell Potentials of Uncoated Reinforcing Steel in Concrete").

Condición	Potencial (V vs. ER)	Observaciones	Riesgo de daño
Estado pasivo	0.200 a -0.200	Ausencia de Cl⁻ PH > 12.5 H_2O (HR⁻)	Despreciable
Corrosión localizada	-0.200 a -0.600	Cl⁻, O_2, H_2O (HR⁻)	Alto
	-0.150 a -0.600	Carbonatado O_2, H_2O (HR⁻)	Moderado alto
Corrosión uniforme	0.200 a -0.150	Carbonatado O_2, seco (HR⁻)	Bajo
	-0.400 a -0.600	Cl⁻ elevado, H_2O ó Carbonatado H_2O (HR⁻)	Alto
	< -0.600	Cl⁻ elevado, H_2O^- (sin O_2)	Despreciable

b) DURAR (Manual de Inspección, Evaluación y Diagnostico de Corrosión en Estructuras de Hormigón Armado). DURAR Red Temática XV.B Durabilidad de la Armadura. CYTED, (1997).

Tabla 1. Interpretación de resultados de los potenciales de corrosión

Los valores de potencial indican la probabilidad de que la corrosión del acero se esté presentando en la estructura de concreto, pero es muy importante que estos sean interpretados adecuadamente, considerando la información que pueda recopilarse acerca de las condiciones climatológicas y ambientales circundantes a la estructura, así como de la calidad de los materiales (concreto) empleados y su correcto uso.

El análisis de los gráficos de isopotenciales obtenidos durante el monitoreo por corrosión a las chimeneas, se realizó de acuerdo a los criterios de evaluación establecidos por la norma ASTM C-876, y a criterios establecidos por organismos internacionales como el DURAR.[6,9]

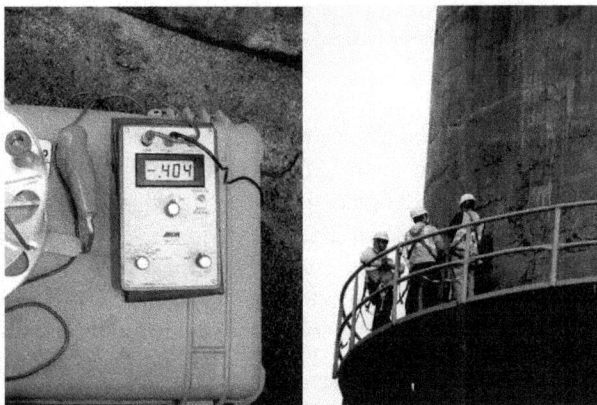

Figura 7. Personal realizando la medición de potenciales de corrosión

En el Nivel 0.0-2 m (Gráfica 1), se tienen potenciales entre +100 y -120 mV, cubriendo los 4 puntos cardinales (Norte, Este, Sur y Oeste). Estos potenciales se encuentran en un grado de 10% de probabilidad de corrosión, de acuerdo con el criterio de ASTM C876, pero solamente en la altura de los 2 m y del lado Sur a 1 m. En el lado Este, se tienen potenciales por debajo de los -250 mV, indicando incertidumbre en estas zonas, como lo indica ASTM C876.

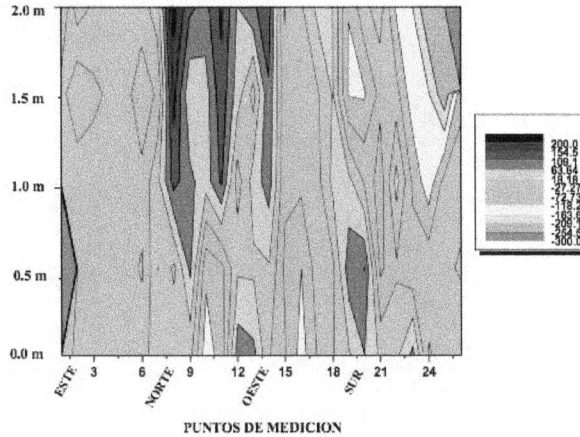

Gráfica 1. Isopotenciales de Corrosión en la Chimenea de la Planta Peletizadora. Nivel 0-2 m

En la Gráfica 2, Nivel 25-27 m, se tienen potenciales positivos entre +20 y -150 mV, lo cual indicaría que el acero está pasivado, representando solamente un 10% de probabilidad de corrosión, conforme ASTM C876. Pero hay valores del potencial, situados en el lado Oeste, que están por debajo de los -250 mV.

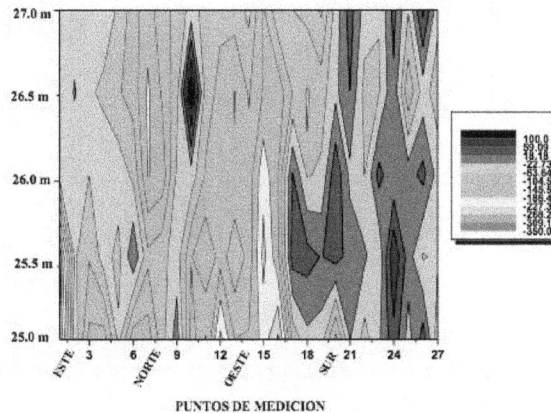

Gráfica 2. Isopotenciales de Corrosión de la Chimenea en la Planta Peletizadora. Nivel 25-27 m

En las Gráficas 3 y 4 se pueden observar los isopotenciales para la Chimenea de la planta Coquizadora.

En el Nivel 4-6 m (Gráfica 3), se tienen potenciales entre +10 y -250 mV. Del nivel 4 m hasta los 6 m de altura, cubriendo casi todos los 4 puntos cardinales (Norte, Este, Sur y Oeste), los potenciales se encuentran entre un grado de 10% de probabilidad de corrosión y la incertidumbre, de acuerdo con el criterio de ASTM C876. Y solamente en el lado Sur 1 m, se tienen potenciales por debajo de los -250 mV, indicando 90% de probabilidad de corrosión en estas zonas.

En la Gráfica 4, Nivel 30-32 m, se tienen potenciales desde -20 hasta -350 mV, lo cual indicaría que el acero ya está activo, representando incertidumbre y 90% de probabilidad de corrosión, conforme ASTM C876.

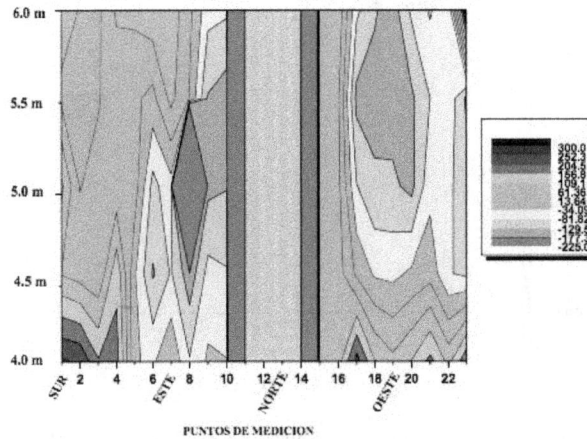

Gráfica 3. Isopotenciales de Corrosión en la Chimenea de la Planta Coquizadora. Nivel 4-6 m

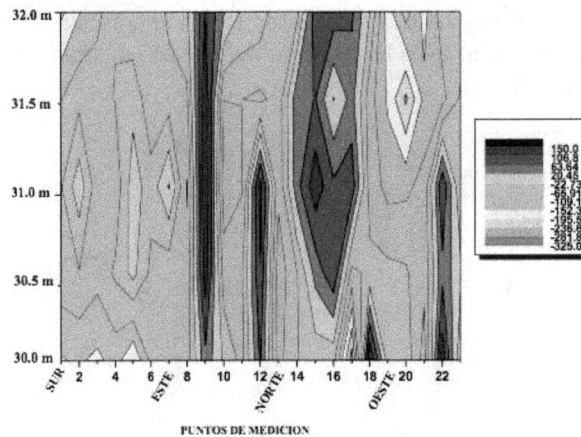

Gráfica 4. Isopotenciales de Corrosión de la Chimenea de la Planta Coquizadora. Nivel 30-32 m

2.4. Velocidad de Corrosión

Las mediciones de la velocidad de corrosión se realizaron en base a la técnica electroquímica de Resistencia a la Polarización, Rp (ASTM G59-97).[10] Se empleó el equipo científico de medición conocido como Gecor 6 de NDT (ver Figura 8). Este instrumento es capaz de medir la Resistencia a la Polarización (Rp), que se relacionan con la i_{corr} a través de la ecuación de Stern y Geary.[11]

$$Rp = B / i_{corr}$$

Donde:

B = constante (26 – 52 mV)

Rp = W - cm^2

i_{corr} = mA / cm^2

Figura 8. Medición de Velocidad de Corrosión

La interpretación de la velocidad de corrosión se hace con base a la i_{corr},(ver Tabla 2).

I_{corr} (mA/cm^2)	Nivel de Corrosión
< 0.1	Despreciable
0.1-0.5	Moderado
0.5-1	Elevada
> 1	Muy elevada

Tabla 2. Interpretación de la i_{corr} de corrosión en concreto (DURAR)[6]

En la mayoría de todos los sitios el nivel de corrosión es considerado despreciable, de acuerdo a los valores de la velocidad de corrosión, ya que están dentro del intervalo menor a 0.1 µA/cm^2; excepto el Nivel 0.0 (piso) cercano al silo 12, donde se tuvo un nivel de corrosión moderado por encontrarse en un intervalo de 0.1-0.5 µA/cm^2.

Zona	Nivel (m)	Sitio / Icorr (µA/cm^2)			
		Este	Sur	Norte	Oeste
1	4	0.041 despreciable	0.117 moderado	S/D	0.063 despreciable
	4.5	0.034 despreciable	0.101 moderado	S/D	0.031 despreciable
2	30	0.254 moderado	0.399 moderado	0.950 elevado	0.124 moderado
	30.5	0.163 moderado	0.807 elevado	0.400 moderado	0.130 moderado

*Tabla 3. Valores de Velocidad de corrosión en diversas zonas
y niveles de la chimenea de la Planta Peletizadora*

En la Chimenea de Peletizado (Tabla 3), el nivel de corrosión es considerado de moderado a elevado, ya que en el nivel inferior (4 m) se tienen valores entre 0.041 y 0.117 $\mu A/cm^2$, pero en los niveles más altos (zona 2 nivel 30 m) se encontraron valores entre 0.124 y 0.950 $\mu A/cm^2$. Las velocidades de corrosión más elevadas se ubicaron en los lados Sur y Norte.

Zona	Nivel (m)	Sitio / Icorr ($\mu A/cm^2$)			
		Este	Sur	Norte	Oeste
1	0.5	0.923 elevado	0.152 moderado	0.008 despreciable	0.136 moderado
	1	0.328 moderado	0.258 moderado	S/D	0.088 despreciable
2	25	0.130 moderado	0.155 moderado	0.343 moderado	0.163 moderado
	25.5	0.230 moderado	0.181 moderado	0.177 moderado	0.296 moderado

Tabla 4. Valores de Velocidad de corrosión en diversas zonas y niveles de la chimenea de la Planta Coquizadora

En la Tabla 4, se puede observar que para los resultados obtenidos para el caso de la planta coquizadora, el nivel de corrosión es muy irregular, dado que en la zona 1 (nivel 0.5-1 m), hay valores de corrosión desde despreciables (< 0.1 $\mu A/cm^2$), hasta elevados (0.5-1 $\mu A/cm^2$). En cambio, en la zona 2 (nivel 25-25.5 m), el riesgo de corrosión es en niveles moderados y los valores son constantes, ya que se encuentran en el intervalo de0.1-0.5 $\mu A/cm^2$.

Los niveles de corrosión que se presentaron se consideran en su gran mayoría entre moderados y elevados. En los niveles más altos de cada una de las chimeneas el concreto se ve dañado, pero como consecuencia de la dirección y fuerza de los vientos predominantes.

2.5. Carbonatación

La carbonatación en el concreto se define como la disminución de pH o reducción de la alcalinidad normal del concreto, que ocurre cuando el dióxido de carbono (CO_2) presente en la atmósfera, reacciona con los álcalis dentro de los poros del concreto (usualmente hidróxido de calcio, sodio y potasio) en presencia de humedad, y convierte el hidróxido de calcio con alto pH a carbonato de calcio, que tiene un pH más neutral.[12,13]

Por naturaleza el concreto es altamente alcalino, con un rango de pH entre 12 y 13, y el concreto protege al acero de refuerzo contra la corrosión. Esta protección se logra por la formación de una capa de óxido pasivo sobre la superficie del acero de refuerzo, que permanece estable en el ambiente altamente alcalino. Al disminuir el pH en el concreto, la capa pasiva deja de ser estable. En este nivel de pH, por debajo de 9.5, es donde comienza el fenómeno de la corrosión, teniendo consecuencias finalmente en el concreto con la aparición de agrietamientos.[14,15]

En las Figuras 9 y 10, se pueden observar los testigos (corazones de concreto) que fueron extraídos de las zonas 1 (nivel 0.0 m) y 6 (nivel 45 m) de la chimenea. A cada testigo se le aplicó el reactivo químico de fenolftaleína, que es un indicador ácido-base que permite determinar la pérdida de alcalinidad. Con esta prueba se puede determinar la profundidad de carbonatación en cada testigo, y así poder saber cómo está la estructura de concreto en relación con su durabilidad.

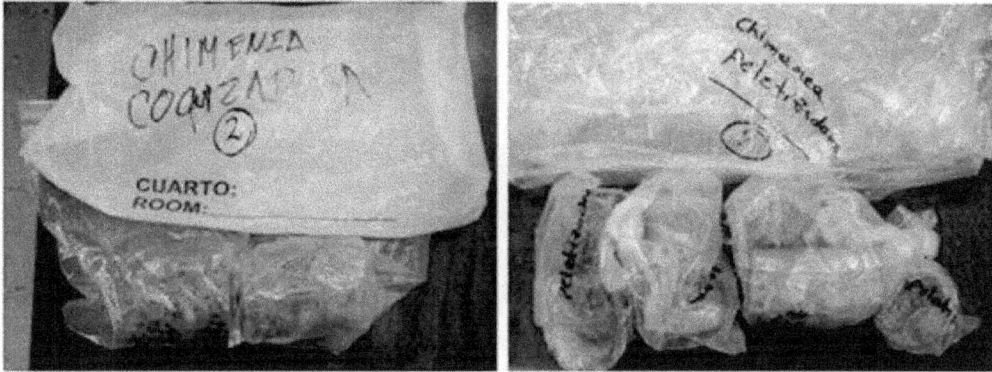

Figura 9. Testigos (corazones de concreto) extraídos de las chimeneas

La profundidad de carbonatación obtenida (por medio del método de la fenolftaleína), de los testigos evaluados en diferentes zonas y alturas de la estructura, indican que el concreto ya no cuenta con propiedades adecuadas para detener los agentes agresivos del ambiente. Los valores obtenidos en algunas muestras de concreto indican una disminución de pH 13 a pH 8-9 (ver Figuras 11 y 12).

Coquizadora **Peletizadora**

Figura 10. Testigos (corazones de concreto) para Carbonatación

Antes **Después** **Antes** **Después**

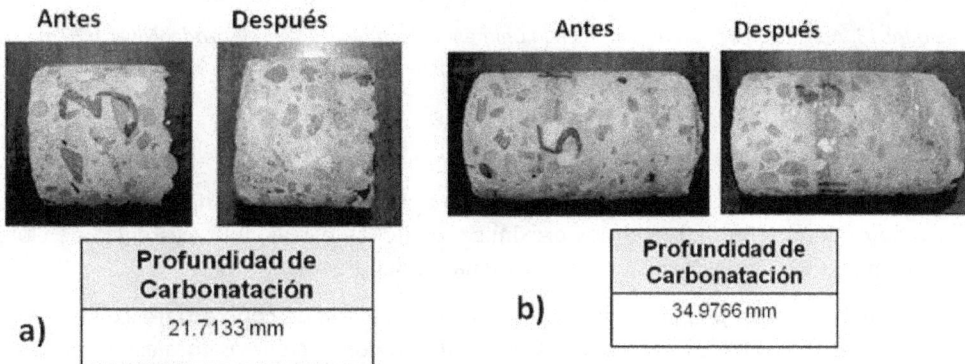

Profundidad de Carbonatación
21.7133 mm

a)

Profundidad de Carbonatación
34.9766 mm

b)

Figura 11. Profundidad de Carbonatación. Chimenea Peletizadora (Nivel Base), a) Testigo 3 y b) Testigo 5

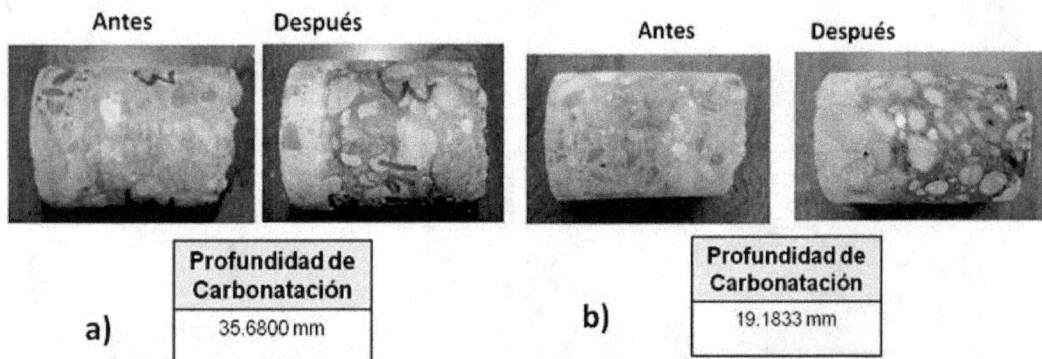

Figura 12. Profundidad de Carbonatación. Chimenea Coquizadora (Nivel 4-6 m), a)Testigo 3 y b) Testigo 10

2.5.1. Carbonatación *in situ*

Con la finalidad de visualizar *in situ*, el efecto de la carbonatación en el concreto de las chimeneas de la planta Siderúrgica, se aplicó en diversas zonas fenolftaleína (Figura 13), y se observó que si existe un deterioro del concreto por efectos del CO_2 y la humedad relativa, y que es consecuencia del medio circundante, donde están ubicadas las chimeneas.

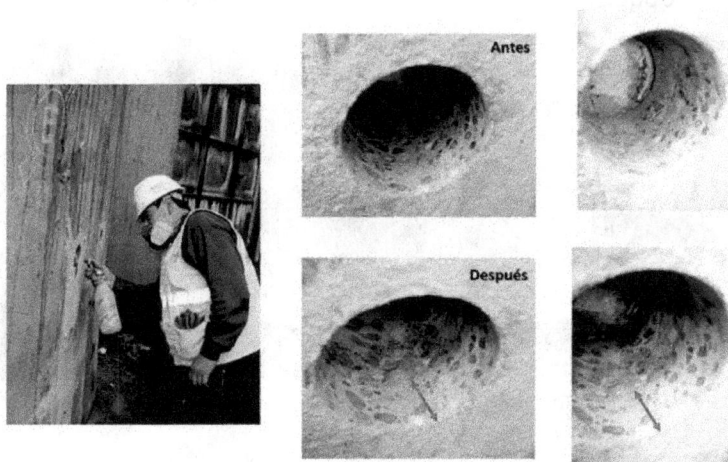

Figura 13. Aplicación de Fenolftaleína en la Chimenea de la planta de Peletizado, Nivel 1.20 m, y resultados de la pérdida de alcalinidad de la estructura

2.6. Porciento de Cloruros

La corrosión del acero de refuerzo existente dentro del concreto se origina por la presencia exclusiva de oxígeno y humedad en las proximidades de las barras, y la existencia de cloruros libres en el medio que las rodea es un desencadenante del proceso.[16]

Los cloruros pueden estar presentes desde el inicio en la mezcla de concreto fresco (disueltos en los agregados, en los aditivos o en el agua). Se refieren como *cloruros totales calculados* y se expresan como el porcentaje de ion cloruro respecto al peso de cemento, y deben limitarse.

El ion cloruro puede también penetrar posteriormente al interior del concreto por difusión desde el exterior, en cuyo caso el riesgo de corrosión se incrementa grandemente.

Los cloruros totales en el concreto se pueden subdividir químicamente en ligados y libres. Esta distinción resulta importante ya que son los cloruros libres los responsables de la corrosión del acero de refuerzo.

Los cloruros ligados son los que están íntimamente asociados al cemento hidratado y no son solubles en agua, por lo que no causan corrosión; por lo tanto, los límites en las especificaciones deben aplicarse al contenido de cloruros libres en lugar de al contenido total o soluble en ácido. No obstante, con los datos de las actuales investigaciones no es posible calcular con precisión su proporción en relación con el contenido total de cloruros, ya que varía con los cambios en el contenido de cloruros totales, aunque, considerando que el cloruro libre es soluble en agua, se lo puede extraer y así determinar su proporción.

Para determinar el porcentaje de cloruros de las chimeneas, se procedió a obtener polvo de concreto de los testigos (ver Figura 15).

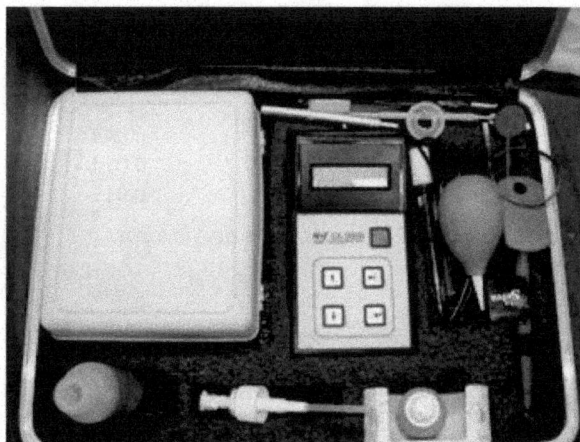

Figura 15. Equipo para determinar cloruros

El contenido crítico de cloruros solubles en el concreto, que en un momento dado representa condiciones propicias para que se produzca corrosión en el acero de refuerzo, suele llamarse *"umbral de riesgo de corrosión por cloruros"*, y puede variar de acuerdo con numerosos factores.[17,18]

En cuanto al sistema de refuerzo del concreto, hay que distinguir entre el reforzado y el presforzado, pues en este último los efectos de la corrosión son más drásticos por el reducido diámetro del acero de presfuerzo, por la elevada pérdida de capacidad estructural y porque el acero sometido a altos niveles de esfuerzo resulta más susceptible a la corrosión. Por consiguiente la concentración tolerable de cloruros en el concreto recién mezclado debe ser menor en el caso del concreto presforzado.

Para tomar en cuenta lo anterior, en el informe del Comité ACI 201 sugieren los siguientes contenidos máximos permisibles de ión cloruro en el concreto antes de ser expuesto a servicio, expresados como porcentaje en peso del cemento:

- Concreto presforzado: 0.06%

- Concreto reforzado: 0.15%

En una revisión nacional de dicho informe, menos conservadora, se proponen los contenidos máximos permisibles de cloruro, aplicables al concreto recién mezclado, pero un concreto ya expuesto deberá de tener un límite de al menos 0.4% de cloruros.

Para determinar el porciento de cloruros se obtuvieron tres muestras a diferentes profundidades, de cada uno de los testigos. Estas mediciones se pueden observar en la Tabla 6.

Los valores obtenidos de cloruros están por debajo del límite establecido, solamente algunas muestras alcanzaron 0.1%.

Planta/Testigo		Muestra 1 (%)	Muestra 2 (%)	Muestra 3 (%)
Coquizadora	3	0.028	0.019	0.015
	10	0.048	0.015	0.0061
Peletizadora	3	0.024	0.0067	0.0096
	5	0.107	0.044	0.043
	8	0.023	0.014	0.022
	9	0.049	0.011	0.041

Tabla 6. Valores de % de Cloruros

3. Conclusiones

- Los resultados de Potenciales y de velocidad de corrosión, indican que las Chimeneas tiene problemas de corrosión como consecuencia de que el concreto presenta un nivel de carbonatación elevado, y ello hace que el mismo concreto se vaya desprendiendo, y ocasione que el acero quede expuesto, permitiendo que se presente la corrosión en el componente metálico. El nivel de cloruros es bajo en el concreto, aunque debe de considerarse que solamente se realizaron mediciones hasta cierto nivel, no en toda la estructura.

- En términos de "durabilidad", la estructura por estar carbonatada, se encuentra en condiciones desfavorables para desempeñar las funciones para las que fue construida.

- Los potenciales de corrosión de acuerdo con ASTM C-876, indican incertidumbre de corrosión, y bajo los criterios de DURAR representan una corrosión localizada, siendo el riesgo de daño de moderado a alto.

- El nivel de corrosión es considerado elevado en ciertas zonas.

- La profundidad de carbonatación obtenida de los testigos, indica que la mayoría de las estructuras presentan problemas de carbonatación, por lo cual ya perdió su alcalinidad.

- Los valores obtenidos de cloruros están por debajo del límite establecido, solamente algunas muestras alcanzaron un 0.1%.

- Cuando el concreto pierde su característica protectora hacia el acero, este material comienza a presentar corrosión, misma que se ha observado en diversas zonas, niveles y sitios evaluados en la estructura.

- Es importante tomar en cuenta que estas Chimeneas se encuentran en un ambiente marino-industrial, y es importante observar los niveles de humedad relativa, dirección y velocidad del viento. Los lados más afectados son el Sur y el Oeste, para las dos chimeneas.

- Las reparaciones de concreto observadas en la chimenea de la planta de peletizado, están mal realizadas, porque solamente se realizaron parcheos en las zonas donde se desprendió el concreto, y además no existió limpieza del acero.

Agradecimientos

Se agradece el apoyo en los trabajos de campo a los técnicos académicos del CIMAV., M.C. Víctor Orozco Carmona, M.C. Juan Pablo Flores. y Lic. Jair Lugo Cuevas.

Los autores agradecen el apoyo a la UANL - Cuerpo Académico UANL-CA-316 y al proyecto Promep /103.5/12/3585. (UANL-PTC-562).

Referencias

1. ACI Committee 201. *Guide to durable concrete*. Report ACI 201R, American Concrete Institute, Detroit, EUA. 1982.
2. Helene P, Pereira F. *Manual de Rehabilitación de Estructuras de hormigón. Reparación, refuerzo y protección*. Rehabilitar Red Temática XV.F CYTED. Primera edición 2003: 39-44.
3. Helene P. *La agresividad del medio y la durabilidad del hormigón*. Hormigón, AAT. Mayo-Agosto 1983; 10: 25-35.
4. Castro BP, Sanjuán BMA. *Acción de los agentes químicos y físicos sobre el concreto*. IMCYC. Primera Edición 2001: 1-2.
5. Andrade C. *Manual-Inspección de obras dañadas por corrosión de armaduras*. Consejo Superior de Investigaciones Científicas, Madrid, España. 1989.
6. DURAR. *Manual de Inspección, Evaluación y Diagnostico de Corrosión en Estructuras de Hormigón Armado*. DURAR Red Temática XV.B Durabilidad de la Armadura. CYTED. 1997.
7. Sulaimani AL, Kaleemullah J, Bsulbul M, Rasheeduzzafar A. *Influence of corrosion and cracking on bond behavior and strength of reinforced concrete members*. ACI structural Journal. March-April 1992: 220-231.
8. Andrade C. *Vida útil de las estructuras de hormigón armado: obras nuevas y deterioradas*. Seminario Internacional EPUSP/FOSROC sobre patología das estructuras de concreto-Uma Visao moderna. Anis. San Paulo. 1992: 16.
9. ASTM C876-91 (reapproved 1999). *Standard Test Method for Half-Cell Potentials of Uncoated Reinforcing Steel in Concrete*.

10. ASTM Standard G 57. *Standard Test Met*hod for Field Measurement of Soil Resistivity Using the Wenner Four-Electrode Method.

11. Stern M, Geary AL. *Electrochemical Polarization: I. A Theoretical Analysis of the Shape of Polarization Curves.* J. of the Electrochemical Society. 1957; 104(1): 56-63. http://dx.doi.org/10.1149/1.2428496

12. Ho DWS, Lewis RK. *Carbonation of concrete and prediction.* Cement and Concrete Research. 1987; 17(3): 489-504. http://dx.doi.org/10.1016/0008-8846(87)90012-3

13. Moreno EI. *Carbonation of Blended-Cement Concretes.* Tesis de Doctorado, University of South Florida, Florida, Estados Unidos de América. 1999.

14. Alonso C, Andrade C. *Life time of rebars in carbonated concrete.* En Proceedings of the 10th European Corrosion Congress, trabajo No. 165, Barcelona, España. 1993.

15. González JA, Benito M, Bautista A, Ramirez E. *Inspección y diagnóstico de las estructuras de hormigón armado.* Rev Metal Madrid. 1994; 30: 271.

16. Keer JG. *Surface treatments.* En *Durability of Concrete Structures-Investigation, repair, protection,* Mays G. (Editor), E&F Spon, Londres, Reino Unido. 1992: 143-157.

17. Castro Borges P. (1995). *Difusión y corrosión por iones cloruro en el concreto reforzado.* Doctoral dissertation, Tesis de Doctorado, Universidad Nacional Autónoma de México.

18. Castorena J, Pérez JL, Borunda A, Gaona C, Torres-Acosta A, Velázquez I et al. *Modelación con elementos finitos del agrietamiento en el hormigón por corrosión localizada en la armadura.* Revista Ingeniería de Construcción. Abril 2007; 22(1); 35-42.

Capítulo 11

Velocidad de corrosión de recubrimientos obtenidos por rociado térmico para su aplicación en turbinas de vapor geotérmico

Jorge Morales Hernández, Araceli Mandujano Ruíz, Julieta Torres González

Centro de Investigación y Desarrollo Tecnológico en Electroquímica S.C., Querétaro, México.

jmorales@cideteq.mxl, jtorres@cideteq.mx

Doi: http://dx.doi.org/10.3926/oms.67

Referenciar este capítulo

Morales Hernández J, Mandujano Ruíz A, Torres González J. *Velocidad de corrosión de recubrimientos obtenidos por rociado térmico para su aplicación en turbinas de vapor geotérmico*. En Valdez Salas B, & Schorr Wiener M (Eds.). *Corrosión y preservación de la infraestructura industrial*. Barcelona, España: OmniaScience; 2013. pp. 225-297.

1. Introducción

Comisión Federal de Electricidad (CFE) es una empresa del Estado Mexicano encargada de la generación, transmisión, distribución y comercialización de energía eléctrica en el país. La capacidad de generación cuenta con 177 centrales generadoras de energía, lo que equivale a 49,931.34 MW (Megawatts), incluyendo a aquellos productores independientes que por ley están autorizados para generarla. Los clientes a los que se suministra energía eléctrica están divididos por su actividad, de tal manera que el 0.62% se destina al sector servicios, el 10.17% al comercial, el 0.78% a la actividad industrial, el 0.44% al Agrícola y el uso más importante es el doméstico, con 87.99% de los usuarios. Además, la demanda aumenta en 1.1 millones de solicitantes cada año. La capacidad instalada se integra con todas las formas de generación existentes en el país; las termoeléctricas representan el 44.87% (22,404.69 MW) de la generación, en tanto las hidroeléctricas el 22.17%, (11,054.90 MW) seguidas de las carboeléctricas que generan el 5.22% (2,600.00 MW) del total de la electricidad en el país, mientras que las nucleoeléctricas contribuyen con el 2.74% (1,364.88 MW). Con menor capacidad están las plantas geotérmicas con 1.92% de la generación total; finalmente podemos mencionar a la generación de energía Eólica con sólo 0.17%. Un caso especial son los productores independientes que producen un alto porcentaje en relación con las otras formas de generación, ya que aportan el 22.91% de la capacidad instalada, según la misma CFE. En el Figura 1 se muestra la distribución de generación de electricidad en México.[1]

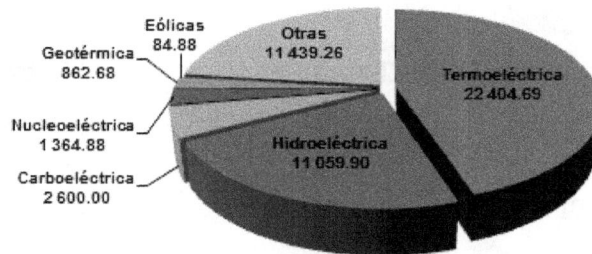

Figura 1. Esquema de generación de energía eléctrica en México

Las centrales Geotérmicas tienen menor presencia en el sistema eléctrico nacional, aunque destacan las centrales de Cerro Prieto en Baja California, Los Azufres en Michoacán y Los Humeros en Puebla con una producción de 763 MW promedio (Figura 2).

Las turbinas de vapor son equipos usados ampliamente por CFE, tanto en plantas generadoras termoeléctricas, carboeléctricas, nucleoeléctricas y geotérmicas. Estas turbinas tienden a presentar problemas de corrosión y erosión en sus componentes, por lo que requieren de un mantenimiento correctivo periódico, que se refleja en altos costos de reparación y pérdida de la producción, siendo éstos últimos de hasta 10 veces mayores a los costos de reparación. El desarrollo de nuevos recubrimientos protectores de alta tecnología contra este tipo de problemas y otros similares, pueden impactar notablemente en la eficiencia de la generación de energía, incrementando la vida útil de las turbinas y rendimiento, con grandes beneficios en los ámbitos económicos y ecológicos.

Cerro Prieto

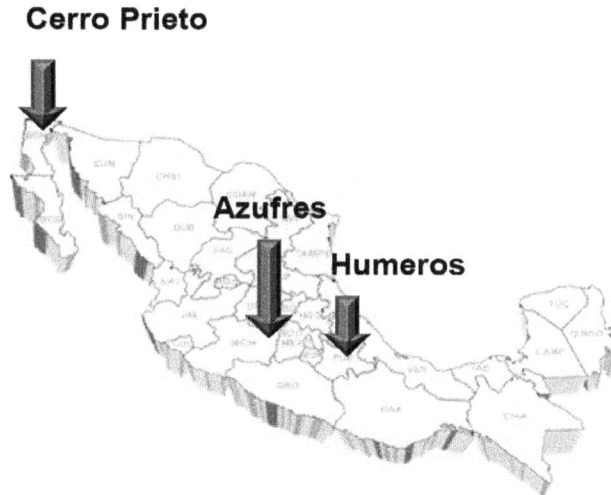

*Figura 2. Ubicación de las centrales geotérmicas de Cerro Prieto, Los Azufres
y los Humeros en México*

2. Antecedentes

A lo largo de miles de años, el calor interno de la tierra y sus manifestaciones en la superficie se han considerado como un fenómeno caprichoso de la naturaleza. Hasta donde se sabe, este tipo de energía interna es inagotable y recibe el nombre **energía geotérmica**.[2] El magma constituido por rocas fundidas y que se encuentra ubicado en el centro de la tierra, transmite su calor a los diferentes reservorios subterráneos generados a través de los años por el agua de lluvia filtrada desde la superficie de la tierra. El magma calienta el agua hasta que la convierte en un fluido sobrecalentado al que también se le conoce como **fluido geotérmico**. Para llegar a estos fluidos se perforan pozos de entre 1500 y 3000 metros por debajo de la superficie de la tierra; estos pozos también llamados pozos de producción, llevan los fluidos de alta temperatura a la superficie de la tierra donde pueden ser usados para generar electricidad mediante las centrales geotérmicas. En la figura 3 se muestra el proceso de formación de un reservorio geotérmico, el proceso comienza cuando el agua proveniente de las precipitaciones pluviales se filtra hacia el interior de la tierra (Punto 1), penetrando a través de las diferentes capas tectónicas, en este punto una fase se condensa (Punto 3) y otra logra llegar hasta los mantos acuíferos subterráneos (Puntos 2 y 4) donde el calor emitido por el núcleo terrestre (Puntos 6 y 7), los mantiene a cierta temperatura y mediante la perforación de pozos los fluidos geotérmico son extraídos para ser utilizados en la generación de energía (Punto 5).

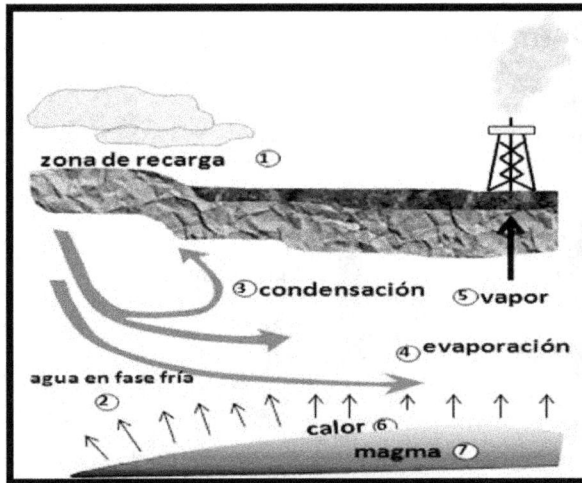

Figura 3. Proceso de formación de un yacimiento geotérmico

2.1. Tipos de yacimientos geotérmicos

Aunque la clasificación de los yacimientos geotérmicos debe hacerse de acuerdo con su nivel energético, de manera práctica éstos se clasifican en función de su temperatura. De esta manera los yacimientos geotérmicos están clasificados como yacimientos de **baja, mediana y alta** temperatura.[3,4]

- **Yacimiento de Baja Temperatura**: Es aquel en los que a profundidades inferiores a los 2500 metros existen formaciones permeables, conteniendo fluidos cuyas temperaturas son del orden de 40-90°C. Por ello, son adecuados para el aprovechamiento directo del calor como sistemas de calefacción de viviendas, procesos industriales, agricultura, piscicultura entre otros.

- **Yacimiento de temperatura media:** Son aquellos en los que la temperatura, generalmente entre los 90 y 150°C permite la producción de electricidad mediante el empleo de fluidos intermedios de bajo punto de ebullición (ciclos binarios). Los ciclos binarios conocidos ya desde hace décadas, han experimentado un desarrollo importante logrando incrementar sus rendimientos de forma notable, factor que limitaba la valoración de los yacimientos de temperatura media hace tan sólo un cuarto de siglo.

- **Yacimiento geotérmico de alta temperatura:** Es aquel en donde existe un volumen de roca permeable con el fluido a una temperatura superior a los 150°C y que se encuentra almacenada. Este tipo de yacimientos está situado en zonas geológicamente activas por lo que es adecuado para la producción de energía eléctrica. La Figura 4 muestra la profundidad a la que pueden encontrarse los yacimientos en función de su temperatura.

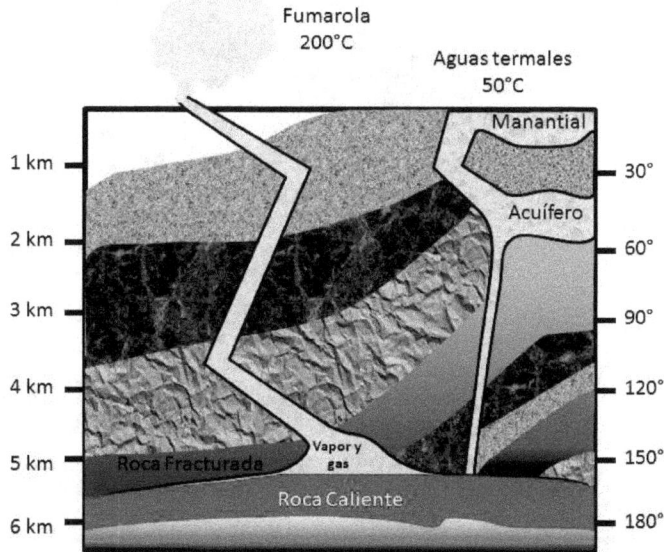

Figura 4. Distribución de los diferentes tipos de yacimientos a través de la corteza de la tierra

2.2. Funcionamiento de una central geotérmica

En una central geotérmica, el fluido sobrecalentado es conducido a través de los pozos de extracción hacia la superficie. Bajo su propia presión el líquido sobrecalentado del recurso geotérmico fluye naturalmente hacia la superficie de la tierra; durante su ascenso la presión disminuye por lo que una porción del fluido se convierte en vapor sobrecalentado. En la superficie, el fluido llega a los separadores tipo "flash" donde se incrementa la presión del vapor. Todo el vapor es conducido a través de la tuberías hacia la turbina donde el flujo de vapor hace girar los álabes de la turbina los cuales están conectados al rotor convirtiendo de esta manera la energía del vapor en energía mecánica, ésta promueve el movimiento de un generador eléctrico donde la energía mecánica de la turbina es convertida en electricidad y de esta manera es enviada a los transformadores los cuales elevan la tensión y de esta manera, es enviada a través de las líneas para ser distribuidos a los centros de consumo. El vapor utilizado en la turbina es recolectado en un condensador donde es posible recuperar el fluido con cierta cantidad de minerales, los cuales se alimentan nuevamente al recurso geotérmico. El fluido que no es convertido en vapor es dirigido hacia los contenedores de almacenamiento donde posteriormente serán re-inyectados a través del pozo al reservorio contribuyendo con ello a la continua regeneración del ciclo geotermal. Este proceso se resume en la Figura 5.

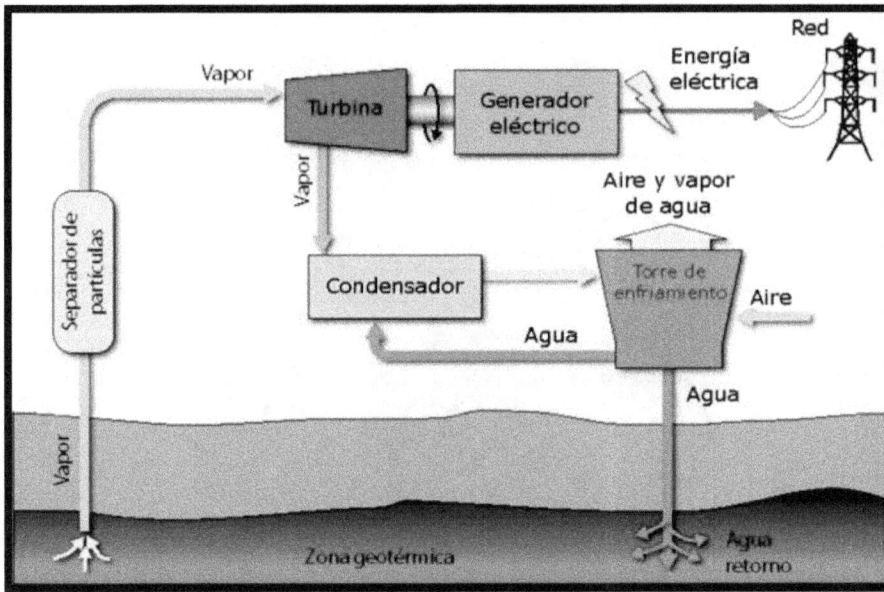

Figura 5. Arreglo de una Central Geotérmica en donde se ilustra el proceso de producción de electricidad

2.3. Turbinas de vapor

La turbina de vapor es una máquina que convierte la energía de vapor en trabajo mecánico éste a su vez se emplea para mover un generador transformando el trabajo en energía eléctrica; sus rangos de trabajo están entre 170°C-565°C y a presiones de entre 8 y 167 atm. Suelen estar acomodadas en secciones para trabajar en alta, intermedia y baja presión alineadas en un solo rotor (arreglo en tándem), para aprovechar al máximo la energía del vapor como se observa en la Figura 6. Los principales componentes de las turbinas de vapor se muestran en la Figura 7 y se describen a continuación:

- **La carcasa:** Es una cubierta envolvente que actúa como barrera de presión y minimiza la pérdida de vapor al mismo tiempo que conduce el flujo de la energía de una manera más eficiente; la carcasa contiene álabes estacionarios y a la tobera la cual está encargada de la alimentación del vapor a la turbina (Figura 7 A) La carcasa se divide en dos partes: la parte inferior, unida a la bancada donde se asienta a la turbina y la parte superior, desmontable para el acceso al rotor. Las carcasas se fabrican de hierro, acero o de aleaciones de este, dependiendo de la temperatura de trabajo.

- **El cuerpo del Rotor**: consiste de un eje maquinado hecho comúnmente de acero forjado con pequeñas cantidades de Cromo y Níquel para darle más tenacidad al rotor y resistir altas temperaturas, además están sujetos a él una serie de hileras de álabes móviles diseñados para alta, intermedia y baja presión (Figura 7 B).

- **Los Alabes (Móviles y Fijos):** son de aceros inoxidables (ejemplo 316 y 304). El agrupamiento de varias ruedas con álabes conforman un conjunto de etapas de la turbina donde la última etapa es donde particularmente en la última etapa se ha reportado la presencia de partículas que erosionarían a los alabes y que favorecen los mecanismos combinados de corrosión-erosión como modo de falla. (Figura 7 C y D). Los alabes fijos o estacionarios sirven para dirigir el flujo de vapor en la dirección adecuada contra los alabes rotatorios (Figura 7 E).

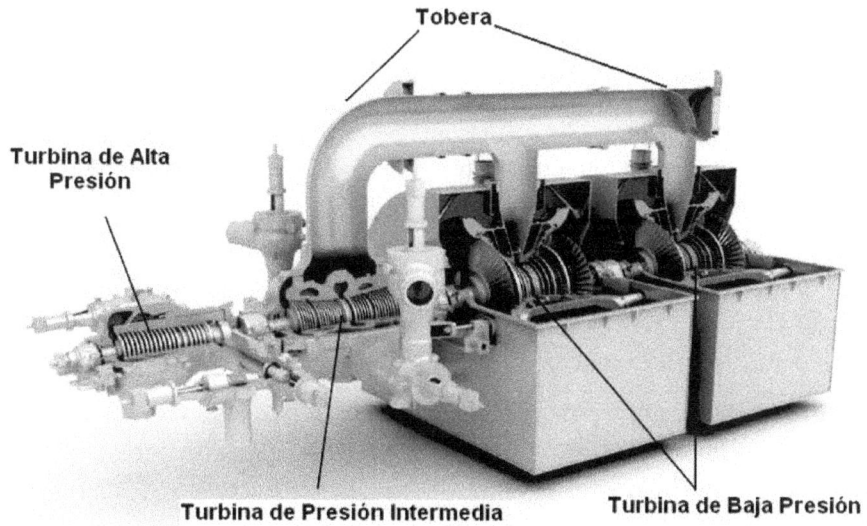

Figura 6. Arreglo de las turbinas de vapor de acuerdo con su eficiencia

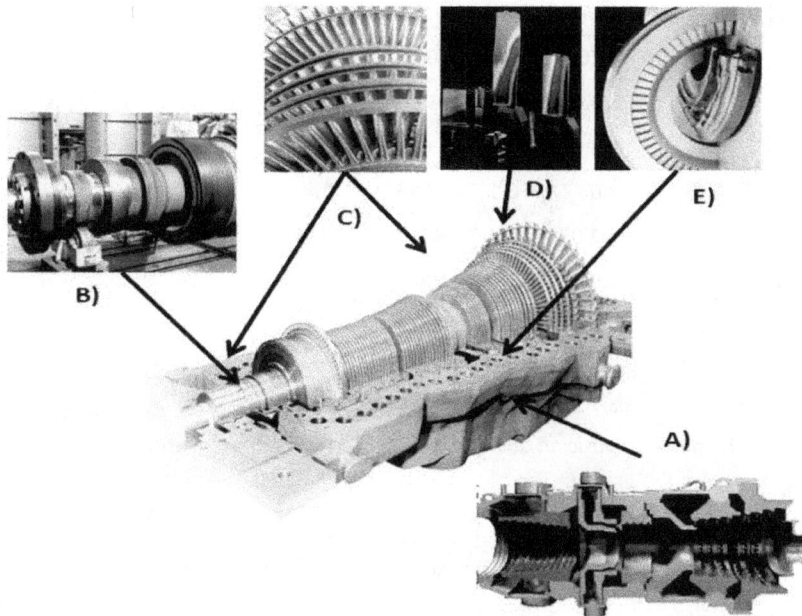

Figura 7. Componentes de una turbina de vapor donde se puede apreciar: A) La Carcasa, B) El Rotor, C) y D) Álabes Móviles y E) Álabes Estacionarios

2.4. Fluido geotérmico y su influencia en el deterioro de las turbinas

El fluido geotérmico puede variar su composición y concentración de pozo a pozo a lo largo del territorio nacional. Estudios realizados por CFE en los pozos de diferentes centrales geotérmicas del país incluidas la unidad Los Azufres, Los humeros y Cerro Prieto; muestran una gran variación en concentración entre los diferentes pozos como se puede observar en la Tabla 1.[5] Debido a la naturaleza del fluido geotérmico, el vapor utilizado para la generación de electricidad tiene ciertas características altamente corrosivas que juegan un papel importante en el funcionamiento de las turbinas de vapor, ocasionando problemas de desgaste en muchos de sus componentes. Las especies que comúnmente están presentes en estos fluidos geotérmicos, consisten principalmente de silicatos, carbonatos, sulfatos entre otros, los cuales se presentan en la Tabla 2.[6]

Los gases incondensables como NH_4^+, CO_2, O_2, N_2, H_2S, SO_4^{2-}, entre otros presentes en el vapor geotérmico pueden estar entre 1 y 30% Volumen. El efecto de estos gases es básicamente:

- Incremento de la velocidad de corrosión.

- Promoción de un mecanismo en específico como picadura, crevice (hendidura), SCC (fatiga y fractura asistida por corrosión).

Pozo	Presión (Bar)	Temp (°C)	ppm								pH
			Na^+	K^+	Ca^{2+}	Cl	SiO_2	CO_3^-	HCO_3^-	S^-	
H-1	9.7	179	282.7	48.7	0.40	93.7	990	144	236.7	0.64	8.35
H-7	34.1	241	186.7	30.1	0.44	97.9	1235	n.d.	323.3	7.70	6.63
H-8	14.4	197	287.0	52.5	0.28	113.6	1192	150	213.5	1.06	8.05
A-5	9.6	177	1123.0	332.0	5.08	2091.0	837	n.a.	n.a.	n.a.	6.9
A-15	3.3	138	1433.0	400.0	6.0	2569.0	948	n.a.	n.a.	n.a.	7.1
A-17	12.0	186	4.0	0.1	0.14	1.4	0.2	n.a.	n.a.	n.a.	7.6
M-73	33.1	240	7692.0	2104.0	319.0	14785.0	1197	6.0	24.0	2.1	7.62
M-122	28.3	231	9000.0	2364.0	386.0	17227.0	1194	n.d.	9.76	0.85	6.11
M-191	78.3	294	8748.0	2543.0	308.0	16741.0	940	n.d.	22.0	5.1	6.45
M-53	19	209	8680.0	2337.7	380.0	16006.2	1068.0	n.a.	n.a.	n.a.	7.08

n.a.: no analizado; n.d.: no detectada; H: los humeros; A: los Azufres; M: Cerro Prieto

Tabla 1.Composición química de varios pozos geotérmicos en México

Iones y elementos presentes en la fase vapor	$CaCO_3$, Fe, SiO_2, Na^+, Cl^-, CO_2, NH_4^+, H^+, O_2, N_2, HCO_3^{2-}, Metano, Etano, Propano, Isobutano, N-Butano, H_2S, H_3BO_3, As, Ar, He, SO_4^{2-}, Hg
Elementos presentes en la fase líquida	Na,K ,Ca ,Mg, Li ,Sr, Zn, HCO_3 ,SiO_3, NH_3 ,Cl,SO_4

Tabla 2. Especies químicas en un fluido geotérmico

El H_2S presente en el fluido geotérmico, es uno de los principales contaminantes que acelera los problemas por corrosión y fragilización en los componentes de las turbinas.

El contenido de partículas sólidas en la fase vapor como SiO_2, $CaCO_3$, y Fe pueden producir:

- Erosión de todas las superficies expuestas al vapor.

- Incrustaciones en los componentes de la turbina lo que causa serios problemas de taponamientos y corrosión localizada.

- Un incremento en la velocidad de corrosión-erosión.

Comúnmente las incrustaciones debidas a SiO_2, $CaCO_3$ no son corrosivas, sin embargo estas incrustaciones forman depósitos donde se almacenan partículas corrosivas como ácidos y partículas de Cl⁻ que corroen en forma localizada a los componentes como alabes, válvulas e inyectores.[5] La fragilización de estos componentes por efectos de la corrosión, puede modificar las condiciones de flujo del fluido geotérmico y pueden presentarse un desbalanceo del rotor de la turbina. En la Figura 8 se muestran imágenes de álabes fijos con problemas de corrosión localizada bajo las condiciones actuales de operación, con desprendimiento de material en forma de capaz. Dichos elementos son componentes de una turbina de vapor empleada en la generación de electricidad en la planta geotérmica los azufres ubicada en Michoacán, México.

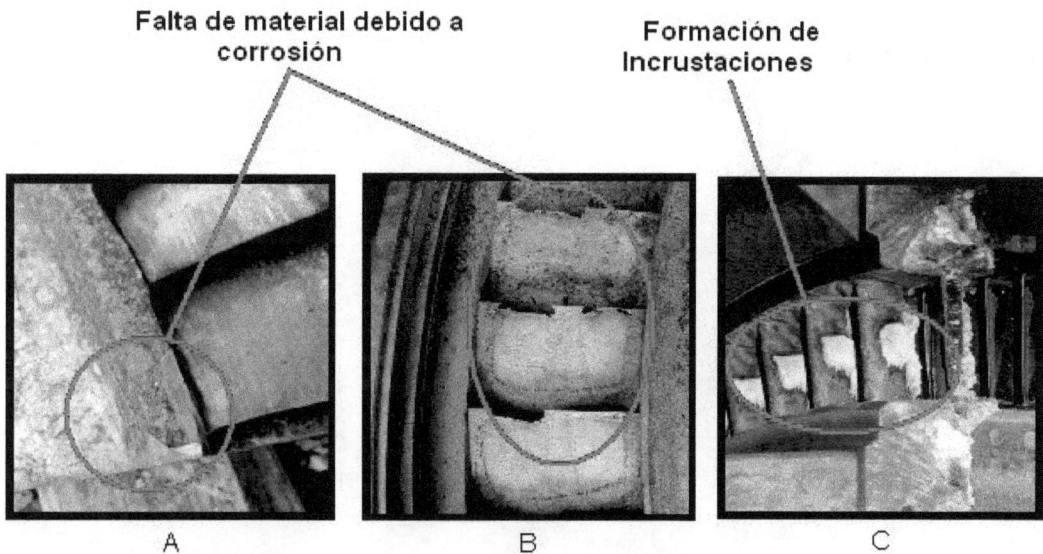

Figura 8. Álabes de turbina de vapor con problemas de desgaste e incrustación

Los programas de monitoreo y mantenimiento constante sobre estos equipos han arrojado como resultado una gama de problemas por corrosión que requieren de ser atendidos, los cuales se resumen en la Tabla 3.[7,8] Entre los diferentes mecanismos de corrosión a los que se encuentra expuesta una turbina de generación, el más común es corrosión asistida bajo esfuerzos (SCC), seguida en orden de aparición por corrosión por picadura (P), fatiga por corrosión (CF), fatiga por corrosión de bajo ciclo (LCCF), corrosión por flujo acelerado (FAC) y erosión (E).

Componente	Material	Mecanismo de corrosión
Rotores	CrMoV, NiCrMoV (ASTM A294) y de baja aleación de forja (ASTM A293, A470)	P, SCC, CF
Discos	NiCrMoV, CrMoV, NiCrMo de baja aleación, reparación con 12Cr mediante soldadura.	P , SCC, CF, FAC
Álabes y montajes	Acero Inoxidable 12Cr, 15-15PH,17-4PH,Ti 6-4, PH 13-8Mo, Fe-26Cr-2Mo	P, SCC, CF
Conexiones	Acero Inoxidable 12Cr (Ferríticos y Martensíticos)	SCC, P, CF
Dentaduras de álabes	Acero de baja aleación CrMo, 5Cr MoV, Similar a ASTM A681, Grado H-11	SCC
Escudos contra la Erosión	Stellita tipo 6B, depósitos de soldadura	SCC, E
Álabes estacionarios	SS 304 u otros aceros inoxidables	SCC, LCCF
Bombas y Tuberías	Acero al Carbón	FAC, SCC
Toberas	AISI acero inoxidable tipo 321 o 304. Inconel 600	SCC, LCCF

P: corrosión por picadura; SCC: corrosión asistida bajo esfuerzos; CF: fatiga por corrosión; FAC: corrosión por flujo acelerado; LCCF: fatiga por corrosión de bajos ciclos; E: erosión

Tabla 3. Problemas encontrados en turbinas de vapor

En la Figura 9, se muestra la frecuencia (en porcentaje) que se ha reportado sobre los diferentes mecanismos de falla presentes en una turbina, donde podemos observar que los mecanismos de corrosión asistida bajo esfuerzos, picadura y fatiga por corrosión son los mecanismos más comunes en las turbinas de generación eléctrica.

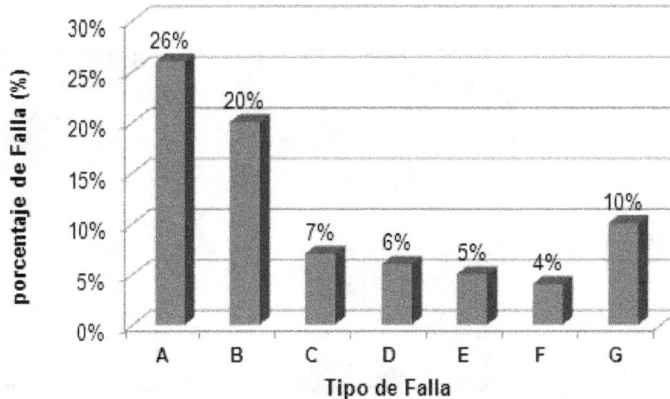

Tipos de falla
A: Desconocido
B: Fatiga por alto ciclo
C: Fractura por fatiga y corrosión (cíclica)
D: Ruptura por deformación y temperatura
E: Fatiga de bajo ciclo
F: Corrosión
G: Otros

Figura 9. Reporte de mecanismos promotores de falla en álabes de turbinas[9,10]

2.5. Mantenimiento de Turbinas y Tecnología en Recubrimientos

En los últimos años, los fabricantes de turbinas y talleres de reparación en coordinación con los centros de investigación, han encaminado sus actividades al desarrollo de métodos y procedimientos para reparar y prolongar la vida útil de rotores y álabes de turbinas. Dentro de las opciones de mantenimiento, tenemos el reemplazo parcial o completo de la pieza por uno nuevo lo cual significa grandes costos de inversión ya que son componentes que no se fabrican en grandes volúmenes y habría que solicitarlos bajo pedido; otra alternativa es la reparación por medio de soldadura, la cual ha permitido reparar rotores de turbinas de vapor severamente dañados ya que se tiene una gran experiencia y gran desarrollo en procedimientos de soldadura bajo normas internacionales, como una alternativa disponible en campo, sin embargo, el grado de confiabilidad y durabilidad después de una reparación por soldadura son inciertos en cierto grado, a pesar de estar basados en una normatividad confiable. Para que el proceso de soldadura sea exitoso se deben tener en consideración varios factores como la soldabilidad del material, el tipo de daño y tipo de preparación de la zona por reparar, la técnica para soldar a usar (GTAW, SMAW, SAW, etc.)[1], el material de aporte el cual deberá ser de características muy similares en cuanto a composición química se refiere con respecto al metal base, etcétera.[11] La reparación por soldadura es económica, sin embargo, una reparación mal diseñada, puede conducir a una falla catastrófica, con un gran impacto económico.[12] Otra opción de mantenimiento que se ha venido empleando en los últimos años, es la utilización de recubrimientos por metalizado los cuales además de permitir la recuperación de dimensiones de diversos componentes, ofrece la posibilidad de aplicar un material que ofrezca una mejor protección sobre los componentes de las turbinas bajo ambientes corrosivos y erosivos. Las técnicas para la aplicación de recubrimientos por metalizado, tienen como base los principios de operación y aplicación de los procesos de soldadura tanto manuales como semiautomáticos, donde el material de aporte por depositar de igual forma, es llevado hasta su punto de fusión con la diferencia de que en los procesos de proyección térmica, el material de aporte fundido es arrastrado por un gas de transporte y proyectado sobre el metal base como se puede observar en la Figura 10; con lo que se logra la deposición, crecimiento y adherencia de un recubrimiento con características diferentes a las del metal base. Hoy en día se tienen grandes avances en el desarrollo de diferentes técnicas de proyección térmica, conjuntamente con el desarrollado especificaciones y procedimientos de aplicación para asegurar su calidad y reproducibilidad, sin embargo, existe una gran área de oportunidad en seguir caracterizando este tipo de recubrimientos durante su aplicación y operación en un ambiente determinado. Una descripción más detallada de los procesos de metalizado se presenta en el siguiente apartado.

Desde el punto de vista de aplicación de recubrimientos existen diferentes métodos para modificar una superficie, un pequeño resumen se muestra en la tala 4 donde podemos ver que la proyección térmica forma parte de las nuevas técnicas de deposición en el estado sólido con sus respectivas ventajas y desventajas con respecto a las técnicas tradicionales.[14]

A comparación con los recubrimientos por electrodeposición cuyos espesores van desde 1 a 200µm,[15] los recubrimientos por rociado térmicos como el HVOF (proyección térmica a alta velocidad por combustión de oxígeno), proporcionan espesores de entre 40 a 3000µm,[16] además de que tienen un amplio rango de materiales que se pueden utilizar como recubrimientos tales como aleaciones ferrosas y no ferrosas, refractarios, materiales compuestos metal-cerámicos,

---

[1]   GTAW: gas tungstenarcwelding (por sus siglas en inglés). SMAW: metal arc welding (por sus siglas en inglés). SAW: submerged arc welding (por sus siglas en ingles)

entre otros. Las técnicas de proyección térmica son consideradas como una buena alternativa dentro de este campo para ser utilizadas como métodos de deposición en turbinas de vapor.

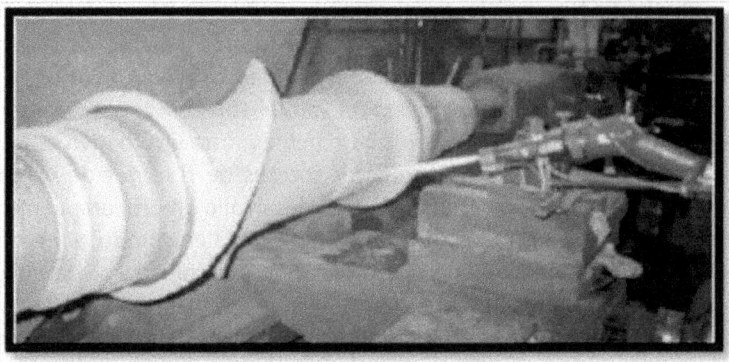

Figura 10. Proceso de recubrimiento en una pieza mediante la técnica de HVOF (Rociado a Alta Velocidad por Combustión de Oxígeno)[13]

Vía	Proceso	Material Depositado
Acuosa	Electro-deposición	Ni, Cu, Cr, Cd, Zn, Ag, Pt, Aleaciones.
	Electroless	Ni (Ni-P, Ni-B)
Inmersión en Metal Fundido	Galvanizado	Zn, Zn-Al
	Hot Dip	Sn, Al, Sn, Pb, Pb-Sn
Gaseosa	PVD, CVD[2]	Óxidos, Nitruros, Carburos, Metales
Sólida	Proyección Térmica (Llama, arco, plasma, alta velocidad y detonación)	Metales
	Láser	Cerámicos
	Soldadura	Refractarios
Suspensiones	Rociado	Polímeros
	Inmersión	Materiales Compuestos
	Electroforesis	
	Brocha	

Tabla 4 Clasificación de procesos de recubrimientos

2.6. Procesos de Rociado Térmico

En los procesos de rociado térmico se utiliza la energía térmica para depositar recubrimientos con distintas funciones tales como: protección a la corrosión y al desgaste, alta dureza, barrera térmica principalmente; el rociado térmico consiste en 3 pasos:

1. Se escogen materiales con una composición establecida, dentro de los cuales podemos encontrar desde materiales elementales hasta algunos sistemas de aleación, en forma de polvo o alambre.

2. El recubrimiento es parcialmente o totalmente fundidos para ser depositados sobre un sustrato.

3. La energía necesaria para fundir el material se puede obtener a través de varias fuentes por ejemplo: a) por combustión en donde encontramos a la técnica de detonación por

---

[2] PVD: Depósito de Vapor Físico. CVD: Depósito de Vapor Químico

combustión de gases (D-Gun), rociado a alta velocidad por combustión de oxígeno (HVOF), combustión de alambre y combustión de polvo; b) procesos de rociado en frío por Plasma y c) técnicas de proyección por Arco Eléctrico (Arc Spray). La Figura muestra el mapa conceptual de las diferentes técnicas de rociado térmico.

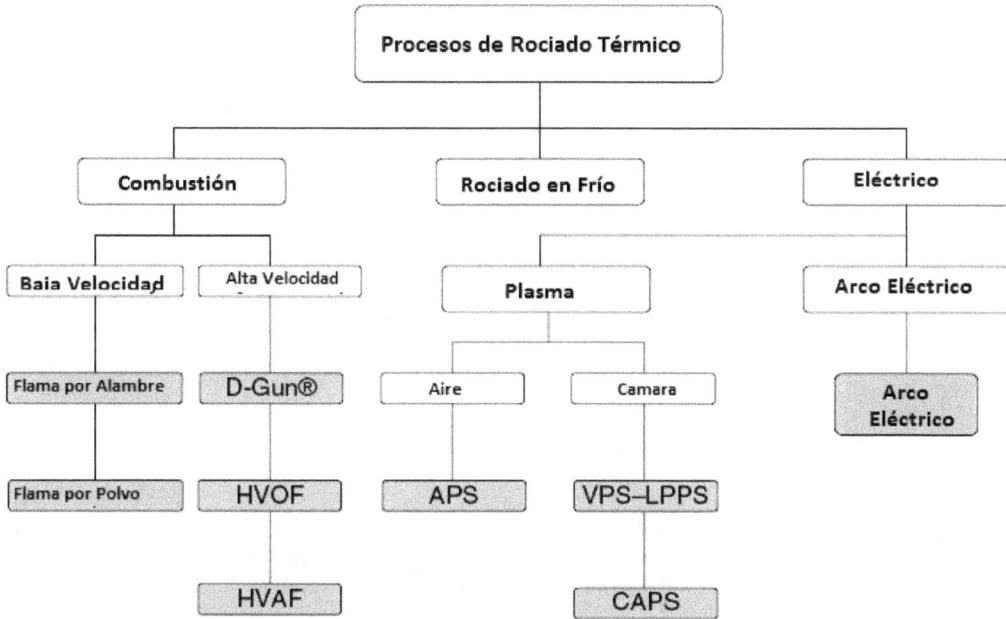

Figura 11. Mapa conceptual de la distribución de las distintas técnicas de rociado térmico

En el rociado térmico, las gotas producidas durante la fusión son impulsadas por un gas (que puede ser oxígeno o aire comprimido) a altas velocidades, las partículas pueden interaccionar con su entorno pudiendo por ejemplo, oxidarse o nitrurarse dependiendo de su alta temperatura y de su superficie activa. Usualmente el sustrato se calienta ligeramente de manera que no excede los 150°C por lo que no se distorsiona considerablemente. Al llegar al sustrato, la coalescencia de partículas forma una película que comienza a engrosar con el impacto subsecuente de más partículas, pudiendo quedar aplastadas o fracturadas dependiendo de su energía cinética. En la Figura se muestra esquemáticamente el proceso de deposición térmica donde se forma un rociado térmico de partículas proyectadas a una distancia de trabajo para lograr una determinada cobertura.

Los defectos encontrados en función de las variables de proceso en este tipo de recubrimientos van desde poros, partículas sin fundir, falta de adherencia, microfisuras como se puede observar en la Figura 13. Gran parte de la calidad del depósito, depende del enlace entre el sustrato y el recubrimiento, por lo que se requiere que la superficie del sustrato esté bien preparada de manera que esté libre de polvo, grasa, virutas de metal, u otro tipo de contaminantes. Existen varios procesos tanto mecánicos como químicos para preparar la superficie, entre los que se encuentran la limpieza con chorro de arena (sand-blast), el decapado químico o la remoción de grasa a través de algún solvente, desengrasante y mediante el uso de acetona; dependiendo del tipo de suciedad o contaminante por remover de la superficie. Dentro de este capítulo se profundizará más sobre la técnica HVOF y la técnica de arco eléctrico.

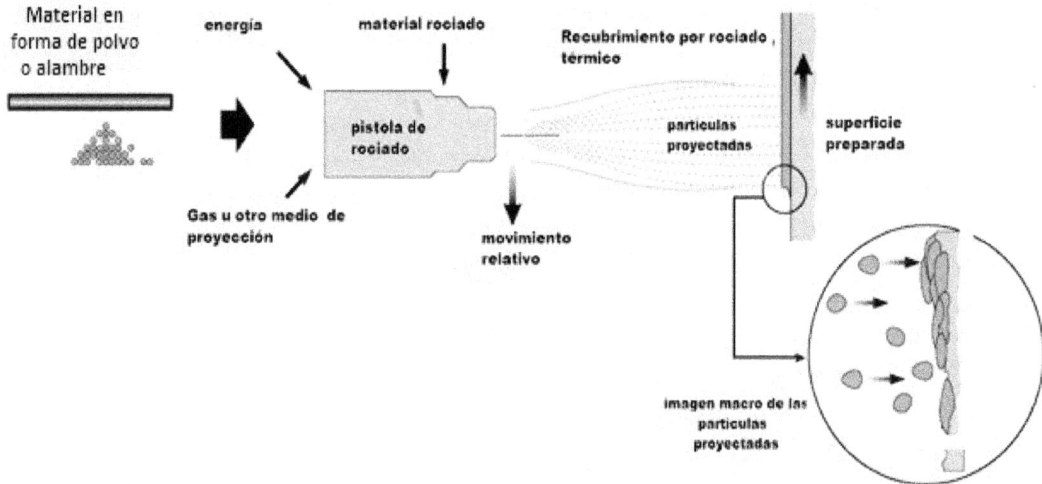

Figura 12. Proceso de elaboración de recubrimientos por rociado térmico

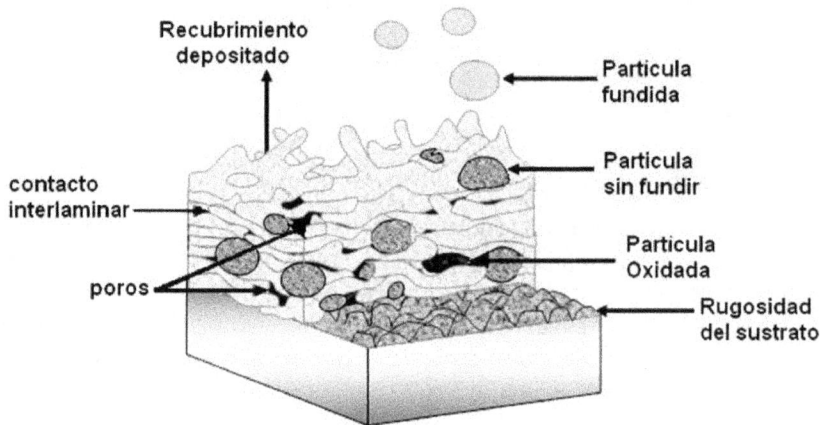

Figura 13. Estructura típica de un recubrimiento por rociado térmico

2.6.1. Rociado a Alta Velocidad por Combustión de Oxígeno (HVOF)

La tecnología del HVOF consiste en una boquilla en cuyo interior se encuentra una cámara de combustión conectada a dos tuberías por las cuales se alimenta una mezcla de gas combustible y oxígeno; que inyectados a una alta presión del orden de 0.5-3.5 MPa (80-500 Psi) crean una flama continua. En el centro de la boquilla se alimenta el material por aplicar en polvo y en otra sección de la boquilla se alimenta aire comprimido como medio de proyección como se observa en la Figura.

El producto de la combustión sale a través de la boquilla a velocidad supersónica formando una estela en forma de rombo (o choque de diamante). Los materiales en forma de polvo, son inyectados dentro de la cámara a través de un compartimiento conectado a la cámara de forma axial o radial. La expansión y proyección de los gases lleva consigo las partículas fundidas que impactarán con el substrato, deformándose plásticamente, enfriando y solidificando. El diseño y dimensiones de la pistola de HVOF determinan los tipos de combustible a utilizar, la temperatura del gas, y las velocidades de la partícula resultante.

Los gases de combustión utilizados comúnmente incluyen: propileno, acetileno, propano, mezcla de metil-acetileno-propano, hidrogeno, keroseno y oxígeno; siendo este último el de mayor importancia para mantener la combustión. Dependiendo del combustible utilizado la temperatura del gas puede alcanzar temperaturas entre 1650 y 2760°C.

El tamaño de la partícula tiene gran influencia en la calidad de recubrimiento, las partículas deben de poseer una geometría esférica en tamaños de entre -45 y +15 μm, tamaños más finos se funden y pueden depositarse en las cercanías de la boquilla. Las velocidades de rociado utilizadas están entre los 2.25 y los 12 kg/hr.

La técnica de HVOF ha sido usada exitosamente para depositar recubrimientos resistentes a la abrasión como WC/Co, Cr_3C_2/NiCr, aleaciones base Níquel, base cobalto como los de la familia Inco 718 y Triboloy 800 (nombre comercial), así como metales refractarios, y recubrimientos resistentes a la oxidación a alta temperatura como los MCrAlY donde la inicial "M" se usa como estándar para indicar la base metálica que puede ser Ni, Co o Fe.[17]

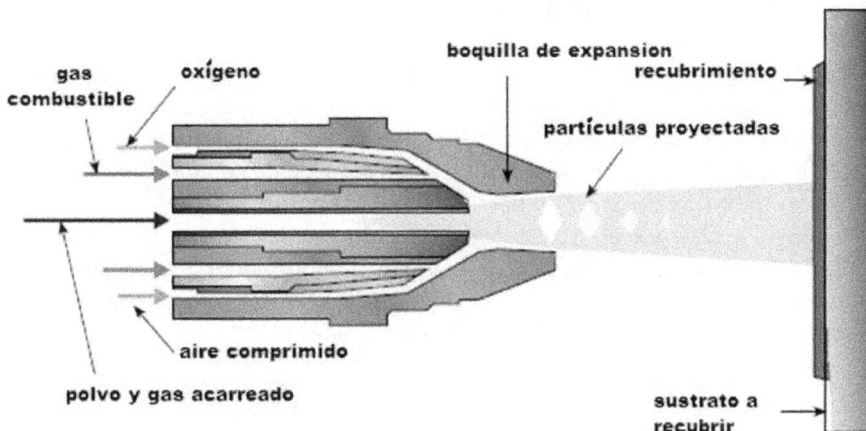

Figura 14. Funcionamiento del equipo de HVOF

Estos recubrimientos están caracterizados por tener baja porosidad, bajo contenido de óxido (< 2%), y una interface limpia sustrato-recubrimiento. Los equipos de HVOF pueden estar diseñados para usarse de forma manual (Figura 15 A) o automatizada (Figura 15 B), a través de un brazo robótico para manejar mayor precisión así como control de los parámetros de deposición.

Figura 15. Piezas recubriéndose mediante HVOF; A) de forma manual para recubrir secciones con geometría variable y B) de manera automatizada por medio de un brazo robot

2.6.2. Proceso por Arco Eléctrico (ELECTRIC ARC)

Este proceso se caracteriza de los demás ya que utiliza un arco eléctrico controlado entre dos electrodos de alambre (consumibles), los cuales tienen una composición cercana a la del recubrimiento deseado. El arqueo debido a la diferencia de potencial produce la fusión del material en el extremo y mediante aire comprimido o gas inerte suministrado se proyectan los fragmentos de material fundido y propulsados hacia el sustrato. El esquema del sistema de arco eléctrico es representado por la Figura 16. El alambre del arco eléctrico es colocado en carretes los cuales y éste se dosifica a través de la pistola hasta la salida de conductos aislados flexibles, al final los alambres hacen contacto en un pequeño ángulo (aproximadamente de 30°C), donde se cierra el circuito y se produce el arco. Las temperaturas generadas al final de los electrodos dependen de la densidad de corriente, por ejemplo usando electrodos de hierro se pueden alcanzar altas temperaturas del orden de los 6000°C con corrientes eléctricas de 280 a 500 amperios con un voltaje que varía de 25 a 35 volts.

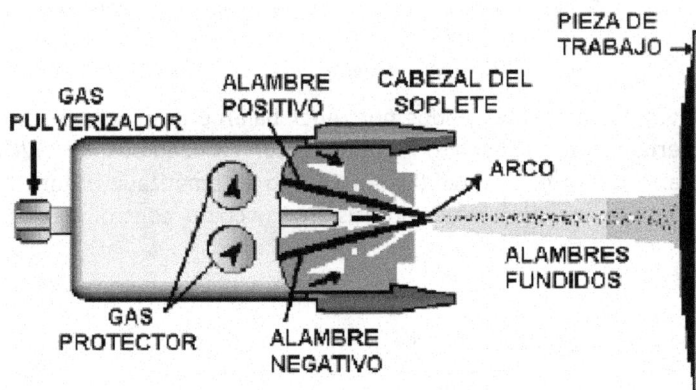

Figura 16. Esquema del sistema de rociado por arco eléctrico

Los recubrimientos por arco eléctrico son económicos con respecto a las otras técnicas de deposición por proyección térmica y es uno de los procesos que más se usan a nivel industrial aunque está limitado a la aplicación de materiales cerámicos; las velocidades de deposición por arco eléctrico se encuentran en un rango de 15 a 100 libras / hr. (1.88-12.59 gr/seg), aunque la cantidad del material depositado depende del nivel de la corriente y del tipo de metal que esté siendo rociado.

La microestructura típica depositada por arco se caracteriza por estar formada de láminas con ciertos niveles de porosidad y contenido de óxido.[16-18] La Tabla 5 muestra un resumen de las características de proceso de las técnicas de deposición por arco y HVOF.

SISTEMA	Temp. de proyección [°C]	Velocidad partícula [m/s]	Fuerza de anclaje [MPa]	Porosidad de la capa [%]	Contenido de óxidos [%]
Arco eléctrico	4.000	150-300	25-50	3-6	5-10
H.V.O.F.	3.100	600-1000	50-> 70	0,5-2	0,5-3

Tabla 5. Características de los sistemas de rociado térmico

2.7. Recubrimientos aplicados por Rociado Térmico

Muchas han sido las aleaciones creadas con la finalidad de proteger, reparar superficies y con la finalidad de prolongar el tiempo de vida de los componentes. El campo de aplicación de estos es muy amplio; desde la aplicación de Zinc y Aluminio en acero estructural, hasta recubrimientos cerámicos en prótesis medicas capaces de resistir el ambiente biológico del cuerpo humano. Las investigaciones realizadas hasta ahora han permitido correlacionar las variables esenciales de los procesos donde la composición del material, parámetros de proceso de rociado y post tratamiento de las piezas a base de selladores y tratamientos térmicos que permiten la optimización de los recubrimientos, afinando las imperfecciones del mismo (poros, grietas, faltas de adherencia). Ejemplo de esto es la aplicación del aluminio por arco eléctrico el cual puede resistir la oxidación a altas temperaturas (hasta 900°C) o la aplicación de un pos-tratamiento a 1100°C en aleaciones de níquel-cromo.[19]

Otros recubrimientos como Fe40Al y Ni20Cr, ya han sido estudiados en diferentes ambientes pero dirigido a diferentes aplicaciones, en los sectores aeronáutico, automotriz, médico, industrial, energía, transformación e investigación.

Algunos resultados obtenidos por Yoshihiro Sakai y colaboradores han demostrado que la aplicación de recubrimientos por la técnica de HVOF refleja buenos resultados al ser sometidos a pruebas de desgaste, fatiga, erosión y corrosión frente a un medio geotérmico simulado en laboratorio a alta temperatura como se muestra en la Tabla 6.[20]

Los recubrimientos hechos de aleaciones base Níquel-Cobalto han sido utilizadas como un recubrimiento intermedio sobre el cual es aplicado otro recubrimiento cerámico (como ZrO_2) para proteger de choques térmicos producidos por la combustión en una turbina de gas en el sector Aeronáutico. Estos recubrimientos han mostrado tener un comportamiento excelente ante varios ciclos de oxidación continua a 1190°C como se observa en la Tabla 7.[21] Un comparativo en cuanto a la resistencia a la oxidación-corrosión de diferentes aleaciones depositadas por proyección térmica se muestran en la Figura.[21]

Recubrimiento metálico	Fractura por Fatiga asistida por corrosión (SCC)	Fatiga	Corrosión por pérdida de Peso	Erosión de Sand-blast	Dureza Hv
CoNiCrAlY + $Al_2O_3 \cdot TiO_2$	Pobre	Pobre	Excelente	Bueno	750
WC-10 Co4Cr	Excelente	Excelente	Excelente	Excelente	1,100
CoCrMo	Pobre	Aceptable	Excelente	Bueno	50
Al-Zn	Pobre	–	–	–	–
Stellite No.6BSpraying	–	–	Pobre	Bueno	540
50% Cr_3C_2-50%NiCr	Excelente	Aceptable	Aceptable	Bueno	770
75% Cr_3C_2-25%NiCr	–	–	Aceptable	bueno	810

Tabla 6. Resultado de pruebas de estrés mecánico y corrosión de recubrimientos por proyección térmica para ser empleados en turbinas de vapor

Recubrimiento	Vida del recubrimiento a 1,190°C [horas]
Aluminuro de Níquel	150
Cromo-Aluminio	500
NiCrAlY	1000

Tabla 7. Resistencia a la corrosión de varios recubrimientos depositados sobre una superlación a base de Ni

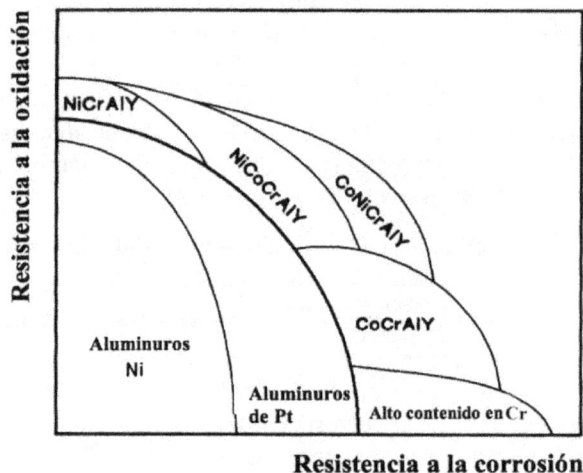

Figura 17. Efecto de la composición de recubrimientos de difusión en la resistencia a la oxidación y la corrosión a alta temperatura

2.8. Sistema de Autoclave para la Evaluación de la Corrosión a Alta Temperatura

Una autoclave es un recipiente metálico de paredes gruesas con cierre hermético que permite trabajar a temperatura y presiones elevadas. Comúnmente, estos sistemas son empleados en la esterilización de instrumentos de laboratorio o para llevar a cabo reacciones en los procesos industriales. Para fines de estudio, estos sistemas se utilizan para someter materiales a condiciones similares a la de los procesos industriales.

Los estudios de electroquímica a alta temperatura requieren el uso de autoclaves y del diseño de sistemas y conexiones que puedan soportar de manera segura tanto la temperatura como la presión durante todo el experimento. Las conexiones de los electrodos y de los sensores deben estar aisladas de manera que la obtención de la señal buscada sea propia de los materiales a estudiar. Las autoclaves deben de estar hechas de materiales muy resistentes, para esto se han utilizado desde aceros inoxidables y ciertas aleaciones de níquel como las Nimonic, Hastelloy y Monel, aunque incluso estas aleaciones han sido susceptibles a corrosión en ambientes que contienen hidróxidos, cloruros y sulfuros. El esquema básico de una autoclave utilizado para estudios electroquímicos con un arreglo de tres electrodos acoplado a un sistema potenciostato se muestra en la Figura 18.

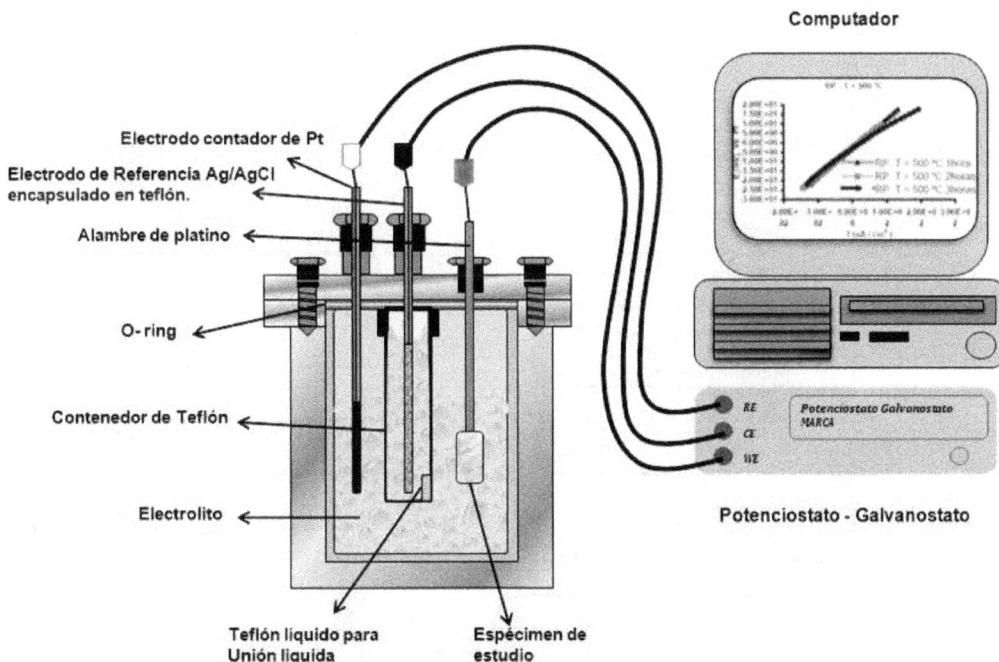

Figura 18. Configuración básica de un sistema de autoclave para pruebas Electroquímicas

El uso de las autoclaves dentro del campo de la electroquímica es muy variado, desde el estudio de sistemas en fluidos supercríticos como el agua, acetonitrilo y amonio, así como el estudio del comportamiento de disolventes no polares (difluoromethano y dióxido de carbono), en fluidos supercríticos, incluso se han realizado medidas de potencial Z y potencial de cero carga de algunos óxidos de metales de transición.[22]

Uno de los campos donde está surgiendo el interés por el uso de autoclaves es en estudios de corrosión, especialmente aquellos dirigidos a problemas en la industria de la transformación (petroquímica) y generación de energía (nuclear, geotérmica y convencional). Dichas industrias utilizan vapor de agua como medio para generar electricidad, por lo que el conocimiento de los mecanismos de corrosión por picadura y fractura por corrosión de los aceros inoxidables y aleaciones especiales de las cuales están hechos muchos de sus componentes, es de gran importancia para evitar paros de línea de alto impacto operativo, ecológico, seguridad y de grandes pérdidas económicas.

3. Desarrollo Experimental

El desarrollo experimental que se llevó a cabo para esta investigación considero la caracterización de los materiales antes de la obtención de los recubrimientos por las técnicas de arco y HVOF, caracterización estructural de los recubrimientos antes y después de ser sometidos a un tratamiento térmico, pruebas electroquímicas a temperatura ambiente y alta temperatura, caracterización superficial de los recubrimientos después de su exposición al fluido geotérmico. El diseño experimental para el estudio electroquímico de los recubrimientos se presenta en la Figura19 el cual está dividido en dos etapas de desarrollo.

Figura 19. Diagrama del diseño experimental utilizado en la investigación

3.1. Selección de Recubrimientos

Para el desarrollo de este trabajo se seleccionaron recubrimientos comerciales con propiedades de protección contra la corrosión. Se utilizaron dos técnicas de rociado térmico; la técnica de rociado a alta velocidad por combustión de oxígeno "HVOF" por sus siglas en inglés, y la técnica de Arco Eléctrico; de estas técnicas se obtuvieron los siguientes recubrimientos:

- HVOF: AMDRY 995 y Diamalloy 4006.

- Arco Eléctrico: se aplicó un recubrimiento primario de enlace Ni-Al (75B) entre el sustrato y el acabado NiCr (55T).

- La información técnica de los recubrimientos antes mencionados se resume en las Tablas 8 y 9.

Nombre	75 B® (barra Ni-Al) ANCLAJE	55 T (NiCr) ACABADO
Marca	PRAXAIR-TAFA	PRAXAIR-TAFA
Método de aplicación	Arco Eléctrico	Arco Eléctrico
Características	Recubrimiento denso empleado para choques térmicos resistencia a la abrasión y a la resistencia a la oxidación a alta temperatura. La dureza del recubrimiento puede incrementar con un post-tratamiento térmico. En condiciones de servicio ($\geq$ 650°C o 1200°C) donde existe una atmósfera que contenga oxígeno también se incrementa la dureza; esto es resultado de la formación de complejos intermetálicos en el recubrimiento, a sí mismo, a la formación de una capa de óxido formada sobre la superficie del recubrimiento.	Provee un excelente acabado y resistencia a la corrosión. Este recubrimiento es muy utilizado para reconstruir y rectificar piezas con desgaste ya que es muy fácil de maquinar.
Aplicaciones	Es aplicado como recubrimiento de anclaje entre el sustrato y un segundo recubrimiento como el NiCr (55T) y el NiCr (60T).	Ha sido utilizado para maquinar piezas como alabes de turbinas, válvulas, rodillos u otras piezas del ramo industrial.
Composición Química	<table><tr><td>**Elemento**</td><td>**% Peso**</td></tr><tr><td>Níquel</td><td>95</td></tr><tr><td>Al</td><td>5</td></tr></table>	<table><tr><td>**Elemento**</td><td>**% peso**</td></tr><tr><td>Fe</td><td>Balance</td></tr><tr><td>Níquel</td><td>5</td></tr><tr><td>Cromo</td><td>18</td></tr><tr><td>Silicio</td><td>0.08</td></tr><tr><td>Itrio</td><td>0.5</td></tr><tr><td>Carbón</td><td>0.06</td></tr><tr><td>Manganeso</td><td>8</td></tr><tr><td>Fósforo y Azufres</td><td>Trazas</td></tr></table>

Tabla 8. Recubrimiento aplicado por la técnica de arco eléctrico

Nombre	AMDRY 995® (MCrAlY)	DIAMALLOY 4006®
Marca	SULZER METCO™	SULZER METCO™
Método de aplicación	HVOF	HVOF
Características	La combinación CoNiAlY es conocido por su excelente protección a la oxidación a altas temperaturas y excelente protección a la corrosión en caliente.	Es un recubrimiento resiste altas temperaturas y contiene fases cristalinas (amorfas / microcristalinas) debido a la adición de metales refractarios y mejorado con aleaciones metálicas lo que le da propiedades antiadherente con buena resistencia al desgaste y a la corrosión.
Aplicaciones	Turbinas de Gas de la industria Aero-Espacial	Rotores de Turbinas
Composición Química	<table><tr><th>Elemento</th><th>% peso</th></tr><tr><td>Cobalto</td><td>Balance</td></tr><tr><td>Níquel</td><td>32</td></tr><tr><td>Cromo</td><td>21</td></tr><tr><td>Aluminio</td><td>8</td></tr><tr><td>Itrio</td><td>0.5</td></tr></table>	<table><tr><th>Elemento</th><th>% peso</th></tr><tr><td>Ni</td><td>Balance</td></tr><tr><td>W</td><td>10</td></tr><tr><td>Cromo</td><td>20</td></tr><tr><td>Mo</td><td>9</td></tr><tr><td>C</td><td>1</td></tr><tr><td>Boro</td><td>1</td></tr><tr><td>Fe</td><td>1</td></tr><tr><td>Cu</td><td>4</td></tr></table>

Tabla 9. Recubrimientos aplicados por la técnica de HVOF

3.2. Sustrato De Acero Inoxidable (SS304)

Para realizar los depósitos se seleccionó como sustrato acero inoxidable 304 grado austenítico (SS304), del cual se reporta que están hechos los alabes estacionarios así como las toberas de una turbina de vapor geotérmico. La composición química y propiedades mecánicas de este material se muestran en la Tabla 10. Las placas de acero inoxidable fueron cortadas en cuadros de 5 x 5 cm, las cuales fueron proporcionadas por el departamento de desarrollo de materiales del Centro de Tecnología Avanzada (CIATEQ).

Para realizar las pruebas electroquímicas del sustrato como material de referencia, éste se desbastó con lijas del no. 240, 320, 400, 600 y se llevó a pulido a espejo en paño con alúmina de 0.05 µm.

Composición Química		Propiedades mecánicas		
Elementos	%Peso	Esfuerzo máximo a la tensión	Ksi	MP
Carbón	0.08		75	515
Manganeso	2.00	Esfuerzo de cedencia	30	205
Fósforo	0.045			
Azufre	0.030	Elongación in 2 in, o 50 mm%	40	
Silicio	0.75			
Cromo	18.0-20.00	Dureza, máx.	Brinell	Rockwell
Níquel	8.0-10.5		201	92
Nitrógeno	0.10			

Tabla 10. Características del sustrato SS304

3.3. Obtención de los Recubrimientos por Metalizado

Los recubrimientos fueron desarrollados en dos instituciones; los depósitos por la técnica de HVOF se elaboraron en el Centro de Investigación en Tecnología Avanzada (**CIATEQ**) y el obtenido por Arco Eléctrico fue proporcionado por la empresa especializada **METALLIZING PROCESS AND SERVICES**; el proceso de deposición de los recubrimientos por arco eléctrico se ilustra en la Figura el cual consta de 3 etapas. En la primera etapa se preparó la superficie con rociado de arena y desengrasante con lo que se asegura que el recubrimiento aplicado no se contamine y tenga buena adherencia sobre la base. La segunda etapa consiste en el ajuste de los parámetros (corriente y voltaje) en la máquina, así como la definición de la presión del aire y distancia de proyección; paralelamente se realizan pruebas de rociado antes de iniciar con la deposición para comprobar que la velocidad de dosificación del alambre no se vea afectada por atascamiento en las mangueras que conectan con la pistola. En la tercera y última etapa se deposita primero el recubrimiento Ni-Al, se deja enfriar por 2 minutos, tiempo que es usado para cargar la maquina con los carretes de alambre NiCr (55T), e inmediatamente, se hace la aplicación del material de acabado. Los parámetro utilizados en la deposición de Ni-Al y NiCr (55T) se presentan en la Tabla 11.

Dentro del grupo de trabajo de CIATEQ se prepararon recubrimientos de Diamalloy y MCrAlY con diferente distancia y velocidad de proyección para optimizar el proceso. El proceso básico para depositar los recubrimientos por HVOF de igual manera consta de 3 etapas, la descripción detallada de cada una de ellas se muestra en la Figura 20.

1. El acero inoxidable usado como blanco para realizar los depósitos fueron preparados con Blasting Abrasive marca Metco® y luego limpiados con desengrasante.

2. Ajuste de los parametros de proyección (voltaje, corriente, presión de aire). realización de pruebas de rociado iniciales.

3. Se inicia con la deposición de Ni-Al (75B), porteriormente se ventila y despues de 2 min se aplica NiCr (55T). Finalizado el recubrimiento solo se deja enfriar la placa y se vuelve a lavar con desengrasante.

Figura 20. Proceso de elaboración de los recubrimientos por Arco Eléctrico

Presión de aire	50 psí
Velocidad	10 lb/hr
Amperaje	50-300 A.
Voltaje	28-32 V

Tabla 11. Parámetros para la deposición por Arco Eléctrico

Los parámetros indicados en Tabla 12, son los obtenidos de las fichas técnicas de cada uno de los recubrimientos aplicados; cabe mencionar que se realizó un estudio preliminar del efecto de la distancia de proyección y velocidad transversal del manipulador con respecto a la velocidad de corrosión a temperatura ambiente en fluido geotérmico (consultar Anexo A). Los resultados preliminares se muestran en la Tabla 13, donde podemos observar que las mejores condiciones de deposición corresponden a una distancia de proyección de 12 pulgadas con una velocidad del manipulador de 50% para MCrAlY. Para el recubrimiento de Diamalloy las mejores condiciones de deposición corresponden a una distancia de proyección de 9 pulgadas con una velocidad del manipulador de 75%. Estos dos últimos fueron utilizados para el resto de nuestro trabajo.

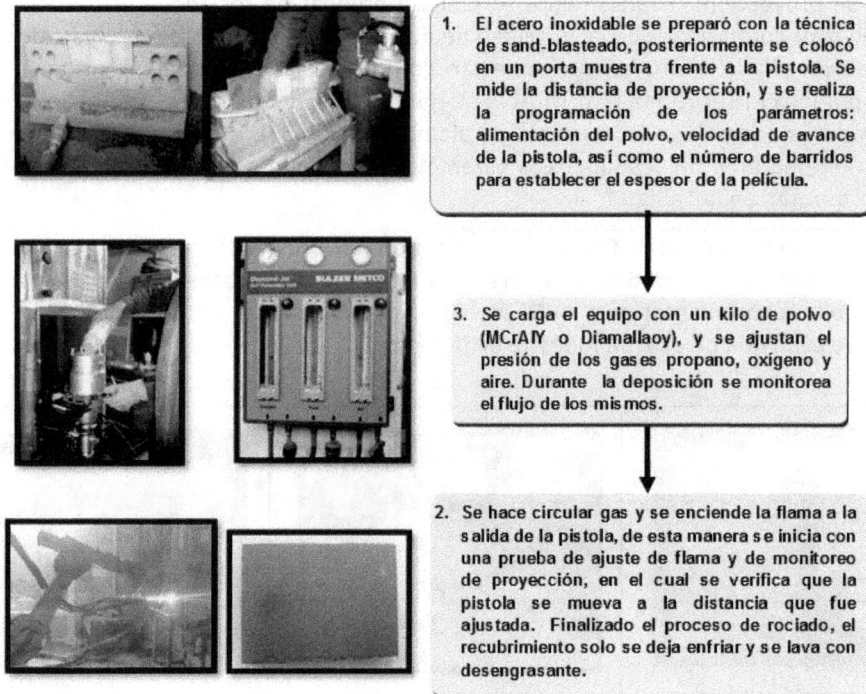

1. El acero inoxidable se preparó con la técnica de sand-blasteado, posteriormente se colocó en un porta muestra frente a la pistola. Se mide la distancia de proyección, y se realiza la programación de los parámetros: alimentación del polvo, velocidad de avance de la pistola, así como el número de barridos para establecer el espesor de la película.

3. Se carga el equipo con un kilo de polvo (MCrAlY o Diamallaoy), y se ajustan el presión de los gases propano, oxigeno y aire. Durante la deposición se monitorea el flujo de los mismos.

2. Se hace circular gas y se enciende la flama a la salida de la pistola, de esta manera se inicia con una prueba de ajuste de flama y de monitoreo de proyección, en el cual se verifica que la pistola se mueva a la distancia que fue ajustada. Finalizado el proceso de rociado, el recubrimiento solo se deja enfriar y se lava con desengrasante.

Figura 21. Proceso de elaboración de los recubrimientos de Diamalloy y MCrAlY por HVOF

Parámetros	MCrAlY	Diamalloy
Flujo de Oxígeno	30 FMR (435 SCFH)	37 FMR(546 SCFH)
Flujo de Propano	25 FMR (103 SCFH)	25 FMR (103 SCFH)
Flujo de aire	30 (437 SCFH)	31 (488 SCFH)
Presión de Oxígeno	150 psi	150 psi
Presión de Propano	90 psi	90 psi
Presión de aire	80 psi	80 psi
Alimentación de Polvo	38 g/min	45 g/min
Gas de Acarreo	N_2	N_2
Presión de nitrógeno en el alimentador	150 psi	150 psi
Velocidad transversal del manipulador	1 m/s	1.5 m/s

FMR: Flow meter Reading; SCFH: Standard cubic feet per hour.

Tabla 12. Parámetros para la técnica de HVOF

Recubrimiento	Distancia de Proyección (D. P.)	Velocidad Transversal del Manipulador (V.T.M)	V_{corr} Mm*año^{-1}
MCrAlY	9"	50%	0.0257
	12"	50%	0.0188
	10"	30%	0.0370
	10"	75%	0.0389
	10"	10%	0.0300
Diamalloy	7"	75%	0.0505
	8"	75%	0.0479
	9"	75%	0.0422

Tabla 13. Condiciones de Proyección para cada uno de los recubrimientos MCrAlY y Diamalloy

3.4. Caracterización Superficial de los Recubrimientos

Para complementar el estudio del comportamiento frente a la corrosión de los recubrimientos, se realizó la caracterización morfológica, microestructural, y química de los recubrimientos antes y después de ser expuestos a alta temperatura, con el fin de correlacionar los mecanismos de fallas presentes. A continuación se describen los parámetros utilizados en las diferentes técnicas de caracterización.

3.4.1. Difracción de Rayos X (DRX)

La caracterización estructural de los recubrimientos se realizó mediante DRX en un equipo D8 Advance Bruker AXS mostrado en la Figura 22, en el modo de haz rasante (con un paso de .020°) trabajando a 40kV y 40mA. El rango de barrido fue de 20 a 90° en la posición 2θ.

Figura 22. Equipo D8 Advance Bruker AXS para Difracción de Rayos X

3.4.2. Microscopía Electrónica de Barrido (SEM)

Con ayuda de un equipo Jeol JSM - 5400LV Scanning Microscope (Figura 23) en alto vacío y a un voltaje de 15 KV se obtuvieron micrografías de la superficie y de la sección transversal de los recubrimientos para evaluar el daño que sufrieron éstos, después de ser expuestos a alta temperatura. Paralelamente se realizó un microanálisis y mapeo de la superficie con la ayuda una microsonda de energía dispersiva (EDS) acoplado al SEM.

Figura 23. Microscopio electronico Jeol JSM-545400LV

3.4.3. Microscopía Óptica

Se realizó la inspección visual de los recubrimientos después de ser expuestos al fluido geotérmico en un microscopio estereoscópico marca LEICA EZ4D (Figura 24A), obteniéndose imágenes a 20 y a 50X. En un Microscopio Óptico Nikon Epiphot 200 (Figura 24B) se observaron los cortes transversales del sustrato y los recubrimientos antes y después de la exposición a alta temperatura para analizar el estado de la microestructura y el mecanismo de falla presente.

 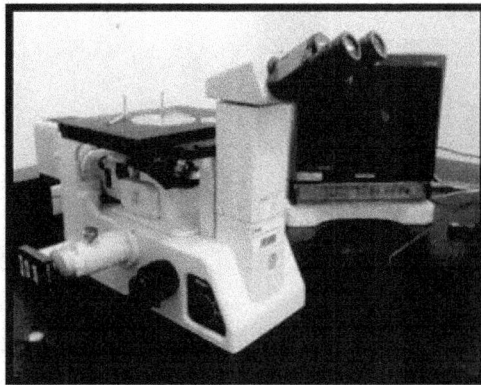

A   B

Figura 24. Equipos para microscopía óptica: A) LEICA EZ4D, B) Nikon Epiphot 200

Para los cortes transversales de los recubrimientos y el sustrato se realizaron en una cortadora de disco abrasivos marca Presti y se montaron en resina en un equipo Buehler Simplement 2; el resultado del montaje se puede apreciar en la Figura. Las muestras se pulieron con lijas del número 240, 380, 400, 600 y se les dio un acabado espejo con alúmina de 0.05 μm. Para revelar la microestructura se utilizó como reactivo de ataque una solución de cloruro férrico y ácido hidroclorídrico.

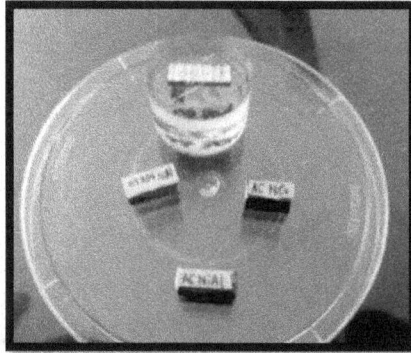

Figura 25. Probetas Montadas en Lucita para obtención de metalografías

3.5. Evaluación Electroquímica a Temperatura Ambiente

Se realizaron ensayos de curvas de polarización (Cp), resistencia a la polarización (Rp) y de Espectroscopía de impedancia Electroquímica a temperatura ambiente tanto del sustrato como de los diferentes recubrimientos obtenidos por Arco y HVOF. Para el estudio electroquímico se cuenta con un potenciostato-galvanostato marca BioLogic™, una celda de configuración cilíndrica para muestras planas, un electrodo contador de platino (E.C.), un electrodo de referencia de Ag/AgCl (0.1M de KCl) (E.R.), y como electrodo de trabajo (E.T.) los recubrimientos cuya área expuesta fue de 1cm^2. En la Figura 26A se muestra el ajuste de los 3 electrodos en la celda electroquímica para pruebas a temperatura ambiente y en la Figura 26B se muestra el potenciostato empleado.

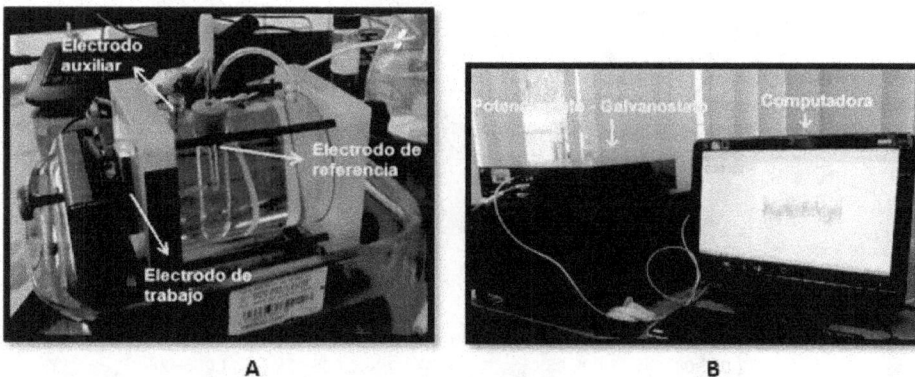

Figura 26. Equipo para evaluación de la corrosión a temperatura ambiente; A) Celda electroquímica para estudios de corrosión a condiciones estándar, B) Equipo de cómputo conectado al Potenciostato-Galvanostato

En todos los ensayos, el electrolito utilizado fue Fluido Geotérmico el cual se recolectó del pozo número 7 en el campo Geotérmico los Azufres de CFE ubicado en Michoacán, México. La recolección del fluido se tomó en el punto de alimentación de la turbina haciendo uso de un serpentín de condensación para llenar botes de 20 litros, como se muestra en la Figura 27.

Figura 27. Recolección de fluido geotérmico del pozo AZ-7 en Los Azufres

3.5.1. Evaluación Inicial de los Parámetros Electroquímicos

El estudio a temperatura ambiente se inició evaluando las velocidades de barrido del acero SS304 en el fluido geotérmico (AZ-7) para determinar aquella velocidad a la cual se llevarían a cabo los experimentos empezando desde un rango de 0.166 mV/seg (de acuerdo a la Norma ASTM G5-94), hasta 1 mV/seg. La velocidad de barrido se fue incrementando a partir del valor mínimo recomendado por la norma, a partir de la cual, se encontró que a bajas velocidades de barrido el mecanismo de pasivación no se definía completamente y al ir incrementando la velocidad, la curva presentaba una mejor definición en el área anódica como se muestra en la Figura 28, escogiéndose finalmente la velocidad de barrido de 0.48 mV/seg y un barrido de potencial de -300 mV en el área catódica hasta 800 mV en el área anódica con respecto al electrodo de referencia.

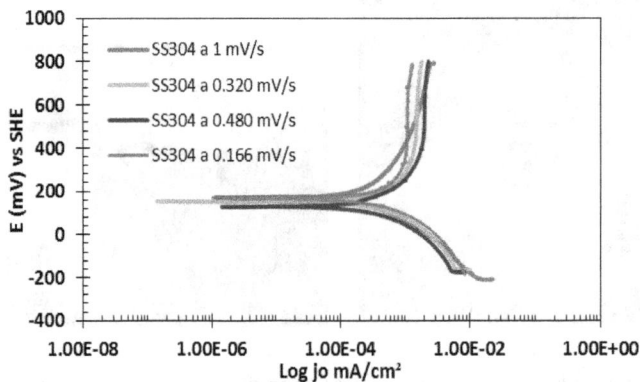

Figura 28. Comportamiento del acero SS304 en FG AZ-7a diferentes velocidades de barrido; los valores de potencial fueron normalizados al del electrodo estándar de hidrógeno

3.5.2. Modificación del Electrolito

El fluido geotérmico del pozo AZ-7 se caracterizó en su composición, pH y conductividad. En la Tabla 14 se muestra los resultados de dicha caracterización. En función de los resultados mostrados , se tomó la decisión de modificar el electrolito para hacerlo más agresivo con base a un estudio realizado por Yoshihiro Sakai y colaboradores,[20] en el cual se usó un fluido sintético con las concentraciones indicadas en la Tabla 15.

Para modificarlo, se realizaron cálculos estequiométricos para igualar las concentraciones de las especies Cl^- y SO_4^{2-} del fluido geotérmico a las reportadas en la Tabla 14; para esto, se obtuvo un factor estequiométrico para conseguir los gramos de Na_2SO_4 y $NaCl$, que equivaldrían a conseguir una concentración de 50 ppm de SO_4^{2-} y 10,000 ppm de Cl^- en el fluido geotérmico.

Especies Químicas	Concentración en mg/L
	FG AZ-7
Sulfatos	0.8
Cloruros	2.24
Fierro	0.366
Sodio	0.556
Potasio	0.391
SiO_2	1.71
Calcio	0.114
Cobre	0.041
Manganeso	0.028
Aluminio	0.067
Cromo	0.031
Magnesio	0.321
Niquel	0.021
pH	6.18
Conductividad Eléctrica	52,4 µS/cm

Tabla 14. Composición de fluidos geotérmicos

Especie	mg/L
Cl	10,000
SO_4^{2-}	50

Tabla 15. Cambios en la composición del Fluido Geotérmico Sintético

Las cantidades calculadas de $NaCl$ y Na_2SO_4 para modificar el electrolito que se utilizó en todas las pruebas electroquímicas tanto a temperatura ambiente como alta temperatura, se pesaron y se agregaron un matraz el cual se aforó con el fluido geotérmico hasta un litro. Para el caso de la cantidad de fluido utilizada en la autoclave las cantidades calculadas se multiplicaron para preparar 20 litros. En la literatura se ha reportado que para una concentración de 10,000 ppm de Cl^-, el comportamiento de la curva anódica de un acero inoxidable 304 reporta una deflexión de transpasivación a los 600 mV (Figura 29A),[23] este mismo comportamiento se obtuvo al exponer el SS304 al fluido geotérmico modificado, demostrando que la señal esperada para un material de este tipo tiene buena correlación con lo reportado .En la Figura 29B se muestran las curvas de polarización de SS304 así como la buena reproducibilidad del experimento.

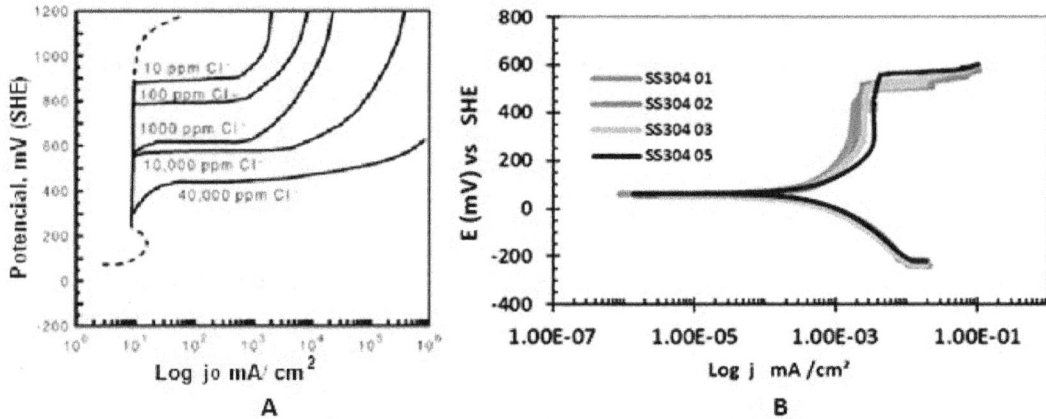

Figura 29. A) Curvas reportadas en la literatura para una concentración de 10,000 ppm Cl-,
B) curvas obtenidas experimentalmente con el fluido geotérmico modificado

3.6. Sinterizado de los Recubrimientos

En base en la ecuación de Arrenius sobre los coeficientes de difusión para algunos sistemas metálicos[24] y con el objetivo de reducir la porosidad interconectada, se sinterizaron los recubrimientos en un horno eléctrico a 780°C durante 3 horas sin atmósfera de protección. La temperatura y el tiempo seleccionados se basaron en el coeficiente de difusión del níquel ($D = 2X10^{-16}$ m^2/seg en hierro FCC) como elemento de control presente en la matriz de todos los recubrimientos. La Figura 30 se muestra la preparación de los recubrimientos antes y después de entrar al horno. Los recubrimientos tratados térmicamente se cortaron transversalmente para su caracterización microestructural y reducción de la porosidad por efecto de la sinterización.

Acabado inicial   **Sinterización a 780°C x 3 horas**   **Acabado final**

Figura 30. Proceso de Sinterizados de los recubrimientos

3.7. Sistema de Autoclave para la Evaluación de Recubrimientos a Alta Temperatura

Para realizar este trabajo se adquirió un sistema de AUTOCLAVE marca Cortest *(Núm. de Serie: 202-3530-501-0810),* el cual tiene una capacidad de 2 litros, una resistencia tipo cinturón para elevar la temperatura hasta 300°C y está diseñado para soportar una presión de hasta 6000 psi (408.20 Atm); además cuenta con un kit electroquímico (porta-electrodos y electrodos de referencia) para evaluar la cinética y desempeño de materiales y recubrimientos a alta temperatura y presión. La Autoclave cuenta con un sistema de recirculación para la alimentación del electrolito y así garantizar un nivel de solución para llevar a cabo las pruebas electroquímicas. Se dispone de 3 sensores con los cuales se puede monitorear el pH, conductividad y oxígeno disuelto del electrolito.

En la Figura 31 se muestra la Autoclave adquirida para este proyecto, cuenta con un carrito para poder transportarla, de igual manera se aprecia el sistema ensamblado en su totalidad conectado al potenciostato VSP BioLogic con el sistema de recirculación y enfriamiento.

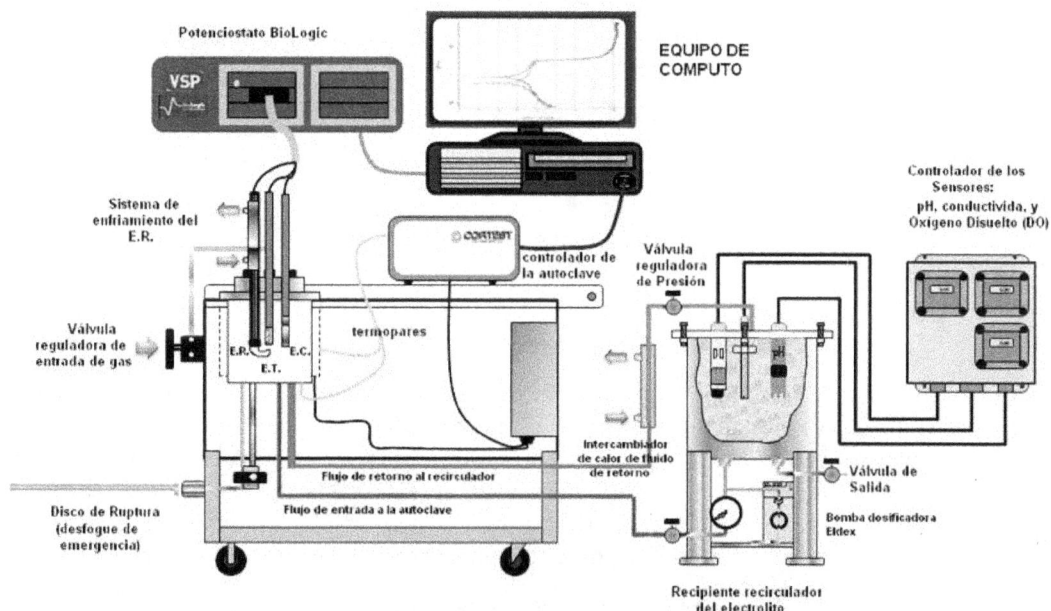

Figura 31. Configuración del equipo de autoclave en el laboratorio "A" de electroquímica

3.7.1. Preparación de Electrodos de Referencia

El electrodo de referencia consiste de un alambre de Ag insertado en un tubo de teflón el cual a su vez está insertado en un tubo de acero inoxidable de doble cámara; la cámara externa funciona como un sistema de enfriamiento para evitar que el electrodo se descomponga a altas temperatura. En la parte media del electrodo se tiene un filtro poroso que protege al alambre de plata de posible contaminación. En la parte final del electrodo se tiene otro filtro que se encuentra en contacto directo con el electrolito. Estos electrodos proveen un amplio rango de temperatura de trabajo (hasta 275°C),[25] el esquema del ensamble del electrodo se muestra en la Figura 32.[26]

La deposición de AgCl sobre el alambre de Plata se llevó a cabo sometiéndolo a una deposición electroquímica utilizando la técnica de cronopotenciometría (Figura 33) en la cual se conectó del lado negativo un electrodo de platino y del lado positivo el alambre de plata. Se preparó una solución de 1N HCl en la cual se colocaron los electrodos y se hizo pasar 4 mA durante 3 hrs; de esta manera el depósito color gris formado sobre el alambre nos indicó que el depósito de AgCl se había hecho de manera correcta. Posteriormente los alambres recubiertos se colocaron en la disolución previamente preparada de KCl 0.1M y se conectaron entre sí con unos caimanes, dejándose reposar durante 24 horas.

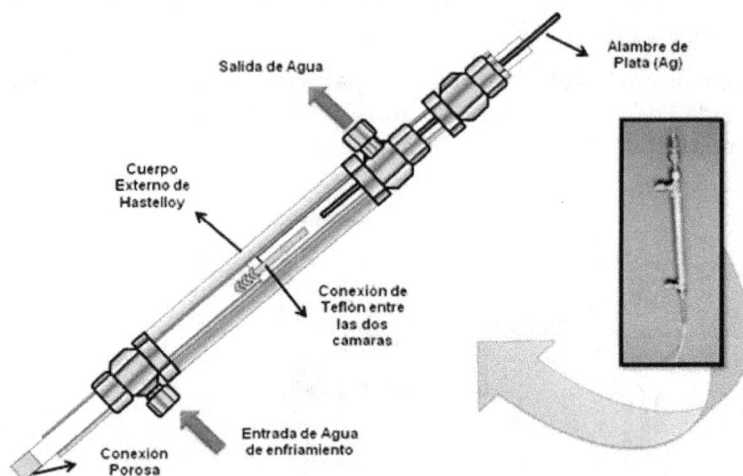

Figura 32. Estructura del electrodo Ag/AgCl para alta temperatura

La preparación de la disolución de KCl 0.1M como estabilizador el electrodo de Ag/AgCl requiere de muchos cuidados, ya que de no prepararse adecuadamente tendríamos lecturas erróneas en nuestra experimentación. Para preparar esta disolución se requirió hervir un litro de agua destilada, ésta agua se pasó por el desionizador dos veces (Figura 34B), posteriormente se tapó y dejo enfriar. Se pesaron 7.456 gramos de KCl y se colocaron en un matraz de 1 L, aforándolo con el agua previamente tratada (Figura 34C), de esta manera se obtiene la disolución KCl 0.1M.

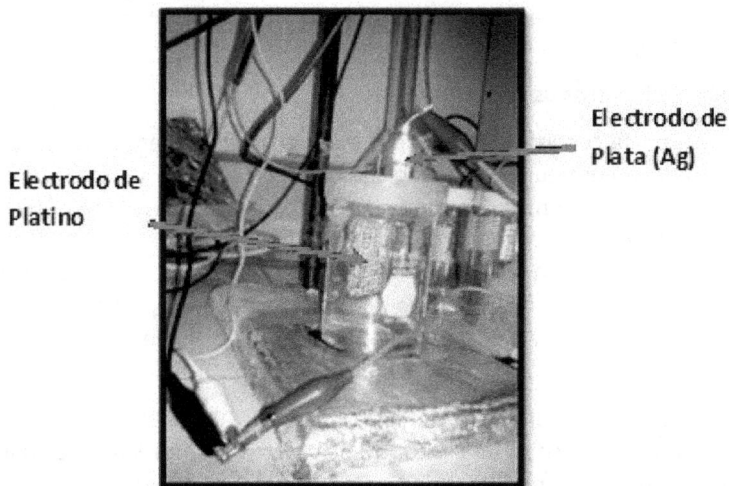

Figura 33. Arreglo electroquímico para la deposición de AgCl sobre el alambre de plata, mediante la técnica de Cronopotenciometría

El llenado de los electrodos con la disolución de KCl se llevó a cabo mediante una jeringa con una extensión de un capilar para insertarse en las cámaras del cuerpo del electrodo (Figura 35A y B). Se prestó especial atención en sacar todas las burbujas que pudiesen quedar atrapadas para evitar mediciones erróneas. Se introdujo el electrodo de plata en la parte superior y se dejaron reposando dentro una solución de igual concentración de KCl 0.1M. Después de 48 hrs se midió el potencial de los electrodos vs el electrodo de calomel, dando una diferencia de potencial de + 0.44 mV ±1 que corresponde al reportado en la literatura.[25] (Figura 35C).

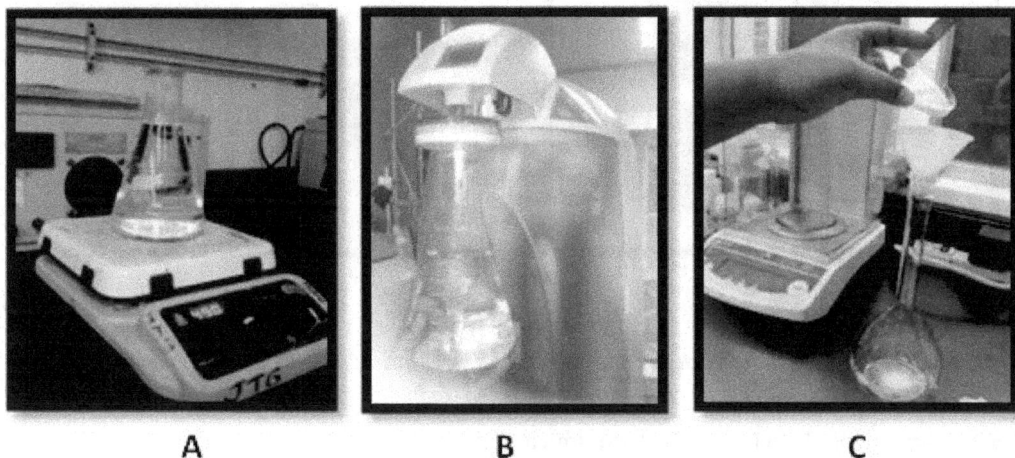

Figura 34. Proceso de preparación de la disolución 0.1M de KCl

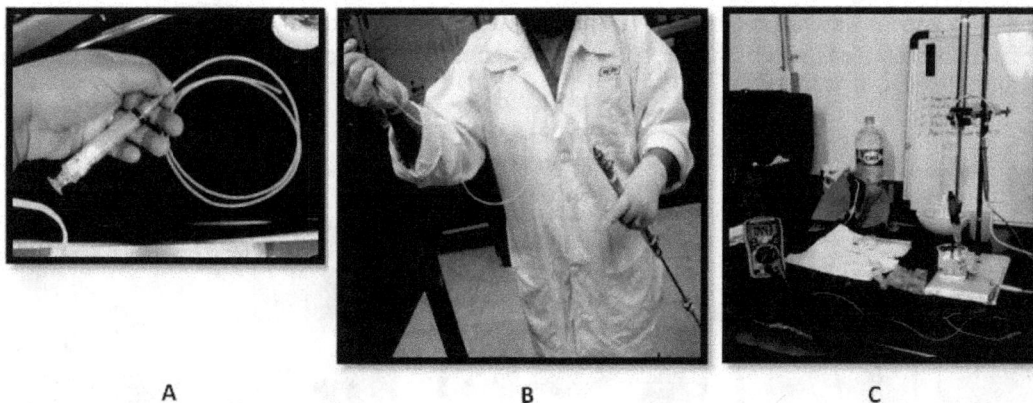

Figura 35. Electrodo de Referencia para alta temperatura Ag/AgCl (0.1M KCl), A) manguera de 5 ml para el llenado de las cámaras con la solución de KCl, B) llenado de los electrodos, C) Medición del potencial vs electrodo de Calomel

3.7.2. Preparación de Electrodos de Trabajo

Los recubrimientos utilizados como electrodo de trabajo fueron montados en baquelita para aislar la parte trasera de la placa de SS304 y únicamente dejar expuesta la cara que tiene el recubrimiento (Figura 36A) en un área normalizada de 1 cm^2 .Las muestras montadas se cortaron y se perforaron en un taladro de banco para enroscarlos al porta electrodo y así asegurar conductividad en las mediciones como se ve en la Figura 36B. El porta electrodo está diseñado para adaptarse a la tapa de la autoclave, evitándose fugas y caídas de presión.

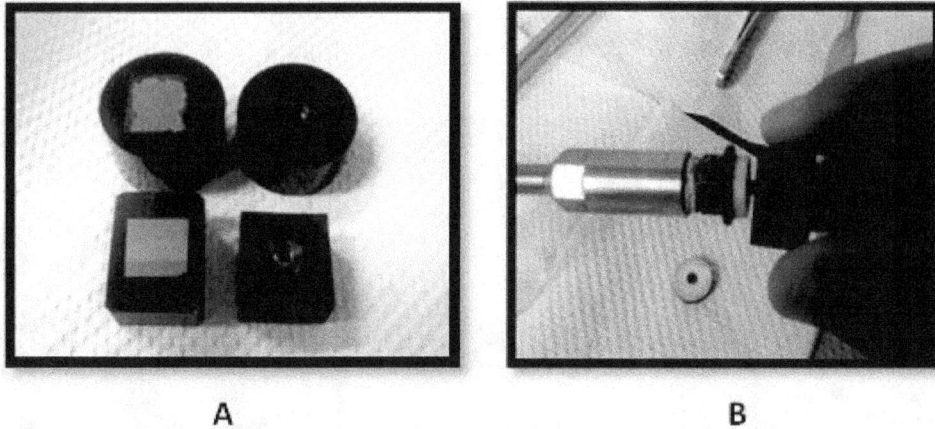

A   B

Figura 36. Imágenes del montaje de los recubrimientos; A: Perforación de las probetas en el taladro de banco, B) Modo de conexión del porta electrodo de trabajo a la muestra

3.7.3. Configuración de la Celda Electroquímica

Al igual que la celda para pruebas a condiciones estándar (Figura 37A), la autoclave cuenta con una tapa con orificios para colocar los 3 electrodos (Figura 37A) de manera tal que exista espacio suficiente para realizar las mediciones electroquímicas. Una mejora que realizamos al arreglo fue incluir un capilar de Luggin (Figura 37B) entre el electrodo de trabajo y el de referencia para evitar caídas óhmicas en el sistema. El electrodo contador para cerrar el sistema es de Niobio Platinizado (Figura 37C).

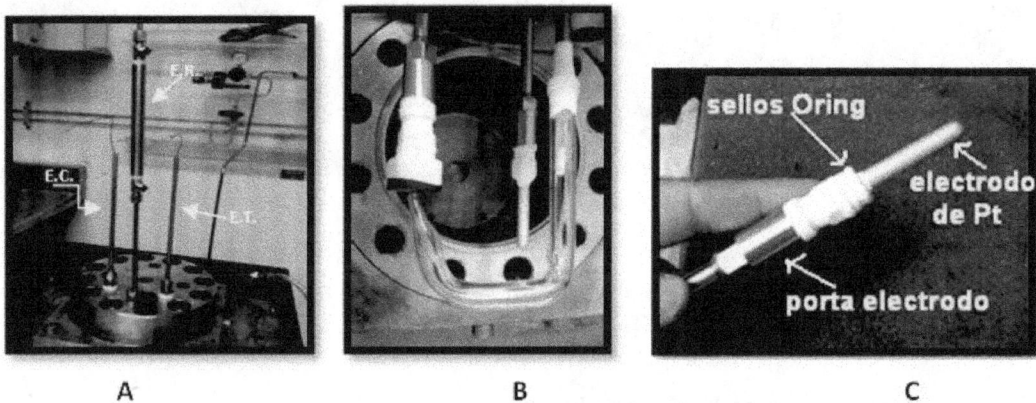

A   B   C

Figura 37. Arreglo de la celda para alta temperatura; A) acomodo de los 3 electrodos en la tapa de la autoclave, B) Arreglo de los 3 electrodos donde se muestra el capilar de Luggin, C) Electrodo de platino

3.7.4. Preparación del Sistema de Autoclave

A continuación se describe el proceso para realizar la experimentación a alta temperatura con la autoclave:

1. Se midieron 20 litros de fluido geotérmico con ayuda de una probeta aforada y se depositaron en una cubeta; las cantidades de reactivos (Na_2SO_4 y $NaCl$) se pesaron y se agregaron agitando la disolución constantemente (Figura 38).

Figura 38. Preparación de los 20L de solución de FGM

2. El FGM se coloca en el sistema de recirculación (Figura 39A) y se limpian los sensores de pH, conductividad y oxígeno disuelto previamente calibrados (Figura 39B), para posteriormente sellar el recipiente y conectar la tubería a la autoclave.

A   B

Figura 39. A) Recipiente para recircular el electrolito y B) configuración de los 3 sensores de conductividad, oxígeno y pH

3. Se ajusta la bomba dosificadora a una alimentación constante de 10 ml/min, asegurándose de que no exista aire en la tubería mediante la purga de la misma (Figura 40).

Figura 40. Bomba dosificadora Marca OPTOS

4. Se continua con el apriete de los electrodos (trabajo, contador y referencia) en la tapa y se sellan las conexiones de los porta electrodos con teflón para impedir que el electrolito se meta a través de los Orings entre el porta electrodo y el electrodo de trabajo (Figuras 41 A y B).

A   B

Figura 41. A) Apriete de los electrodos, B) Electrodo trabajo con aislamiento de teflón

5. Se llena la autoclave con 2 L de electrolito, se coloca la tapa, los tornillos y éstos se aprietan a un valor de 125 lb/ft con una secuencia en forma de cruz para asegurar el sello del recipiente (Figura 42).

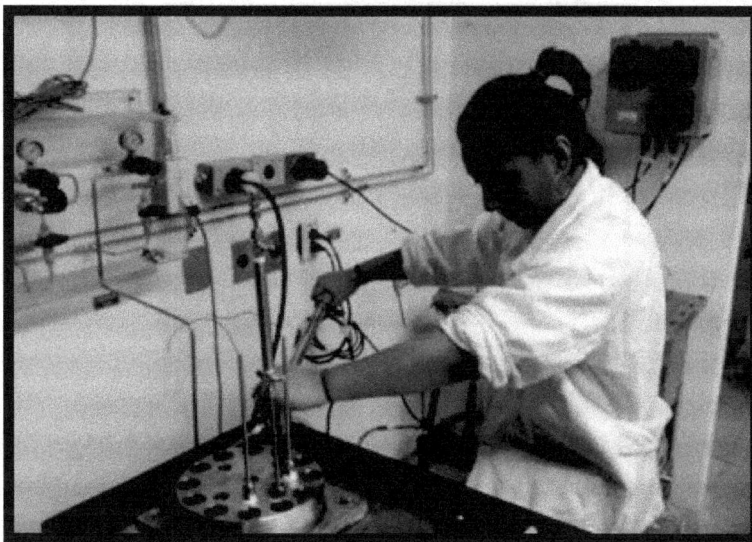

Figura 42. Apriete de los tornillos de la tapa de la autoclave con torquímetro

6. El electrodo de referencia y el flujo de retorno hacia el recirculador, tienen un sistema de enfriamiento conectado a un chiller donde se logra mantener una temperatura de 25°C. Finalmente se conecta el canal del potenciostato a los 3 electrodos y se verificó el cambio de voltaje entre el electrodo de referencia y el de trabajo con un multímetro como se puede observar en la Figura 43.

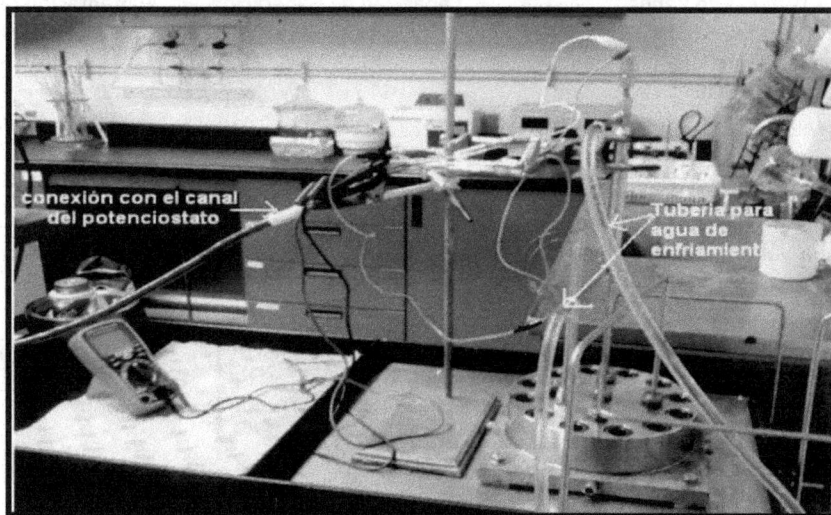

Figura 43. Conexión para iniciar con la prueba a alta temperatura

7. El sistema de Autoclave cuenta con un controlador PLC acoplado a una computadora donde se ajustan y monitorean los parámetros de temperatura, presión y flujo del sistema de recirculación con límites de seguridad máximos y mínimos (Figura 44).

Figura 44. Sistema de cómputo con software para controlar la Autoclave

8. El calentamiento del sistema se lleva a cabo de manera escalonada, desde temperatura ambiente hasta 170°C con una velocidad de calentamiento de 0.5°C/min. El primer escalón de estabilización fue a los 85°C durante 15 min., el siguiente se aplicó a 127.5°C, el tercero escalón fue al 90% de 170°C (153°C), incrementándose la temperatura hasta llegar al 100%. Las condiciones de presión y temperatura usadas para este trabajo se seleccionaron de una turbina de vapor actualmente trabajando en la central geotérmica los Azufres, en la Tabla 16 se muestran las condiciones de operación de diferentes turbinas de vapor encontradas en la literatura, con respecto a los parámetros de operación de diferentes turbinas en la unidad de los Azufres.[26]

Turbinas de Vapor	Capacidad de Generación	Alimentación de vapor
Unidad 2 "Wayang Windu" , Indonesia	117 MW	1.07 MPa a 182.8°C
Unidad 6 "Svartsengi ", Iceland	33.33 MW	0.65 MPa a 161.8°C
Unidad en "Kawerau ", NewZealand	113.67 MW	1.33 MPa a 195°C
Unidad 2,3,4,5 "Los Azufres" , México	25 MW	0.8 MPa a 170.4°C

Tabla 16. Características de trabajo de algunas turbinas de vapor

9. Para mantener la presión de trabajo con el aumento de la temperatura, se dispone de una válvula de alivio de alta precisión conectada a la salida del flujo de recirculador, como se muestra en la Figura 45.

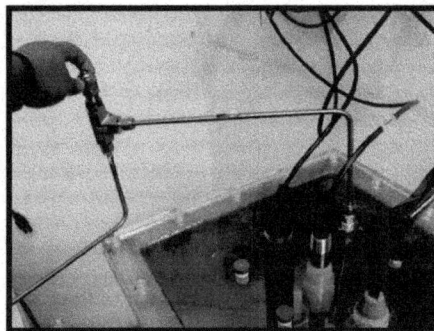

Figura 45. Válvula de alivio para regular la presión del sistema de autoclave

10. Una vez alcanzada la temperatura y presión deseada se procede con las pruebas electroquímicas, monitoreando primero el potencial a circuito abierto con respecto al tiempo (E_{ocv} vs t) durante 24 hrs; tiempo suficiente para lograr la estabilización del sistema. Posterior a ello se inició con la prueba de impedancia barriendo en un rango de frecuencias de 10,000 kHz a 10,000 mHz a partir del potencial a circuito abierto; por último se realizó la técnica de curvas de polarización aplicando un sobre potencial de -300 mV a +800 mV a partir del potencial de corrosión, con una velocidad de barrido de 0.48 mV/seg.

4. Resultados

Los polvos de Diamalloy y MCrAlY, así como el alambre de NiCr (55T) se caracterizaron por las técnicas de EDS, DRX, y metalografía para validad su composición y estructura inicial con respecto a las fichas técnicas. A su vez se compararon estos resultados con los depósitos para identificar la presencia de nuevas fases o cambios en la estequiometría presente.

4.1. Caracterización del Recubrimiento NiCr

El recubrimiento NiCr aplicado por la técnica de arco eléctrico, requiere de un recubrimiento primario Ni-Al como una práctica establecida. La Figura 46 muestra los espectros de energía dispersiva (EDS) tanto del recubrimiento primario como del recubrimiento NiCr (55T). Estos microanálisis se comparan con los alambres iniciales donde se puede observar que para cada uno de ellos no hay elementos contaminantes después de su deposición.

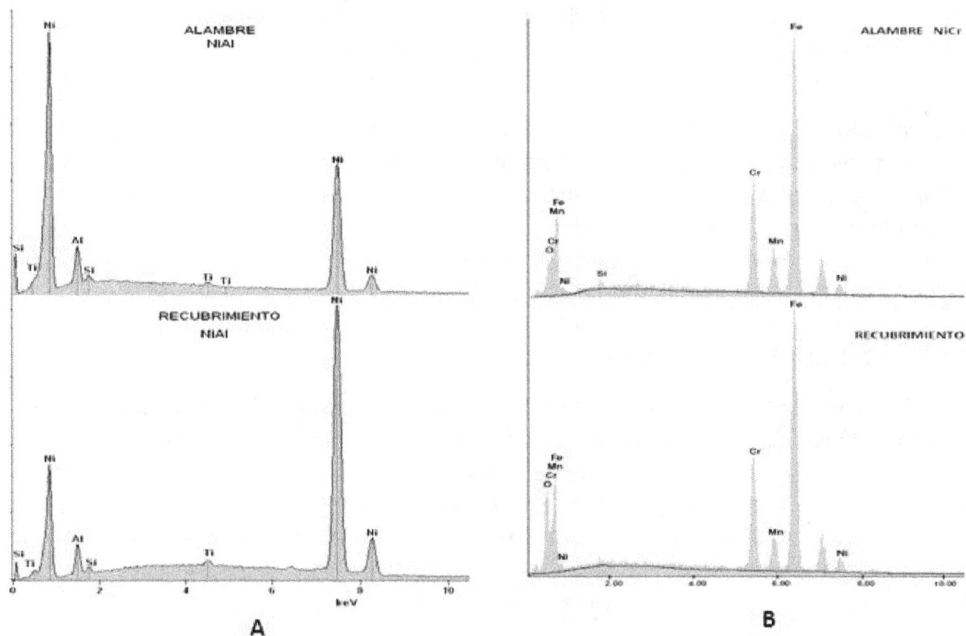

Figura 46. Imágenes por EDS; A) Composición del alambre y recubrimiento de anclaje NiAl, B) Composición del alambre y recubrimiento NiCr 55T

En las Tablas 17 y 18 se muestra los resultados del microanálisis por EDS de los alambres Ni-Al y NiCr (55T) donde se observa que después de la deposición no hay cambios relevantes en la composición del recubrimiento con respecto al alambre empleado para su proyección térmica, ni la presencia de elementos contaminantes.

Elemento	% Peso	
	Alambre	Recubrimiento
Ni	93.95	93.33
Al	4.95	5.08
Si	0.69	0.69
Ti	0.90	0.90

Tabla 17. Composición del recubrimiento de anclaje Ni-Al

Elemento	% Peso	
	Alambre	Recubrimiento
Fe	70.87	68.36
Cr	17.35	16.92
Mn	6.66	4.28
Si	0.87	---
Ni	4.25	4.84

Tabla 18. Composición del recubrimiento de acabado con NiCr (55T)

A través del mapeo realizado en el corte transversal del recubrimiento NiCr (55T), observamos la distribución de los elementos presentes (Figura 47). Donde para el recubrimiento primario de Ni-Al, se identifica claramente la interface rica en Ni con trazas de aluminio. El recubrimiento de acabado NiCr (55T) muestra una matriz de hierro y cromo con dispersiones de Níquel y Manganeso.

Por medio de DRX se caracterizó la microestructura de los alambres Ni-Al y NiCr (55T), así como de sus respectivos recubrimientos. En la Figura 48 se muestra el patrón de DRX para el alambre y el recubrimiento de Ni-Al donde se identificó la presencia de los picos característicos de Ni(Al)y Al_2O_3; éste último con baja intensidad relativa por lo que se puede inferir que se encuentra en una mínima proporción en el recubrimiento. Así mismo, nos indica que durante el proceso de proyección térmica, el aluminio contenido en la muestra es susceptible de oxidarse al estar en contacto con el medio ambiente. En la Tabla 19 se muestran las características de las estructuras cristalinas para el alambre y recubrimiento Ni-Al.

La Figura 49 se muestran los patrones de difracción de rayos-X tanto del alambre como del recubrimiento de NiCr(55T). Los microconstituyentes propios para éste recubrimiento antes de la deposición corresponden a $FeNi_3$, Cr_2Ni_3 y Ni. Después de la deposición se identifica la presencia de $FeNi_3$, Cr_2Ni_3, NiAl y FeAl; la presencia del compuesto FeAl fue detectada en el recubrimiento como resultado la interacción del material con el recubrimiento intermedio Ni-Al durante el proceso de deposición. En la Tabla 20 se muestran las características de las especies cristalinas encontradas en el difractograma del recubrimiento NiCr (55T).

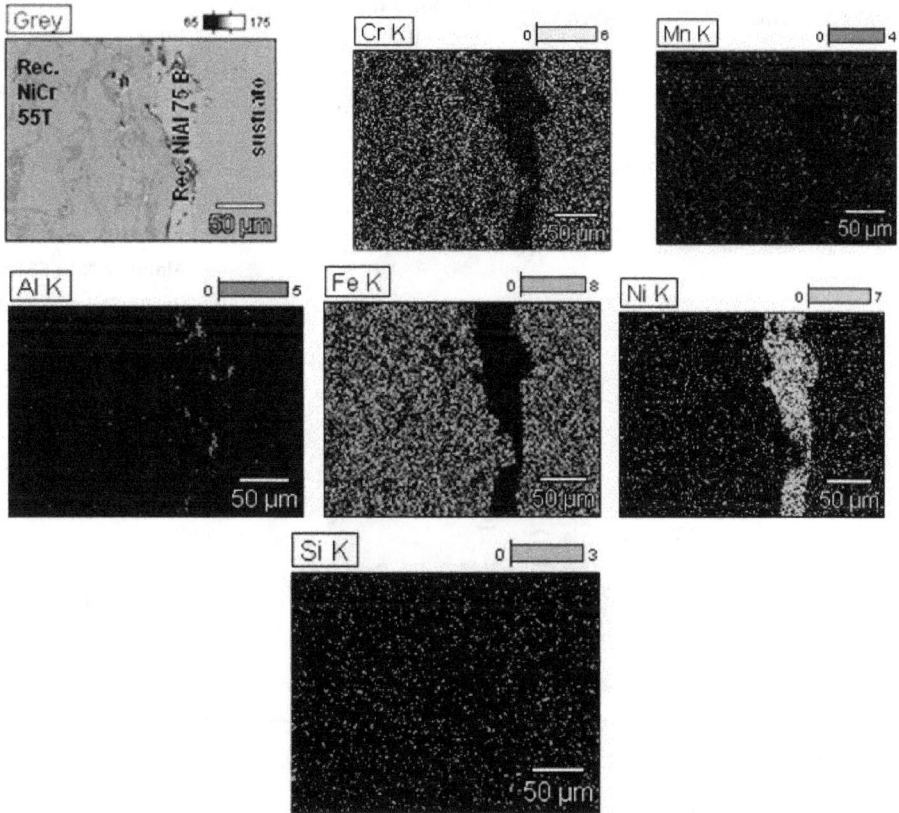

Figura 47. Mapeo realizado al corte transversal del recubrimiento NiCr (55T) con la interface de Ni-Al donde se puede apreciar la ubicación de los elementos que lo constituyen

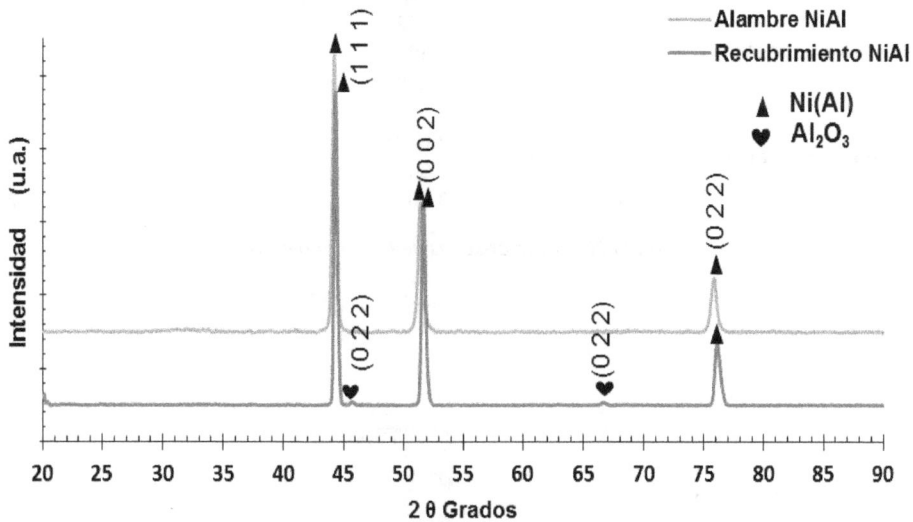

Figura 48. Difractograma de la capa Ni-Al depositada sobre acero inoxidable 304

265

Difractograma	Especie	Parámetro de red (Å)	Tamaño del cristal (nm)	% Peso
Alambre Ni-Al	Ni(Al)	3.549	52.7	100
Recubrimiento Ni-Al	Ni (Al)	3.533	99.2	98.57
	Al_2O_3	3.963	39.3	1.43

Tabla 19. Características de los compuestos

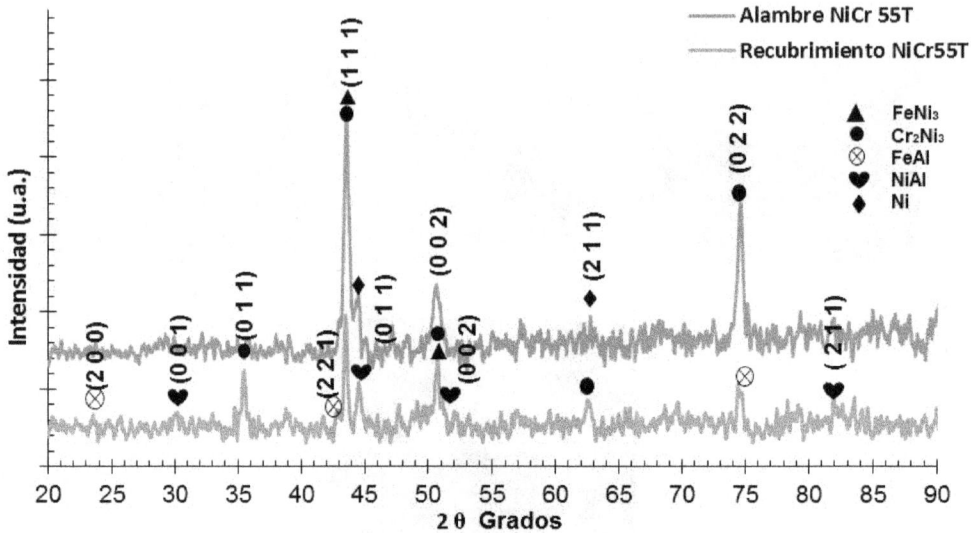

Figura 49. Difractograma del acabado con NiCr (55T)

Difractograma	Especie	Parámetro de red (Å)	Tamaño del cristal (nm)	% Peso
Alambre NiCr (55T)	$FeNi_3$	3.6026	38.1	74.59
	Cr_2Ni_3	3.5815	47.4	21.26
	Ni	3.529	199.1	4.15
Recubrimiento NiCr (55T)	Cr_2Ni_3	3.6008	62.4	46.20
	NiAl	2.8708	29.8	30.24
	FeAl	7.5479	999.1	3.04
	$FeNi_3$	3.6018	45	20.52

Tabla 20. Características de los compuestos

4.2. Caracterización del Recubrimiento de MCrAlY

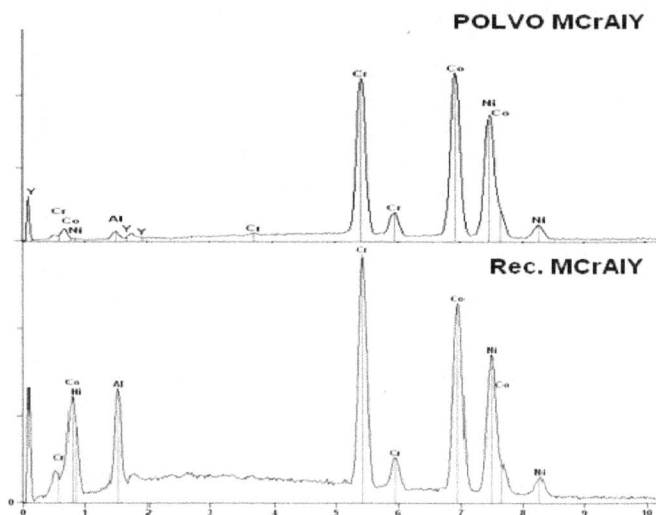

Figura 50. Espectros por EDS del polvo y recubrimiento de MCrAlY obtenido por HVOF

La Figura 50 muestra los espectros por EDS para MCrAlY tanto de los polvos como del recubrimiento depositados por la técnica de HVOF. No se observó la presencia de elementos contaminantes en el recubrimiento con respecto a los polvos iniciales. En la Tabla 21 se muestra la composición antes y después de la deposición, donde no se logra resolver la presencia del elemento Itrio en el recubrimiento posiblemente por su disolución en la matriz, en términos globales se conserva la estequiometría de los polvos iniciales.

Elemento	% Peso	
	Polvo	Recubrimiento
Al	8.0	8.13
Cr	23.06	23.46
Co	36.44	33.74
Ni	32.0	34.67
Y	0.5	–

Tabla 21. Composición Química MCrAlY

La Figura 51 muestra el mapeo por EDS de los elementos presentes en el recubrimiento de MCrAlY donde se puede diferenciar al recubrimiento a través de la dispersión de níquel, aluminio y cobalto.

Los difractogramas correspondientes al polvo y al recubrimiento de MCrAlY reportados en la Figura 52 muestran la presencia de los compuestos Cr_2Ni_3 y AlCo, para ambos casos. Es decir, las fases presentes en el polvo se conservan en el recubrimiento de metalizado, lo cual indica la estabilidad del polvo a alta temperatura. En la Tabla 22 se observa que el tamaño del cristal de Cr_2Ni_3 y AlCo crece después de la deposición, así como el compuesto Cr_2Ni_3 aumenta en composición con respecto al AlCo.

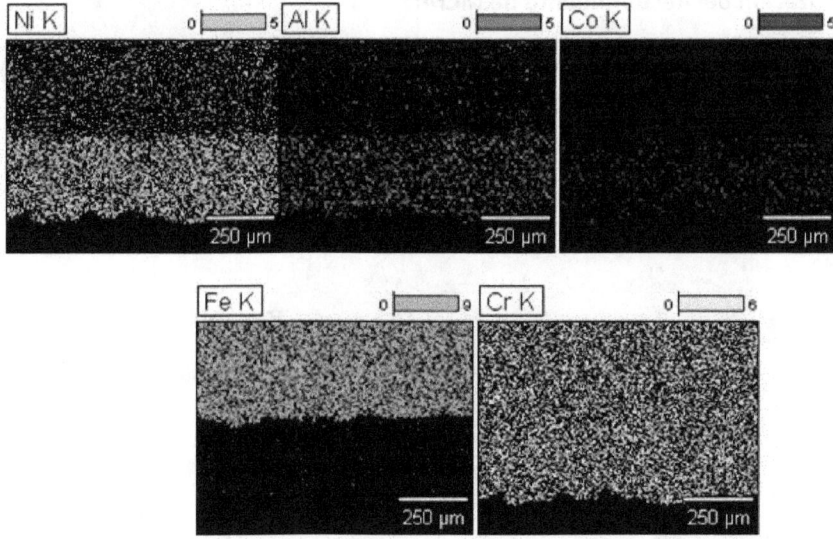

Figura 51. Mapeo por EDS del recubrimiento MCrAlY donde se puede apreciar
la distribución de los elementos presentes

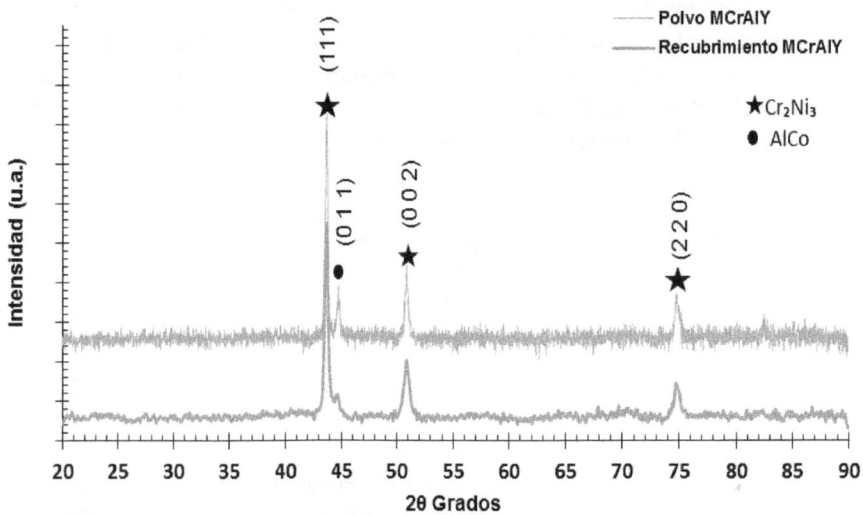

Figura 52. DRX del polvo y recubrimiento de McrAlY

Difractograma	Especie	Parámetro de red (Å)	Tamaño del cristal (nm)	% Peso
Polvo MCrAlY	Cr_2Ni_3	3.5895	58.8	84.25
	AlCo	2.8939	17.3	15.75
Recubrimiento MCrAlY	Cr_2Ni_3	3.5896	100.6	93.2
	AlCo	2.8640	118.5	6.8

Tabla 22. Características de los compuestos

4.3. Caracterización del Recubrimiento Diamalloy

En la Figura 53 se muestra los espectros del microanálisis correspondiente al polvo y al recubrimiento de Diamalloy donde se observa la presencia de oxígeno únicamente en el polvo, el cual ya no se identifica después de depositar el recubrimiento. No se reportó la presencia de elementos contaminantes ajenos a la composición original, los demás elementos Fe, Ni, Cr, Mo y W mantienen la estequiometría de la composición inicia como se observa en la Tabla 23.

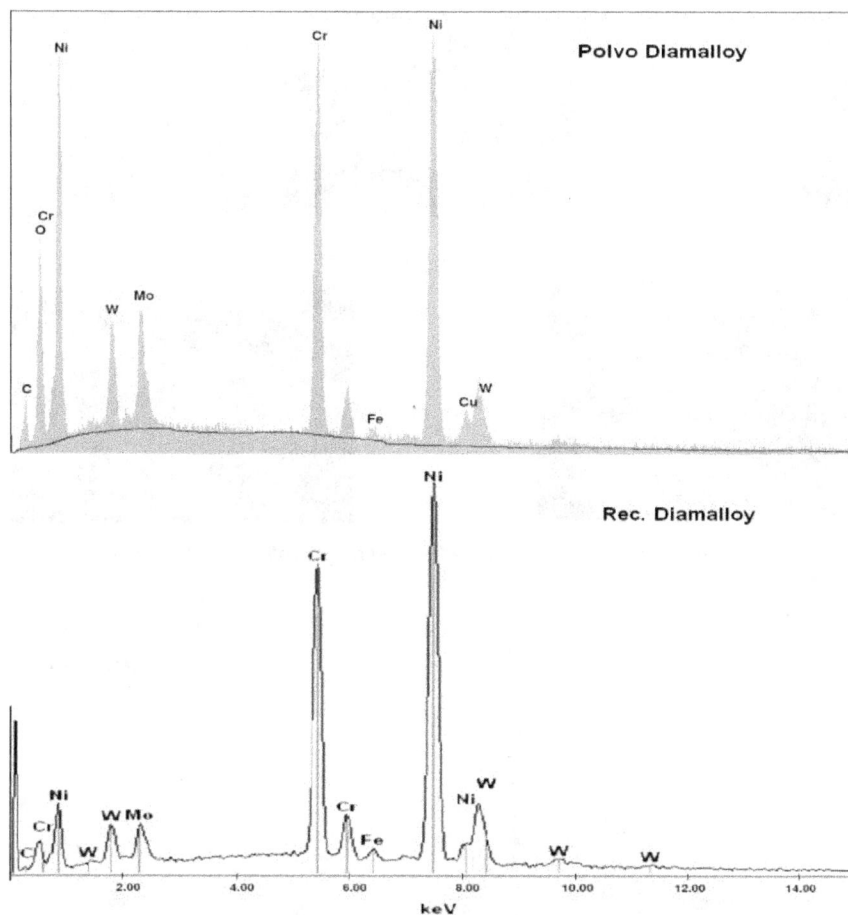

Figura 53. Microanálisis del polvo y del recubrimiento Diamalloy

Elemento	% Peso	
	Polvo	Recubrimiento
Ni	56.00	57.59
Cr	20.00	23.66
Mo	9.00	5.26
Fe	1.00	1.29
W	10.00	12.20
Cu	4.0	–

Tabla 23. Composición del recubrimiento Diamalloy

En la Figura 54 se muestra el mapeo realizado al corte transversal del recubrimiento, donde se pueden identificar la interface de éste con el sustrato. En el difractograma de la Figura 55 correspondiente al Diamalloy, se observa la formación de la fase de Cr_2O_3 durante la deposición del recubrimiento. El compuesto Cr_2Ni_3 se mantiene estable después de la proyección térmica. En la Tabla 24 se muestran los compuestos encontrados en el polvo y el recubrimiento Diamalloy se observa que el tamaño de cristal de Cr_2Ni_3 disminuye debido a la deposición.

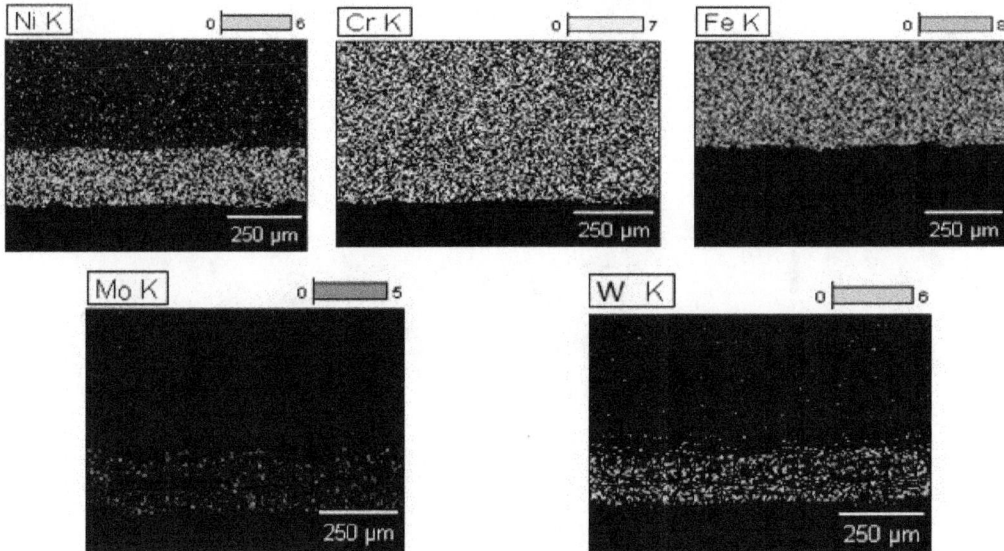

Figura 54. Mapeo del corte transversal del recubrimiento de Diamalloy

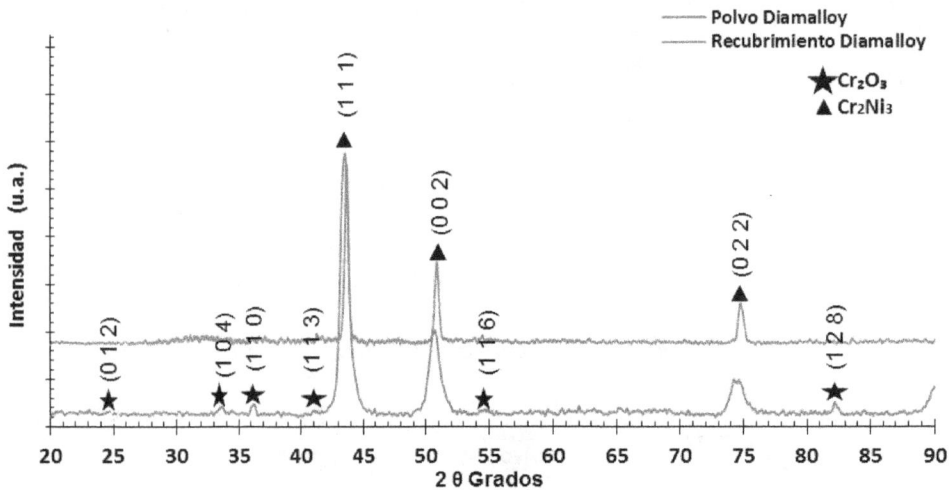

Figura 55. DRX del polvo y recubrimiento Diamalloy

Difractograma	Especie	Parámetro de red (Å)	Tamaño del cristal (nm)	% wt
Polvo Diamalloy	Cr_2Ni_3	3.5873	55.4	100
Recubrimiento Diamalloy	Cr_2Ni_3	3.6018	12.6	96.05
	Cr_2O_3	4.9743	26.0	3.95

Tabla 24. Características de los compuestos

4.4. Sinterización y Caracterización de los Recubrimiento

Como parte de la evaluación electroquímica de los recubrimientos a condiciones estándar, se evaluó la velocidad de corrosión de los diferentes recubrimientos antes y después de ser sometidos a un tratamiento térmico. La sinterización fue llevada a cabo como se menciona en la sección experimental y los resultados de caracterización se muestran a continuación.

4.4.1. Resultados de NiCr 55T

Las micrografías de la Figura 56 correspondientes al recubrimiento NiCr (55T) después de su sinterización muestran una mejor interdifusión del recubrimiento de anclaje Ni-Al por lo que se mejora la adherencia del recubrimiento con el metal base. Las partículas aisladas en forma de precipitados en el cuerpo del recubrimiento se disuelven y se homogenizan con la matriz del recubrimiento, disminuyendo así la porosidad.

A. ESTADO INICIAL

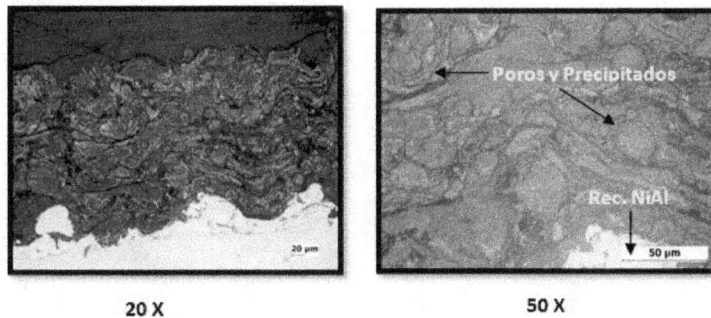

20 X

50 X

B. CON TRATAMIENTO TÉRMICO

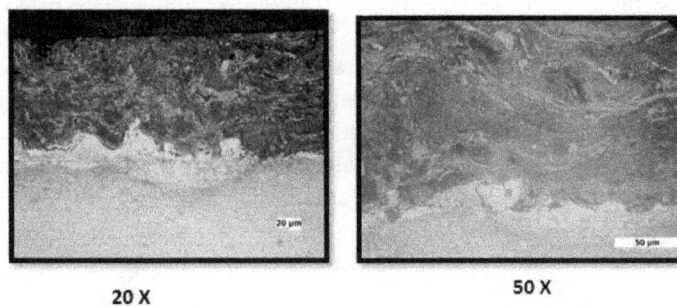

20 X

50 X

Figura 56. Metalografías de NICR 55T; A) Estado inicial antes de sinterizar y B) Post-tratamiento térmico

En la Figura 57 se muestra el espectro del recubrimiento NiCr (55T) sinterizado, donde se detectó la presencia de aluminio, el cual corresponde a la disolución del recubrimiento de anclaje Ni-Al. A su vez, el contenido de níquel en la matriz se incrementa por el mismo efecto de la sinterización. En la Tabla 25 se muestran los resultados del microanálisis por EDS del recubrimiento 55T después del proceso de sinterización, donde se puede observar un incremento en el contenido Ni con respecto a la composición original y la presencia del aluminio después del sinterizado.

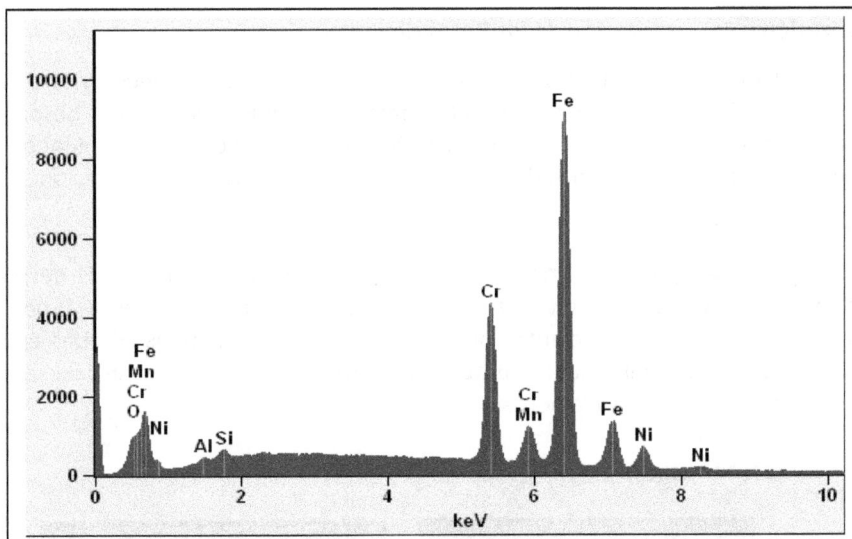

Figura 57.Microanálisis del recubrimiento NiCr (55T) después del sinterizado

Elemento	% Peso
Fe	70.49
Si	0.44
Cr	17.78
Mn	2.98
Al	0.25
Ni	8.06

Tabla 25. Composición química del recubrimiento NiCr (55T)

En la Figura 58 se muestra el mapeo del corte transversal donde se aprecia como el Níquel y el aluminio, provenientes del recubrimiento de anclaje, se difunden en la matriz del recubrimiento de acabado. En la Figura 59 se muestra el difractograma de NiCr (55T) tanto en su estado inicial como después del sinterizado. En la muestra después del tratamiento térmico se observa un incremento en el grado de oxidación ya que se encuentra la fase Fe_2O_3; mientras que el compuesto NiAl mostró un aumento en la intensidad de pico; para los compuestos $FeNi_3$ y Cr_2Ni_3 la intensidad de pico disminuye, lo que contribuye a la mayor estabilización del compuesto NiAl. En la Tabla 26 se puede observar la variación que existe entre los compuestos $FeNi_3$, Cr_2Ni_3 y NiAl con respecto al recubrimiento sin sinterizar reportado en la Tabla 20.

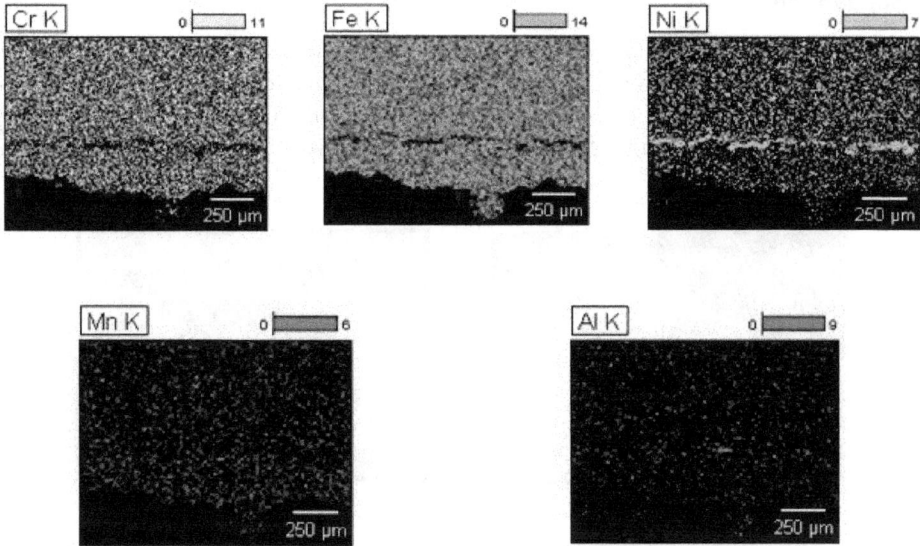

Figura 58. Mapeo del corte trasversal del recubrimiento NiCr 55T sinterizado

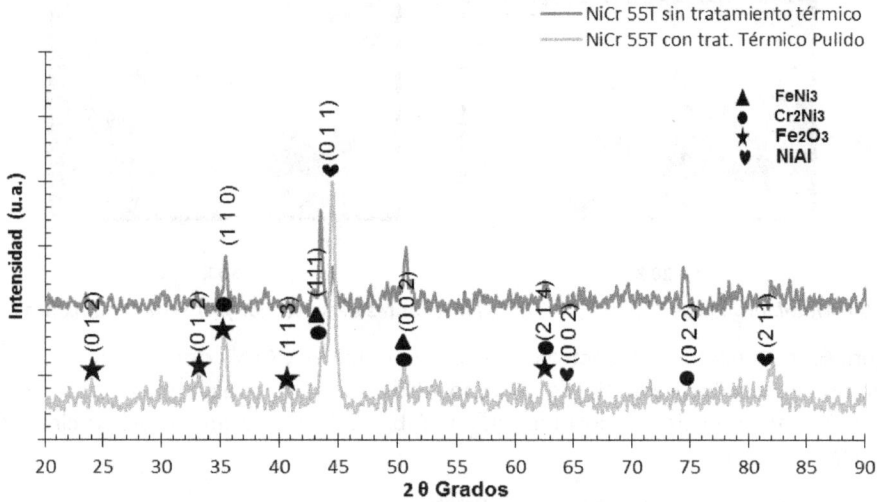

Figura 59. Comparación de los difractogramas del recubrimiento NiCr 55T
en su estado inicial y sinterizado

Difractograma	Especie	Parámetro de red (Å)	Tamaño del cristal (nm)	%wt
NiCr (55T) Sinterizado	Cr_2Ni_3	3.5975	30	11.83
	NiAl	2.8802	21.7	63.36
	Fe_2O_3 (hematita)	5.0670	24.9	21
	$FeNi_3$	3.5183	127.0	3.81

Tabla 26. Características de los compuestos después del proceso de sinterización

4.4.2. Resultados de MCrAlY

Los resultados de la sinterización para el recubrimiento MCrAlY mostraron una reducción significativa de la porosidad, mayor homogenización de la matriz y mejora en la adhesión del recubrimiento con el sustrato, resultado de la interdifusión del recubrimiento después del sinterizado. La porosidad disminuyo significativamente como se puede apreciar en la Figura 60.

A. ESTADO INICIAL

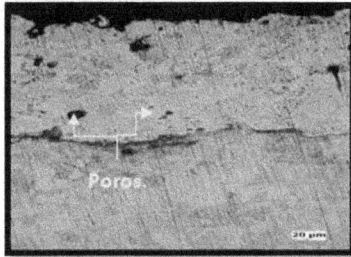 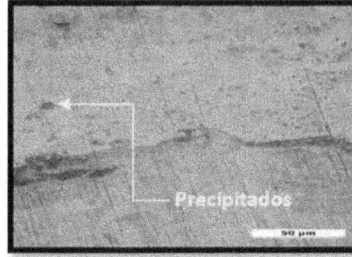

20 X 50 X

B. CON TRATAMIENTO TÉRMICO

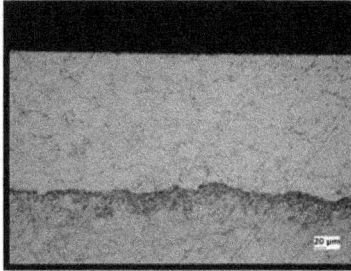 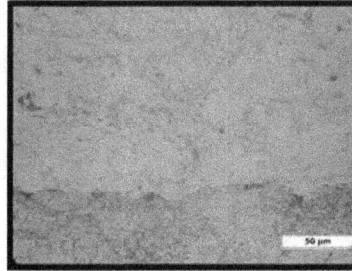

20 X 50 X

Figura 60. Metalografías de MCrAlY; A) Estado inicial antes de sinterizar y B) Post tratamiento térmico

En la Figura 61 se muestra el espectro del recubrimiento de MCrAlY después de la sinterización donde no se reporta la presencia de oxígeno ni de algún otro elemento contaminante. Los resultados del microanálisis reportado en la Tabla 27 conservan la proporcionalidad con respecto a la composición original.

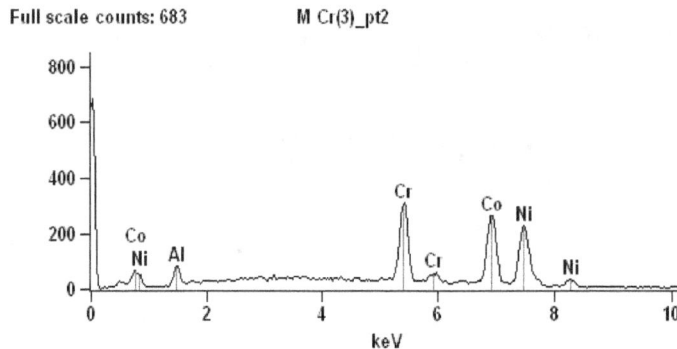

Figura 61. Microanálisis del recubrimiento MCrAlY sinterizado

Elemento	% Peso
Al	3.26
Cr	20.29
Co	38.57
Ni	37.88

Tabla 27. Composición química del recubrimiento MCrAlY sinterizado

En la Figura 62, se muestra el mapeo del corte transversal donde los principales componentes Ni, Co, Cr y Al se encuentran homogéneamente dispersos en la matriz del recubrimiento.

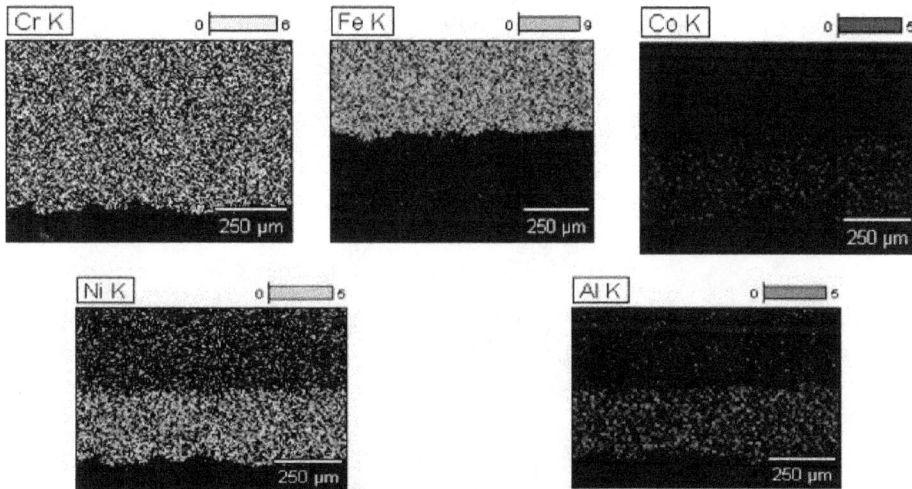

Figura 62. Mapeo del corte transversal del recubrimiento MCrAlY sinterizado

En la Figura 63 se muestran los difractogramas de MCrAlY antes y después del tratamiento térmico. Por efectos de la temperatura no se observa un cambio de fase con respecto al recubrimiento sin tratamiento térmico, sin embargo, si se distingue un aumento en la intensidad relativa del compuesto AlCo lo que denota una mayor cristalinidad de éste. En la Tabla 28 se puede observar para ambos compuestos (Cr_2Ni_3 y AlCo), una disminución del tamaño de cristal como parte de la recristalización de su estructura por efecto del tratamiento térmico.

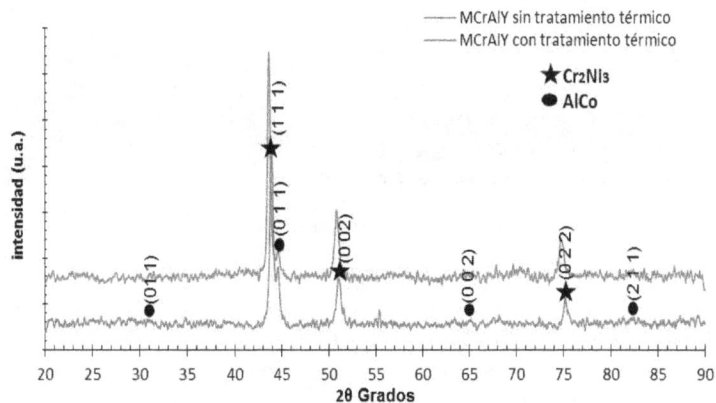

Figura 63. Difractograma de MCrAlY en su estado inicial y sin sinterizado

Difractograma	Especie	Parámetro de red (Å)	Tamaño del cristal (nm)	% Peso
MCrAlY Sinterizado	Cr_2Ni_3	3.5719	41.7	77.53
	AlCo	2.8724	43.5	22.47

Tabla 28. Características de los compuestos Cr2Ni3 y AlCo

4.4.3. Resultados del Recubrimiento DIAMALLOY

En la Figura 64 se muestran las micrografías correspondientes a los resultados de la sinterización para el recubrimiento Diamalloy, donde se observa una mayor homogenización de la matriz y mejora en la adhesión del recubrimiento con el sustrato.

El microanálisis del recubrimiento de Diamalloy mostrado en la Figura 65, no reporta la presencia de elementos contaminantes y se identifica la presencia de oxígeno. En la Tabla 29 se muestran los resultados de microanálisis los cuales conservan su proporción con respecto al microanálisis del recubrimiento original. La Figura 66 muestra un mapeo del corte transversal del recubrimiento de Diamalloy donde se observa la concentración de sus principales elementos como lo es el níquel y cromo.

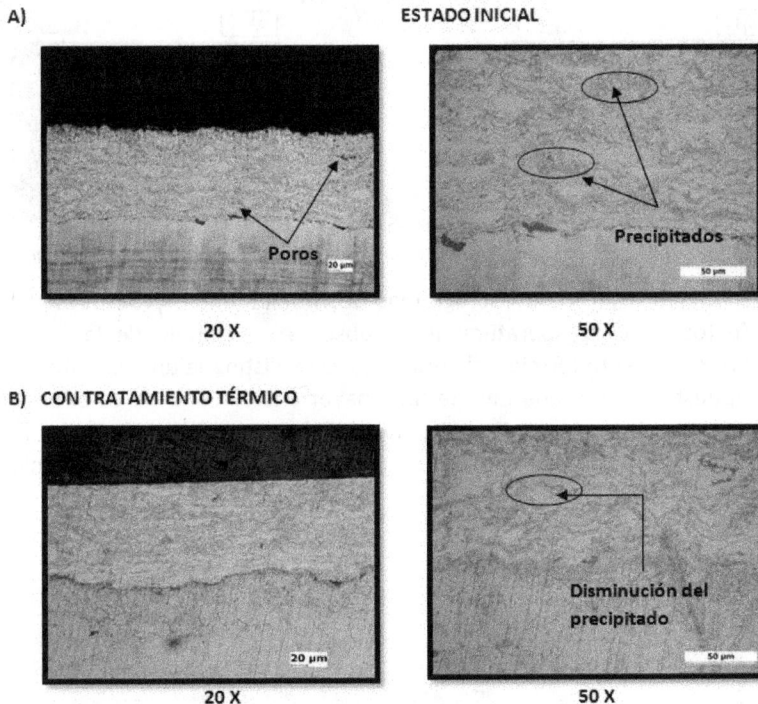

Figura 64. Metalografías de Diamalloy; A) Estado inicial antes del Sinterizado y B) Con tratamiento térmico

En la Figura 67 se muestran los patrones de difracción de rayos X del recubrimiento Diamalloy antes y después del sinterizado. Los compuestos Cr_2O_3 y Cr_2Ni_3 no presentaron ningún cambio por efecto del sinterizado, ni se reportan cambio de fase; sin embargo, el ancho medio de los picos del recubrimiento antes de la sinterización tiende a disminuir con el tratamiento térmico como resultado del crecimiento del cristal de los compuestos cuyos resultados son presentados en la Tabla 30.

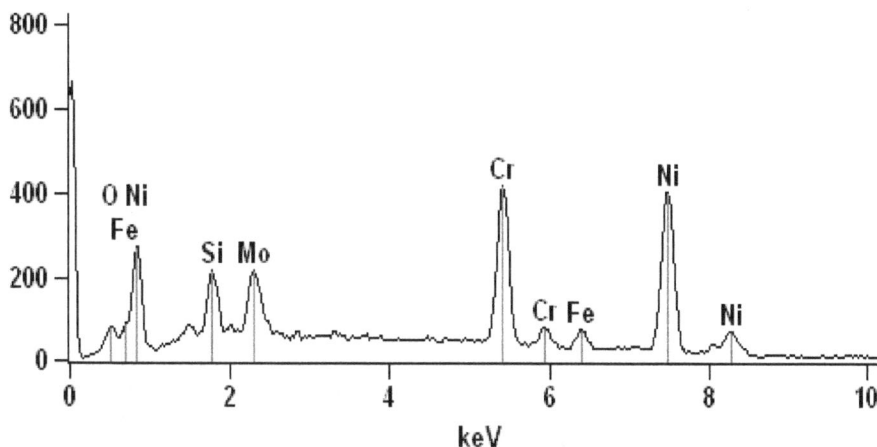

Figura 65. Microanálisis del recubrimiento Diamalloy sinterizado

Elemento	%Peso
Ni	58.59
Cr	22.91
Mo	10.46
Fe	4.03

Tabla 29. Composición química del recubrimiento Diamalloy sinterizado

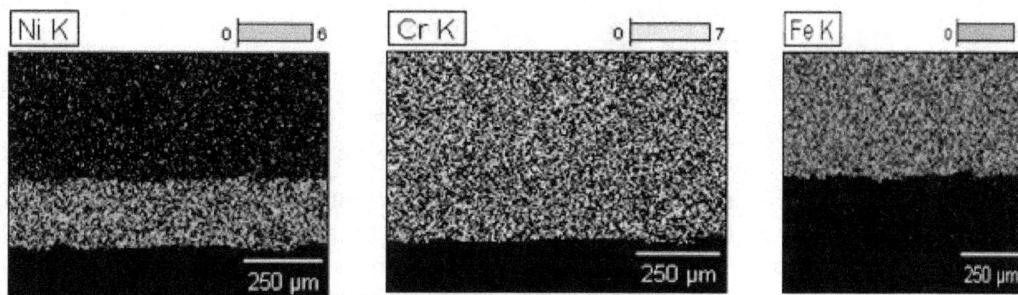

Figura 66. Mapeo del corte transversal del recubrimiento Diamalloy sinterizado

4.5. Medición de Espesor y Metalografías

Se realizó la medición del espesor de los recubrimientos NiCr 55T, MCrAlY y Diamalloy basados en la norma **ASTM B487-85 (2007)**, "Standard Test Method for Measurement of Metal and Oxide Coating Thickness by Microscopical Examination of a Cross Section", mediante la preparación metalográfica de corte transversal obteniéndose los resultados de la Tabla 31. En la literatura se reporta un rango del espesor del recubrimiento de 50 a 2500 µm para materiales ferrosos para ambas técnicas, aunque por la técnica de arco es común obtener mayores espesores con respecto al HVOF (véase Anexo F), tal y como se pueden observar en la Tabla 31.

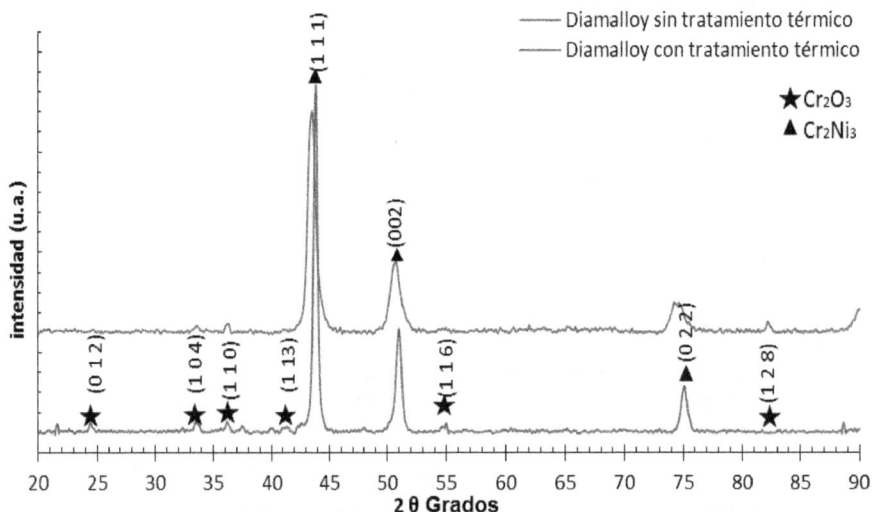

Figura 67. Difractograma de Diamalloy antes y después de la sinterización

Difractograma	Especie	Parámetro de red (Å)	Tamaño del cristal (nm)	% wt
Diamalloy Sinterizado	Cr_2Ni_3	3.5789	44.4	91.17
	Cr_2O_3	4.9711	39.8	8.83

Tabla 30. Características de los compuestos

Muestra	Espesor (μm)
NiCr (55T)	361.04
MCrAlY	386.78
Diamalloy	265.60

Tabla 31. Espesor de los recubrimientos

En la Figura 68 se muestran las metalografías de los recubrimientos como se obtienen después de la depositación y antes de ser sinterizados. Se puede observar que la interface de los recubrimientos obtenidos por HVOF (MCrAlY y Diamalloy), muestra falta de adherencia con el sustrato y algunos poros aislados. Esta condición se trató de resolver con la sinterización de las muestras. Para el caso del NiCr (55T) obtenido por la técnica de arco se observa una buena adherencia del recubrimiento primario Ni-Al con el sustrato, así como una buena adherencia del recubrimiento terminal, sin embargo, se observan algunas partículas y micro-fisuras asociadas a una falta de fusión, por lo que de igual forma se busca resolver estos problemas mediante un tratamiento térmico.

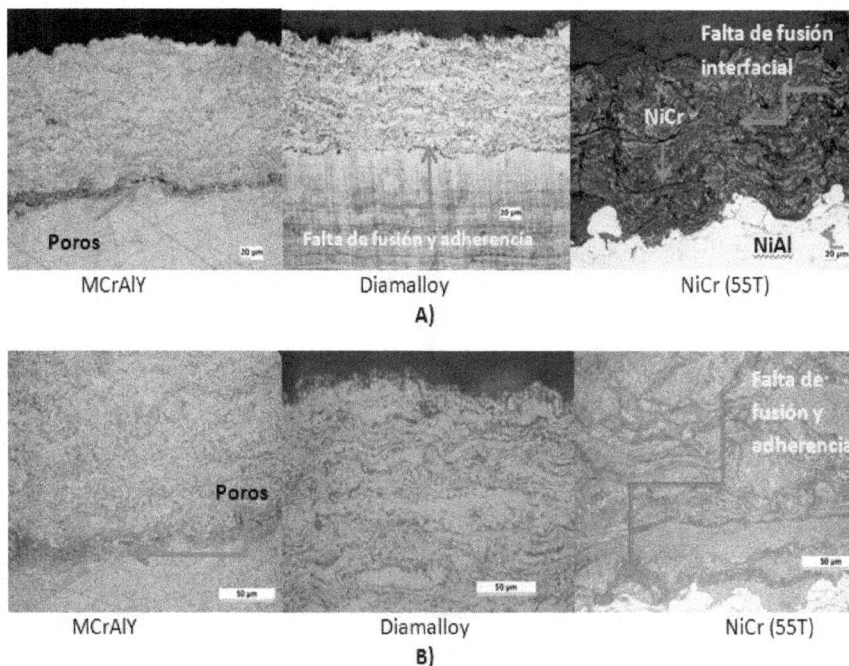

Figura 68. Metalografías de los recubrimientos: A) a 20X, B) a 50X

4.6. Resultados de las Pruebas Electroquímicas a Temperatura Ambiente con y sin sinterizado

Para conocer las características electroquímicas iniciales de los recubrimientos y del sustrato, se utilizó la técnica de curvas de polarización (Cp) a temperatura ambiente. Se monitoreó el potencial a circuito abierto durante 12 horas de las cuales cada hora se registraba una resistencia a la polarización (con un rango de ±25), concluyendo finalmente con la obtención de la curva de polarización. Los resultados fueron monitoreados contra el electrodo de Ag/AgCl y convertidos al electrodo normal de Hidrógeno. Además se obtuvo el comportamiento de la velocidad y potencial de corrosión con respecto al tiempo a partir de la resistencia a la polarización. En la Figura 69 se observa cómo se comporta el potencial de corrosión de cada uno de los recubrimientos (con y sin sinterizado) así como el sustrato con respecto al tiempo de exposición. Todos los recubrimientos muestran una buena estabilización del potencial de corrosión a lo largo de las 12 horas de monitoreo; para los recubrimientos sinterizados se puede observar un desplazamiento hacia potenciales negativos con respecto a los recubrimientos sin sinterizar, solo el sustrato de SS304 requiere de un mayor tiempo para su estabilización con una tendencia hacia potenciales positivos.

En la Figura 70 se observa el comportamiento de la velocidad de corrosión en función del tiempo, la cual fue obtenida a partir de la técnica de resistencia a la polarización a lo largo de las 12 horas de exposición. Todos los recubrimientos mostraron tener una velocidad de corrosión mayor que la del sustrato; por lo que a temperatura ambiente, estos recubrimientos (con y sin sinterizado), no son una barrera de protección contra la corrosión para el acero inoxidable. Los datos obtenidos por Rp fueron comparados con los datos de densidad de corriente de las curvas de polarización mostradas en la Figura 71. Para el análisis de las mismas se recurrió a la extrapolación de Tafel; la comparación de los resultados se muestra en la Tabla 32, en la cual se observa una buena correlación de los resultados por medio de las dos técnicas.

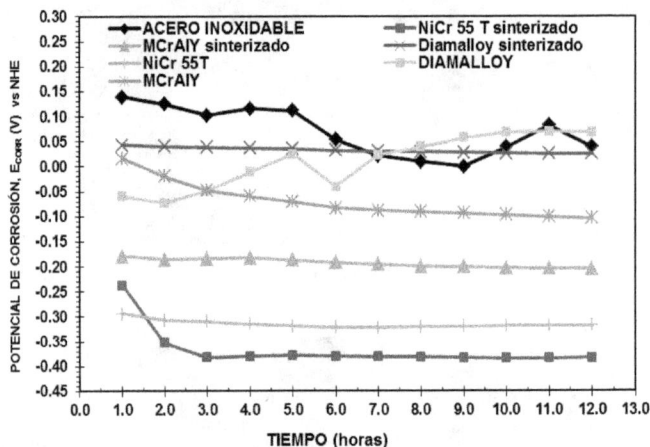

Figura 69. Gráfico que muestra el comportamiento del Potencial de corrosión vs Tiempo de los recubrimientos y el sustrato expuestos al FGM a 25°C y presión atmosférica

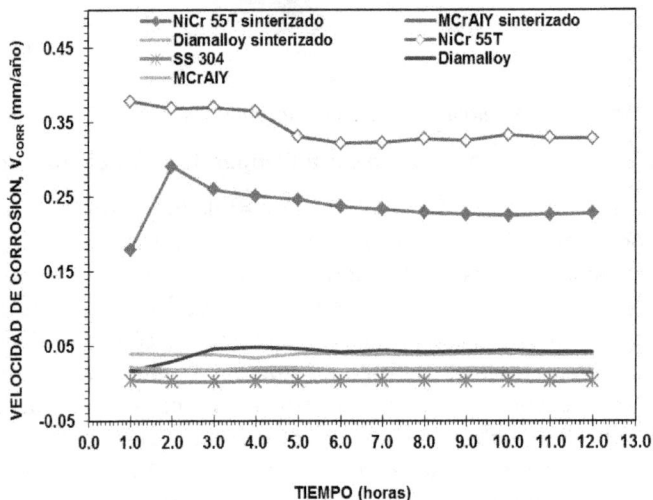

Figura 70. Comportamiento de la Velocidad de corrosión de los recubrimientos y el sustrato con respecto al tiempo

En la Figura 71 se muestra el comportamiento de la curva de polarización del acero inoxidable con respecto a los recubrimientos con y sin sinterizado; donde se observa para los recubrimientos MCrAlY y NiCr (55T) sin sinterizar; que éstos muestran una rama anódica amplia lo cual indica que el proceso dominante en esta pendiente es controlado por la transferencia de carga del recubrimiento, a su vez, este comportamiento está asociado con un ataque por corrosión de tipo generalizada. La intersección de las pendientes (anódicas y catódicas) con el potencial de corrosión nos arroja un valor de densidad de corriente mayor con respecto al sustrato, lo cual está relacionado con una mayor velocidad de corrosión.

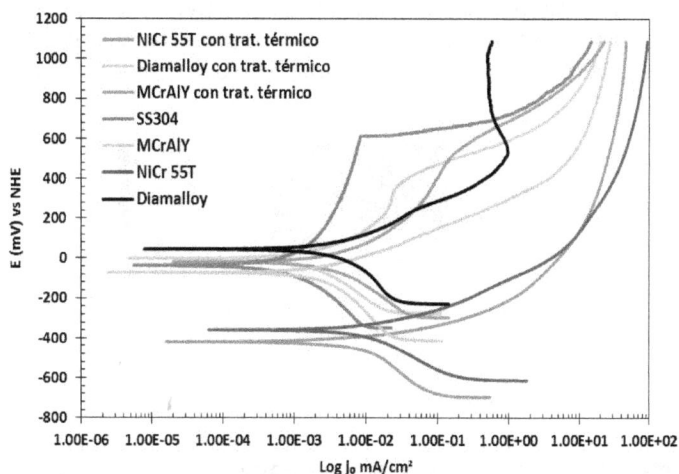

Figura 71. Curvas de Polarización de los recubrimientos y el sustrato SS304 en fluido geotérmico Modificado a 25°C

Medio corrosivo FGM	E_{corr} (mV)	i_{corr} (A·cm^{-2})	Cp V_{corr} (mm año^{-1})	Rp V_{corr} (mm año^{-1})
Acero inoxidable	-32.174	3.06E-07	0.0032	0.0039
NiCr 55T	-357.214	8.79E-06	0.1039	0.3281
NiCr 55T sinterizado	-410.00	7.14E-06	0.0844	0.1780
MCrAlY	-71.659	1.73E-06	0.0177	0.0188
MiCrAlY sinterizado	-19.091	1.35E-06	0.0138	0.0169
Diamalloy	44.660	4.82E-06	0.0561	0.0422
Diamalloy sinterizado	-1.777	1.47E-06	0.0172	0.0387

Tabla 32. Resultados de Velocidad de corrosión de Recubrimientos y sustrato en FGM

El recubrimiento Diamalloy muestra que alrededor de los 500 mV se presenta una inflexión correspondiente a una disminución en el intercambio de corriente la cual se mantiene constante hasta finalizar el experimento; este comportamiento se traduce como una pasivación del mismo. En el caso de los recubrimientos con sinterizado se observó que el comportamiento en las curvas de polarización de MCrAlY y Diamalloy cambia en la rama anódica la cual se acorta dejándose ver una pequeña transpasivación, mientras que en el recubrimiento NiCr (55T) no se observa cambio alguno en la tendencia de la curva aunque es notorio el desplazamiento del potencial de corrosión hacia rangos más negativos. Para el acero inoxidable el comportamiento coincide con el reportado en la literatura, donde el área anódica es controlada por la transferencia de masa y relacionados con la formación de la capa protectora de Cr_2O_3. El rango de potencial de protección de este material es de -50 a 600 mV vs el electrodo de hidrógeno. Los valores de velocidad de corrosión de cada uno de estos materiales se presentan en laTabla 32, en donde se destaca al recubrimiento MCrAlY como el recubrimiento con menor velocidad de corrosión con respecto a Diamalloy y NiCr (55T); de igual forma se puede observar que el proceso de sinterizado mejora el comportamiento electroquímico de cada recubrimiento con respecto a sí mismo, el cual se ve reflejado en una disminución de la velocidad de corrosión aunque no es lo suficientemente baja comparada con la velocidad de corrosión del sustrato.

La Figura 72 muestra las metalografías después de la exposición donde para el acero inoxidable 304 el ataque de corrosión es característico por picadura, mientras que para los recubrimientos NiCr (55T), Diamalloy y MCrAlY el ataque se muestra como una forma de corrosión generalizada.

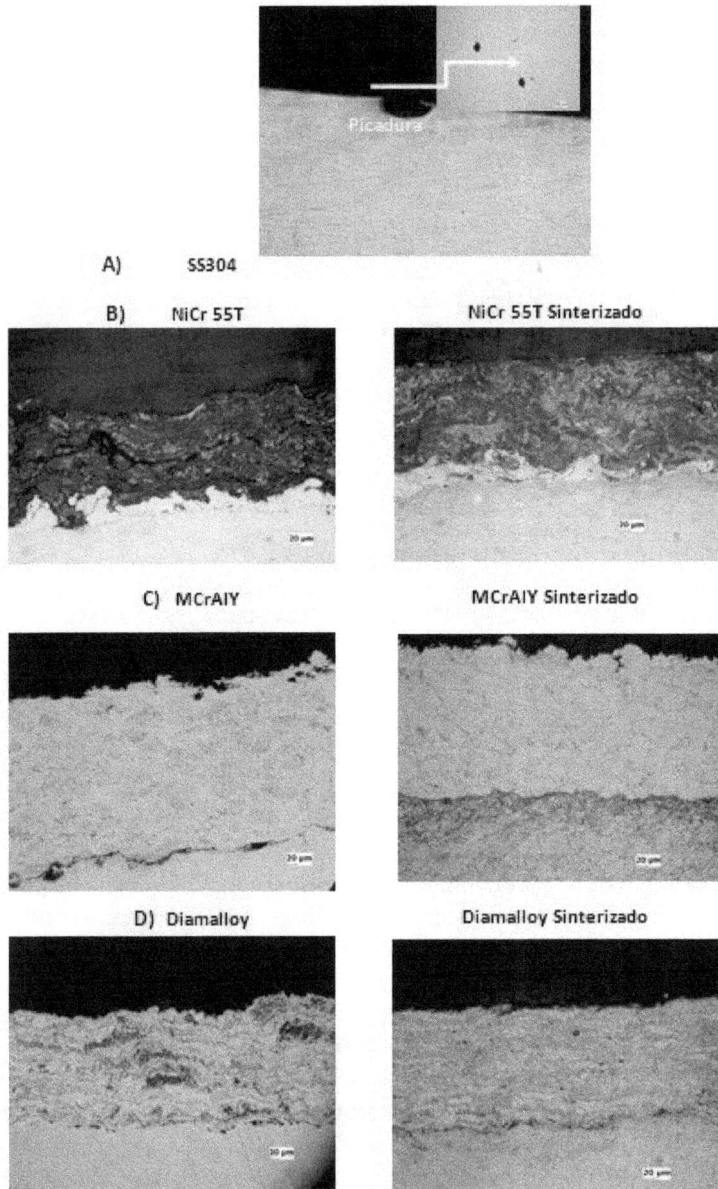

Figura 72. Metalografías de los recubrimientos a 20X después de ser expuestos al FGM a temperatura ambiente: A) SS304, B) NiCr 55T con y sin sinterizado, C) MCrAlY con y sin sinterizado y D) Diamalloy con y sin sinterizado

4.7. Resultados Electroquímicos a Alta Temperatura

Antes de iniciar las pruebas electroquímicas en la autoclave se definió el tiempo en el que se estaría monitoreando el potencial a circuito abierto. La norma **"NACE STANDARD TM0171-95"** indica que para realizar una prueba electroquímica el potencial debe ser monitoreado mínimo 12hr para observar la estabilización del sistema; este criterio se utilizó para las pruebas a temperatura ambiente. Sin embargo, las 12 h de estabilización no fueron suficientes a alta temperatura por lo que se requirió de un tiempo de estabilización de 24 horas como se observa en la Figura 73. Posterior a las 24 horas de estabilización se inició con las pruebas de impedancia y curvas (Cp). En el gráfico de la Figura 73 se aprecia que el Acero Inoxidable y el recubrimiento NiCr (55T) tienen potenciales muy cercanos, mientras que el MCrAlY y Diamalloy se estabilizan a potenciales más negativos con mayor estabilidad a lo largo de las 24hrs de prueba.

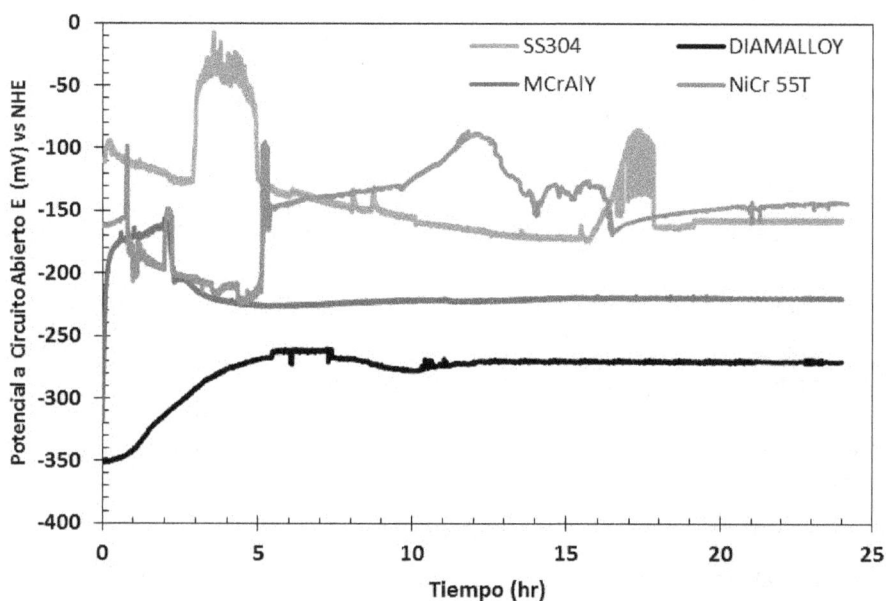

Figura 73. Potenciales a circuito abierto obtenidos en el sistema de autoclave
para los recubrimientos y el sustrato por un periodo de 24 horas

4.7.1. Resultados de Curvas de Polarización a Alta Temperatura

En la Figura 74 se muestra el comportamiento de las curvas de polarización a alta temperatura, donde se observa que para el sustrato y los recubrimientos expuestos a FGM a 170 °C, tienen potenciales de corrosión negativos muy cercanos entre sí. Para todos los materiales expuestos se presenta una inflexión en la rama anódica, la cual corresponde con la pasivación del material debido a la formación de óxidos sobre la superficie del recubrimiento, esto conlleva a que el intercambio de carga quede limitado en la zona anódica y la i_{corr} dependa del proceso catódico. Los recubrimientos Diamalloy y MCrAlY muestran un rango de protección mayor con respecto al acero inoxidable (de -175 a +519 mV); esto puede estar relacionado a que los productos formados sobre la superficie de estos dos recubrimientos son estables y que reducen la transferencia de carga. Para el recubrimiento depositado por arco eléctrico NiCr (55T) la rama anódica muestra una reducción de la corriente a partir de los -185 mV donde el intercambio de corriente debida a la pasivación del material se mantiene hasta los -110 mV, por lo que su rango de pasivación es pequeño con respecto al sustrato y a los recubrimientos por HVOF (Diamalloy y MCrAlY).

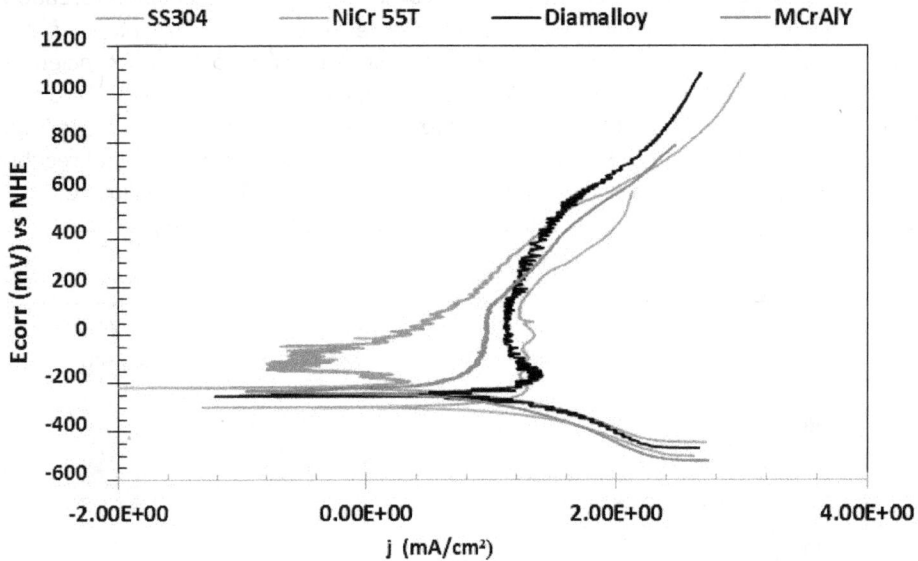

Figura 74. Curvas de polarización de los recubrimientos y el sustrato expuestos a alta temperatura (170°C y 0.8 MPa de presión) en la autoclave

Las densidades de corriente calculadas a partir de la extrapolación de Tafel arrojan bajos valores de velocidad de corrosión para todos los recubrimientos, demostrándose que éstos son buenos protectores para el acero inoxidable. Los datos de velocidad de corrosión obtenidos se muestran más adelante en la Tabla 34.

4.7.2. Resultados de Impedancia a Alta Temperatura

Dentro de este trabajo de investigación, una de las interrogantes era la posibilidad de aplicar la técnica de EIS (Espectroscopia de Impedancia Electroquímica) para obtener espectros de impedancia a alta temperatura, por lo que se realizaron ensayos para cada uno de los recubrimientos y el sustrato. La obtención de resultados de dicha técnica fue posible una vez que se logró que el sistema estuviese en equilibrio. Se realizó un barrido de frecuencias de 10 kHz a 10 mHz partiendo del potencial a circuito abierto y ajustando una amplitud de 10 mV, graficando 6 puntos por cada década. En la Figura 75 se muestran los resultados de impedancia de los diferentes recubrimientos. En todos los casos, la tendencia de los gráficos de Nyquist es la formación de un semicírculo, sin embargo, solo en MCrAlY se observa una mayor definición. Este comportamiento es interpretado como la resistencia de los recubrimientos debido a la formación de la capa de óxidos sobre ellos, lo cual concuerda con lo observado en la rama anódica de las curvas de polarización de la Figura 74. Los resultados mostraron repetitividad en las 3 mediciones para cada muestra, además de ser consistentes con la respuesta. Debido a la forma de los gráficos de Nyquist, se recurrió al uso de elementos de fase constante (CPE) calculados a partir de la Ecuación 1, los cuales son aplicables para sistemas donde la capacitancia no es ideal. El ajuste se llevó a cabo mediante el software "EcLab" del equipo BioLogic, donde se pudo obtener un circuito eléctrico equivalente ilustrado en Figura 76, constituido por 2 resistencias y un capacitor, los cuales representan un circuito Randles característico de la resistencia del electrolito y la conformación de la doble capa electroquímica entre la solución y el recubrimiento.

$$Y = Y_p (j\omega)^a \tag{1}$$

Donde:

Y_p : es una constante independiente de la frecuencia con dimensiones $\mu F/cm^2 s^{1-a}$.

a: es un exponente que tiene valores 0<a<1 y está relacionado con el ancho de la distribución del tiempo de relajación del sistema.

$$j = \sqrt{-1}$$

ω: es la frecuencia angular = $2\pi f$

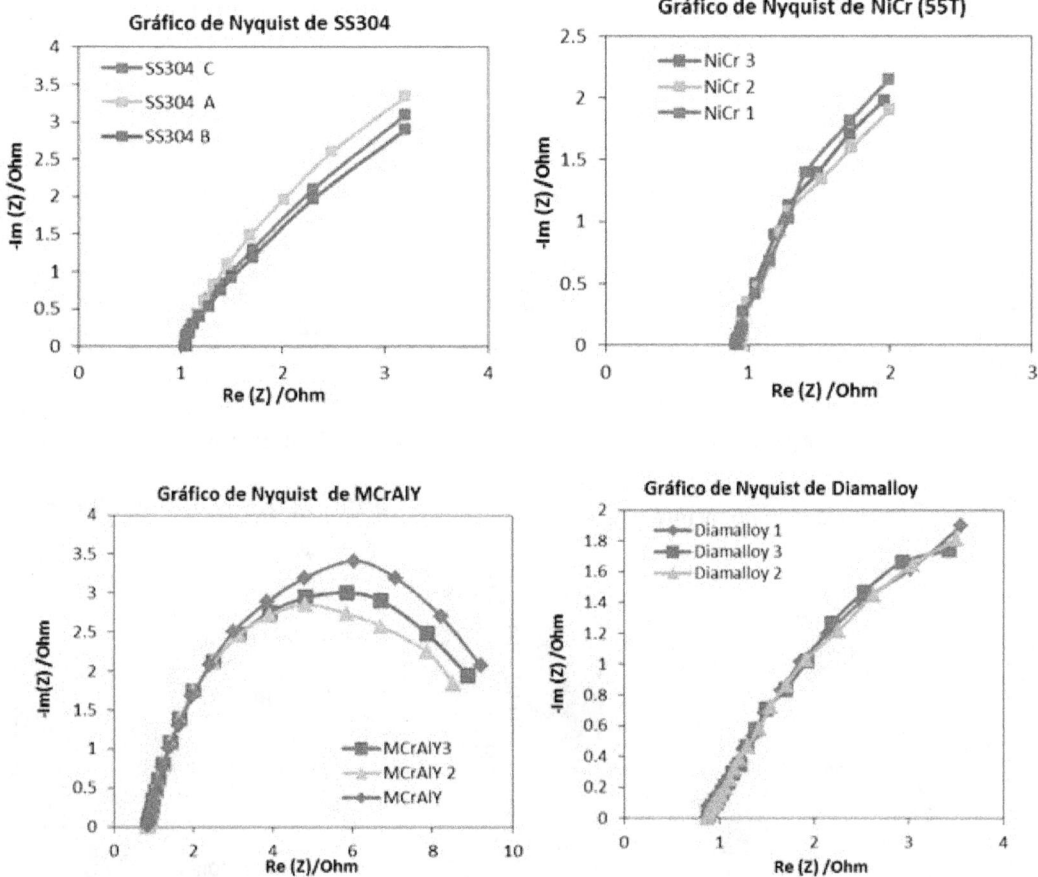

Figura 75. Gráficos Nyquist obtenidos para los recubrimientos y el sustrato a 170°C: A) SS304, B) NiCr (55T), C) MCrAlY, D) Diamalloy

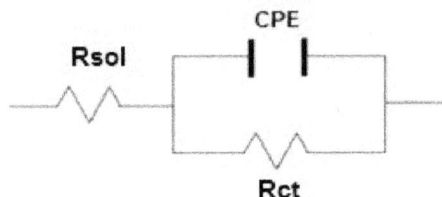

Figura 76. Circuito equivalente para los recubrimientos y el sustrato sometidos a alta temperatura

En la Figura 77 se muestra la corrección para cada uno de los diagramas Nyquist donde se observa que el circuito eléctrico equivalente propuesto ajusta correctamente con los espectros de impedancia experimentales.

Los parámetros obtenidos a partir del ajuste se muestran en la Tabla 33 donde se observa el valor de las resistencias del sustrato y los recubrimientos. Sobresale la mayor resistencia del recubrimiento MCrAlY, la cual está asociada con una disminución de la transferencia de carga y conlleva a una disminución en la velocidad de corrosión.

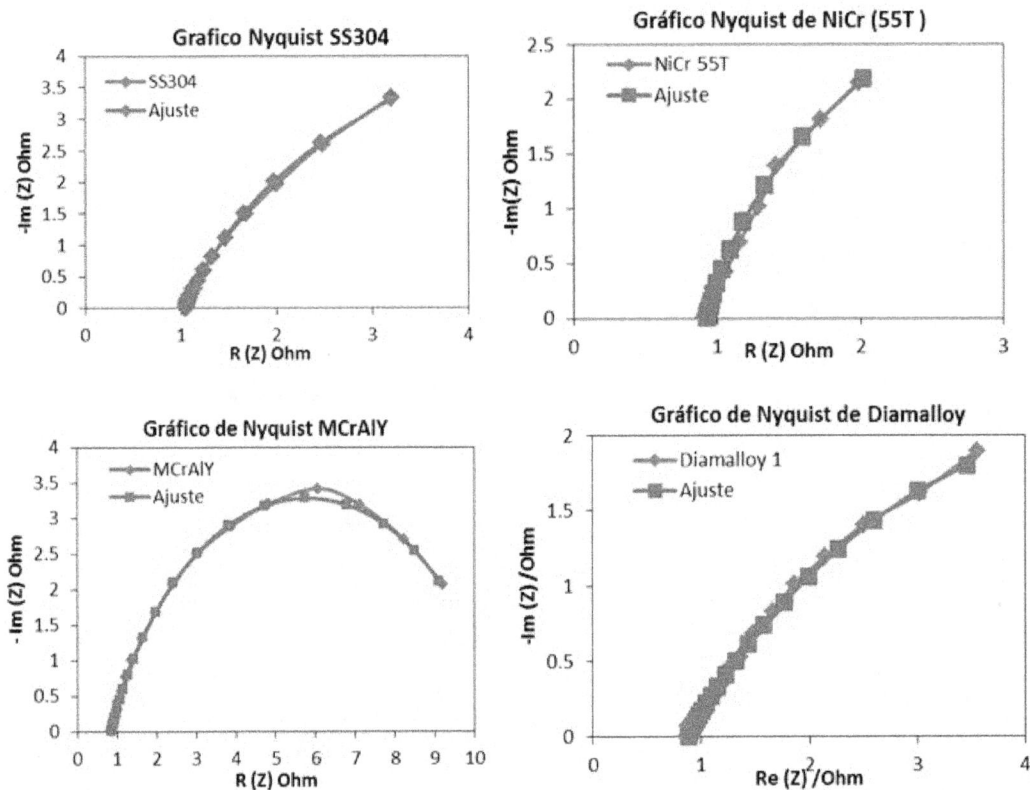

Figura 77. Gráficos de Nyquist de los recubrimientos y el sustrato ajustados con el circuito equivalente: A) SS304, B) NiCr (55T), C) MCrAlY, D) Diamalloy

Material	R_{sol} Ohm	CPE $F \cdot s^{(a-1)}$	a	Rct Ohm/cm^2
SS304	1.046	2.209	0.8351	7.12
MCrAlY	0.8496	0.248	0.746	9.87
NiCr 55 T	0.925	4.385	0.892	8.329
Diamalloy	0.8693	1.128	0.574	8.52

Tabla 33. Parámetros obtenidos en el ajuste de los espectros de impedancia a alta temperatura

En la Tabla 34 se observan los valores de velocidad de corrosión obtenidos mediante las técnicas de CP y EIS para alta temperatura. Todos los recubrimientos reportaron una menor velocidad de corrosión comparada con el sustrato (SS304), con una tendencia a pasivarse. Destaca el MCrAlY con una menor velocidad de corrosión de 15.3797 mm/año obtenida mediante las curvas de polarización y 14.1863 mm/año mediante espectroscopia de impedancia electroquímica. La tendencia de los resultados entre ambas técnicas fue consistente, así mismo, se demostró que la realización de ensayos electroquímicos en este tipo arreglo experimental a alta temperatura fue posible.

Medio corrosivo FGM	E_{corr} (mV) vs NHE	B Exp V	i_{corr} (A cm^{-2})	Cp V_{corr} (mm año^{-1})	EIS V_{corr} (mm año^{-1})
SS304	-298.806	0.0233	2.33E-02	77.3200	33.7720
MCrAlY	-232.834	0.0135	1.35E-02	15.3797	14.1863
NiCr55T	-217.060	0.0121	1.21E-02	18.6981	15.0542
Diamalloy	-235.226	0.0209	2.09E-02	63.4945	25.3897

Tabla 34. Comparación de Resultados entre las Velocidades de corrosión a alta Temperatura

4.8. Caracterización Final de los Recubrimientos

Todos los recubrimientos fueron caracterizados después de su exposición en la autoclave, encontrándose la formación de precipitados sobre la superficie en los recubrimientos MCrAlY y Diamalloy principalmente. A continuación se muestran los resultados obtenidos mediante MEB, EDS, DRX y Metalografía.

4.8.1. Caracterización Final del Recubrimiento NiCr (55T) Expuesto a Alta Temperatura

En la Figura 78 se muestra el microanálisis obtenidos por EDS del recubrimiento 55T después de la prueba de corrosión a alta temperatura, donde se detectó la presencia de Cl, S y O en la superficie del recubrimiento provenientes del electrolito. Los resultados del microanálisis se reportan en la Tabla 35.

En la Figura 79A se muestran las imágenes obtenidas por boroscopía y MEB, donde se aprecian productos de corrosión relacionados con la formación de Óxido de Hierro relacionados por su color.

A mayores aumentos el producto de corrosión se observa como pequeñas partículas conglomeradas (glóbulos), las cuales tiende a desprenderse en forma de escamas. Los resultados de DRX del recubrimiento expuesto, indicaron la presencia de los compuestos Fe_2O_3, Fe_2Ni_3, Cr_2Ni_3, NiAl. Adicional a éstos, se reporta la presencia de NaCl y $CoCrFe_2O_4$entremezclados con el Fe_2O_3 (Figura 80). En las imágenes del corte transversal se aprecia el deterioro del material NiCr (55T) con una pérdida del espesor del recubrimiento (Figura 79B) como resultado del desprendimiento de los productos de corrosión. En la Tabla 36 se muestra las características de los compuestos encontrados en el difractograma de NiCr (55T) expuesto en la autoclave.

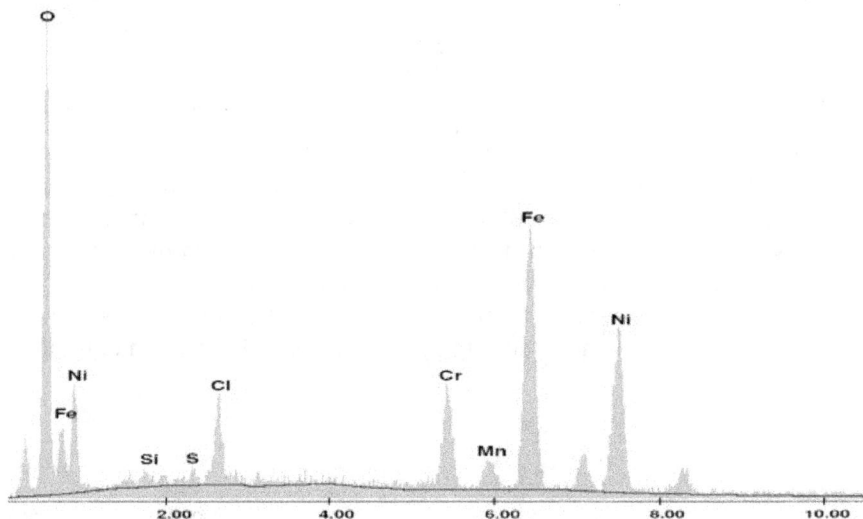

Figura 78. Microanálisis del recubrimiento de NiCr (55T)

Elemento	% Peso
Fe	28.37
Si	0.49
Cr	16.90
Mn	1.58
Cl	2.58
Ni	26.01
O	24.10

Tabla 35. Composición química del recubrimiento 55T después de su evaluación a alta temperatura

Difractograma	Especie	Parámetro de red (Å)	Tamaño del cristal (nm)	% Peso
NiCr expuesto en la autoclave	Cr_2Ni_3	3.6716	226.6	2.74
	Fe_2Ni_3	3.2957	45.6	34.41
	NiAl	2.8623	151.7	2.88
	Fe_2O_3	8.3944	10.5	28.72
	Ni	3.5223	79.6	3.34
	NaCl	5.5185	10000.0	1.53
	$CoFe_2O_4$	8.3958	49.6	26.38

Tabla 36. Características de los compuestos

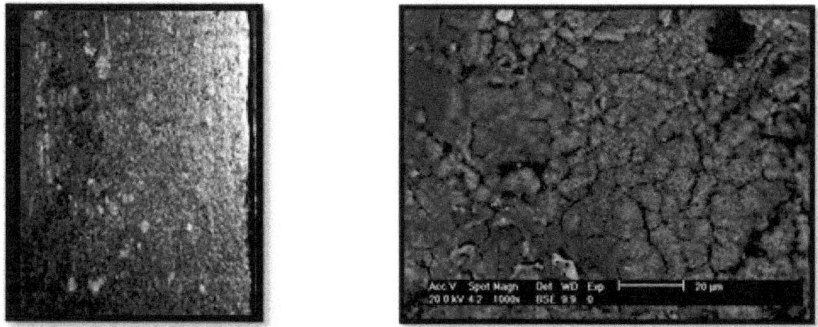

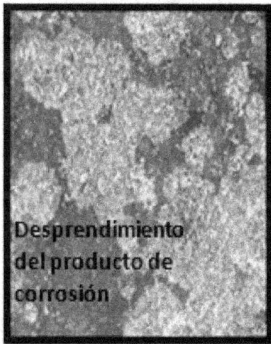 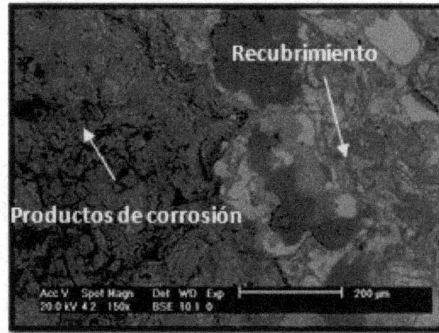

(A)

 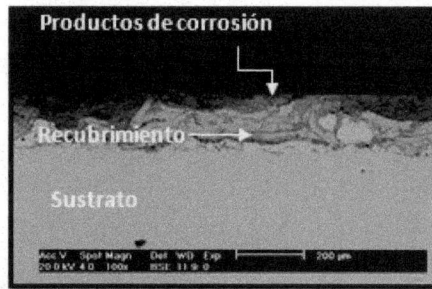

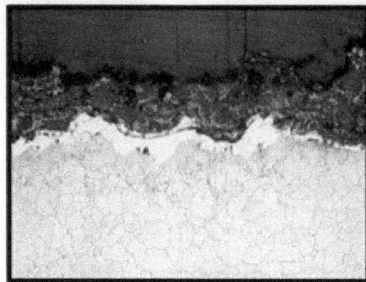

(B)

Figura 79. Metalografías del recubrimiento de NiCr (55T): A) Análisis Superficial, B) Corte Transversal

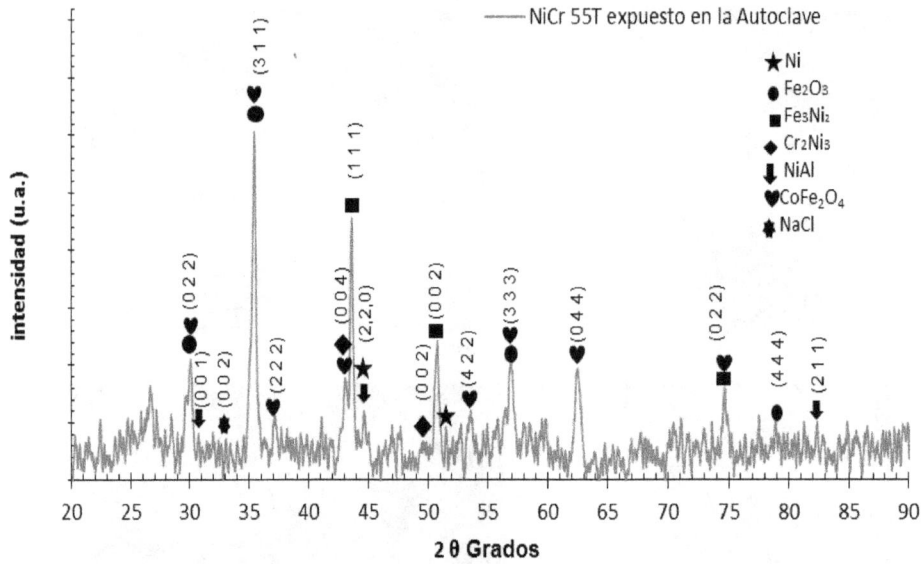

Figura 80. Difractograma de NiCr 55T después de la exposición en la autoclave

4.8.2. Caracterización Final del Recubrimiento MCrAlY Expuesto a Alta Temperatura

En la Figura 81 se muestra el microanálisis del recubrimiento MCrAlY donde se detectó la presencia de Oxigeno, Cloro, Sodio y Azufre como elementos ajenos al recubrimiento. En la Tabla 37 se muestra el análisis por EDS donde se presenta la composición en la superficie del recubrimiento después de la exposición a alta temperatura. Los resultados de DRX reportados en la Figura 83, no mostraron ningún cambio con respecto al material sinterizado, es decir, solo se identificaron a los compuestos Cr_2Ni_3 y AlCo.

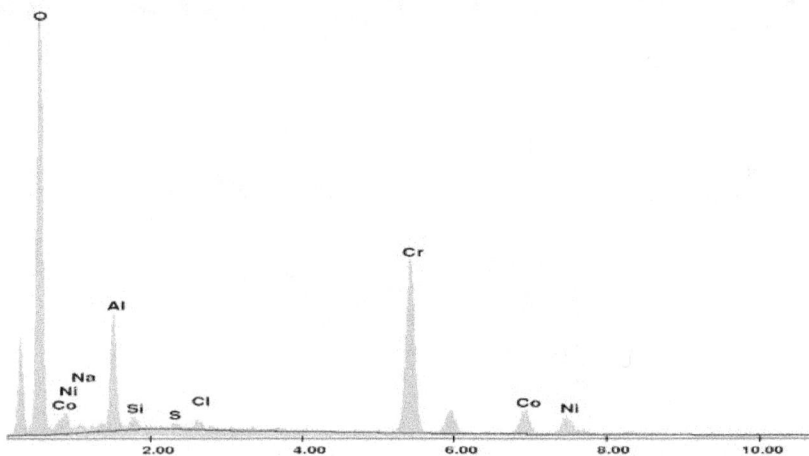

Figura 81. Microanálisis del recubrimiento MCrAlY expuesto a alta temperatura

En la Figura 82A se muestran las micrografías obtenidas mediante MEB y boroscopía donde se observa la estructura de pequeñas partículas de forma globular depositadas sobre el recubrimiento original. Los resultados de DRX (Figura 83), indicaron la presencia de NaCl y FeS_2 después de la exposición del recubrimiento al fluido geotérmico, de igual forma se detectaron los compuestos Cr_2Ni_3 y AlCo propios del recubrimiento que están formando una barrera de protección en la superficie del material.

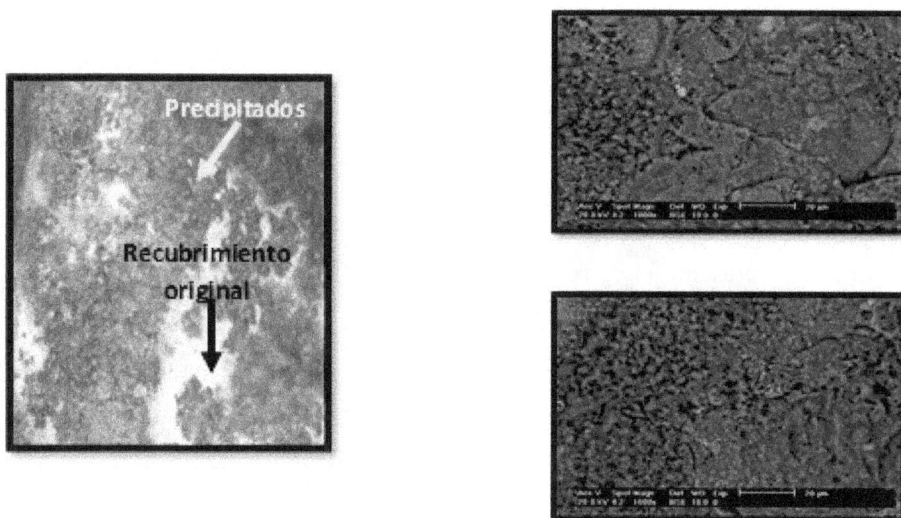

(A)

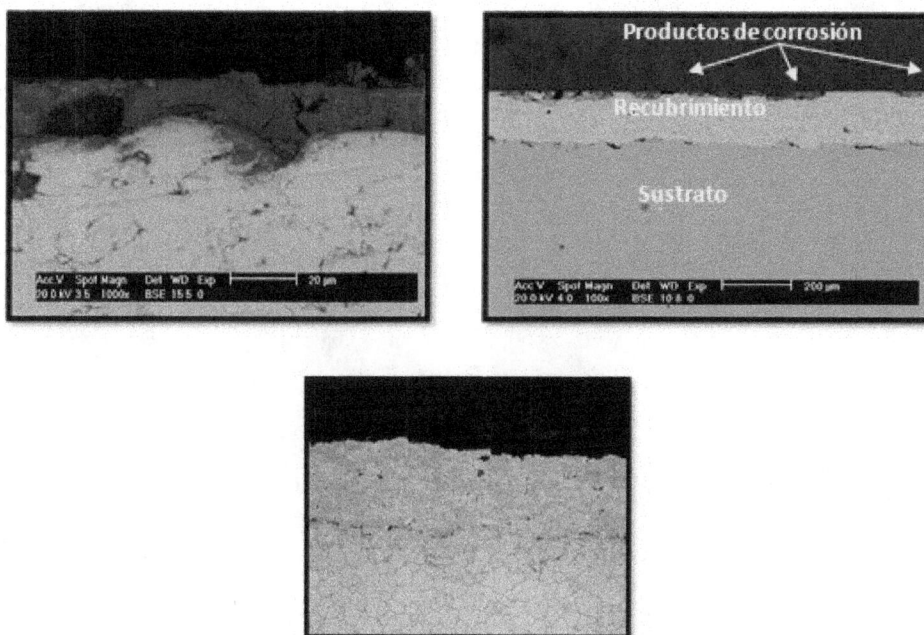

(B)

Figura 82. Metalografías del recubrimiento MCrAlY: A) Análisis superficial, B) Corte transversal

Elemento	% peso
O	39.11
Na	0.91
Al	5.62
Si	0.62
S	0.25
Cl	0.49
Cr	20.39
Co	16.64
Ni	15.97

Tabla 37. Composición química del recubrimiento MCrAlY expuesto a alta temperatura

En la Figura 82B se presenta el corte transversal del recubrimiento MCrAlY donde se pueden observar los precipitados anclados sobre la superficie los cuales se les atribuye el carácter pasivador de este recubrimiento. En la Tabla 38 se muestran los resultados de la evaluación de DRX para el MCrAlY, donde se presentan el parámetro de red y tamaño de cristal de cada especie.

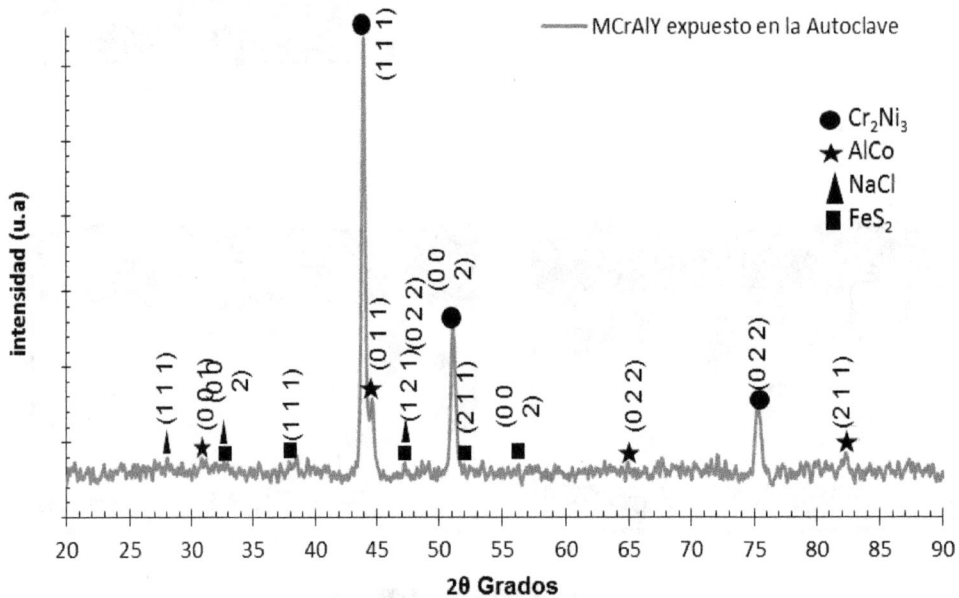

Figura 83. Difractograma de MCrAlY expuesto en la autoclave

Difractograma	Especie	Parámetro de red (Å)	Tamaño del cristal (nm)	% Peso
MCrAlY Sinterizado	Cr_2Ni_3	3.5676	69.2	62.35
	AlCo	2.8690	33.9	15.62
	FeS_2	4.5218	71.8	17.54
	NaCl	5.4877	63.4	4.49

Tabla 38. Características de los compuestos

4.8.3. Caracterización Final del Recubrimiento Diamalloy Expuesto a Alta Temperatura

En la Figura 84 se muestra el microanálisis de Diamalloy donde se detecta la presencia de O, S, Cl, Ca, como elementos ajenos al recubrimiento original. Los resultados por microanálisis se presentan en la Tabla 39 donde se reporta una alta concentración de Oxígeno. En la Figura 85A se muestran las micrografías tomadas a los productos de corrosión localizados en la superficie, los cuales tienen una morfología nodular de diferentes tamaños. Las observaciones por MEB revelan que estos nódulos consisten de pequeñas partículas esféricas mezcladas con partículas conglomeradas. Los resultados de DRX (Figura 86) reportaron la presencia del óxido metálico Cr_2O_3.Adicionalmente se reportó la presencia de $FeSO_4 \cdot H_2O$ cuya proporción es casi la misma que la del compuesto principalCr_2Ni_3 (Tabla 40).Esto nos indica que después de su exposición en la autoclave, el recubrimiento genera un alto nivel de compuestos oxidados con respecto al producto original. En el corte transversal de la Figura 85B se observa una capa efectiva en donde están presentes estos óxidos cercanos a la superficie como productos de corrosión. Esta capa efectiva puede ser la resultante del comportamiento pasivo del recubrimiento reportado en los ensayos electroquímicos a alta temperatura.

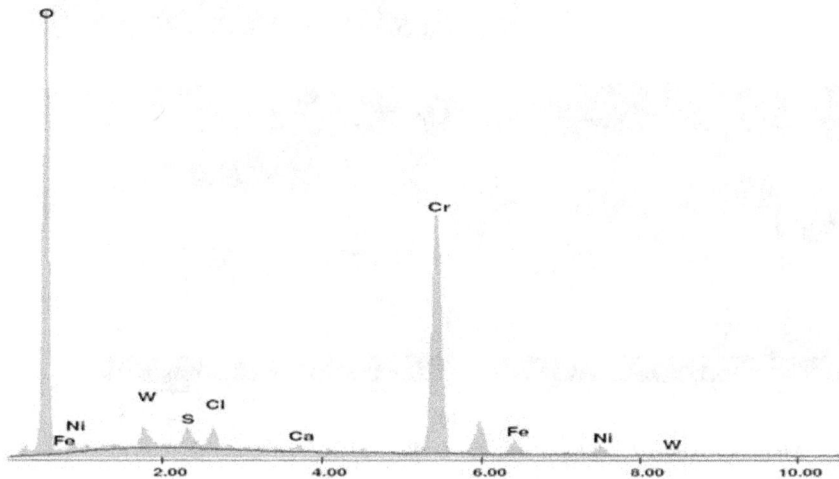

Figura 84. Microanálisis de Diamalloy expuesto a alta temperatura

Elemento	% peso
O	37.51
S	2.24
Cl	1.41
Ca	0.44
Cr	40.08
Fe	1.83
Ni	7.34
W	7.09
Mo	2.06

Tabla 39. Composición Química de Diamalloy expuesto en el sistema autoclave

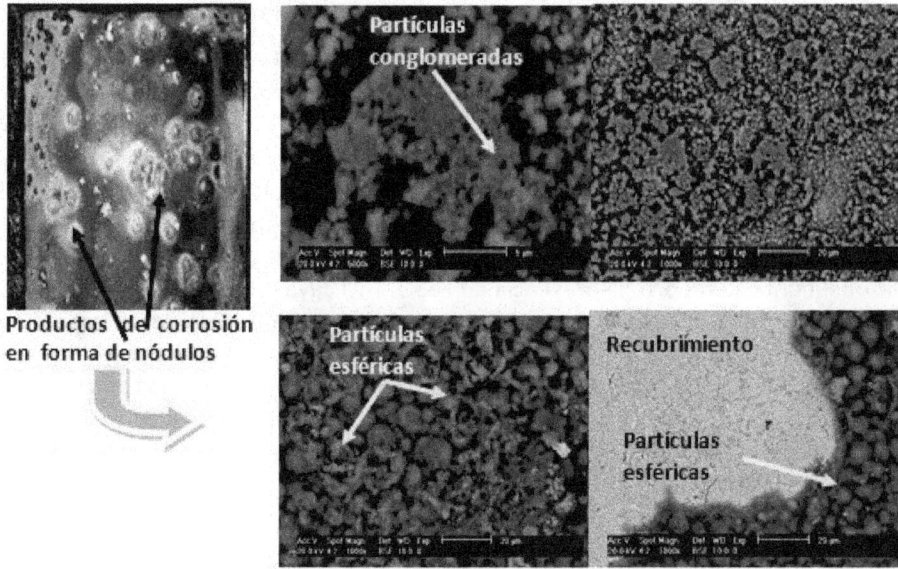

(A)

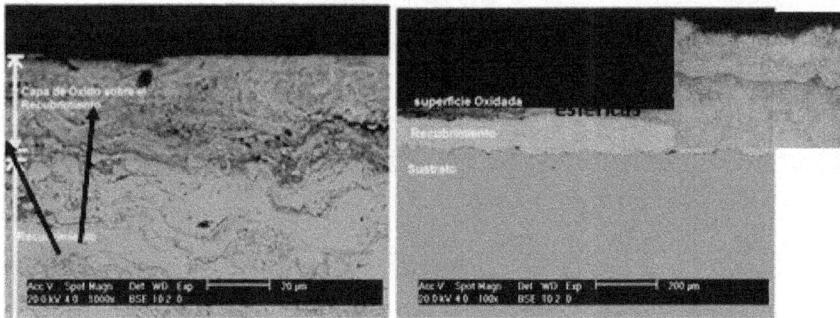

(B)

Figura 85. Metalografías del recubrimiento Diamalloy: A) Análisis superficial, B) Corte transversal

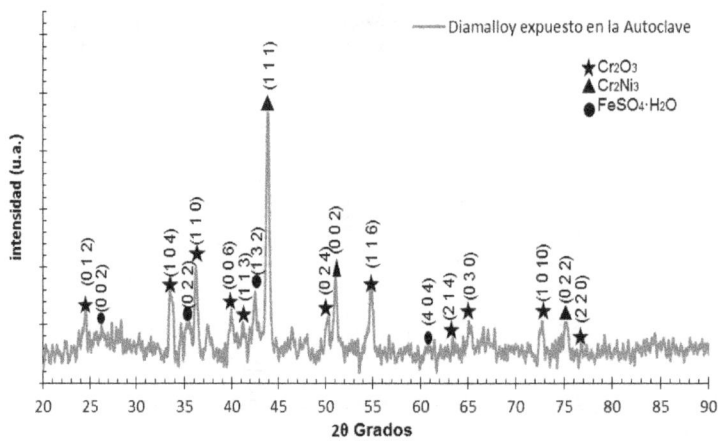

Figura 86. Difractograma de Diamalloy expuesto en la autoclave

Difractograma	especie	Parámetro de red (Å)	Tamaño del cristal (nm)	% wt
Diamalloy expuesto en la Autoclave	Cr_2Ni_3	3.5792	47.2	35.52
	Cr_2O_3	4.9657	226.6	28.08
	$FeSO_4 \cdot H_2O$	7.0458	24.9	36.4

Tabla 40. Características de los compuestos

5. Conclusiones

1. El estudio electroquímico a temperatura ambiente y bajo la acción de un fluido geotérmico de recubrimientos comerciales por proyección térmica MCrAlY, Diamalloy y NiCr (55T) aplicados por las técnicas de HVOF y Arco eléctrico respectivamente, reportó que dichos recubrimientos bajo éstas condiciones no ofrecen una barrera de protección al sustrato (acero inoxidable SS304), el cual mostró una menor velocidad de degradación de acuerdo a las pruebas de Rp y Cp realizadas.

2. Se determinó que el mecanismo de corrosión presente a temperatura ambiente y bajo la acción del fluido geotérmico en los recubrimientos NiCr (55T), MCrAlY y Diamalloy es corrosión generalizada. En el caso del Acero inoxidable bajo las mismas condiciones se observó un mecanismo de corrosión por picaduras.

3. Se desarrolló la metodología para la evaluación de la velocidad de corrosión a alta temperatura (170 °C) en un sistema de autoclave, con un flujo constante de fluido geotérmico modificado proveniente de la central geotérmica Los Azufres de CFE; demostrando así la viabilidad y confiabilidad de realizar pruebas electroquímicas a alta temperatura.

4. Los resultados obtenidos de las curvas de polarización a alta temperatura demostraron que todos los recubrimientos presentan una tendencia a comportarse como materiales pasivos. A diferencia de éstos, el acero inoxidable presentó una zona de pasivación con fluctuaciones que son atribuibles a una condición de corrosión por picadura.

5. Mediante los gráficos de Nyquist se concluyó que todos los materiales evaluados a alta temperatura presentaron un carácter resistivo, ajustándose a un circuito Randles que representa la resistencia a la transferencia de carga a través de la doble capa electroquímica.

6. A través de las técnicas de Impedancia Electroquímica y Curvas de Polarización aplicadas a alta temperatura se obtuvieron valores de velocidad de corrosión proporcionales; lo que demuestra una buena correspondencia entre ambas técnicas, y de la cuidadosa ejecución del procedimiento experimental.

7. En el recubrimiento NiCr (55T) el Fe_2O_3 precipitado en su superficie después de ser expuesto a alta temperatura, es el compuesto que favorece el comportamiento pasivo del recubrimiento. En el recubrimiento MCrAlY los compuestos Cr_2Ni_3, AlCo y precipitados de FeS_2 sobre su superficie son los que favorecen el comportamiento pasivo de dicho material. Finalmente, en el recubrimiento de Diamalloy, los compuestos Cr_2O_3 y $FeSO_4 \cdot H_2O$ favorecen a la pasivación del mismo.

8. Se comprueba que los recubrimientos MCrAlY, NiCr (55T) y Diamalloy depositados sobre Acero Inoxidable, ofrecen una mayor resistencia a la corrosión a alta temperatura bajo la acción de un fluido geotérmico, para la protección de componentes en turbinas de generación de energía.

Agradecimientos

Los autores queremos agradecer profundamente al Centro de Investigación y Desarrollo Tecnológico e Electroquímica S.C. (CIDETEQ) por todas las facilidades brindadas durante la ejecución de este proyecto de investigación; así mismo, queremos resaltar la valiosa participación del Centro de Investigación y de Estudios Avanzados del I.P.N. (CINVESTAV), unidad Querétaro, a través de la participación del Dr. Francisco Javier Espinoza Beltrán.

Referencias

1. Castro GS. *La Energía en México*. 2007.
2. Dickson MH, Fanelli M. *¿Que es la energía Geotérmica?*, Istituto di Geoscienze e Georisorce, Pisa.
3. Villalba H. *Energía Geotérmica.*
4. García de la Noceda C. *Geothermal Resources.* Madrid. 2008.
5. Sampedro AJ, Rosas N, Díaz R. *Developments in Geothermal Energy in Mexico.* Corrosion in Mexican Geothermal Wells, Vol. 8. Great Britian. 1988.
6. Sakuma A, Matsuura T, Suzuki T, Watanabe O, Fukuda M. *Upgrading and Life Extension Tecnologies for Geothermal Steam Turbines.* 2006.
7. Otakar J, Lee M. *Steam Turbine Corrosion and deposits problems and solution.* Proceeding of the thirty - seventh turbomachinery Symposium. 2008.
8. Otakar J, Joyce MM. *Steam Turbine Problems and their Field Monitoring.* Materials Performance. 2001: 48-53.
9. Dewey RP, Rieger NF. *Steam Turbine Blade Reliability.* Boston. 1982.
10. Dewey RP, Mc Closkey TH. *Analysis of Steam Turbine blade failures in the Utility Industry.* New York. 1983.
11. Bhaduri, AK, Albert, SK, Ray SK, Rodriguez P. *Recent trends in repair and refurbishing of steam turbine component.* Vol 28. India. 2003.
12. Mazur CZ, Rossete AH, Servín JO. *Reparación por Soldadura de Rotores de Turbinas de Vapor y de Gas Fabricados con aceros al Cr-Mo-V.* Aplicaciones Tecnológicas. 2003.
13. Sakai Y, Oka Y, Kato H. *The Lates Geothermal Steam Turbines.* Fuji Electronic Review. 2008; 55(3): 87-92.
14. Agüero A. *Ingeniería de Superiores y su impacto medioambiental.* Revista de Metalurgia. 2007.
15. Flórez ME, Ruiz JL. *Recubrimientos y Tratamientos Superficiales.* Departamento Técnico, Asociacion Técnica Española de Galvanización.
16. Tanner B. *Thermal Spray.* U.S.A. 2008.
17. Knotek O. *Thermal Spraying and Detonation Gun Process.* In: Guire GEM, Rossnagel SM, Bunshan RF (Eds.). *Handbook of Hard Coatings.* William Andrew, New York. 2001: 77-107.
18. Sudhangshu B. *High Temperature Coatings.* ELSEVIER, Burlington, USA. 2007.

19. Luddey Marulanda J, Zapata Meneses A, Isaza Velásquez E. *Proteccion contra la corrosión por medio del rociado térmico*. Scientia Et Technica, Vol XIII. REDALYC, Pereira, Colombia. 2007.

20. Sakai Y, Nakamura K, Shiokawa K. *Recent Technologies for Geothermal Steam Turbines*. Fuji Electronic Review. 2005; 51(3): 90-5.

21. Agüero A. *Recubrimientos contra la corrosión a alta temperatura para componentes de turbinas de gas*. Accessed. 2007; 43(5).

22. Wildgoose GG, Giovanelli D, Lawrence NS, Compton RG. *High - Temperature Electrochemistry*. A Review. 2004: 421-33.

23. Stansbury EE, Buchanan RA. *Fundamentals of Electrochemical Corrosión*. En 5 edn. ASM International. 2000.

24. William FS. *Solidificación, imperfecciones cristalinas y difusión en sólidos*. En Figueras S (Ed.). *Ciencia e Ingeniería de Materiales*. México: McGraw Hill. 2004: 75-110.

25. Dean JA. *Lange Manual de Química*. 13 edn. Mc Graw Hill. 1989.

26. Kong YK, Pitt CH. *Corrosión of Selected Metal Alloy in Utah Geothermal Waters*. American Society for Metals. 1983: 77-83.

Normatividad aplicable

- **ASTM G111-97.** *Corrosion Test in High Temperature or High Pressure Enviroment, or Both*.

- **NACE STANDARD TM0171-95.** *Autoclave Corrosion Testing of Metals in High–Temperature Water*.

- **ASTM G5-94.** *Standard Reference Test Method for making Potenciostatic and Potenciodynamic Anodic Polarization*.

- **ASTM G59-97.** *Standard Test Method for Conducting Potentiodynamic Polarization Resistance Measurements*.

- **ASTM G 102-89.** *Standard Practice for calculation of corrosion and related information from Electrochemical Measurements*.

- **ASTM B 487-85 (2007).** *Standard Test Method for Measurement of Metal and Oxide Coating Thickness by Microscopy Examination of a Cross Section*.

www.ingramcontent.com/pod-product-compliance
Lightning Source LLC
Chambersburg PA
CBHW080517220326
41599CB00032B/6111